George C. McGavin

INSEKTEN

UND ANDERE GLIEDERFÜSSER

DK NATURBIBLIOTHEK

George C. McGavin

INSEKTEN

UND ANDERE GLIEDERFÜSSER

Mit mehr als 550 Arten
und 650 Abbildungen

Fotos:
STEVE GORTON

Übersetzung:
MICHAEL WERNER

DORLING KINDERSLEY
London, New York, Melbourne, München und Delhi

Reihenbetreuung Peter Frances
Reihenbildbetreuung Vanessa Hamilton
Herstellung Michelle Thomas
Fotografien Steve Gorton
DTP-Design Robert Campbell
Bildrecherche Andy Sansom
Cheflektorat Jonathan Metcalf
Chefbildlektorat Bryn Walls

Für die deutsche Ausgabe:
Programmleitung Monika Schlitzer
Herstellungsleitung Dorothee Whittaker
Covergestaltung Tabea Dietrich, Klaus Meyer, München

Coverabbildung vorn (Hauptmotiv): Premium Stock Photography GmbH

Bibliografische Information Der Deutschen Bibliothek
Die Deutsche Bibliothek verzeichnet diese Publikation in der Deutschen Nationalbibliografie; detaillierte bibliografische Daten sind im Internet über http://dnb.ddb.de abrufbar.

Titel der englischen Originalausgabe: Eyewitness Handbooks: Insects

Übersetzung Michael Werner
Redaktion Ivana Jokl, Vera Olbricht, Berliner Buchwerkstatt

ISBN 3-8310-0787-X

Printed and bound by South China Printing Company, China

Besuchen Sie uns im Internet
www.dk.com

INHALT

EINFÜHRUNG 6
Zur Benutzung dieses Buches 9
Was sind Arthropoden? 10
Was ist ein Insekt? 12
Was ist ein Spinnentier? 16
Was ist ein Krebs? 18
Was ist ein Myriapode? 19
Lebenszyklus 20
Die Sinnesorgane 24
Nahrung und Ernährungsweise 26
Verhalten 28
Soziale Insekten 30
Lebensräume 32
Insekten beobachten 34
Bestimmungsschlüssel 36

INSEKTEN (IM ENGEREN SINNE) 46
Felsenspringer 46
Fischchen 47
Eintagsfliegen 48
Libellen 51
Steinfliegen 56
Grillenschaben 59
Springschrecken 60
Stab- oder Gespenstheuschrecken 66

SPINNENTIERE 213
Skorpione 213
Pseudoskorpione 215
Walzenspinnen 217
Geißelskorpione 219
Geißelspinnen 220
Weberknechte 221
Milben 223
Webspinnen 228

Ohrwürmer 69
Fangschrecken 71
Schaben 74
Tarsenspinner 77
Termiten 78
Bodenläuse 80
Staub- und Rindenläuse 81
Läuse 83
Schnabelkerfe 85
Fransenflügler 101
Schlammfliegen und Verwandte 103
Kamelhalsfliegen 104
Ameisenjungfern, Florfliegen und Verwandte 105
Käfer 109
Fächerflügler 132
Schnabelfliegen 133
Flöhe 135
Zweiflügler 136
Köcherfliegen 156
Schmetterlinge 158
Bienen, Wespen und Ameisen 178

—

INSEKTEN (IM WEITEREN SINNE) 207
Springschwänze 207
Beintastler 210
Doppelschwänze 211

—

KREBSE 212
Asseln 212

MYRIAPODEN 238
Wenigfüßer 238
Zwergfüßer 239
Hundertfüßer 240
Doppelfüßer 242

Glossar 244
Register 246
Danksagung 256

EINFÜHRUNG

Von allen auf der Erde lebenden Tieren bilden die Insekten die weitaus größte und erfolgreichste Gruppe. Als wirbellose Tiere zählen sie zu den Arthropoden, den Gliederfüßern, die durch gegliederte Beine, einen segmentierten Körper und ein hartes Außenskelett gekennzeichnet sind. In allen großen Ökosystemen der Welt spielen Arthropoden eine wichtige Rolle. Obwohl sie meist unscheinbarer sind als andere Tiere, lohnt sich die Mühe, sie näher zu betrachten, um ihre Mannigfaltigkeit und ihr außergewöhnliches Leben zu entdecken.

Vor ca. dreieinhalb Milliarden Jahren zeigte sich in den Weltmeeren das erste Leben in Form einzelliger Organismen. Später entwickelten sich Quallen, einfache Würmer und andere vielzellige Lebewesen, gefolgt von Tieren mit einer harten Außenhaut, z. B. den Muscheln und Schnecken und den Trilobiten: ursprünglichen Arthropoden. Von den frühen meeresbewohnenden Arthropoden spalteten sich vor ca. 420 Millionen Jahren die ersten landlebenden Tiere ab, die sich vermutlich hauptsächlich von Mikroorganismen und Detritus ernährten. Dieser Landgang kann gegebenenfalls als Folge einer erhöhten Anzahl von Räubern im Meer gedeutet werden. Mit der Entwicklung immer komplexerer Landpflanzen erhöhte sich auch die Zahl der Arthropoden, die dadurch zahlreichere Lebensräume und unterschiedlichste Nahrungsquellen vorfanden. Die erfolgreichsten unter ihnen sind die Insekten.

Heutzutage stellen die wirbellosen Tiere (ohne Rückgrat) den größten Teil der bekannten Arten, während die Wirbeltiere (mit Rückgrat) weniger als drei Prozent davon ausmachen. Die Arthropoden – und darunter wiederum die Insekten – weisen gegenüber allen anderen Gruppen der Wirbellosen den größten Arten- und Individuenreichtum auf. Es wurde ausgerechnet, dass zu jedem Zeitpunkt ca. zehn Quintillionen – 10 000 000 000 000 000 000 – Insekten die Erde bevölkern.

Ungebetenes Ungeziefer …

Von den meisten Stadtmenschen werden die Arthropoden als lästiges Ungeziefer angesehen, und viele bekommen schon beim Anblick einer Spinne oder Motte panische Angst. In der Tat gibt es einige ernst zu nehmende Schädlinge unter den Arthropoden. Man nimmt an, dass ca. 20 Prozent der landwirtschaftlichen Weltproduktion an Nahrungsmitteln von pflanzenfressenden Insekten vertilgt werden. Nicht zu vergessen sind die Krankheiten, die von Insekten auf den Menschen übertragen werden können. Immerhin ist heutzutage jeder sechste Mensch von einer solchen Krankheit

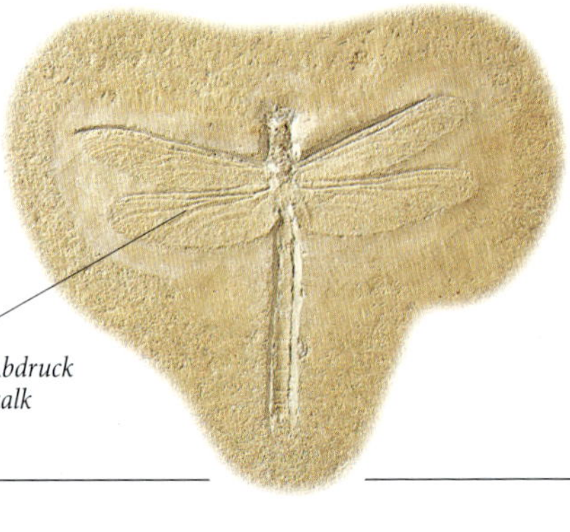

△▷ **Fossile Insekten**
Die modernen Libellen stammen von Arten ab, die vor ca. 250 Millionen Jahren auf der Erde lebten. Sehr urtümliche Libellen flogen allerdings schon vor 300 Millionen Jahren durch die üppigen, feuchten Wälder des Karbons.

eine moderne Libelle gleicht immer noch ihren urtümlichen Vorfahren

150 Millionen Jahre altes Fossil, das sich als Abdruck in feinkörnigem Plattenkalk erhalten hat

WAS SIND ARTHROPODEN?

Die lebenden Organismen werden von Biologen in fünf verschiedene Reiche eingeteilt, von denen das Tierreich das größte ist. Diese Reiche werden wiederum in Gruppen unterteilt, die man Stämme nennt. Innerhalb des Tierreichs bilden die Arthropoden den größten Stamm. Diese Tiere treten in einer mannigfaltigen Formenfülle auf und kommen in einem Größenspektrum vor, das von Bruchteilen eines Millimeters (Milben) bis zu 4 m Beinspannweite (Japanische Riesenseespinne, *Macrocheira kaempferi*) reicht. Arthropoden haben alle Lebensräume der Erde erobert. Man findet sie sowohl in den Tiefen der Ozeane als auch auf den höchsten Berggipfeln. In Wüsten und den dauerfeuchten tropischen Regenwäldern sind sie ebenso anzutreffen wie in dichtbesiedelten städtischen Gebieten. Innerhalb der Arthropoden sind die Insekten die einzige Gruppe, die geflügelte Arten hervorgebracht hat; das ist sicher ein Grund dafür, dass sie – an der Artenzahl gemessen – so erfolgreich wurden. Der folgende Stammbaum soll die Unterteilung der Arthropoden auf einfache Weise veranschaulichen.

tamm
auptunterteilung eines
iches (in diesem Fall des
rreiches).

Arthropoda
Tiere mit hartem Außenskelett, segmentiertem Körper und gegliederten Beinen

erstamm
tunterteilung eines
nes (in diesem Fall des
es Arthropoda).

Mandibulata
Arthropoden mit Fühlern und hoch entwickelten, beißenden oder kauenden Kiefern

asse
lung eines Unter-
, zusammenge-
Tierklassen, die
nde Merkmale
er teilen.

Insecta
Hauptsächlich landlebende sechsbeinige Arthropoden mit einem Fühlerpaar

Springschwanz
Isotoma viridis (S. 207)

assung
en,
r
nale
ilen.

lus (S. 92)

Ektognatha
Insekten im engeren Sinne; einzige geflügelte Arthropoden

Entognatha
Insekten im weiteren Sinne

29 Ordnungen

3 Ordnungen

, Art
t ähnli-
Gattung

962 Familien
1 000 000 Arten

31 Familien
7700 Arten

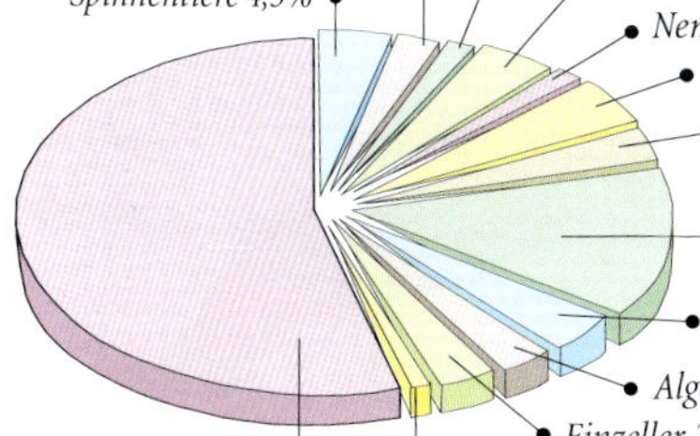

Leben auf der Erde
Schätzungsweise 73,5 Prozent der auf der Erde lebenden Organismenarten (s. Grafik links) sind wirbellose Tiere, und die meisten davon sind Arthropoden. Gemessen an ihrer Anpassungsfähigkeit und Artenzahl sind die Insekten die weitaus erfolgreichste Arthropodengruppe. Sie stellen über die Hälfte aller heute lebenden Arten, und weitere vier Millionen warten noch darauf, benannt zu werden.

betroffen. Weit weniger gefährlich, dafür aber in einigen Fällen fatal, sind die Gifte der Arthropoden, auf die viele Menschen allergisch reagieren.

... oder echte Nützlinge?

Die allermeisten Arthropoden sind jedoch völlig harmlos. Es leben z. B. nur weniger als ein Prozent aller Schaben – eine sehr negativ belegte Insektengruppe – als Schädlinge in menschlichen Behausungen. Der Nutzen vieler Insekten wird bei der Betrachtung meistens übersehen. Viele Produkte, z. B. Honig, Wachse, Öle, Farben und medizinische Erzeugnisse, die im Alltag oft Verwendung finden, sind z. T. den Insekten zu verdanken. In einigen Ländern stehen Grillen, Heuschrecken, Maden und Raupen als fester Bestandteil auf dem Speisezettel der Einwohner. Eine wichtige Rolle spielen die Arthropoden in der wissenschaftlichen Forschung, wo sie uns helfen, physiologische und genetische Zusammenhänge sowie ihre Verhaltensweisen besser zu verstehen. Auf keinen Fall unterschätzen darf man die Insekten als Pflanzenbestäuber. Zweifellos würden ohne sie zahlreiche Pflanzen aussterben; dem Menschen würde auf diese Weise eine wichtige Nahrungsgrundlage verloren gehen.

Schädlingsbekämpfung
Räuberische Insekten können durch das Fressen schädlicher Arten dazu beitragen, diese unter Kontrolle zu halten. Ein bekanntes Beispiel hierfür sind die Marienkäfer, die sehr wirkungsvoll kleine, weichhäutige Arten, z. B. Blattläuse, dezimieren.

Marienkäfer beim Fressen einer Blattlaus

Insekten verändern den Lauf der Geschichte

Krankheitsübertragende Insekten haben im Laufe der Zeit immer wieder großen Einfluss auf die Menschheit ausgeübt. Mindestens drei weltweite Pestepidemien, die durch Läuse verursacht wurden, töteten Millionen und veränderten in der Folge die sozialen Strukturen. Bis zum Einsatz von Insektiziden im Zweiten Weltkrieg, starben doppelt soviel Menschen an von Insekten übertragenen Krankheiten als durch kriegerische Auseinandersetzungen. 1812 fielen im Russlandfeldzug die meisten Soldaten der Armeen Napoleons dem Fleckfieber zum Opfer, das durch die Kleiderlaus übertragen wurde. Im ausgehenden 19. Jahrhundert unterbrach das von Mücken verbreitete Gelbfieber den Bau des Panamakanals für 15 Jahre, da 20 000 Arbeiter an der Krankheit starben.

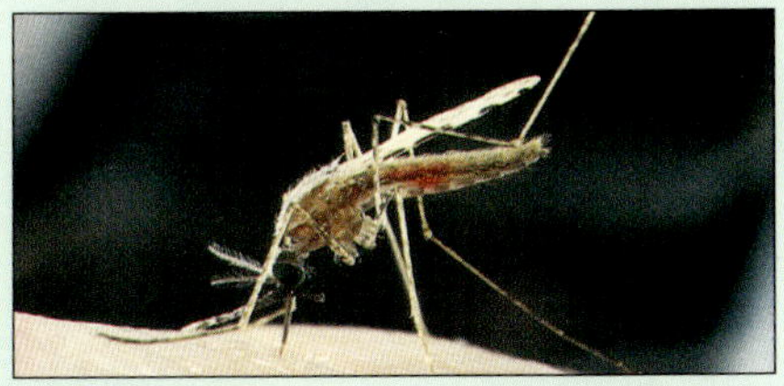

Tödliche Malaria
Man hat ausgerechnet, dass alle zwölf Sekunden ein Mensch an Malaria, einer durch bestimmte Mücken übertragenen Krankheit, stirbt.

Das natürliche Gleichgewicht

In der Natur nehmen die Millionen von Arthropoden als Bestandteile von Nahrungsketten eine ganz besondere Stellung ein, da sie helfen, das natürliche Gleichgewicht der Ökosysteme auf der Welt zu erhalten. Ökosysteme sind komplexe Netzwerke, in denen die Organismen untereinander und mit der unbelebten Natur in Wechselwirkung treten. Die Existenzgrundlage aller Lebewesen eines Ökosystems bildet die Sonnenenergie, die am Beginn aller Nahrungsketten steht. Sie wird von den grünen Pflanzen gleichsam eingefangen und in Kohlenhydraten gespeichert, die von Pflanzenfressern aufgenommen und in eigene Körpermasse umgewandelt werden. Die Pflanzenfresser werden dann von Fleischfressern gefressen. Insekten spielen in vielen solcher Nahrungsketten eine essenzielle Rolle, da sie die Nahrungsgrundlage zahlreicher anderer Tiere bilden, die ohne sie nicht überleben könnten. Vögel z. B. sind überwiegend Insektenfresser. Ein einziges Schwalbenküken vertilgt, bis es flügge wird, ca. 200 000 Wanzen, Fliegen und Käfer. Selbst Vögel, die sich überwiegend von Samen ernähren, füttern ihre Jungen oft mit der nahrhaften Insektenkost.

Insekten sind aber nicht nur Nahrungslieferanten, sondern helfen als Zersetzer auch mit, den Stoffkreislauf in einem Ökosystem zu schließen. Bestimmte Käfer und Fliegen leben von den Exkrementen anderer Tiere, und viele Insekten fressen faulende pflanzliche und tierische Stoffe.

Räuber in Aktion
Insekten sind wichtige Glieder in Nahrungsketten. Ein Frosch, der überwiegend Insekten frisst, wird wiederum von größeren Räubern erbeutet.

Zu guter Letzt sei angemerkt, dass Insekten zwar in der Landwirtschaft schädlich werden können, andererseits aber Schädlinge unter Kontrolle halten. Denn ein Viertel aller Arten sind Parasitoide oder Räuber anderer Insekten. Einige von ihnen kann sich der Mensch sogar zunutze machen, indem er sie als biologische Schädlingsbekämpfer züchtet.

Eine Welt voll Insekten

In diesem Buch war es unmöglich alle 1500 Familien landlebender Arthropoden zu behandeln. Es werden daher in einer breiten Auswahl Familien aus aller Welt dargestellt, die besonders wichtig, häufig oder auf ihre Weise einfach nur faszinierend sind.

▷ **Bestäuber**
Ohne ihre Bestäuber, z. B. die Bienen, würden viele Pflanzen keine Früchte und Samen hervorbringen.

△▷ **Schädlinge** *Insektenplagen haben den Menschen immer wieder heimgesucht, seit er begann, Feldfrüchte zu kultivieren; nicht selten wurde die gesamte Ernte dabei vernichtet (s. Abbildung rechts). Ein Schwarm Wanderheuschrecken (oben) kann aus bis zu 50 Billionen Individuen bestehen, die ca. 100 000 Tonnen Nahrung pro Tag benötigen.*

ZUR BENUTZUNG DIESES BUCHES

Dieses Buch behandelt in 46 Kapiteln die Ordnungen der landlebenden Arthropoden. Jedes dieser Kapitel ist in Abschnitte unterteilt, in denen die charakteristischen Merkmale der Gruppen und eine Auswahl von Farbabbildungen einzelner Arten enthalten sind. Die Familien sind entsprechend ihrem wissenschaftlichen Namen alphabetisch geordnet und werden gegebenenfalls in weiteren übergeordneten Gruppen zusammengefasst. Wenn Letzteres der Fall ist, wird in der Einleitung der betreffenden Ordnung darauf hingewiesen. Im folgenden Beispiel wird der Aufbau einer Familienbeschreibung exemplaris[...] erläutert.

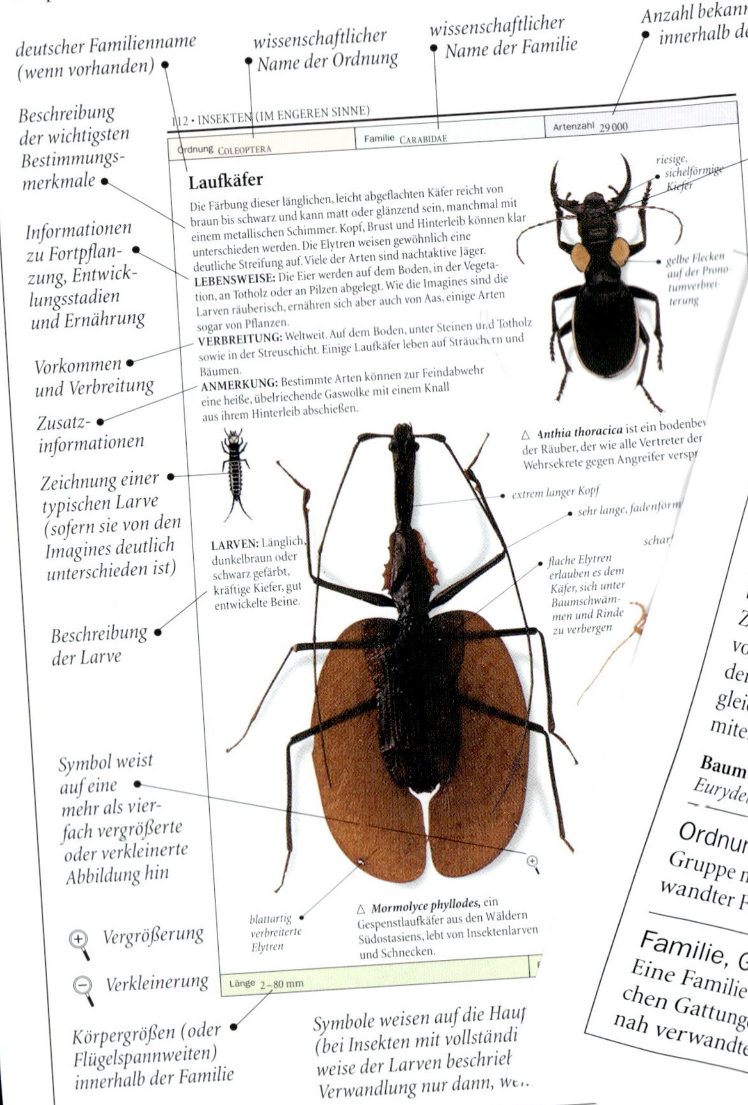

Klasse
Zusammen[...] von Ordnun[...] deren Vertre[...] gleiche Merk[...] miteinander [...]

Baumwanze
Eurydema domin[...]

Ordnung
Gruppe nah verwandter Familien

Familie, Gattun[...]
Eine Familie umfas[...] chen Gattungen, ei[...] nah verwandte Arte[...]

Die wichtigsten Gemeinsamkeiten der Arthropoden

Arthropoden teilen zahlreiche Merkmale miteinander:

- Der Körper ist spiegelbildlich teilbar (bilateralsymmetrisch).
- Der Körper ist durch ein festes Außenskelett aus Chitin (die Kutikula) geschützt, an dem auch die Muskeln befestigt sind. Im Laufe des Lebens wird dieser Panzer mehrfach erneuert (Häutung).
- Der Körper ist segmentiert. Die einzelnen Segmente sind zu mehr oder weniger deutlichen Abschnitten zusammengefügt, der markanteste ist der Kopf. Myriapoden besitzen einen Kopf und einen Leib, Krebse und Insekten sind aus Kopf, Brust und Hinterleib zusammengesetzt. Bei den Spinnentieren bilden Kopf und Brust eine Einheit (Prosoma).
- Den Körpersegmenten sind gegliederte Extremitäten zugeordnet.

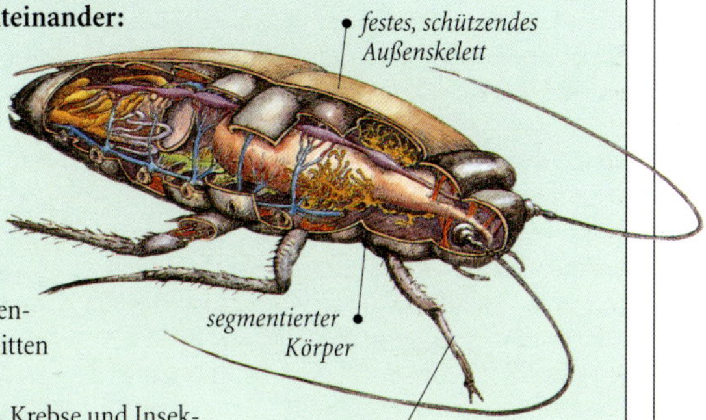

Assel
Porcellio scaber
(S. 212)

Schnurrfüßer
Julus species
(S. 242)

Trichterspinne
Tegenaria gigantica
(S. 228)

Crustacea *Hauptsächlich im Wasser lebende Arthropoden mit Kiemen und zwei Paar Fühlern*	**Myriapoda** *Arthropoden mit einem Fühlerpaar und neun oder mehr Beinpaaren*	**Chelicerata** *Arthropoden mit scherenartigen Mundwerkzeugen und ohne Fühler*
6 Klassen: **Remipedia** **Cephalocarida** **Branchiopoda** **Ostracoda** **Maxillopoda** **Malacostraca**	4 Klassen: **Pauropoda** **Symphyla** **Chilopoda** **Diplopoda**	3 Klassen: **Arachnida** **Pantopoda** **Merostomata**
37 Ordnungen	16 Ordnungen	14 Ordnungen
540 Familien 34 000 Arten	144 Familien 13 700 Arten	470 Familien 76 500 Arten

WAS IST EIN INSEKT?

Insekten werden vielfach mit anderen Arthropoden verwechselt, da sie wie diese gegliederte Beine und eine harte Kutikula besitzen. Im Gegensatz zu anderen Arthropoden haben Insekten aber nur sechs Laufbeine und sind meistens geflügelt. Das Wort „Insekt" ist aus dem Lateinischen abgeleitet und bedeutet soviel wie „zerteilen". Es bezieht sich auf die einzelnen Abschnitte, aus denen ein Insekt aufgebaut ist – Kopf, Brust und Hinterleib. Am Kopf befinden sich Mundwerkzeuge, Fühler und Augen. Die Brust ist in drei Segmente unterteilt, an denen die Beine und bei vielen Arten auch die Flügel ansetzen. Der Hinterleib ist ebenfalls gegliedert und kann aus bis zu elf Segmenten bestehen. Gelegentlich trägt der Hinterleib ein Paar Schwanzfäden *(Cerci)*.

Die Körpergliederung eines Insekts

Im Laufe der Evolution wurden die Körperteile der Insekten oft artspezifisch umgestaltet, was z. B. deutlich an den Mundwerkzeugen zu erkennen ist: sie sind beißend-kauend, leckend oder (zur Aufnahme von Blut oder Nektar) stechend-saugend. Zahlreiche Tast- und Geruchssinnesorgane auf den Fühlern nehmen mechanische Reize oder z. B. Sexualduftstoffe wahr; Schlupfwespen orten mit ihnen sogar tief im Holz verborgene Wirte. Insektenbeine dienen zum Laufen, Hüpfen, Schwimmen, Beutefangen, ja sogar zum Hören und Singen. Die Flügel können zum Schutz gehärtet sein. Durch die Färbung kann ein Insekt sich tarnen, Partner anlocken oder Feinde abschrecken.

▽ **Ein zerteiltes Insekt**
Dieser Bockkäfer aus Zentralamerika, Xixuthrus heros, *besitzt lange Fühler, kräftige Kiefer und harte Elytren (Flügeldecken), die die häutigen Hinterflügel bedecken.*

Ein Insekt von Innen

Das Gehirn der Insekten ist mit weiteren, ursprünglich segmentalen Ganglien (Nervenzellansammlungen) strickleiterartig verbunden. Dieses Zentralnervensystem sammelt die Informationen der Sinnesorgane und steuert die Muskeln des Körpers. Insekten atmen über ein verzweigtes Röhrensystem (Tracheen), die über verschließbare Öffnungen (Stigmen) an Brust und Hinterleib mit der Außenluft verbunden sind. Aquatische Insektenlarven atmen meist über Kiemen. Das Blutkreislaufsystem ist offen, die Organe werden von der Blutflüssigkeit *(Haemolymphe)* umspült, die die Nähr- und Abfallstoffe im Körper transportiert.
Der Verdauungstrakt durchzieht als ein an den Enden offenes Rohr den Körper. Es gibt Bereiche zur Zerkleinerung und Speicherung der Nahrung, während andere die Nahrung aufnehmen und verdauen. Bei der Fortpflanzung überträgt das Männchen meist mit einem Penis (Aedeagus) Spermien in ein Speicherorgan des Weibchens. Die Eier werden vor der Ablage im Eileiter befruchtet.

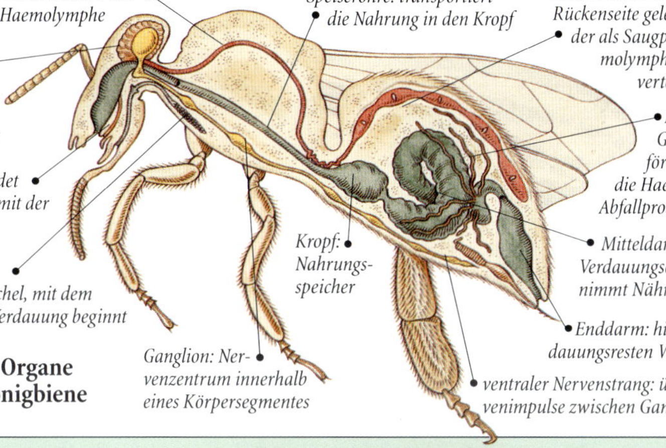

Innere Organe einer Honigbiene

Insekten im weiteren Sinne

Die Insekten (Hexapoda) werden von Biologen in zwei Hauptgruppen unterteilt, die sich durch ihre Mundwerkzeuge unterscheiden. Der größte Teil der Insekten zählt zu den Ektognatha, den Freikieflern, deren Mundwerkzeuge frei an der Kopfkapsel ansetzen. Bei den Entognatha oder Sackkieflern liegen die Mundwerkzeuge in einer Tasche, die von der Kopfkapsel gebildet wird. Es handelt sich um eine sehr ursprüngliche Gruppe mit nur drei Ordnungen: Doppelschwänze (Diplura), Beintastler (Protura) und Springschwänze (Collembola). Es gibt Hinweise, dass die Entognatha evolutiv weiter von den übrigen Insekten entfernt stehen. Im Englischen werden sie sogar als „Nicht-insekten" (Non-Insects) den „Echten Insekten" (True-Insects) gegenübergestellt. Dieser Tendenz folgend, werden sie in diesem Buch als Insekten im weiteren Sinne bezeichnet und den Ektognatha, den Insekten im engeren Sinne, nachgestellt.

Springschwänze *Diese kleinen Arthropoden bilden die individuenreichste und am weitesten verbreitete Ordnung der Insekten im weiteren Sinne. Sie sind entweder länglich oder nahezu kugelig wie der hier abgebildete Springschwanz (S. 207–211).*

Verschiedene Formen von Insekten

Anhand ihrer Larvalentwicklung teilt man die Insekten in zwei Hauptgruppen ein. Die Larven der niederen Insekten nähern sich über wiederholte Häutungen an die Imago an, es bilden sich die Geschlechtsorgane und gegebenenfalls die Flügelanlagen. Bei dieser unvollständigen Verwandlung fehlt ein Puppenstadium. Höhere Insekten haben eine vollständige Verwandlung, bei der die Larven sich erst nach einem Puppenstadium zu den Imagines entwickeln (S. 20 – 23). Die Larve der Insekten stellt ein Wachstumsstadium dar, die Imago ein Verbreitungsstadium. Entsprechend spezialisierten sich die Stadien auf ihre Aufgabe. Man kann die Larven daher als „Fressmaschinen", die Imagines als „Fortpflanzungsmaschinen" bezeichnen. Die höheren Insekten sind so stark spezialisiert, dass sich die Imago nur nach einem völligen Umbau des larvalen Gewebes während des Puppenstadiums bilden kann. Die ersten Insekten (vor 290 bis 245 Millionen Jahren) durchliefen eine unvollständige Verwandlung. Ein Puppenstadium ist erst seit dem Perm bekannt. Obwohl die ortsfeste Puppe auch ein Risiko birgt, ist der Erfolg heute sichtbar: 85 Prozent aller Insektenarten entwickeln sich auf diese Weise. Die meisten gehören zu den vier großen Ordnungen: Coleoptera, Diptera, Lepidoptera und Hymenoptera.

△ **Die Ursprünglichsten**
Die ersten Insekten, die vor mehr als 400 Millionen Jahren auf der Erde erschienen, waren flügellose Detritusfresser. Die heute lebenden Borstenschwänze (Abbildung) und Fischchen kommen diesen ursprünglichen Insekten sowohl in ihrer Erscheinung als auch in ihrer Lebensweise sehr nah.

△ **Die Fortschrittlichsten**
Vertreter der Ordnung Hymenoptera (S. 178 – 206), z. B. Bienen (Abbildung), werden allgemein als die fortschrittlichsten Insekten betrachtet. Viele von ihnen leben in Staaten, in denen unterschiedliche Kasten verschiedene Aufgaben wahrnehmen.

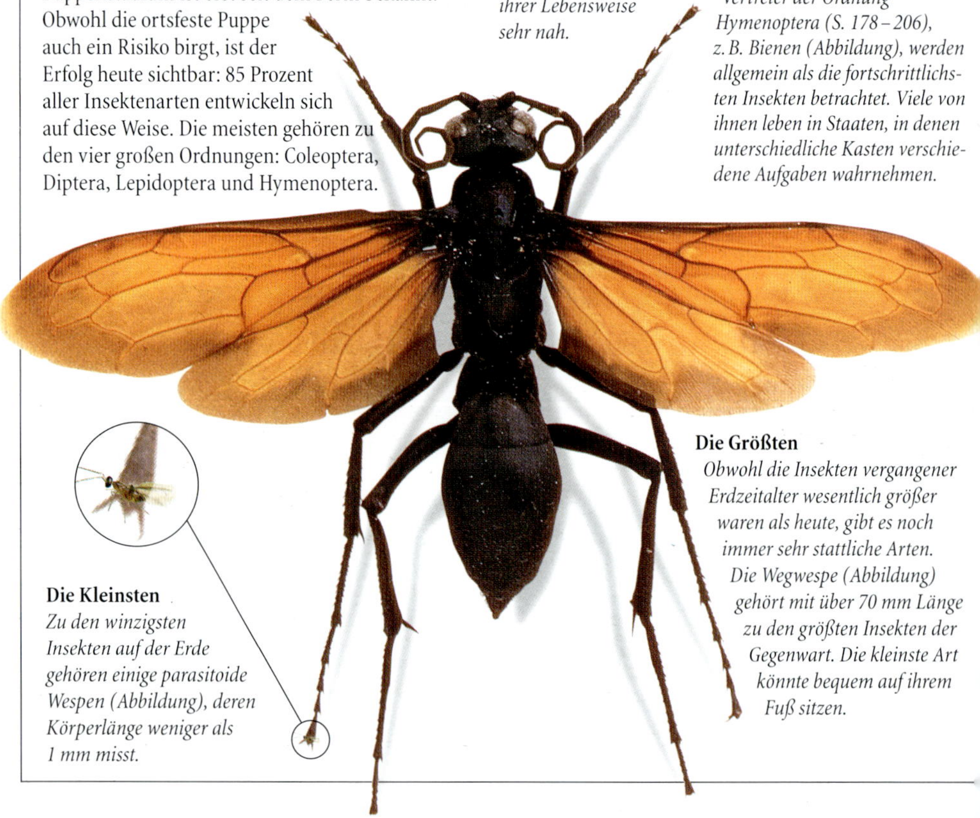

Die Größten
Obwohl die Insekten vergangener Erdzeitalter wesentlich größer waren als heute, gibt es noch immer sehr stattliche Arten. Die Wegwespe (Abbildung) gehört mit über 70 mm Länge zu den größten Insekten der Gegenwart. Die kleinste Art könnte bequem auf ihrem Fuß sitzen.

Die Kleinsten
Zu den winzigsten Insekten auf der Erde gehören einige parasitoide Wespen (Abbildung), deren Körperlänge weniger als 1 mm misst.

WAS IST EIN MYRIAPODE?

Myriapoden gleichen in vielen Merkmalen den Insekten. So verwundert es nicht, dass die beiden Gruppen als nahe Verwandte angesehen werden. Beide besitzen Kiefer, einästige Extremitäten und nur ein Fühlerpaar. Außerdem sind ihnen einige innere Organe gemein, z. B. das Tracheensystem oder die Malpighischen Gefäße. Neuere Untersuchungen stellen die Insekten jedoch in die nähere Verwandschaft der Krebse und lassen vermuten, dass Beine und Fühler der Insekten sich unabhängig als Anpassung an ein Leben an Land entwickelt haben.

△ **Hundertfüßer** *Die räuberischen und schnell laufenden Hundertfüßer besitzen pro Rumpfsegment nur ein Beinpaar.*

Die Körperteile eines Myriapoden

Diese charakteristischerweise langgestreckten, landbewohnenden Tiere können anhand ihrer zahlreichen Beinpaare von allen übrigen Arthropoden unterschieden werden. Auch ist ihr vielgliedriger Rumpf nicht in Brust und Hinterleib unterteilt. Sie besitzen je ein Paar Kiefer und Fühler, sind eher nachtaktiv und meist in der Laubstreu und im Boden zu finden. Sie benötigen diese feuchte Umgebung, da ihre Kutikula wasserdurchlässiger ist als die der Insekten. Wasser verlieren sie auch über die Atemöffnungen, die nicht verschlossen werden können. Schnell rennende und grabende Arten zeigen unterschiedliche Gangarten, die von der Anzahl und der Länge der Beine abhängig sind.

◁ **Doppelfüßer** *Bei diesen Tieren handelt es sich um normalerweise langsame, grabende Arten. Jeweils zwei Rumpfsegmente sind zu einem sog. Diplosegment verschmolzen, das jeweils zwei Beinpaare trägt.*

◁ **Zwergfüßer** *Diese weichhäutigen Tiere, die nah mit den Hundertfüßern verwandt sind, leben in der Laubstreu oder im Boden. Sie besitzen recht lange Fühler sowie zwölf Paar Beine.*

▷ **Wenigfüßer** *Diese Myriapoden sind nahe Verwandte der Doppelfüßer. Sie sind Bewohner der Laubstreu und der oberen Bodenschichten. Die weichhäutigen, blinden Tiere besitzen kurze, geteilte Fühler und neun Beinpaare.*

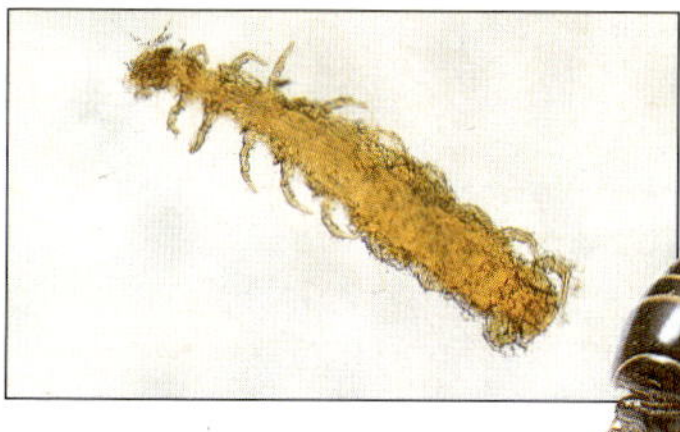

Selbstverteidigung

Hundertfüßer setzen ihre Giftklauen zur Verteidigung ein – der Biss kann beim Menschen zu Erbrechen und Fieber führen. Saftkugler rollen sich bei Gefahr zu einer Kugel zusammen, wobei der Kopf unter der hintersten Rückenplatte verborgen wird.

Saftkugler

LEBENSZYKLUS

Da das harte Außenskelett der Arthropoden keine kontinuierliche Größenzunahme zulässt, müssen sich die Tiere in gewissen Abständen häuten. Die mit diesen Häutungen verbundenen Entwicklungsstadien der Tiere sind jedoch in jeder Gruppe unterschiedlich. Myriapoden und Spinnentiere häuten sich ein ganzes Leben lang, wobei die Jungtiere schon wie kleinere Ausgaben der Eltern aussehen. Bei den Insekten können zwei unterschiedliche Entwicklungen beobachtet werden. Nähern sich die Jungtiere allmählich der äußeren Erscheinung der Imagines an, wie es bei den niederen Insekten der Fall ist, spricht man von einer unvollständigen oder hemimetabolen Verwandlung (Metamorphose). Bei den meisten höheren Insekten verläuft die Entwicklung jedoch oftmals mit tiefgreifenderen Änderungen, die als vollständige oder holometabole Verwandlung bezeichnet wird (S. 22–23).

Unvollständige Verwandlung

Die Larvenstadien der Insekten mit unvollständiger Verwandlung werden als Nymphen bezeichnet. Sie sehen den Imagines schon recht ähnlich, besitzen aber noch keine Flügel und Geschlechtsorgane. Die Flügel entwickeln sich schrittweise außerhalb des Körpers in sog. Flügelscheiden. Nach mehreren Häutungen, deren Anzahl von Art zu Art unterschiedlich sein kann, kommt es zur Imaginalhäutung, bei der die Flügel entfaltet werden. Bei Insekten mit aquatischen Jugendstadien, z. B. den Libellen, besitzen die Larven bestimmte für das Leben im Wasser benötigte Körpermerkmale und gleichen dadurch den Imagines sehr viel weniger.

1. Die Paarung

Bei der Kleinlibelle, Coenagrion puella *(Abbildung), führt das Männchen sein Sperma vor der Paarung aus der Genitalöffnung am neunten Hinterleibssegment in ein sekundäres Kopulationsorgan am zweiten Hinterleibssegment. Während der Paarung hält das Männchen das Weibchen mit den Hinterleibszangen an der Brust fest, während das Weibchen seinen Hinterleib nach vorn biegt, um seine Geschlechtsöffnung mit dem sekundären Kopulationsorgan des Männchens zu verbinden. Über eine penisartige Struktur werden die Spermien dann in das Speicherorgan des Weibchens gebracht. Die Eier werden in Wasserpflanzen abgelegt.*

2. Das erste Larvenstadium

Nach dem Schlupf aus dem Ei entwickeln sich die Nymphen über Larvenstadien, deren Anzahl von der jeweiligen Insektenart sowie von der Temperatur und dem Nahrungsangebot abhängig ist. Die ersten Larvenstadien besitzen noch keine Flügelscheiden, diese tauchen erst bei den älteren Nymphen auf. Obwohl die Nymphen selbst gefräßige Räuber sind, werden sie von zahlreichen Feinden, z. B. Wasserkäfern und Fischen, erbeutet.

5. Eine neue Libelle

Hat sich die Imago erst einmal aus der Larvenhaut befreit, kann sie ihre Flügel und ihren Hinterleib durch Einpressen von Haemolymphe völlig entfalten. Nach ein paar Stunden ist die Kutikula erhärtet, benötigt aber noch mehrere Tage, bis sie ihre typische Färbung hervorbringt. Ein Weibchen ist direkt nach dem Schlupf nicht fortpflanzungsfähig; erst nach einer gewissen Zeit sind die Ovarien gereift.

4. Die schlüpfende Imago

Die schlüpfende Imago stößt sich an der alten Haut ab und schiebt sich nach vorn, bis sie mit ihren Beinen an einem Stängel festen Halt gefunden hat. Durch weitere Vorwärtsbewegungen befreit sie ihre Flügel aus den Flügelscheiden und letztendlich auch ihren Hinterleib. In diesem Zustand haben die Brustsegmente noch nicht ihre endgültige Form, der Körper ist weich, die Flügel sind noch nicht entfaltet.

3. Das letzte Larvenstadium

Sobald eine Nymphe ausgewachsen ist, beginnt sie das Wasser für immer längere Zeit zu verlassen und kehrt auch gelegentlich nicht mehr dorthin zurück. Durch Erhöhung des Haemolymphdrucks in der Brust platzt die larvale Kutikula an einer Sollbruchstelle zwischen den Flügelscheiden auf, und es erscheinen Kopf und Brust der Imago.

Vollständige Verwandlung

Insekten mit einer vollständigen Verwandlung weisen Larven auf, die sich in ihrer Erscheinung gänzlich von den Imagines unterscheiden. Einige beinlose Fliegenlarven, bei denen die harte Kopfkapsel völlig reduziert wurde, werden auch als Maden bezeichnet, und einige Käferlarven sind fälschlicherweise als Würmer bekannt, z. B. die Mehlwürmer oder Drahtwürmer; die Larven der Schmetterlinge nennt man Raupen. Im Wachstumsstadium nehmen die Larven meist ständig Nahrung auf, bis sie nach mehreren Häutungen das letzte Larvenstadium erreicht haben. Dann wird das Fressen eingestellt, und die Tiere suchen einen geeigneten Ort, um sich zu verpuppen. Die Puppenruhe wird dazu genutzt, das gesamte larvale Körpergewebe neu zu organisieren, sodass daraus die Imago entsteht. Bei diesem Prozess wird ein Großteil des Gewebes eingeschmolzen. Aus kleinen Zellgruppen, den Imaginalscheiben, die seit dem Schlupf aus dem Ei vorhanden sind, entwickeln sich die imaginalen Organe. Zum Schutz der Puppe spinnen viele Larven einen Kokon oder bauen eine Kammer aus Erdteilchen oder zernagtem Holz (sog. Puppenwiege). Die Puppen bestimmter Arten besitzen bewegliche Kiefer, mit denen sie sich bis zu einem gewissen Maße verteidigen können. Mithilfe der Kiefer oder der Beine, gegebenenfalls auch durch das Aufblähen einzelner Körperteile, sprengt die Imago die Puppenhülle und wird frei.

1. Die Paarung
Bei der Balz können Sexuallockstoffe, Laute und sogar Lichtsignale eingesetzt werden. Im Falle des hier abgebildeten Marienkäfers, Coccinella septempunctata, *sitzt das Männchen bei der Kopulation auf dem Rücken des Weibchens. Oft werden die Spermien innerhalb weniger Minuten übertragen, doch bleiben die Männchen meist noch lange mit dem Partner verbunden, um die Kopulation mit einem nachfolgenden Männchen zu verhindern.*

2. Das erste Larvenstadium
Die Eier werden in kleinen Gelegen auf Blättern abgelegt. Nach ca. einer Woche schlüpfen aus ihnen die jungen Larven, deren Kutikula zunächst noch weich ist, aber bald erhärtet und sich verdunkelt. Die Larven gehen dann auf die Suche nach weichhäutigen Beutetieren. Die abgebildete Art frisst vorwiegend Blattläuse.

3. Das letzte Larvenstadium
Die dunkelgefärbte Larve besitzt ausgeprägte Dornen und Fortsätze auf ihrem Körper sowie kräftige Beine. In der Regel hält sie sich an Stängeln oder der Unterseite von Blättern auf, wo sie genügend Blattläuse findet. Während ihrer Entwicklung kann eine Marienkäferlarve immerhin viele Hundert Blattläuse vertilgen. Die weißen Flecken auf ihrem Körper zeigen Feinden an, dass sie selbst nicht zum Fressen geeignet ist.

6. Ein neuer Marienkäfer

Der charakteristisch halbkugelförmige Marienkäfer schützt sich vor Feinden, z. B. Vögeln, durch seine leuchtende Warnfärbung und seine giftige Blutflüssigkeit, die er aus den Beingelenken ausscheiden kann. Ähnlich den Larven ernährt sich der voll entwickelte Käfer von Blattläusen und anderen weichhäutigen Insekten und wird deswegen gerne zur biologischen Schädlingsbekämpfung eingesetzt. Viele Marienkäfer überwintern als Imagines in Gruppen an geschützten Orten, gelegentlich auch in Gebäuden, und kommen erst im Frühjahr zur Eiablage wieder hervor.

5. Die frisch geschlüpfte Imago

Nach ca. einer Woche ist die Puppenruhe beendet, die Puppenhaut platzt auf dem Rücken auf, und die noch blasse, weiche Imago schlüpft heraus. Innerhalb der ersten zwei Stunden nach dem Schlupf müssen die Elytren angehoben und die Hinterflügel ausgebreitet werden, um zu erhärten. Erst danach können sie, nun flugbereit, wieder zusammengelegt werden. Es dauert allerdings noch einige Tage, bis die leuchtende Färbung mit den kontrastreichen Punkten in voller Pracht auf der Imago erscheint.

4. Die Verpuppung

Abhängig von der Temperatur und dem Nahrungsangebot geht die ausgewachsene Larve nach ca. 4 Wochen Entwicklung dazu über, sich zu verpuppen. Dazu befestigt sie sich selbst an einer Blattunterseite und häutet sich zur unbeweglichen Puppe, die erhärtet und dunkler wird.

Paleometabole Insekten

Einige Insektenarten weisen eine bestimmte Form der unvollständigen Verwandlung auf, bei der sich die Larven kaum durch charakteristische Larvalmerkmale von der Imago unterscheiden und die Häutungen auch nach Erreichen der Geschlechtsreife fortgesetzt werden. In diesen Fällen spricht man von Palaeometabolie. Nur die sehr ursprünglichen Gruppen entwickeln sich auf diese Weise. Dazu zählen die Borstenschwänze, Fischchen und Eintagsfliegen sowie die Springschwänze, Doppelschwänze und Beintastler als Insekten im weiteren Sinne.

Das Silberfischchen *Der stromlinienförmige Körper und die silbrigen Schüppchen gaben seinen Namen.*

DIE SINNESORGANE

Obwohl die meisten Insekten nur sehr kleine Tiere sind, verfügen sie doch über hoch entwickelte Sinnesorgane, die sie in die Lage versetzen, auf eine Vielzahl von inneren und äußeren Reizen mit dem entsprechenden Verhalten zu reagieren. Arthropoden können optische, chemische und mechanische Reize erkennen. Viele besitzen Thermo- und Feuchterezeptoren, einige nehmen sogar magnetische Felder und Infrarotstrahlung wahr.

Wie Insekten sehen

Abgesehen von einigen Höhlenbewohnern, einigen Parasiten und den Arbeiterinnen bestimmter Ameisen und Termiten besitzen die Insekten Facettenaugen (s. u.). Bei tagaktiven Insekten setzt sich das wahrgenommene Bild mosaikartig aus vielen winzigen Punkten unterschiedlicher Lichtintensität zusammen. Nacht- und dämmerungsaktive Insekten können ihre Facettenaugen durch Pigmentverschiebung an die schwachen Lichtverhältnisse anpassen, doch ist das Bild unschärfer als das der tagaktiven Arten. Viele Imagines und einige Larven tragen auf dem Kopf ausschließlich oder zusätzlich Punktaugen (Ocellen). Diese können nur zwischen hell und dunkel unterscheiden, spielen aber vermutlich eine wichtige Rolle bei der Steuerung saisonaler Verhaltensmuster. So steuern sie z. B. Futtersuche und Überwinterung. Farbensehen kommt in allen Insektenordnungen vor, einige können sogar ultraviolettes Licht wahrnehmen.

△ **Aus der Sicht einer Biene**
Um geeignete Bestäuber anzulocken, weisen Blüten oftmals bestimmte, ultraviolettes Licht reflektierende Farbmuster, sog. Saftmale, auf, die nur von Bienen und einigen anderen Arten wahrgenommen werden können. Das Foto wurde mit einem UV-empfindlichen Film aufgenommen.

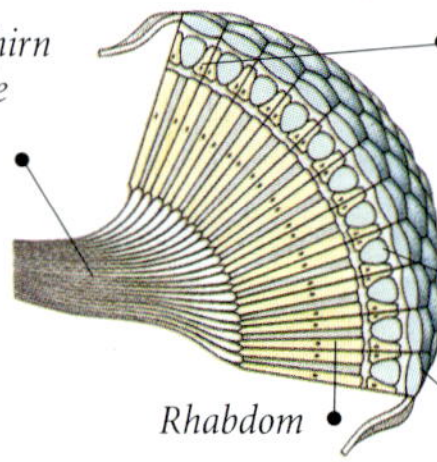

△ **Facettenauge**
Das Facettenauge eines Insekts besteht aus bis zu 30 000 Untereinheiten, den Ommatidien. Jedes Ommatidium leitet das Licht durch mehrere Linsen zu einer lichtempfindlichen, stabförmigen Struktur (Rhabdom), die aus den inneren Bereichen der Sehzellen besteht.

▽ **Die Augen eines Jägers**
Bei Nahrungssuche und Partnerwahl spielen die Augen eine wichtige Rolle. Jagende Insekten, die ihre Opfer im Flug erbeuten, weisen oftmals größere Augen mit höherer Schärfe auf als andere. Zuweilen ist bei ihnen der gesamte Kopf mit den Augen bedeckt. Auch Insekten, die sich in großen Schwärmen paaren, haben tendenziell größere Augen. Die Augen der Bremse (Abbildung) sind extrem groß und schillernd.

Fühlen, Riechen und Schmecken

Mit bestimmten Sinnesorganen, den Kontaktchemorezeptoren, finden die Insekten geeignete Eiablageplätze, prüfen die Nahrung oder folgen auf dem Boden markierten Pfaden. Diese Sinnesorgane befinden sich vor allem an den Mundwerkzeugen, Fühlern und Fußgliedern – Insekten schmecken also auch mit den Füßen. Die Fühler tragen zudem Geruchsrezeptoren, die über die Luft verbreitete chemische Reize wahrnehmen. Einige flüchtige Substanzen, die Pheromone, werden von den Insekten selbst erzeugt und dienen den unterschiedlichsten Zwecken, werden aber meist im Fortpflanzungsgeschehen eingesetzt. Sexuallockstoffe bringen z. B. weit voneinander entfernte Geschlechtspartner zusammen, wobei meist das Männchen die Lockstoffe aussendet und auf das Weibchen wartet. Haben sich die Partner gefunden, werden andere, die Paarung stimulierende Pheromone eingesetzt.

Ameisensprache

Insekten übermitteln sich auf vielerlei Arten gegenseitig Botschaften. Einige benutzen dazu Lichtsignale oder erzeugen Laute. Weit häufiger werden in der Kommunikation jedoch Geschmacks- und Berührungsreize eingesetzt. Ameisen (Abbildung) tauschen durch ausgiebiges Betrillern Informationen aus, z. B. welcher Kolonie sie angehören oder wo neue Futterquellen zu finden sind.

Das Gehör

Viele Insekten tragen auf ihrer Körperoberfläche Härchen, mit denen sie Erschütterungen, Luftströmungen, Berührungen und Schallwellen wahrnehmen können. Es sind z. T. aber auch spezifische Gehörorgane (Tympanalorgane) vorhanden, die sich je nach Insektengruppe an verschiedenen Stellen des Körpers befinden (Beine, Flügel, Hinterleib oder Fühler). Diese Sinnesorgane reagieren artspezifisch in einem Frequenzbereich von weit über 100 Hz (Schwingungen pro Sekunde) bis über 200 kHz. Zikadenmännchen können ein sehr lautes Zirpen erzeugen, das man noch in einer Entfernung von über 1 km hören kann; die Tympanalorgane liegen bei beiden Geschlechtern im Hinterleib.

Lauterzeugung oder Lautwahrnehmung spielen im Leben der Insekten eine wichtige Rolle. Sie können damit Geschlechtspartner anlocken oder finden, Beute aufspüren oder Feinden entgehen. Viele Nachtfalter, Gottesanbeterinnen, Florfliegen und zahlreiche andere Insekten besitzen ultraschallempfindliche Gehörorgane, mit denen sie die Ortungslaute von Fledermäusen wahrnehmen, auf die sie mit schneller Flucht reagieren.

„Ohren" an den Beinen

Hörorgane findet man an den verschiedensten Stellen des Insektenkörpers. Bei Heuschrecken befinden sie sich an den Schienen der Vorderbeine und liegen so in einem größeren Abstand zueinander, da der Körper einer Heuschrecke meist recht schmal ist. Die Position der „Ohren" ist wichtig für eine räumliche Wahrnehmung. Jedes Tympanalorgan ist bis auf zwei Schlitze von der Kutikula bedeckt und besteht aus einem Trommelfell, das gegen eine besondere akustische Trachee schwingt, die vom Bein zur Brust führt.

NAHRUNG UND ERNÄHRUNGSWEISE

Die Arthropoden haben sich in ihrer stammesgeschichtlichen Entwicklung zahlreiche Nahrungsquellen erschlossen, wobei sich Nahrungsspezialisten und -generalisten herausgebildet haben. Oftmals ernähren sich die Jugendstadien anders als die Imagines, die in einigen Fällen sogar keinerlei Nahrung mehr zu sich nehmen. Sie leben dann von den Reserven, die sie als Larven aufgebaut haben. Die Haupternährungsformen, die in diesem Buch mit einem bestimmten Symbol gekennzeichnet sind, werden nachfolgend näher erläutert.

Räuberische Arten

Als Nahrung dienen andere Tiere, die aktiv erbeutet und getötet werden. Obwohl es hierbei Spezialisten gibt, sind die meisten nicht auf bestimmte Beute festgelegt. Manchmal wird die Beute nicht selbst gefressen, sondern als Proviant für die Larven in die Nester eingetragen. Tierische Kost ist sehr gehaltreich und enthält alle wichtigen Proteine. Daher müssen räuberische Arten keine so großen Mengen an Nahrung aufnehmen wie Pflanzenfresser. Um sich den Angriffen von Räubern zu entziehen, entwickelten viele Arthropoden Dornen, Haare, Tarnfärbungen und Wehrsekrete.

Gottesanbeterin ▷
Die Fähigkeit zum Stereosehen erlaubt es der Gottesanbeterin, die Entfernung zur Beute genau abzuschätzen. Der Fangschlag selbst dauert weniger als 100 Millisekunden. Dabei wird die Beute zwischen den Dornen von Schenkel und Schiene unentrinnbar eingeklemmt.

Herbivore Arten

Pflanzenfresser ernähren sich von Blüten, Blättern oder Samen. Viele leben in den Pflanzen und fressen das sie umgebende Gewebe. Gallerzeuger lösen durch chemische Stoffe eine Wucherung des Pflanzengewebes (Galle) aus, in der sie fressen und sich entwickeln. Viele Arten haben saugende Mundwerkzeuge, um Pflanzensäfte oder den Inhalt von Pflanzenzellen aufzunehmen.

Raupen *Die Larven der Schmetterlinge sind wohl die bekanntesten Laubfresser. Mit ihren Brustbeinen und Afterfüßen halten sie sich an den Blättern fest.*

Saprophage Arten

Diese Tiere ernähren sich vorwiegend von faulenden organischen Stoffen. Man nennt sie daher auch Detritusfresser oder Zersetzer. Einige Arten bevorzugen pflanzliches Material, während andere als Aasfresser vor allem tierische Überreste zu sich nehmen. Da sich diese Unterschiede in der Praxis nicht immer genau trennen lassen und nur wenige Arten gänzlich von einer einzigen Kost leben, werden alle Tiere, die sich von toten Stoffen ernähren, in diesem Buch als saprophag bezeichnet.

Fungivore Arten

Fungivore Arten sind auf Pilznahrung spezialisiert und fressen sowohl die Fruchtkörper der Pilze als auch die verborgenen Pilzfäden (Hyphen). Typische Vertreter sind die Springschwänze und zahlreiche Käfer- und Fliegenlarven, die man in den Fruchtkörpern finden kann. Blattschneiderameisen und einige Termitenarten züchten sogar Pilze in speziellen Pilzgärten.

Haematophage Arten

Zecken, Flöhe, viele Fliegen und einige Wanzen benötigen zum Leben oder zur Eireifung Wirbeltierblut. Manche Insekten sind auf das Blut von Säugetieren spezialisiert, andere können ebenso Vögel oder Reptilien befallen. Die Stiche dieser Insekten führen oft zu juckenden Hautreizungen, die sich durch Kratzen entzünden können und dadurch gelegentlich sogar zum Tode führen. Die Hauptgefahr aber geht von den Krankheiten aus, die durch Insektenstiche auf Mensch oder Tier übertragen werden. Malaria, Gelbfieber oder die Flussblindheit sind solche durch Mikroorganismen verursachten Krankheiten, an denen Millionen von Menschen in den Tropen leiden. Bei uns sind die Zecken ernst zu nehmende Krankheitsüberträger.

Parasiten und Parasitoide

Parasiten sind Tiere, die sich meist von einem einzigen Wirtsorganismus ernähren, ohne ihn zu töten. Dies trifft auf viele Insekten zu, die Blut saugen oder an Haaren, Federn und Haut fressen, z. B. Flöhe und Läuse. Es gibt Außenparasiten (Ektoparasiten), die außen am Wirt fressen, und Innenparasiten (Endoparasiten), die im Innern des Wirts leben. In diesem Buch wird das gleiche Symbol auch für Parasitoide verwendet, die ihr Leben als Parasiten beginnen, aber am Ende ihren Wirt töten. Viele Wespen und Fliegen gehören zu dieser Gruppe. Parasitoide kann man auch als sehr spezielle Räuber ansehen.

Befallene Zikade *Diese Zikade (Membracidae, S. 98) ist von parasitischen Milben befallen. Besonders an den Gelenken und anderen dünnen Stellen der Kutikula durchstechen diese mit ihren Mundwerkzeugen die Haut der Zikade und ernähren sich von deren Blutflüssigkeit.*

Xylophage Arten

Die Hauptnahrung dieser Arten ist Holz. Einige fressen lebendes oder totes, andere ausschließlich verrottendes Holz. Durch den geringen Nährwert der Nahrung entwickeln sich viele Holzfresser nur sehr langsam. Symbiotische Mikroorganismen im Verdauungstrakt helfen vielen Arten, die zellulosehaltige Nahrung zu verdauen. Oft ist das Holz auch noch mit Pilzen und anderen Stoffen angereichert.

Die Totenuhr
Dieser Schädling gehört zu den Käfern und legt seine Eier in Holzspalten. Die Larven bohren sich später durch das Holz und benötigen einige Jahre bis zur Geschlechtsreife.

Koprophage Arten

Mit diesem Fachbegriff bezeichnet man Arten, die von den Exkrementen anderer Tiere leben. Einige Blatthornkäfer leben ausschließlich von Dung. In Afrika, wo zahlreiche pflanzenfressende Säugetiere vorkommen, nutzen Tausende von Dungkäfern die Hinterlassenschaften verschiedener Tiere, um ihre Larven auf unterschiedlichste Weisen damit großzuziehen. Viele Fliegen entwickeln sich ebenfalls im Dung.

Melliphage Arten

Abgesehen von den windbestäubten Gräsern sind die meisten Blütenpflanzen auf die Bestäubung durch Insekten angewiesen. Mit zuckerhaltigem Nektar und eiweißreichen Pollen versuchen die Pflanzen, die geeigneten Insekten anzulocken. Die Tiere sammeln diese Stoffe für die eigene Ernährung oder zur Verproviantierung ihrer Brut. Im Gegenzug werden die Pflanzen durch die Sammeltätigkeit bestäubt.

Pseudoplazentale Arten

Bei einigen lebend gebärenden Fliegen, z. B. der Tsetse-Fliege (S. 147), schlüpfen die Junglarven noch im Mutterleib aus dem Ei und werden in einem gebärmutterähnlichen Organ vom Sekret einer „Milchdrüse" ernährt. Die zur Ablage bereiten Altlarven füllen den gesamten Hinterleib der Mutter aus und verpuppen sich meist sofort nach ihrer Geburt.

VERHALTEN

Das Gehirn der Arthropoden ist relativ klein. Eine ausgewachsene Wanderheuschrecke z. B. besitzt nur ca. eine Million Nervenzellen, die die motorischen und sensorischen Funktionen des Körpers steuern; kleinere Insekten haben sogar noch weniger Nervenzellen. Dennoch zeigen Insekten erstaunlich hoch entwickelte Verhaltensweisen, die in ihrer Art der Bewegung, Feindvermeidung, Nahrungsaufnahme, Paarung und Brutpflege zum Ausdruck kommen.

Balz und Paarung

In der Regel geht der Eiablage bei den meisten Arthropoden eine Paarung der Geschlechtspartner voraus. Oftmals versammeln sich diese dazu an den Nahrungs- oder Eiablageplätzen. Zuweilen geht die Partnerfindung aber auch aktiver vor sich: Die Tiere locken sich dann gegenseitig durch Gesänge, Gerüche oder sogar Lichtsignale an. Die Balz stellt bei näherer Betrachtung ein sehr komplexes Verhaltensmuster dar. Flügel, Beine und Fühler werden in bestimmter Weise bewegt, Sexuallockstoffe werden abgegeben und Hochzeitsgeschenke (meist in Form von Nahrung) überreicht. Doch nicht alle Arten müssen sich paaren. Die Weibchen vieler Arthropoden können auch unbefruchtete Eier ablegen, aus denen sich die Nachkommen entwickeln. Diesen Prozess nennt man Jungfernzeugung oder Parthenogenese.

mit den vergrößerten, bezahnten Kiefern („Geweih“) wird der Gegner an der Brust gepackt

△ **Kämpfende Hirschkäfer** *Arthropodenweibchen sind oft sehr wählerisch, was unter den Männchen zu Konkurrenz und Rivalitäten führt. Die Abbildung zeigt zwei Hirschkäfermännchen im Kampf um die Gunst eines Weibchens. Der Gewinner wirft seinen Gegner meist vom Baumstamm herunter und paart sich dann mit dem Weibchen.*

das durch eine chemische Reaktion erzeugte Kaltlicht ist durch die transparente Kutikula sichtbar

△ **Lichtsignale** *Bei einigen Käfern, z. B. dem Großen Glühkäfer* (Lampyris noctiluca), *versuchen die Weibchen, arteigene Geschlechtspartner durch Lichtblitze anzulocken. Es gibt jedoch auch Weibchen, die artfremde Männchen täuschen, um sie dann zu fressen.*

Männchen bei der Übertragung von Sperma in das Speicherorgan des Weibchens

▷ **Kopulation** *Die Spermien werden bei vielen Arthropoden indirekt übertragen. Die meisten Insekten, z. B. der hier abgebildete Weichkäfer, müssen dazu jedoch kopulieren.*

Brutpflege

Elterliche Brutpflege ist bei Hundertfüßern, Spinnentieren und Insekten regelmäßig zu beobachten. Spinnenmütter hüllen ihre Eier in einen seidenen Kokon ein, tragen diesen mit sich herum oder bewachen ihn bis zum Schlupf der Jungen. Skorpione und nah verwandte Gruppen behüten ihre Eier und tragen die Jungtiere später auf ihrem Rücken. Bei den Insekten ist normalerweise das Weibchen für die Pflege der Nachkommen verantwortlich, doch kann bei einigen Familien auch das Männchen daran beteiligt sein.

Wache bei Fuß *Einige Wanzenarten beschützen ihre Nymphen und führen sie sogar an geeignete Futterplätze. Das abgebildete Weibchen wacht auf einem Birkenblatt über seine Nachkommen.*

Strategien der Selbstverteidigung

In erster Linie sind Arthropoden durch ihre harte oder ledrige Kutikula geschützt. Durch spitze Dornen und Fortsätze, z. B. Warzen und Höcker, sowie durch die Möglichkeit zur Einrollung wird der Schutz durch das Außenskelett noch verstärkt. Kiefer und Beine sind wirkungsvolle Waffen bei der Feindabwehr – eine Wanderheuschrecke kann durch einen Tritt mit den Hinterbeinen den meisten Angreifern Wunden zufügen. Solch eine mechanische Abwehr kann durch erzeugte Laute und die Absonderung übelriechender oder giftiger Wehrsekrete noch unterstützt werden. Viele Wanzen geben z. B. ein stark riechendes Sekret aus den Stinkdrüsen ihrer Brust ab. Saftsaugende Schnabelkerfe, z. B. Blattläuse, umgeben sich oft mit „Leibwächtern", namentlich mit Ameisen: Diese ernähren sich von den zuckerhaltigen Ausscheidungen (Honigtau) der Blattläuse und beschützen die im Gegenzug vor Feinden. Die schrillen Warnfarben einiger Arthropoden signalisieren Feinden nicht selten ihre Giftigkeit. Gelegentlich werden auch Augenflecke und andere grell gefärbte Körperbereiche im Drohverhalten eingesetzt.

△ **Giftige Stacheln** *Giftige Stoffe werden entweder vom Körper selbst hergestellt oder über die Nahrung aus giftigen Pflanzen aufgenommen. Diese Gifte werden oft in Körperanhängen gespeichert.*

△ **Warnfarben** *Grelle, kontrastreiche Warnfarben weisen Feinde auf chemische Abwehrmechanismen hin. Einige ungiftige Arten nutzen diesen Effekt, indem sie solche Farben imitieren.*

◁ **Tarnung** *Viele Insekten können sich farblich ihrer Umgebung anpassen oder gleichen toten Blättern, Stöckchen, Dornen, Vogelkot oder Steinen. Einige ahmen auch gefährlichere Arten nach.*

SOZIALE INSEKTEN

Die meisten Arthropoden leben solitär, ihre Kontakte mit den Artgenossen beschränken sich einzig auf die Paarung. Daneben kommen gesellige Arten vor, die sich in kleinen Gruppen zu Schutz- oder Fressgemeinschaften zusammenfinden. Bei allen sozialen Insekten (Termiten, Ameisen, einige Wespen und Bienen) leben viele Generationen in einer Kolonie, in der mehrere Mitglieder gemeinschaftlich an der Aufzucht der Brut beteiligt sind und eine ausgeprägte Arbeitsteilung zeigen.

Soziale Wespen und Bienen

Bei diesen staatenbildenden Insekten steht ein fortpflanzungsfähiges Weibchen (Königin), das auch die Gründerin des Staates ist, im Mittelpunkt der Kolonie. Eine Königin legt einige Eier und versorgt die geschlüpften Larven, aus denen (sterile) Arbeiterinnen werden, zunächst selbst. Mit dem Wachsen der Kolonie überlässt sie Nestbau, Verteidigung und Jungenaufzucht den Arbeiterinnen. Eine begattetete Königin ist in der Lage das Geschlecht ihrer Nachkommen zu bestimmen. Aus befruchteten Eiern entstehen Weibchen, aus unbefruchteten Männchen.

◁ **Bienenstock** *Die hängenden Waben in einem Bienenstock bestehen aus sechseckigen Wachskammern, in denen die Jungen großgezogen werden und Honig gespeichert wird.*

△ **Wespennest** *Faltenwespen, z. B. die Hornissen, bauen freiliegende oder unterirdische Nester aus Papier, das sie aus zerkauten Holzfasern herstellen. Die horizontalen Waben enthalten die Larven.*

Insektenwanderungen

Einige Insekten unternehmen regelmäßig Wanderungen, um geeignete Futter- und Eiablageplätze aufzusuchen. Treiberameisen (S. 184) und schwarmbildende Arten, z. B. die Wanderheuschrecke, *Locusta migratoria* (Acrididae, S. 64), sind gute Beispiele für wandernde Insekten. Die längsten Entfernungen legt jedoch der Distelfalter, *Cynthia cardui*, aus der Familie der Fleckenfalter (S. 174) zurück. Seine Route von Nordafrika bis Island ist ca. 6440 km lang.

Langstreckenzieher
Der Monarch (Danaus plexippus), *ein Wanderfalter, zieht aus den Überwinterungsgebieten in Mexiko bis nach Nordamerika und Kanada.*

Ameisen

Diese individuenreichen, staatenbildenden Insekten sind wichtige Bestandteile terrestrischer Ökosysteme. In den meisten Lebensräumen geht von ihnen der größte Räuberdruck aus. Ameisenkolonien können aus wenigen bis hin zu zehn Millionen Individuen bestehen und setzen sich gewöhnlich aus Weibchen- (Königinnen), Männchen- und Arbeiterkasten zusammen. Letztere beinhalten sterile, flügellose Weibchen, die unterschiedlichste Aufgaben wahrnehmen, z. B. als Soldaten oder Futtersammler. Die Geschlechtstiere sind in der Regel geflügelt. Meist stirbt das Männchen nach der Paarung, das Weibchen wirft dagegen seine Flügel ab und gründet einen neuen Staat. Die spätere Kastenzugehörigkeit wird über die Larvennahrung bestimmt. Arbeiterinnen enstehen durch eiweißarme, Königinnen durch eiweißreiche Kost. Die Köpfe und Kiefer der Soldaten sind oftmals art- und kastenspezifisch gestaltet, sodass mit ihnen z. B. Samen geknackt oder Feinde vertrieben werden können.

△▽ **Blattschneiderameisen**
*In Zentral- und Südamerika können sich die Blattschneiderameisen (*Atta*-Arten) zu enormen Pflanzenschädlingen entwickeln. Ihre unterirdischen Nester werden bis zu einer Tiefe von 5 m angelegt und umfassen Millionen von Arbeiterinnen.*

Termiten

Im Gegensatz zu vielen anderen Insekten können Termiten Zellulose verdauen. In manchen tropischen Regionen der Erde treten sie in so ungeheuer großer Zahl auf, dass ihnen bis zu einem Drittel der jährlich anfallenden Biomasse an Totholz, Blättern und Gräsern zum Opfer fallen kann. Die Termiten leben in überdauernden Staaten, die durch ein ausgeprägtes Kastensystem gekennzeichnet sind. In der Regel verfügt jede Kolonie über eine Königin, einen König und einige weitere fruchtbare Männchen. Stirbt die Königin, können Ersatzgeschlechtstiere entstehen, die die Fortpflanzung übernehmen. Die Soldatenkaste setzt sich aus sterilen Männchen und Weibchen zusammen. Zumindest bei den niederen Termiten bestehen die Arbeiter aus den Jugendstadien. Sie bauen das Nest, gehen auf Futtersuche und pflegen die Brut.

Termitennest
Die Termitennester sind artspezifisch verschieden und variieren von kleinen Nestern bis hin zu riesigen unter- oder oberirdischen Anlagen.

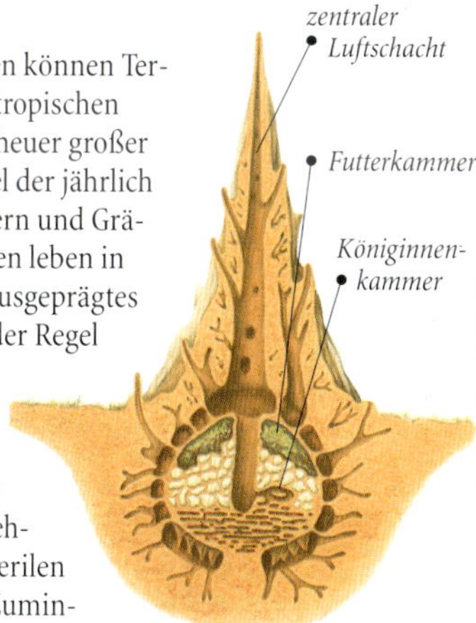

Ein Nest von Innen
Viele größere Termitennester sind so gebaut, dass sie einen steten Luftaustausch gewährleisten. Auf diese Weise wird die Temperatur im Innern bis auf 1 °C genau konstant gehalten und verbrauchte, kohlendioxidhaltige Luft nach außen abgeführt.

LEBENSRÄUME

Die Insekten und die übrigen landlebenden Arthropoden haben erfolgreich den gesamten Erdball besiedelt und kommen ebenso in schneebedeckten Gebirgen wie in heißen Wüsten vor. Allerdings sind sie nicht gleichmäßig über die Erde verteilt. Abgesehen von einigen antarktischen Milben- und kleinen Mückenarten sowie einigen arktischen Stechmücken nimmt die Anzahl der Arthropoden zu den Polen hin ab. Je näher man jedoch dem Äquator kommt, desto vielfältiger wird die Arthropodenfauna – sowohl in der Individuen- als auch in der Artenzahl.

Überlebensstrategien

Die Tatsache, dass sie in ihrer natürlichen Umwelt bestehen können, haben die Arthropoden u. a. ihrer relativ geringen Größe, der schützenden Kutikula sowie ihrer enormen Fortpflanzungsrate (S. 14) zu verdanken. Daneben haben viele Arten besondere Überlebensstrategien entwickelt. Einige fallen in eine Starre, wenn die Umweltbedingungen zu heiß oder zu trocken sind; andere, die in winterkalten Gebieten leben, besitzen die Fähigkeit zur Überwinterung. Von manchen Insekten – vor allem von Ameisen – ist bekannt, dass sie noch bei Temperaturen von über 65 °C aktiv sind. Im Gegensatz dazu können andere Arten extremer Kälte widerstehen und überleben sogar Temperaturen von -40 °C.

Schutz

Säugetiere und Vögel schienen lange Zeit die einzigen schutzbedürftigen Tiere zu sein. Mit der wachsenden Kenntnis über die lebenswichtige Rolle, die die Insekten im weltweiten Ökosystem spielen, ändert sich diese Ansicht mehr und mehr. Inzwischen sind einige seltene Insekten durch internationale Abkommen geschützt, und viele Länder beginnen diesen Schutz gesetzlich zu verankern. Vorrangig gilt es jedoch, die Lebensräume dieser Tiere vor der Zerstörung zu bewahren – alles andere regeln sie dann ganz allein.

Gebirge
Gebirgsbewohnende Arten sind an kalte, feuchte und windige Bedingungen angepasst. Da der Pflanzenbewuchs mit zunehmender Höhe immer spärlicher wird, nimmt die Artenzahl der Arthropoden entsprechend ab.

Steinfliege

Tropische Regenwälder
Dieser üppige, feuchte Lebensraum bedeckt nur einen winzigen Teil der Erdoberfläche (ca. sechs Prozent). Es wird jedoch angenommen, dass dort ca. 50 Prozent aller Arthropodenarten leben.

Ritterfalter

Wälder der gemäßigten Breiten
Obwohl diese Wälder nicht so üppig sind, weisen sie eine reichhaltige und mannigfaltige Fauna auf. Fruchtbarer Boden, große Laubbäume, eine dichte Laubstreuschicht und verrottendes Holz bieten den Arthropoden ideale Lebensbedingungen.

Trichterspinne

Wiesen
Zahlreiche Insektenarten leben auf Wiesen. Durch eine intensive Bewirtschaftung nimmt die Artenvielfalt allerdings stark ab.

Weichwanze

Savanne
Die Kronen der locker verteilt stehenden Bäume in den tropischen Steppen beherbergen eine mannigfaltige Arthropodenfauna, die vor allem reich an Ameisen und Termiten ist. Durch Überweidung sind viele Arten bedroht.

Brackwespe

Höhlen und Wüsten
Höhlenbewohnende Arten sind an hohe Luftfeuchtigkeit und das Leben in totaler Finsternis angepasst. Viele von ihnen sind blind und flügellos. Wüstenbewohner können große Temperaturunterschiede und Trockenheit ertragen.

Skorpion

Süßwasser
Diese Lebensräume beherbergen eine einzigartige Arthropodenfauna. Nur ca. fünf Prozent der Insektenarten verbringen – zumindest in einem Entwicklungsstadium – ihr Leben im Wasser. Durch ihren Individuenreichtum sind sie ein wichtiger Teil der Nahrungskette im Süßwasser.

Ruderwanze

Meeresküsten
Felsen, Dünenvegetation und faulender Strandaufwurf bieten vielen Insekten eine Lebensgrundlage. Käfer und Fliegen sind hier sehr zahlreich vertreten. Einige Arten sind sogar an eine zeitweilige Überflutung angepasst.

Assel

Städte und Gärten
Viele Arthropoden gedeihen inmitten menschlicher Besiedlungen. Einige haben sich in Wohnungen eingenistet, andere bevorzugen Abfälle. Ein Garten kann für zahlreiche Arthropoden ein naturnahes Rückzugsgebiet sein.

Hummel

INSEKTEN BEOBACHTEN

Aus Bestimmungsbüchern kann man eine ganze Menge über Insekten lernen. Um jedoch wirklich etwas von ihrem oft verborgenem Leben zu erfahren, sollte man sich die Mühe machen, sie hautnah zu erleben. Es gibt keinen Ersatz für geduldiges Beobachten. Wenn Sie genau wissen möchten, wie eine Spinne ihr Netz spinnt, dann schauen Sie dem Tier am besten einfach zu. Insekten sind unendlich faszinierend, nehmen Sie sich daher ruhig die Zeit und beobachten Sie ihr geschäftiges Treiben.

Was man braucht

Zum Beobachten von Insekten ist es meist nicht notwendig, sich eine teure Ausrüstung anzuschaffen. Verschiedene Insektenkescher kann man einfach selbst herstellen (S. 35). Unten sind einige Dinge aufgelistet, die man benötigt oder die recht hilfreich sein können:

- Lupe mit geringer Vergrößerung und eine starke Handlupe (mindestens zehnfach), um aus nächster Nähe beobachten zu können.
- Kamera, Notiz- und Zeichenblock zum Festhalten seiner Beobachtungen.
- Metermaß und Stoppuhr, um Lauf- oder Fluggeschwindigkeiten zu ermitteln.
- Sieb zum Durchsieben von Laubstreu oder Bodenproben.
- Ein Exhaustor (S. 35) ist erforderlich, wenn man kleine Insekten fangen möchte, ohne sie zu beschädigen.
- Gummistiefel, Kescher und einige Plastikbehälter, um aquatische Insekten zu fangen.

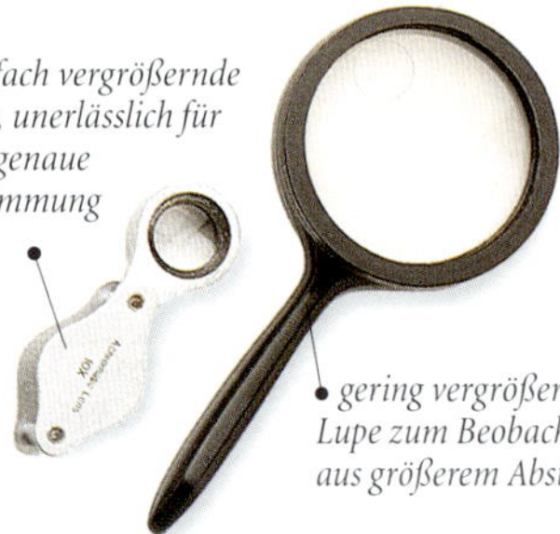

zehnfach vergrößernde Lupe, unerlässlich für eine genaue Bestimmung

gering vergrößernde Lupe zum Beobachten aus größerem Abstand

Insekten bestimmen

Die Ordnung eines Insekts genau zu bestimmen sollte mit etwas Übung kein Problem darstellen. Die Art zu bestimmen ist naturgemäß um einiges schwieriger. Neben leicht zu unterscheidenden Arten gibt es viele, die sich sehr ähnlich sehen. Solche Arten kann man meistens nur anhand winziger Merkmale – die man dann nur mit einer Handlupe erkennen kann – unterscheiden.

Spiegelreflexkamera mit Tragegurt

Makroobjektiv für Nahaufnahmen

auf Blüten kann man Insekten sehr gut fotogafieren

Fotografieren

Ideal ist eine Spiegelreflexkamera mit einem 50-mm- oder 100-mm-Makroobjektiv. Viele Zoomobjektive mit Makroeinstellung bringen in der Regel bei kleinen Insekten keine guten Ergebnisse. Gegebenenfalls müssen Sie ein Blitzgerät verwenden, um den Bildbereich gut auszuleuchten.

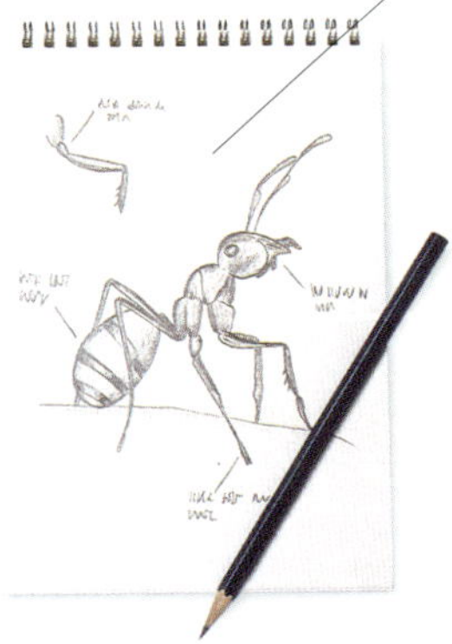

Feldbuch mit blanken Seiten (für Zeichnungen) und Linien (für Notizen)

Insekten zeichnen

Die beste Art, das Gesehene festzuhalten, sind Zeichnungen. Man lernt dabei sehr gut, genau zu beobachten. Vergessen Sie nicht, auch die Fundortangaben (wann, wo und unter welchen Umständen) mit aufzuzeichnen.

Wie man Insekten fängt

Schnelle Insekten muss man mit geeigneten Geräten fangen. Je nachdem, ob die Tiere fliegen, schwimmen oder krabbeln, benötigt man dazu Netze (Schmetterlingsnetz, Kescher für aquatische Arten etc.) oder einen Exhaustor. Erfolg bieten auch Fallen, die mit geeigneten Ködern bestückt werden können. In den Tropen kann man viele Insekten, z. B. Schmetterlinge, mit faulenden Früchten anlocken; Dungfallen sind für viele Käfer unwiderstehlich. Mit faulendem Fisch kann man überall Fliegen und parasitoide Wespen fangen. Möchte man die Besiedlungsdichte einer Art in einem bestimmten Gebiet mit der eines anderen Ortes vergleichen, sollte man immer mit der gleichen Methode arbeiten. Stellen Sie z. B. sicher, dass die Untersuchungsflächen gleich groß sind, benutzen Sie die gleiche Anzahl von Fallen oder sieben Sie das gleiche Volumen Laubstreu.

Exhaustor
Mit einem Exhaustor kann man kleine Insekten aus einer Klopffalle sicher durch einen Schlauch in einen Auffangbehälter saugen.

Klopffalle
Insekten kann man von Sträuchern oder Bäumen herunterschütteln oder -klopfen und mit einem darunter aufgespannten weißen Tuch oder Kleidungsstück auffangen.

Schmetterlingsnetz
Solch ein Netz sollte aus feinmaschiger Gaze hergestellt sein. Es kann zum Fang aller fliegenden Insekten verwendet werden. Das abgebildete Netz hat einen ausziehbaren Stiel.

Bodenfallen
Mit diesen Fallen fängt man bodenbewohnende Insekten und andere Arthropoden. Man vergräbt ein Plastikgefäß einfach so in den Boden, dass die Öffnung ebenerdig liegt.

Insekten im Garten

Ein naturnaher Garten mit dichtbewachsenen Bereichen zieht sehr viel mehr Tiere an als ein steriler, gepflegter Rasen. Das wichtigste an einem Naturgarten ist die Vielfalt: zahlreiche Kleinstlebensräume bieten die Grundlage für verschiedene Insektengemeinschaften und andere Tiere.
Entfernen Sie bei der Gartenpflege nicht alle für Insekten reizvolle Pflanzen. Lassen Sie Pflanzen und Holz auch einmal an Ort und Stelle verrotten und legen Sie einen Komposthaufen an, in dem Sie die pflanzlichen Küchen- und Gartenabfälle sammeln. Sehr viele Arten leben in faulenden Pflanzenstoffen, und der Garten wird im Gegenzug vom Kompost profitieren. Durch Anpflanzung nektarreicher Blumen, z. B. Lavendel, können Sie zahlreiche Schmetterlinge, Schwebfliegen und Bienen anlocken. Wichtig ist allerdings, dass Sie keine Insektenvertilgungsmittel im Garten einsetzen.

Einen naturnahen Bereich gestalten *Ein Teich, der von Pflanzen umgeben wird, ist ideal, um sich ein Stück Natur in den Garten zu holen, und bietet auch zahlreichen Arthropoden Unterschlupf. Sollten Sie solch einen Teich anlegen, wird die Besiedlung mit aquatischen Insekten nicht lange auf sich warten lassen.*

BESTIMMUNGSSCHLÜSSEL

Mithilfe dieses Schlüssels können Sie die Arten bis auf die Stufe der systematischen Ordnungen bestimmen. Als Erstes beantworten Sie bitte die Fragen in Schlüssel 1 und 2. Dies führt Sie dann entweder direkt oder über den Bildbestimmungsschlüssel drei bis sechs zum Katalog der Familien und Arten, der den Hauptteil des Buches bildet. In den meisten Fällen wird eine genaue Untersuchung der Tiere mit einer Handlupe notwendig sein.

Schlüssel 1: Landlebende Arthropoden

Sind Beine vorhanden?
In diesem Schlüssel sind mit Beinen vorwiegend Laufbeine gemeint.

Nein

Es könnte sich um eine Insektenlarve oder -puppe handeln. Auch andere wirbellose Tiere, die nicht in diesem Buch behandelt werden, kämen in Frage.

Ja

Wie viele Beinpaare?
Sehen Sie genau hin. Bei kleinen Arten müssen Sie gegebenenfalls eine Lupe verwenden.

3 Paar

Insekten
Weiter mit Schlüssel 2 (S. 37)

4 Paar

Spinnentiere
Weiter mit Schlüssel 6 (S. 44–45)

7 Paar

Asseln (Isopoda)
- *5–15 mm lang*
- *sieben Hauptkörpersegmente (sechs kleinere, endständige Segmente)*
- *gegebenenfalls mit Kugelungsvermögen*

S. 212

8 oder mehr Paar

Wenigfüßer
(Pauropoda)
- *weniger als 2 mm lang*
- *blind*
- *weichhäutig*

S. 238

Zwergfüßer
(Symphyla)
- *1–8 mm lang*
- *blind*
- *weichhäutig*

S. 239

Doppelfüßer
(Diplopoda)
- *5–300 mm lang*
- *je Segment (ab dem vierten) mit zwei Beinpaaren*

S. 242

Hundertfüßer
(Chilopoda)
- *5–250 mm lang*
- *ein Beinpaar je beintragendes Segment*
- *erstes Beinpaar zu Giftzangen umgebildet*

S. 240

Schlüssel 2: Insekten

Sind Flügel vorhanden?
Sehen Sie genau hin: Flügel können sehr klein oder unter Flügeldecken verborgen sein.

Ja

Geflügelte Insekten
Weiter mit Schlüssel 4 (S. 40–43)

Nein

Insekten im weiteren Sinne
Diese kleinen, sechsbeinigen Gliederfüßer sind sehr ursprünglich. Sie unterscheiden sich von den eigentlichen Insekten durch die Mundwerkzeuge.

Insektenlarve
Vielleicht ist es kein geschlechtsreifes Insekt. In vielen Ordnungen sehen die Larven wie kleine Imagines aus, haben aber keine Flügel oder Genitalien.

Flügellose Insekten
Es könnte eine flügellose Insektenimago sein. Weiter mit Schlüssel 3 (S. 38–39)

Springschwänze (Collembola)
- *nicht länger als 5 mm*
- *oft im Besitz einer Sprunggabel (Furcula), die unter den Hinterleib geklappt werden kann*
- *länglicher oder kugeliger Körper*

S. 207

Doppelschwänze (Diplura)
- *5–50 mm lang*
- *blind*
- *Hinterleibsende trägt faden- oder zangenartige Anhänge*

S. 211

Beintastler (Protura)
- *weniger als 2 mm lang*
- *blind*
- *weißlich*
- *weichhäutig*
- *kurze oder fehlende Fühler*
- *spitzer Kopf*

S. 210

Schlüssel 3: Flügellose Insekten

Einige Insekten sind stets flügellos, z. B. Flöhe und Läuse sowie die urtümlichen Fischchen und Felsenspringer. Auch kommen flügellose oder stummelflügelige Arten in Ordnungen vor, deren Vertreter meist voll entwickelte Flügel besitzen. Inselarten und Höhlenbewohner sind oft flügellos. Beachten Sie, dass ein flügelloses Insekt immer auch die Jugendform eines geflügelten sein kann.

Immer flügellos

Flöhe (Siphonaptera)
- *1–8 mm lang*
- *brauner, seitlich zusammengedrückter Körper*
- *häufig auf Tieren oder in Nestern*
- *sehr gutes Sprungvermögen*

S. 135

Läuse (Phthiraptera)
- *1–10 mm lang*
- *abgeflachter Körper*
- *kommt an Haaren und Federn der Wirtstiere vor*
- *kleine oder fehlende Augen*
- *Beine zum Festklammern an den Wirt umgestaltet*

S. 83

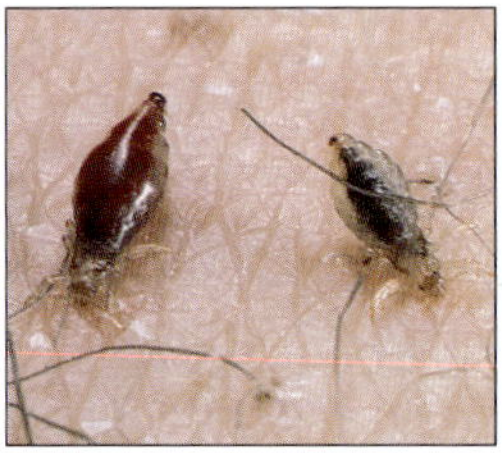

Fischchen (Zygentoma)
- *2–20 mm lang*
- *drei Schwanzfäden*
- *Hinterleibssegmente tragen bauchseits kleine Fortsätze*
- *kleine Augen, berühren einander nicht*
- *ohne Sprungvermögen*

S. 47

Felsenspringer (Archaeognatha)
- *7–15 mm lang*
- *drei Schwanzfäden*
- *Hinterleibssegmente tragen kleine Fortsätze*
- *Augen berühren einander*
- *buckeliger Körper*
- *mit Sprungvermögen*

S. 46

Überwiegend flügellos

Termiten (Isoptera)
- *3–20 mm lang*
- *weißlicher Körper*
- *leben in Kolonien*

S. 78

Manchmal flügellos

Bienen, Wespen und Ameisen (Hymenoptera)
- *0,5–70 mm lang*
- *oft deutliche Wespentaille*
- *viele leben in Kolonien*
- *nicht selten mit Wehrstachel*

S. 178

Stab- und Gespenstheuschrecken (Phasmatodea)
- *10–300 mm lang*
- *stabförmiger Körper*
- *weit voneinander getrennte Beine*

S. 66

Staub- und Rindenläuse (Psocoptera)
- *1–9 mm lang*
- *gedrungener, weicher Körper*
- *großer Kopf mit aufgeblähtem Vorderkopf*
- *hervorstehende oder zurückgebildete Augen*

S. 81

Schnabelkerfe *(Hemiptera)*
- *1–100 mm lang*
- *Mundwerkzeuge bilden eine dünne oder kurze Röhre unter dem Kopf*
- *Fühler mit weniger als zehn Segmenten*

S. 85

Schnabelfliegen *(Mecoptera)*
- *2–5 mm lang*
- *Kopf bildet einen nach unten gerichteten Schnabel*

S. 133

Fransenflügler *(Thysanoptera)*
- *0,5–12 mm lang*
- *länglicher Körper*
- *große Facettenaugen*

S. 101

Zweiflügler *(Diptera)*
- *0,5–4 mm, selten länger*
- *sehr kleine Vorderbrust*
- *reduzierte Hinterflügel (Schwingkölbchen) oft noch vorhanden*

S. 136

Kleinschmetterlinge *(Lepidoptera)*
- *mit Schuppen bedeckter Körper*
- *Saugrüssel normalerweise spiralig eingerollt*

S. 158

Schlüssel 4: Geflügelte Insekten

Die hier aufgeführten Ordnungen umfassen Insekten, die überwiegend geflügelt sind; in einigen Gruppen kommen jedoch durchaus auch ungeflügelte Arten vor. So weisen einige Schnabelkerfe und Käfer keine Flügel auf. Manchmal sind die Flügel aber auch sehr klein oder verborgen. Neben Form und Färbung der Flügel kann auch die Flügelhaltung zur Bestimmung beitragen.

In allen Lebensräumen vertreten

Schmetterlinge (Lepidoptera)
- *Flügelspannweite 3–30 mm*
- *Körper und Flügel mit Schuppen bedeckt*
- *meist spiralig eingerollter Saugrüssel*
- *lange und fadenförmige Fühler*

S. 158

Zweiflügler (Diptera)
- *0,5–60 mm lang*
- *nur ein Paar Flügel (Hinterflügel zu Schwingkölbchen umgebildet; gelegentlich schwer zu erkennen)*
- *sehr kleine Vorderbrust*

S. 136

Achtung: *Sehen Sie genau hin: Die Vorder- und Hinterflügel könnten durch Häkchen oder Härchen miteinander verbunden sein. Wenn dies der Fall ist, handelt es sich bei der Art um einen Hautflügler* (S. 178).

Käfer (Coleoptera)
- *bis 180 mm lang*
- *Vorderflügel zu festen Elytren (Flügeldecken) umgestaltet*
- *Elytren manchmal kurz, sodass ein Teil des Hinterleibes unbedeckt bleibt*

S. 109

Bienen, Wespen und Ameisen (Hymenoptera)
- *0,25–70 mm lang*
- *oft deutlich abgesetzte Wespentaille*
- *Vorderflügel breiter oder länger als die Hinterflügel*
- *Flügel im Flug durch Häkchen verbunden*
- *viele leben in Kolonien*

S. 178

Schnabelkerfe (Hemiptera)
- *1–100 mm lang*
- *Mundwerkzeuge bilden eine dünne oder kurze Röhre unter dem Kopf*
- *Vorderflügel länger als die Hinterflügel*
- *gelegentlich Stinkdrüsen*

S. 85

Achtung: *Sehen Sie genau hin: bei einigen Arten sind die Mundwerkzeuge manchmal nur schwer zu erkennen.*

Vorkommen hauptsächlich an Süßgewässern

Eintagsfliegen (Ephemeroptera)
- *5–40 mm lang*
- *große, dreieckige Vorderflügel, aufrecht getragen*
- *Hinterleib trägt zwei oder drei Schwanzfäden*

S. 48

Libellen (Odonata)
- *40–150 mm lang*
- *zylindrischer und langer Hinterleib*
- *große Augen*
- *Flügel etwa gleich groß*
- *nach hinten gerichtete Brustsegmente*

S. 51

Köcherfliegen (Trichoptera)
- *2–40 mm lang*
- *schlanker schmetterlingshafter, mit Härchen bedeckter Körper*
- *lange und fadenförmige Fühler*

S. 156

Steinfliegen (Plecoptera)
- *3–50 mm lang*
- *Flügel über dem Körper zusammengelegt*
- *häufig zwei Schwanzfäden*
- *hervorstehende Augen*
- *Hinterflügel meist breiter als die Vorderflügel*

S. 56

Schlammfliegen und Verwandte (Megaloptera)
- *10–150 mm lang*
- *in Ruhe werden die Flügel dachförmig über dem Körper getragen*
- *Flügel lang und etwa gleich groß*
- *weichhäutiger Hinterleib*

S. 103

Schlüssel 4: Geflügelte Insekten (Fortsetzung)

Weitere Geflügelte Insekten

Termiten (Isoptera)
- *3 – 20 mm lang*
- *Flügel mit Längsadern, nur schwache Queradern*
- *nur die Geschlechtstiere besitzen Flügel; nach dem Paarungsflug werden diese abgeworfen*
- *sehr kurze Schwanzfäden*
- *leben in Kolonien*

S. 78

Kamelhalsfliegen (Raphidioptera)
- *6 – 30 mm lang*
- *in Ruhe werden die Flügel dachförmig über dem Körper getragen*
- *Kopf und Vorderbrust verlängert*

S. 104

Florfliegen und Verwandte (Planipennia)
- *2 – 90 mm lang*
- *in Ruhe werden die Flügel dachförmig über dem Körper getragen*
- *netzartige Flügeladerung*

S. 105

Staub- und Rindenläuse (Psocoptera)
- *1 – 9 mm lang*
- *gedrungener, weichhäutiger Körper*
- *von vorn betrachtet buckelig*
- *Kopf groß mit aufgeblähtem Vorderkopf*
- *hervorstehende oder zurückgebildete Augen*

S. 81

Springschrecken (Saltatoria)
- *5 – 150 mm lang*
- *ledrige, derbe Vorderflügel*
- *oft vergrößerte Hinterbeine*
- *sattelartiges Pronotum*
- *Lauterzeugung mithilfe der Flügel oder Beine*

S. 60

Schaben (Blattodea)
- *3 – 100 mm lang*
- *flacher und ovaler Körper*
- *schildförmiges Pronotum bedeckt oftmals den Kopf*
- *derbe Vorderflügel*
- *häutige Hinterflügel*

S. 74

Stab- und Gespenstheuschrecken (Phasmatodea)
- *10 – 300 mm lang*
- *stab- oder blattähnlicher Körper*

- *weit voneinander getrennte Beine*

S. 66

Fangheuschrecken (Mantodea)
- *8–150 mm lang*
- *Vorderbeine zu Fangbeinen umgestaltet*
- *verlängerte Vorderbrust*
- *derbe Vorderflügel*
- *große, häutige Hinterflügel*

S. 71

Ohrwürmer (Dermaptera)
- *5–50 mm lang*
- *Hinterleib trägt zangenartige Greifer*
- *länglicher, abgeflachter Körper*
- *harte Vorderflügel*
- *Hinterflügel in Ruhe zusammengefaltet*
- *teleskopartig beweglicher Hinterleib*

S. 69

Schnabelfliegen (Mecoptera)
- *3–30 mm lang*
- *Kopf bildet einen nach unten gerichteten Schnabel*
- *Flügel etwa gleich groß*

S. 133

Schlüssel 5: Sonstige Ordnungen

Einige Insekten sind sehr klein oder leben versteckt, sodass man sie in der Natur kaum sieht. Die Weibchen bestimmter Arten leben sogar dauerhaft im Körper eines Wirtsinsekts.

Tarsenspinner (Embioptera)
- *3–20 mm lang*
- *erstes Fußglied der Vorderbeine verdickt*
- *leben gesellig in seidenen Gespinsten*

S. 77

Fächerflügler (Strepsiptera)
- *bis 4 mm lang*
- *Weibchen sind flügellos und leben in anderen Insekten*
- *Männchen besitzen fächerartige Flügel und auffallende Augen*

S. 132

Weibchen

Männchen

Bodenläuse (Zoraptera)
- *weniger als 5 mm lang*
- *termitenähnlich*
- *geflügelt oder ungeflügelt*

S. 80

Grillenschaben (Notoptera)
- *12–30 mm lang*
- *leben in den kalten Regionen im westlichen Nordamerika und in Ostasien*

S. 59

Schlüssel 6: Spinnentiere

Spinnentiere sind flügellose Arthropoden mit vier Paar Laufbeinen. Trotz ihrer Unterschiede sind die einzelnen Ordnungen recht einfach zu bestimmen. Alle Webspinnen haben Spinndrüsen, einige können sogar an ihren Netzen erkannt werden. Skorpione sind durch ein Paar kräftige Scheren und den beweglichen, Giftstachel tragenden „Schwanz" gekennzeichnet. Pseudoskorpione gleichen zwar den echten Skorpionen, sind aber durch ihre Kleinheit und das Fehlen des „Schwanzes" von diesen

Webspinnen (Araneae)
- *bis 90 mm lang*
- *recht kurze Pedipalpen*
- *erstes Laufbeinpaar etwa so lang wie die übrigen*
- *Hinterleib nicht gegliedert, trägt Spinndrüsen*

S. 228

Geißelspinnen (Amblypygi)
- *bis 45 mm lang*
- *insgesamt gedrungen, breiter Vorderkörper*
- *große, bedornte Pedipalpen*
- *erstes Laufbeinpaar extrem verlängert*

S. 220

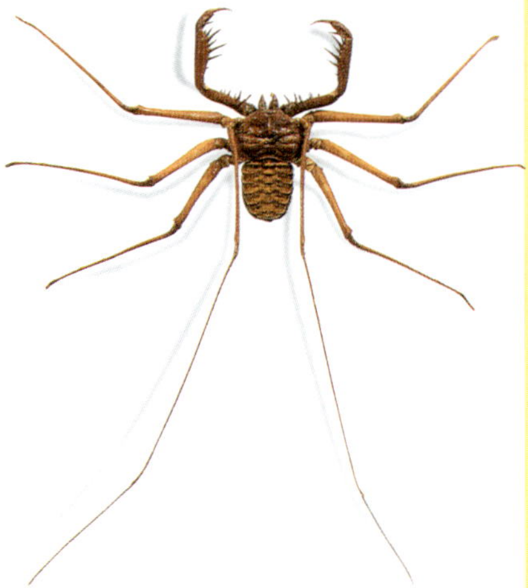

Walzenspinnen (Solifugae)
- *bis 70 mm lang*
- *beinähnliche Pedipalpen*
- *große, nach vorn gerichtete Chelizeren*

S. 217

Weberknechte (Opiliones)
- *bis 150 mm lang*
- *sechsgliedrige Pedipalpen*
- *Beine normalerweise lang und dünn*
- *gegliederter Hinterleib (nicht immer erkennbar)*

S. 221

unterschieden. Geißelskorpione wiederum besitzen eine lange Schwanzgeißel, während bei den Geißelspinnen das erste Beinpaar geißelartig verlängert ist. Zecken und Milben sind an ihrem deutlich runden Körper zu erkennen. Skorpione und andere Spinnentiere können in Notwehr auch dem Menschen gefährlich werden. Nehmen Sie deshalb nur Tiere in die Hand, die sie zuvor als ungefährlich bestimmt haben. Die überwiegende Zahl der Spinnentiere sind jedoch harmlos.

Skorpione (Scorpiones)
- *bis 180 mm lang*
- *abgeflachter Körper*
- *Pedipalpen mit Scheren*
- *Hinterleib mit langem, gegliedertem und Giftstachel tragendem „Schwanz"*

S. 213

Geißelskorpione (Uropygi)
- *bis 75 mm lang*
- *kräftige Pedipalpen*
- *Schwanzgeißel am Hinterleib*

S. 219

Milben (Acari)
- *bis 10 mm lang, selten bis 30 mm*
- *Körper ohne sichtbare Gliederung*
- *nicht gegliederter Hinterleib*
- *gewöhnlich kurze Beine*

S. 223

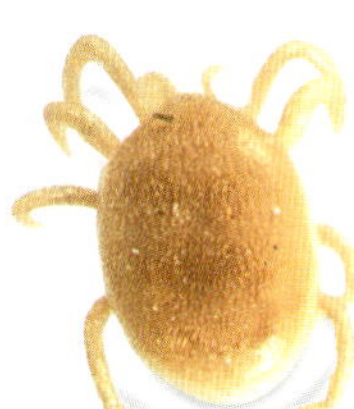

Pseudoskorpione (Pseudoscorpiones)
- *bis 12 mm lang*
- *abgeflachter Körper*
- *Pedipalpen mit Scheren*
- *ovaler Hinterleib aus elf oder zwölf Segmenten*

S. 215

INSEKTEN (IM ENGEREN SINNE)

Felsenspringer

Die Ordnung Archaeognatha beinhaltet zwei Familien mit 350 Arten. Diese ursprünglichen, flügellosen Insekten erscheinen von der Seite betrachtet buckelig, die Mundwerkzeuge sind einfach. Sie haben sowohl drei Punktaugen (Ocellen) als auch Facettenaugen, die einander am oberen Teil des Kopfes berühren. Am Hinterleibsende befinden sich drei lange Schwanzfäden, von denen der mittlere am längsten ist. Auf der Unterseite des Hinterleibs sitzen kleine Fortsätze, sog. Styli, die den Tieren helfen, sich auf steilem Untergrund fortzubewegen. Felsenspringer sind palaeometabol, d. h., die Entwicklung ist direkt, ohne ein Puppenstadium, und sie häuten sich ein Leben lang. Die Männchen setzen Spermienpakete ab, die von den Weibchen aufgenommen werden. Nach der Paarung werden kleine Eigelege in Felsritzen und Spalten abgelegt. Die Jungtiere benötigen ca. zwei Jahre bis zur Geschlechtsreife.

Ordnung ARCHAEOGNATHA	Familie MACHILIDAE	Artenzahl 250

Machilidae

Diese länglichen Insekten sind mit graubraunen oder dunkelgrauen Schüppchen bedeckt, und viele von ihnen können recht schnell laufen und auch springen.

LEBENSWEISE: Kleine Eigelege werden in Ritzen und Spalten abgesetzt. Die Jungtiere benötigen ca. zwei Jahre bis zur Geschlechtsreife. Machiliden ernähren sich von Flechten, Algen und Pflanzenresten.

VERBREITUNG: Weltweit. Auf Wiesen, in Wäldern oder in der Gezeitenzone der Küsten; unter Steinen, im Moos und in der Laubstreuschicht.

△ ***Petrobius*-Arten** kommen im Küstenbereich vor, hauptsächlich oberhalb der Hochwasserlinie.

Petrobius maritimus ist eine dunkelbraun gefärbte Art, die häufig an Felsküsten der Nordhalbkugel vorkommt. Werden die Tiere gestört, so versuchen sie fortzuspringen, indem sie sich mit dem Hinterleib am Felsen abstoßen.

Länge bis zu 12 mm	Ernährungsweise der Nymphen

Fischchen

Die vier Familien mit 370 Arten, die die Ordnung Zygentoma bilden, sind ursprüngliche, flügellose Insekten mit einem langen, flachen Körper, der mit Schüppchen bedeckt sein kann. Die Mundwerkzeuge sind einfach und die Facettenaugen weit voneinander getrennt oder fehlend. Viele Arten haben keine Punktaugen. Ebenso wie bei den Felsenspringern sind drei Schwanzfäden vorhanden (S. 46). Die Hinterleibssegmente tragen Fortsätze, die Styli. Die Fischchen sind in ihrem Erscheinungsbild variabler als die Felsenspringer und bewohnen zahlreichere Lebensräume. Die Männchen setzen ihre Samenpakete unter zuvor gesponnene, seidene Fäden ab, wo sie von den Weibchen aufgenommen werden. Später werden die Eier in Spalten und Ritzen abgelegt. Wie bei den Felsenspringern verläuft die Entwicklung direkt und die Jungtiere entwickeln sich ohne eine sichtbare Verwandlung.

Ordnung ZYGENTOMA	Familie LEPISMATIDAE	Artenzahl 190

Lepismatidae

Die bräunlichen Körper dieser Insekten laufen nach hinten spitz zu, sind abgeflacht und gewöhnlich mit gräulichen oder silbrigen Schüppchen bedeckt. Facettenaugen sind vorhanden, Punktaugen fehlen jedoch. Die Lepismatiden sind nachtaktiv. Einige Arten bevorzugen eine kühle, feuchte Umgebung, während andere sich an warmen, trockenen Orten aufhalten.
LEBENSWEISE: Die Weibchen legen ihre Eier in Ritzen und Spalten ab.
VERBREITUNG: Weltweit, besonders in warmen Regionen. In Baumkronen, unter Steinen und in Höhlen. Einige Arten bewohnen Häuser, andere Vogel-, Ameisen- oder Termitennestern.
ANMERKUNG: Hausbewohnende Arten fressen Stärke, feuchte Textilien, Leimbindungen von Büchern und Tapetenkleister.

△ **Lepismatiden** (hier eine unbestimmte Art) sind gewöhnlich bräunlich beschuppt. Die Geschlechtsreife wird nach zehn bis zwölf Häutungen erreicht. Die Tiere leben mehrere Jahre.

Thermobia domestica, das Ofenfischchen, kommt weltweit an warmen Orten vor, so z. B. in Häusern an Öfen und Heizungen. Die Fühler sind so lang wie der Körper. Am Rand der Körpersegmente befinden sich längere, in Gruppen angeordnete Härchen.

Länge 8–20 mm	Ernährungsweise der Nymphen

Eintagsfliegen

Die Ordnung Ephemeroptera – Eintagsfliegen – mit 23 Familien und 2500 Arten repräsentiert die älteste Gruppe geflügelter Insekten. Zudem ist es die einzige Insektenordnung, bei der sich die Tiere ein weiteres Mal häuten, nachdem sie schon funktionsfähige Flügel entwickelt haben. Eintagsfliegen besitzen einen weichen Körper, lange Beine und normalerweise zwei Paar Flügel. Die Vorderflügel sind groß und dreieckig; die Hinterflügel sind klein, können aber auch gänzlich fehlen. Meist werden die Flügel aufrecht getragen, da die Tiere sie nicht über dem Rücken zusammenlegen können. Die Imagines nehmen keine Nahrung mehr zu sich und leben meist nur sehr kurz, manche sogar nur einen Tag – daher der Name. Die Paarung erfolgt in großen Schwärmen in der Abend- oder Morgendämmerung. Die Eier werden von den Weibchen ins Wasser fallen gelassen. Die Verwandlung ist unvollständig. Gewöhnlich tragen die Nymphen an ihrem Hinterleib seitliche Tracheenkiemen. Sie ernähren sich von Wasserpflanzen oder tierischer Kost. Ausgewachsene Nymphen kommen an die Wasseroberfläche und häuten sich zur geflügelten Subimago, die dann unbeholfen in die Ufervegetation fliegt. Die endgültige Häutung findet eine Stunde oder auch mehrere Tage später statt. Eintagsfliegen sind wesentliche Bestandteile der Nahrungskette im Süßwasser. Sie bilden die Nahrungsgrundlage für Fische und andere räuberische Tiere.

Ordnung EPHEMEROPTERA	Familie BAETIDAE	Artenzahl 900

Glashafte

Die Färbung dieser Eintagsfliegen ist hell- bis dunkelbraun oder schwarz mit gelben oder grauen Flecken. Die Vorderflügel sind lang und gerundet, die Hinterflügel klein oder fehlend.
LEBENSWEISE: Die Eier werden ins Wasser fallen gelassen. Die Nymphen sind entweder stromlinienförmig und gute Schwimmer, oder sie sind eher abgeplattet und bewegen sich kriechend fort. Die Nahrung besteht meist aus Algen.
VERBREITUNG: Weltweit. An Bächen, Flüssen, Tümpeln und Seen.
ANMERKUNG: Glashafte findet man auch noch in höheren, kälteren Lagen, in denen andere Eintagsfliegen fehlen.

Nymphen: Z. T. klein und stromlinienförmig.

△ ***Baetis rhodani*** findet man gewöhnlich an schnell fließenden Bächen. Die Abbildung zeigt eine Subimago mit matten Flügeln.

◁ ***Chloeon dipterum*** ist eine europäische Art, die in zahlreichen Lebensräumen anzutreffen ist: an Tümpeln, Wassergräben und Regentonnen.

Länge 3–14 mm, meist 4–8 mm	Ernährungsweise der Nymphen

Ordnung EPHEMEROPTERA	Familie EPHEMERELLIDAE	Artenzahl 170

Ephemerellidae

Diese mittelgroßen Eintagsfliegen besitzen drei Schwanzfäden und sind gelbgrau oder dunkel gefärbt.
LEBENSWEISE: Die Weibchen legen die Eier klumpenweise ins Wasser ab, wo diese sich dann einzeln verteilen. Die meisten Nymphen ernähren sich von pflanzlichem Detritus.
VERBREITUNG: Weltweit, seltener auf der Südhalbkugel. Larven in Flüssen, Bächen, Teichen und Seen: im Schlamm, in Detritus und zwischen Wasserpflanzen.
ANMERKUNG: Die Imagines werden gerne als Vorbilder für die „künstlichen Fliegen" beim Fliegenfischen verwendet.

NYMPHEN: Meist abgeflacht.

△ ***Ephemerella*-Arten** sind häufig in und an schnell fließenden Flüssen und Bächen zu finden. Die Abbildung zeigt eine frisch geschlüpfte Imago.

Länge 6–14 mm	Ernährungsweise der Nymphen

Ordnung EPHEMEROPTERA	Familie EPHEMERIDAE	Artenzahl 150

Ephemeridae

Die Flügel dieser großen Eintagsfliegen sind durchscheinend hell oder bräunlich, können aber bei einigen Arten auch dunkel gefleckt sein. Am Hinterleibsende sind zwei oder drei lange Schwanzfäden vorhanden.
LEBENSWEISE: Die Weibchen lassen ihre Eier ins Wasser fallen. Mit Hilfe eines Kopffortsatzes und der Kiefer graben sich die Nymphen in den schlammigen Untergrund ein, wo sie sich von Detritus ernähren.
VERBREITUNG: Weltweit, außer in Australien.
An Bächen, Flüssen und Seen.
ANMERKUNG: Einige „künstliche Fliegen", die beim Fliegenfischen benutzt werden, gehen auf diese Eintagsfliegen zurück.

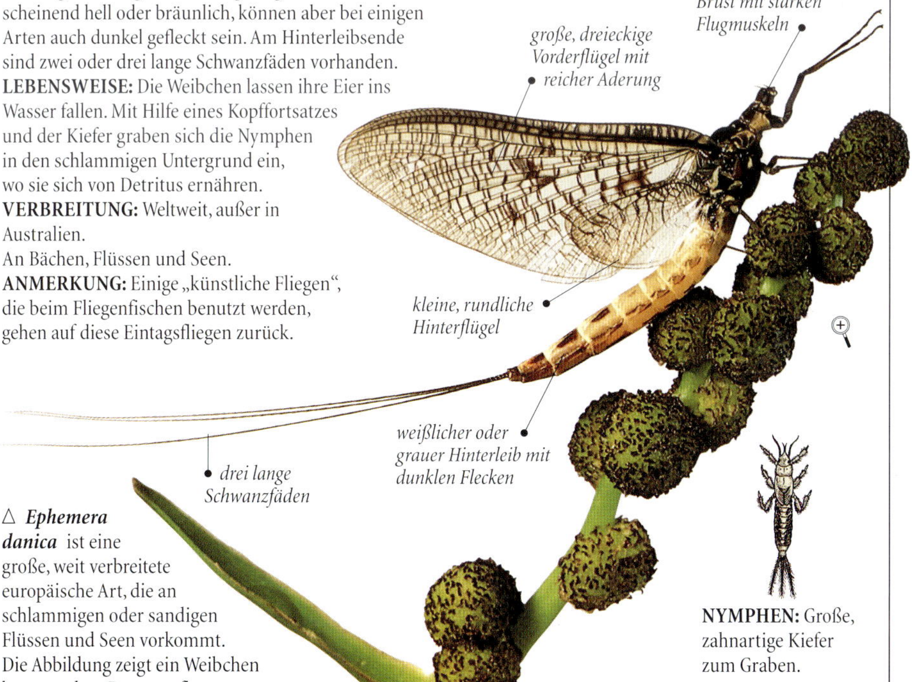

△ ***Ephemera danica*** ist eine große, weit verbreitete europäische Art, die an schlammigen oder sandigen Flüssen und Seen vorkommt. Die Abbildung zeigt ein Weibchen kurz vor dem Paarungsflug.

NYMPHEN: Große, zahnartige Kiefer zum Graben.

Länge 10–34 mm	Ernährungsweise der Nymphen

Ordnung EPHEMEROPTERA	Familie HEPTAGENIIDAE	Artenzahl 500

Aderhafte

Der Kopf dieser Eintagsfliegen ist abgeplattet, die Färbung meist dunkelgrau und ihre Flügel sind klar. Es sind nur zwei Schwanzfäden vorhanden.

LEBENSWEISE: Die Eier werden ins Wasser gelegt. In der Regel sind die Nymphen sehr lebhaft und halten sich unter Steinen, auf Pflanzen oder im Mulm auf. Die Nymphen einiger Arten pressen ihren Körper dicht an den steinigen Untergrund, da sie nur schlechte Schwimmer sind. Sie fressen Algen und Detritus.

VERBREITUNG: Weltweit, außer in Australien und Neuseeland; in Südamerika selten. An Tümpeln, Seen und schnell fließenden Bächen.

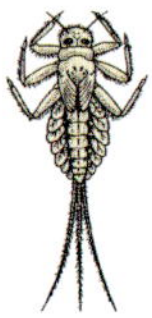

NYMPHEN: Zuweilen sehr geschickte Schwimmer, platte und dunkel gefärbte Körper.

△ ***Ecdyonurus dispar*** kommt in Europa häufig vor. Bevorzugte Lebensräume sind Seeufer und steinige Flüsse. Die Abbildung zeigt eine mattflügelige Subimago.

Länge 4–15 mm, meist 10 mm	Ernährungsweise der Nymphen

Ordnung EPHEMEROPTERA	Familie LEPTOPHLEBIIDAE	Artenzahl 600

Leptophlebiidae

Auffallend an diesen schwarzen Eintagsfliegen sind die dunklen Längsadern auf den Flügeln. Die Augen der Männchen sind geteilt, sodass es je einen nach oben gerichteten Bereich mit großen Facetten und einen nach unten gerichteten mit kleinen Facetten gibt. Der Hinterleib trägt drei Schwanzfäden.

LEBENSWEISE: Die Eiablage erfolgt im Wasser. Die unter Steinen und im Mulm lebenden Nymphen können abgeflacht sein und bewegen sich kriechend fort. In der Regel werden Algen abgeweidet oder Detritus aufgenommen. Einige wenige fressen auch Fischeier.

VERBREITUNG: Weltweit. An Bächen und Flüssen, am Rand von Tümpeln und Seen.

ANMERKUNG: Imagines dienen als Modelle für die „künstlichen Fliegen" beim Fliegenfischen von Forellen.

NYMPHEN: Wirken von der Seite gesehen heuschreckenartig, Hinterleib mit gegabelten Kiemen.

△ ***Leptophlebia vespertina*** ist in Europa häufig in der Nähe von Seen und kleinen Bächen zu finden. Die Abbildung zeigt eine Subimago kurz vor der Häutung zur glänzend geflügelten Imago.

Länge 4–14 mm, meist 8–10 mm	Ernährungsweise der Nymphen

Libellen

In der Ordnung Odonata – Libellen – werden 30 Familien mit 5500 Arten zusammengefasst. Man unterscheidet Klein- und Großlibellen. Im Folgenden werden die Kleinlibellen mit einer Auswahl der Familien Calopterygidae bis Pseudostigmatidae behandelt, die Großlibellen sind mit den Familien Aeshnidae bis Libellulidae vertreten. Auffallend ist der Kopf dieser Insekten mit beißenden Mundwerkzeugen, kleinen Fühlern und riesigen Facettenaugen. Bei den Kleinlibellen sind die Flügel alle etwa gleich groß, der Kopf ist breit und die Augen stehen weit auseinander. In der Regel lauern diese Tiere ruhig, mit zusammengelegten Flügeln, auf Beute. Die Hinterflügel der Großlibellen sind hingegen breiter als die Vorderflügel, der Kopf ist kugelig und die Augen stehen eng beieinander. Großlibellen jagen ihre Beute meist aus dem Flug heraus. Vor der Paarung übertragen die Männchen beider Gruppen ihr Sperma in ein sekundäres Kopulationsorgan, das sich am zweiten oder dritten Hinterleibssegment befindet. Oft entfernen die Männchen während der Paarung das Sperma eines Vorgängers aus dem Weibchen. Die Eier werden ins Wasser oder in Gewebe von Wasserpflanzen gelegt. Mit einer speziellen Fangmaske können die räuberisch lebenden Nymphen unter Wasser ihre Beute ergreifen. Die Verwandlung ist unvollständig.

Ordnung ODONATA	Familie CALOPTERYGIDAE	Artenzahl 150

Prachtlibellen

Die meist dunklen Flügel dieser Kleinlibellen verjüngen sich zum Körper hin nur wenig und erscheinen somit ungestielt. Vor allem die Männchen können leuchtend rote Flecken oder deutliche dunkle Bänder auf den Flügeln aufweisen. Flügelmale fehlen oder sind sehr klein.

LEBENSWEISE: Die Eier werden unterhalb der Wasseroberfläche in Pflanzengewebe abgelegt. Ein Weibchen kann dabei bis zu 300 Eier produzieren. Die Nymphen ernähren sich räuberisch in schnell fließenden Gewässern.

VERBREITUNG: Weltweit, haupsächlich in wärmeren Regionen, in Australien seltener. Meist an Fließgewässern.

ANMERKUNG: Imagines jagen bisweilen abseits der Gewässer in bewaldeten Gebieten.

NYMPHEN: Breiter Kopf, drei große Kiemenblätter am Hinterleib.

Calopteryx virgo, die Blauflügel-Prachtlibelle, hat einen metallisch glänzenden Körper. Die Flügel der grünblauen Männchen (Abbildung) sind dunkel gefärbt, die der bronzefarbenen Weibchen dagegen schwach grünlich.

Flügelspannweite 50–80 mm	Ernährungsweise der Nymphen

Ordnung ODONATA	Familie COENAGRIONIDAE	Artenzahl 1000

Schlanklibellen

Die Grundfärbung vieler dieser schlanken Kleinlibellen ist hellblau mit einer arttypischen dunklen Zeichnung. Die Männchen sind gewöhnlich bunter als die Weibchen, die eher grau oder grünlich gefärbt sind. In Ruhe sind die schmalen Flügel über dem Hinterleib zusammengelegt.
LEBENSWEISE: Während der Paarung und der Eiablage halten die Männchen die Weibchen im Nacken fest (Tandem). Mit ihrem Legebohrer schlitzen sie Wasserpflanzen an und legen die Eier hinein. Die Nymphen jagen in der Unterwasservegetation.
VERBREITUNG: Weltweit, vor allem in den gemäßigten Breiten. An stehenden Gewässern aller Art, auch an Brackwasser.

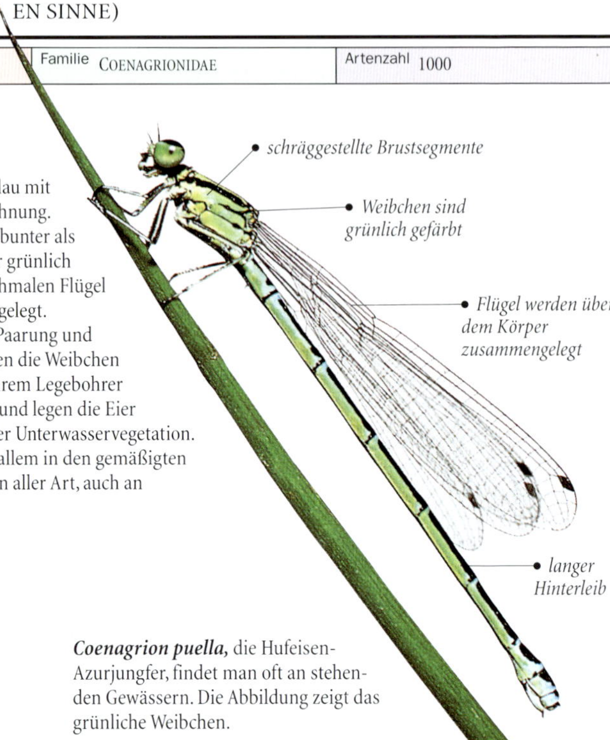

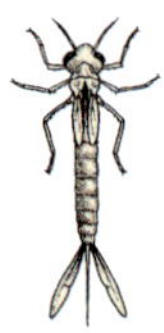

NYMPHEN: Schlank, drei schmale Kiemenblätter.

Coenagrion puella, die Hufeisen-Azurjungfer, findet man oft an stehenden Gewässern. Die Abbildung zeigt das grünliche Weibchen.

Flügelspannweite 20–45 mm	Ernährungsweise der Nymphen

Ordnung ODONATA	Familie LESTIDAE	Artenzahl 160

Binsenjungfern

Die Färbung dieser robusten Libellen, die man auch als Teichjungfern bezeichnet, ist blau und grün mit einem metallischen Schimmer. Alle Flügel sind an der Basis gestielt, und die dunklen Flügelmale sind rechteckig. In Ruhe nehmen die Tiere eine vertikale Haltung mit aufgerichtetem Kopf ein. Die Flügel sind dabei leicht gespreizt. Am Hinterleibsende der Männchen befinden sich auffällige, pinzettenartige Zangen.
LEBENSWEISE: Die Weibchen deponieren kleine Eigelege in den Halmen von Wasserpflanzen. Die Nymphen kann man in der Vegetation der Stillwasserbereiche finden.
VERBREITUNG: Weltweit. An schlammigen oder sumpfigen Orten, Tümpeln, Seen oder langsam fließenden Bächen.

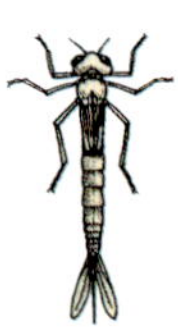

NYMPHEN: Länglich, grün bis dunkelbraun gefärbt.

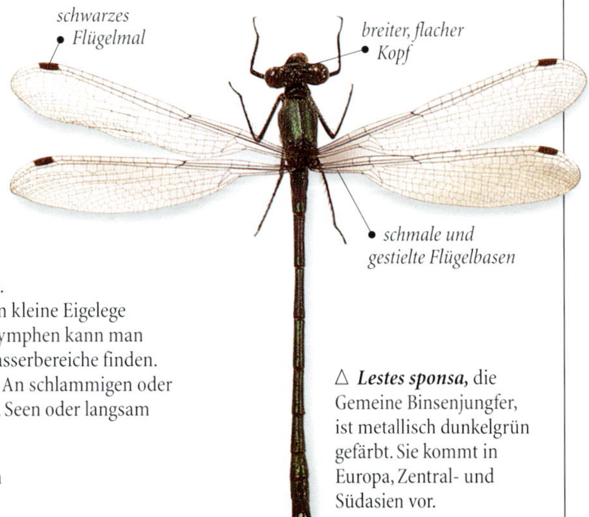

△ ***Lestes sponsa,*** die Gemeine Binsenjungfer, ist metallisch dunkelgrün gefärbt. Sie kommt in Europa, Zentral- und Südasien vor.

Flügelspannweite 30–75 mm	Ernährungsweise der Nymphen

Ordnung ODONATA	Familie PSEUDOSTIGMATIDAE	Artenzahl 20

Pseudostigmatidae

Angehörige dieser Familie, die manchmal auch Hubschrauber-Libellen genannt werden, haben sehr lange Hinterleiber. Wie bei anderen Libellen sind an den Flügelvorderkanten Flügelmale vorhanden. Zusätzlich können Vorder- und Hinterflügel eine unterschiedliche Zeichnung aufweisen.

LEBENSWEISE: Mit ihrem langen Hinterleib legen die Weibchen einzelne Eier in Astlöcher oder wassergefüllte Blätter von epiphytischen Pflanzen. Bei manchen Arten bewachen die Männchen die Eiablageplätze.

VERBREITUNG: Zentral- und Südamerika. In Regenwäldern.

ANMERKUNG: Im Volksglauben ihrer Heimat werden diese Libellen für die „Seelen der Toten“ gehalten.

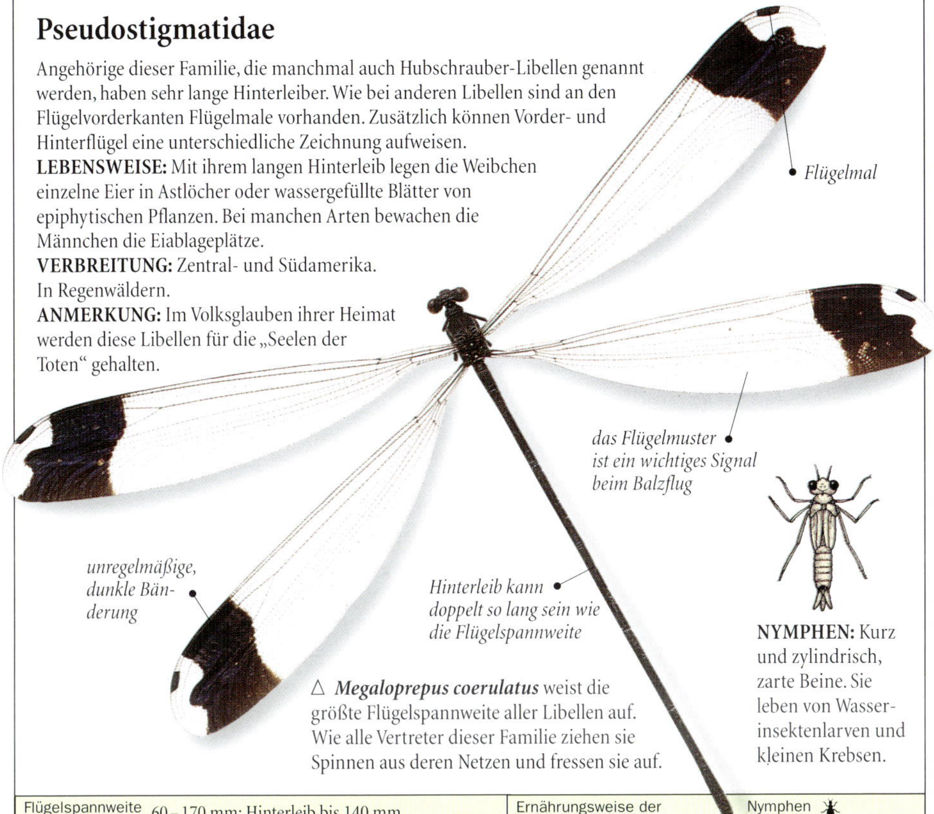

△ ***Megaloprepus coerulatus*** weist die größte Flügelspannweite aller Libellen auf. Wie alle Vertreter dieser Familie ziehen sie Spinnen aus deren Netzen und fressen sie auf.

NYMPHEN: Kurz und zylindrisch, zarte Beine. Sie leben von Wasserinsektenlarven und kleinen Krebsen.

Flügelspannweite 60 – 170 mm; Hinterleib bis 140 mm	Ernährungsweise der Nymphen

Ordnung ODONATA	Familie AESHNIDAE	Artenzahl 420

Edellibellen

In dieser Familie, die man auch als Königslibellen bezeichnet, sind einige der größten und kräftigsten Libellen vertreten. Die riesigen, dunklen Augen sind oft blau oder grün gefleckt, das Flügelmal ist länglich.

LEBENSWEISE: Einige wenige Eier werden in lebende oder absterbende Pflanzen gelegt.

VERBREITUNG: Weltweit. An Stillgewässern oder Sümpfen, Waldwegen und Hecken sowie an Gartenteichen.

NYMPHEN: Gedrungen, zylindrischer Körper, große Augen.

△ ***Tetracanthagyna plagiata*** ist eine sehr große Edellibelle aus Borneo. Sie ist die größte noch lebende Libellenart.

Flügelspannweite 60 – 140 mm, meist 65 – 90 mm	Ernährungsweise der Nymphen

Ordnung ODONATA	Familie CORDULEGASTERIDAE	Artenzahl 50

Quelljungfern

Der Körper dieser großen Libellen ist bräunlich bis schwarz gefärbt und hat gelbe Flecken. Die Augen berühren einander in einem Punkt, der Hinterleib ist recht lang.

LEBENSWEISE: Die Weibchen legen die Eier auf den Grund schnell fließender Bäche und Flüsse. Die Nymphen leben eingegraben im Schlamm oder Kies, und nur der Kopf und das erste Beinpaar schauen heraus, um nahende Beute ergreifen zu können. Während die Imagines nur wenige Wochen alt werden, dauert die Entwicklung der Nymphen ca. fünf Jahre.

VERBREITUNG: Auf der Nordhalbkugel. An Gebirgs- oder Waldbächen, manchmal auch in offenem Gelände in Tümpelnähe.

△ ***Cordulegaster boltonii,*** die Zweigestreifte Quelljungfer, kommt häufig im europäischen Bergland vor. Ein Bestimmungsmerkmal sind die auffälligen goldenen Ringe auf dem Hinterleib.

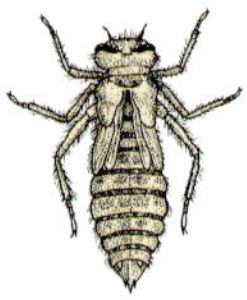

NYMPHEN: Lang und robust, breiter Kopf, eigentümliche Augen.

Flügelspannweite 80–120 mm	Ernährungsweise der Nymphen

Ordnung ODONATA	Familie CORDULIIDAE	Artenzahl 400

Falkenlibellen

Die Vertreter dieser Familie sind oft recht behaart. Ihre Färbung reicht von braun bis schwarz mit einem grün-, rot- oder blaumetallischen Glanz. Der Hinterleib kann entweder lang und zylindrisch oder flach ausgebildet sein. Die Augen sind am hinteren Rand eingebuchtet und berühren einander.

LEBENSWEISE: Nach der Paarung fliegt das Weibchen über die Wasseroberfläche und taucht den Hinterleib mehrmals kurz ein, um so die Eier abzulegen. Ein Weibchen kann mehr als 2000 Eier produzieren. Normalerweise entwickeln sich die Nymphen in Stillgewässern, z. B. in Sümpfen oder Toorfmooren, wo sie auf dem Grund Jagd auf Beutetiere machen.

VERBREITUNG: Weltweit. Häufig an Stillgewässern, gelegentlich auch an Bächen.

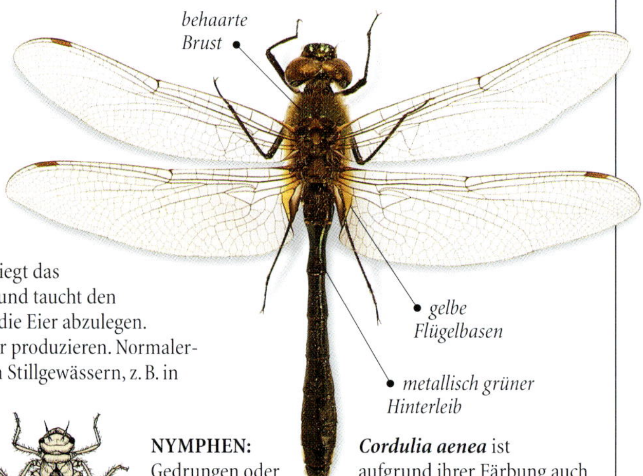

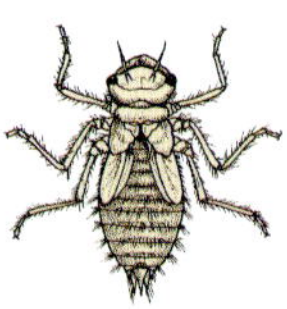

NYMPHEN: Gedrungen oder länglich, meist abgeplattet, lange Beine.

Cordulia aenea ist aufgrund ihrer Färbung auch als Gemeine Smaragdlibelle bekannt. Sie ist überall in Europa zu finden.

Flügelspannweite 20–50 mm	Ernährungsweise der Nymphen

Ordnung ODONATA	Familie GOMPHIDAE	Artenzahl 950

Flussjungfern

Auffällig an diesen großen Libellen ist das ungewöhnlich keulenförmige Hinterleibsende der Männchen – und oft auch der Weibchen. Flussjungfern sind lebhaft in verschiedenen Kombinationen von Schwarz, Gelb und Grün gezeichnet. Ihre Augen liegen weit voneinander entfernt.

LEBENSWEISE: Die Paarung erfolgt in der Vegetation. Über Flachwasser werden die Eier dann von den Weibchen im Flug abgelegt. Dazu schlägt es wiederholt mit der Hinterleibsspitze auf die Wasseroberfläche. Die Nymphen leben auf dem Boden und suchen kriechend und grabend nach Beute.

VERBREITUNG: Weltweit. An Tümpeln, Seen, Bächen und Flüssen.

△ ***Gomphus vulgatissimus,*** die Gemeine Keiljungfer, hat ihr Verbreitungsgebiet in Nord- und Mitteleuropa.

NYMPHEN: Schlank oder gedrungen, kurze Beine, kurze abgeflachte Fühler.

Flügelspannweite 60 – 120 mm	Ernährungsweise der Nymphen

Ordnung ODONATA	Familie LIBELLULIDAE	Artenzahl 1300

Segellibellen

Da viele dieser Libellen einen gedrungenen Körper haben, werden sie auch als Kurzlibellen bezeichnet. Sie sind schnelle, gewandte Flieger und oftmals farbenfroh gezeichnet. Z. T. weisen die Flügel unregelmäßige Flecken auf.

LEBENSWEISE: Für gewöhnlich werfen die Weibchen über der Wasseroberfläche ihre Eier ab, die dann auf Unterwasserpflanzen oder auf den Grund sinken. Die Nymphen jagen ihre Beute im Schlamm, Mulm oder auf Pflanzen.

VERBREITUNG: Weltweit in verschiedenen Lebensräumen. In Wäldern und im Bergland; in der Nähe von langsam fließenden Bächen, Tümpeln und Mooren.

△ ***Libellula depressa,*** der Plattbauch, ist eine europäische Art, deren Imagines von Juni bis Juli fliegen. Die Entwicklungszeit der Nymphen beträgt bis zu drei Jahren.

NYMPHEN: Gedrungen und abgeflacht.

Flügelspannweite 20 – 95 mm	Ernährungsweise der Nymphen

Steinfliegen

In der Ordnung Plecoptera – Steinfliegen – werden 15 Familien mit mehr als 2000 Arten zusammengefasst. Der Körper einer Steinfliege ist meist weich, schlank und abgeplattet. Der verlängerte Hinterleib trägt ein Paar Schwanzfäden, die Beine sind kräftig. Obwohl die Steinfliegen zwei Paar Flügel besitzen, sind sie nur sehr träge Flieger und man findet sie nie weit von Gewässern entfernt. Die Mundwerkzeuge sind entweder unterentwickelt oder fehlen ganz. Bei vielen Arten nehmen die kurzlebigen Imagines keinerlei Nahrung zu sich. Die Männchen verschiedener Arten locken bei der Balz die Weibchen an, indem sie mit der Unterseite ihres Hinterleibs auf den Boden schlagen (Trommeln). Bei den meisten Arten balzen Männchen und Weibchen im „Duett“, d. h., sie senden Balzgeräusche abwechselnd hin und her. Nach der Paarung, die auf Pflanzen oder am Boden stattfindet, legt das Weibchen die Eiballen ins Wasser ab. Die Verwandlung ist unvollständig.

Die meisten der aquatischen Larven besitzen Kiemenbüschel und zwei Schwanzfäden. Die Larven häuten sich mehr als 30-mal, bevor die Imagines schlüpfen.

Steinfliegen kommen weltweit vor, ihr Verbreitungsschwerpunkt liegt aber in den kühlen, gemäßigten Breiten. Fünf Familien der Steinfliegen kommen allerdings ausschließlich auf der Südhalbkugel vor.

Ordnung	Familie	Artenzahl
PLECOPTERA	CAPNIIDAE	250

Capniidae

Die Mehrzahl dieser zumeist schlanken Steinfliegen ist dunkel gefärbt, normalerweise braun oder schwarz. Fühler und Schwanzfäden können so lang sein wie der Körper.

LEBENSWEISE: Schlupf der Imago und Paarung erfolgen in den Wintermonaten. Die Eier werden ins Wasser abgelegt.
VERBREITUNG: Auf der Nordhalbkugel. An Bächen und Seen.

NYMPHEN: Gelb bis bräunlich, kurze Haare auf der Körperoberfläche, lange Fühler.

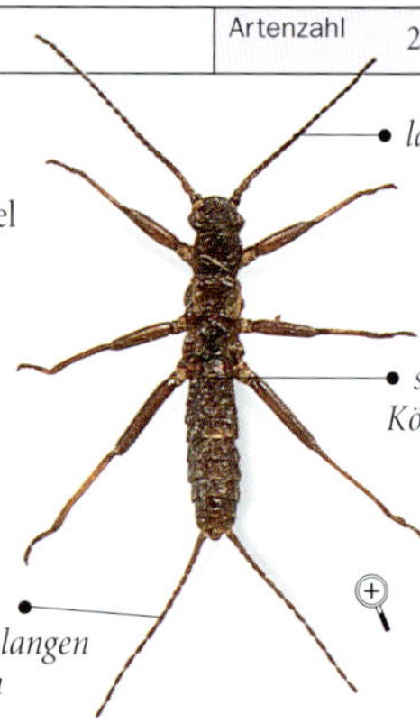

◁ ***Capnia bifrons*** ist eine Art, bei der die Männchen flügellos sind (Abbildung).

Länge	Ernährungsweise der Nymphen
5–25 mm	

Ordnung	Familie	Artenzahl
PLECOPTERA	LEUCTRIDAE	200

Leuctridae

In Ruhe sind die Flügel dieser schlanken, normalerweise dunkelbraun gefärbten Steinfliegen entweder zusammengefaltet oder um die Körperseiten gerollt. Die Schwanzfäden sind kurz.

LEBENSWEISE: Imagines schlüpfen und paaren sich meist im zeitigen Frühjahr. Die Eier werden ins Wasser abgelegt.
VERBREITUNG: Hauptsächlich auf der Nordhalbkugel. Oft in der Nähe von kleinen Bächen, Quellen oder Seen.

NYMPHEN: Schlank und gelblich gefärbt.

△ ***Leuctra*-Arten** sind matt gefärbt. In Ruhe sind die Flügel eng um den Körper gerollt.

Länge	Ernährungsweise der Nymphen
6–13 mm, meist unter 10 mm	

Ordnung PLECOPTERA	Familie NEMOURIDAE	Artenzahl 400

Nemouridae

Die Grundfärbung dieser gedrungenen Steinfliegen ist typischerweise braun und die Flügel vieler Arten haben eine gesprenkelte Zeichnung. Die Schwanzfäden sind sehr kurz.

LEBENSWEISE: Während der Frühlings- und Sommermonate schlüpfen die Imagines, paaren sich und legen die Eier ins Wasser ab. Der behaarte und bedornte Körper der Nymphen ist charakteristisch braun gefärbt. Sie ernähren sich vornehmlich von Algen und Detritus, einige auch von Blättern.

VERBREITUNG: Auf der Nordhalbkugel. An Seen, Quellen, schnell fließenden Bächen.

NYMPHEN: Schräg nach hinten gerichtete Flügelscheiden.

△ ***Nemoura cambrica*** ist eine schlanke, in Europa recht verbreitete Steinfliege. Typisch für die Familie ist die braune Färbung; sie lebt an Bächen.

Länge 6–15 mm	Ernährungsweise der Nymphen

Ordnung PLECOPTERA	Familie PERLIDAE	Artenzahl 400

Perlidae

Die Imagines dieser Steinfliegen weisen in der Nähe der Beinansätze noch Überreste der larvalen Kiemenbüschel auf. Die Grundfärbung der Tiere ist normalerweise braun.

LEBENSWEISE: Nach der Paarung, die tagsüber stattfindet, legt das Weibchen die mit Haftvorrichtungen versehenen Eier als Pakete ins Wasser ab. Die Entwicklung der Nymphen dauert mehrere Jahre.

VERBREITUNG: Weltweit, außer in Australien. Nymphen in der Vegetation von Fließgewässern.

ANMERKUNG: Einige Arten dieser Familie sind (im Gegensatz zu den meisten Steinfliegen) wärmetolerant.

NYMPHEN: Kiemenbüschel sowohl an der Brust als auch am Hinterleib.

△ ***Neoperla clymene*** kommt häufig in den Bächen Nordamerikas vor. Andere Arten der Gattung bevorzugen größere Flüsse.

△ ***Dinoceras cephalotes*** ist eine europäische Art, deren Larvalentwicklung bis zu fünf Jahren dauert. Die Nymphen häuten sich dabei mehr als 30-mal.

Länge 10–48 mm, meist unter 25 mm	Ernährungsweise der Nymphen

Ordnung PLECOPTERA	Familie PERLODIDAE	Artenzahl 250

Perlodidae

In dieser Familie kommen hellgelbe bis dunkelbraune Arten vor. Das Pronotum ist rechtwinklig, die Schwanzfäden sind lang.
LEBENSWEISE: Gewöhnlich werden die Eier im Frühjahr in Bächen abgelegt. Ausgewachsene Nymphen kriechen im späten Frühling oder im Frühsommer auf Steine und häuten sich zur Imago. Diese sind tagaktiv, fressen kaum und sterben bald nach der Eiablage. Die Nymphen sind weitgehend räuberisch, nehmen aber in jungen Stadien auch pflanzliches Material oder Detritus zu sich.
VERBREITUNG: Auf der Nordhalbkugel. In steinigen, mittelgroßen bis großen Bächen und deren Umgebung.

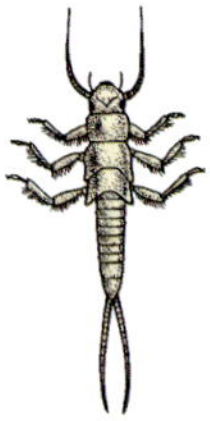

NYMPHEN: Wachsartiges Aussehen, helle und dunkle Flecken, lange Beine.

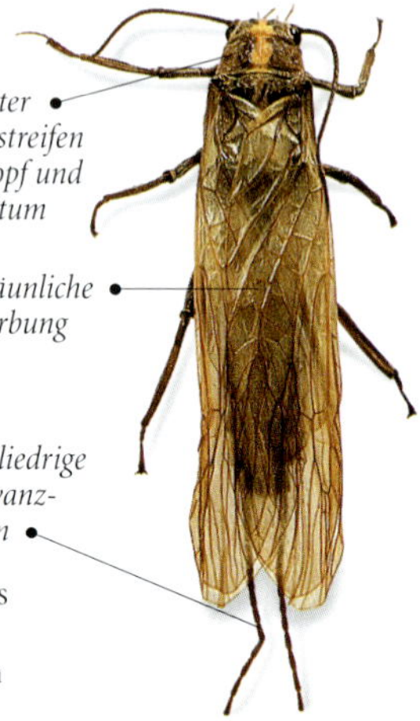

Hydroperla crosbyi stammt aus Nordamerika. Die Geschlechtspartner verständigen sich durch trommelnde Geräusche.

Länge 8–50 mm, meist unter 25 mm	Ernährungsweise der Nymphen

Ordnung PLECOPTERA	Familie PTERONARCYIDAE	Artenzahl 12

Pteronarcyidae

Die Imagines dieser Familie haben breite, ausgesprochen kräftige Körper mit einer grauen oder braunen Grundfärbung. Diese Insekten sind meist nachtaktiv.
LEBENSWEISE: Die dunklen, kugeligen Eier werden ins Wasser gelegt. Bis zu drei Jahren dauert die Entwicklung der Nymphen, die sich von Wasserpflanzen und Detritus ernähren. Die Imagines schlüpfen im Sommer und nehmen keine Nahrung zu sich.
VERBREITUNG: Auf der Nordhalbkugel. An Bächen und Flüssen.
ANMERKUNG: *Pteronarcys californica* ist im westlichen Nordamerika unter dem Namen „Lachsfliege" bekannt (frisch geschlüpfte Imagines sind lachsrosa) und wird zum Angeln von Forellen benutzt.

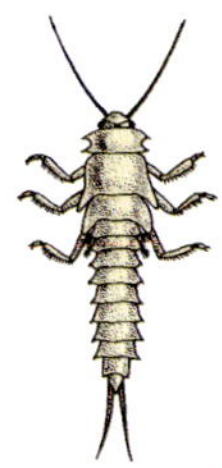

NYMPHEN: Können recht groß werden, oft mit auffälligen Verbreiterungen an Brust und Hinterleib.

Flügel ausgebreitet

Flügel zusammengelegt

Pteronarcella badia ist in westlichen Teilen Nordamerikas weit verbreitet.

Länge 35–65 mm	Ernährungsweise der Nymphen

Grillenschaben

Die Ordnung Notoptera besteht aus nur einer einzigen Familie mit 25 Arten. Diese Insekten wurden erst 1906 in Nordamerika entdeckt und zunächst für eine primitive Familie der Saltatoria gehalten (S. 60–65).

Die Schwanzfäden am Hinterleib der Grillenschaben sind schlank, ihr Kopf trägt fädige Fühler mit 22 bis 40 Gliedern sowie beißende, nach vorn gerichtete Mundwerkzeuge. Die Augen sind klein oder fehlen gänzlich. Frühe Stadien dieser Tiere ähneln jungen Ohrwürmern. Die Weibchen haben einen kurzen Legebohrer.

Grillenschaben kommen in Ostasien und Nordamerika vor und die meisten Arten gehören zu der Gattung *Grylloblatta,* die im Westen der Vereinigten Staaten und Kanada heimisch ist. Die Angehörigen dieser Gattung sind als Hochgebirgsbewohner an niedrige Temperaturen angepasst. Man findet sie in verrottendem Holz und in der Dunkelheit über Felsen, Schnee oder Eis laufend.

Grillenschaben sind gute tag- und nachtaktive Jäger, die sowohl lebende als auch tote Beutetiere fressen. Aber auch Moos und pflanzliches Material wird, vor allem von den Jungtieren, nicht verschmäht. Die Verwandlung ist unvollständig.

Ordnung NOTOPTERA	Familie GRYLLOBLATTIDAE	Artenzahl 25

Grillenschaben

Die Färbung dieser Insekten ist hellbraun, gelbbraun oder grau. Je nach Art ist der Körper spärlich oder dicht mit kurzen Härchen bedeckt.
LEBENSWEISE: Die Paarung dauert bis zu vier Stunden. Einige Monate danach legt das Weibchen die Eier in verrottendes Holz, Moos, Felsspalten oder in den Erdboden ab. Die Larvalentwicklung dauert nicht weniger als fünf Jahre, es gibt neun Larvenstadien.
VERBREITUNG: Asien, Japan, Nordamerika. In kühleren alpinen Regionen, in subalpinen Laubwäldern und Kalksteinhöhlen.

△ ***Grylloblatta campodeiformes*** lebt in den Hochgebirgen Nordamerikas und Kanadas in der Nähe von Gletschern, auf Felsen und Geröllhalden.

***Grylloblatta*-Arten** findet man im Frühjahr und Herbst unter Steinen und im offenen Gelände. Den Sommer verbringen sie unter der Erde oder in tiefen Felsspalten.

Länge 12–30 mm	Ernährungsweise

Springschrecken

In der Ordnung Saltatoria, die Grillen, Heuschrecken und deren Verwandte umfasst, sind 28 Familien mit 20 000 Arten vereinigt. Auffällig sind die zu kräftigen Sprungbeinen umgestalteten Hinterbeine dieser Insekten. Sie haben kauende Mundwerkzeuge, und oftmals sind ihre Vorderflügel zum Schutz der größeren Hinterflügel verstärkt. Die Saltatoria kommen in zahlreichen terrestrischen Lebensräumen vor und besitzen die Fähigkeit zur Lauterzeugung (Singen), was gewöhnlich dem Anlocken von Geschlechtspartnern dient. Die Verwandlung ist unvollständig. Die Ordnung ist in zwei Unterordnungen gegliedert: Ensifera und Caelifera. Die Ensifera sind typische Bewohner der Tropen und Subtropen und umfassen die Grillen und die Laubheuschrecken (hier vertreten mit den Gryllacrididae bis zu den Tettigonidae). Zu den Caelifera werden alle Kurzfühlerschrecken gerechnet (hier vertreten mit den Familien Acrididae bis Tetrigidae).

Ordnung SALTATORIA	Familie GRYLLACRIDIDAE	Artenzahl 600

Grillenschrecken

Während des Tages verstecken sich diese Insekten in Blättern, die sie selbst zusammenrollen. Bemerkenswert sind die langen fadenförmigen Fühler. Der leicht nach oben gebogene Legebohrer der Weibchen kann ebenfalls sehr lang werden, oft sogar länger als der restliche Körper.
LEBENSWEISE: Die Eier werden in Baumrinde und Pflanzen, manchmal auch auf dem Boden, abgelegt.
VERBREITUNG: Hauptsächlich in den Tropen. Auf Bäumen, gelegentlich auch in niedriger Vegetation oder auf dem Boden.

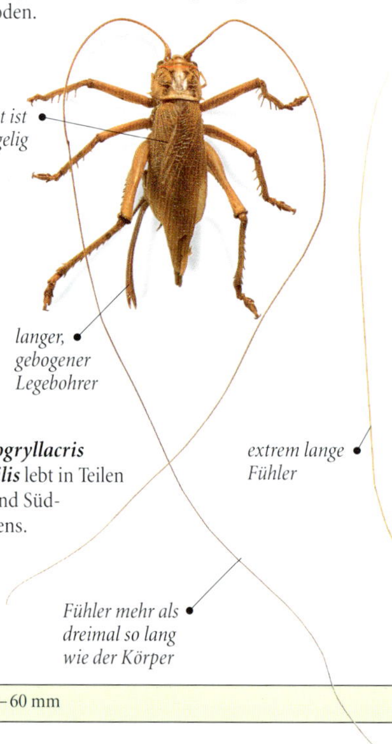

△ ***Hyalogryllacris subdebilis*** lebt in Teilen Nord- und Südaustraliens.

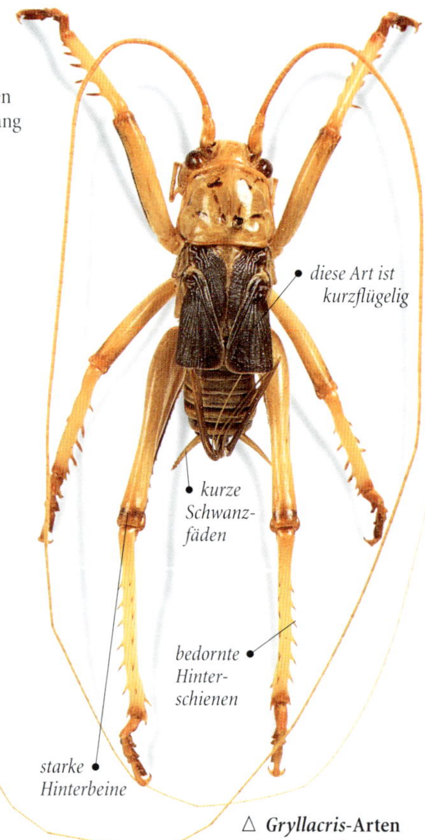

△ ***Gryllacris*-Arten** erbeuten nachts kleine lebende oder tote Insekten.

Länge 20–60 mm	Ernährungsweise

Ordnung SALTATORIA	Familie GRYLLIDAE	Artenzahl 4000

Grillen

Diese meist braun oder schwarz gefärbten Insekten sind mehr oder weniger walzenförmig und der kugelige Kopf trägt ein Paar lange fadenförmige Fühler. Sofern vorhanden, werden die Flügel über dem Körper zusammengelegt. An der Basis der Vorderflügel befinden sich Schrillleisten, mit denen die Männchen ihre Balzgesänge erzeugen. Bei den meisten weiblichen Grillen ist der Legebohrer nadelartig dünn.
LEBENSWEISE: Die Eier werden einzeln oder in Gruppen in feuchte Erde abgelegt. Bei den räuberischen Blütengrillen werden die Eier jedoch in Pflanzengewebe deponiert. Es kommen bis zu zwölf Larvenstadien vor.
VERBREITUNG: Weltweit. In Wäldern, auf Wiesen und in Gebüschen. Meist Bodenbewohner.
ANMERKUNG: In einigen Ländern werden Grillen ihres hübschen Gesanges wegen in Käfigen gehalten.

▷ ***Gryllus bimaculata*** kommt häufig in Afrika, Europa und Asien vor.

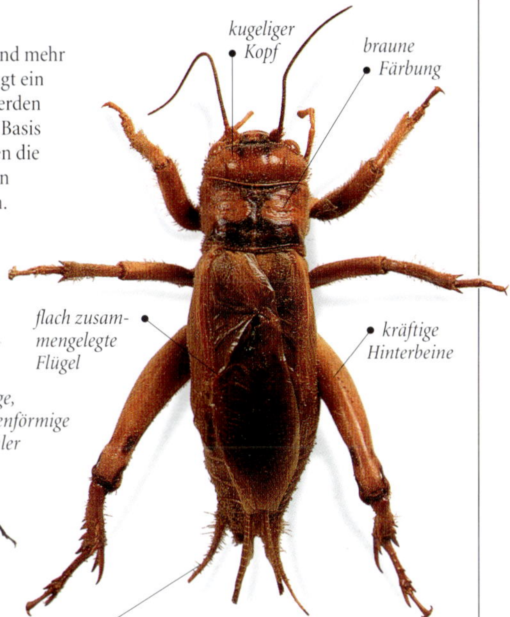

△ ***Brachytrupes*-Arten** können schwere Schäden in der Landwirtschaft anrichten, besonders an Tee, Tabak und Wolle, deren Keimlinge sie fressen.

Länge 5–50 mm	Ernährungsweise

Ordnung SALTATORIA	Familie GRYLLOTALPIDAE	Artenzahl 60

Maulwurfsgrillen

Das besondere an diesen kräftigen Insekten sind die zu Grabschaufeln umgebildeten Vorderbeine, die den Tieren ein maulwurfähnliches Aussehen verleihen. Der bräunliche Körper ist mit samtigen Härchen bedeckt, die Vorderflügel sind lederartig.
LEBENSWEISE: Nach der Paarung auf dem Boden werden die Eier in unterirdischen Kammern abgelegt. Die Larvalentwicklung mit ca. zehn Stadien findet ebenfalls unterirdisch statt. In dieser Zeit ernähren sich die Nymphen von pflanzlicher oder tierischer Kost.
VERBREITUNG: Weltweit. In bis zu 20 cm langen unterirdischen Wohnröhren; meist in Gewässernähe.
ANMERKUNG: Die Männchen können mit den Vorderflügeln zirpen, wobei die glockenförmigen Grabgänge den Schall möglicherweise verstärken und an die Oberfläche leiten.

△ ***Gryllotalpa gryllotalpa,*** die europäische Maulwurfsgrille, kann gelegentlich als Landwirtschaftsschädling auftreten.

Länge 20–45 mm	Ernährungsweise

Ordnung SALTATORIA	Familie RAPHIDOPHORIDAE	Artenzahl 500

Höhlenschrecken

Viele dieser gedrungenen, flügellosen Heuschrecken haben sehr lange Hinterbeine und einen ausgesprochenen Buckel – daher sind sie auch als Buckelschrecken bekannt. Die extrem langen Fühler werden in der Dunkelheit vor- und zurückgeschlagen, um die Umgebung zu erkunden und sich nähernde Feinde zu erkennen. Die Tiere sind eintönig gefärbt, meist grau oder braun. Einige stark an das Höhlenleben angepasste Arten haben weiche Körper und reduzierte Augen.

LEBENSWEISE: Die Eier werden in den Höhlenboden gelegt und die Larven beginnen sofort nach dem Schlupf mit der Futtersuche. Die Jungtiere einiger Arten fressen lebende Pflanzen an den Höhleneingängen.

VERBREITUNG: Weltweit, besonders in wärmeren Regionen. In Höhlen und anderen feuchten Orten; unter Steinen und Holz.

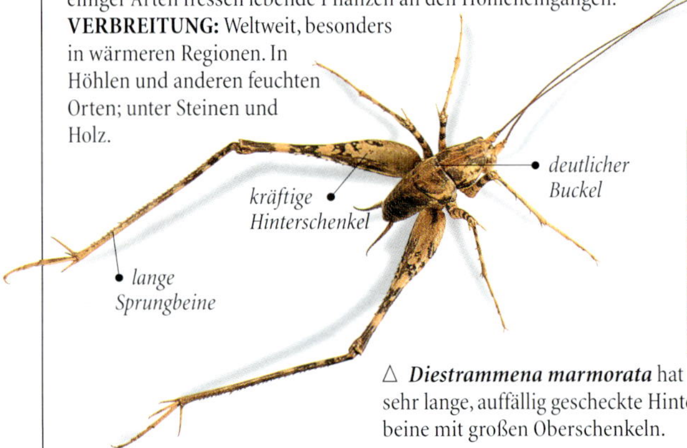

△ ***Diestrammena marmorata*** hat sehr lange, auffällig gescheckte Hinterbeine mit großen Oberschenkeln.

△ ***Pholeogryllus geertsi*** lebt in Afrika und Teilen Südeuropas.

Länge 13–38 mm	Ernährungsweise

Ordnung SALTATORIA	Familie STENOPELMATIDAE	Artenzahl 40

Sandheuschrecken

Einige Vertreter dieser Familie sind auch als Jerusalem-Grillen bekannt. Meist sind es flügellose, große, stämmige Insekten mit einem großen Kopf und kurzen Fühlern. Die kräftigen, bedornten Beine werden zum Graben benutzt. In der Regel sind die Tiere dunkelbraun oder schwarz gefärbt. Die Imagines verlassen ihre unterirdische Wohnröhre nur in der Nacht.

LEBENSWEISE: Die Eier werden in den Erdboden gelegt. Es gibt neun oder zehn Larvenstadien.

VERBREITUNG: In warmen, tropischen Regionen. In modrigem Holz und im Boden.

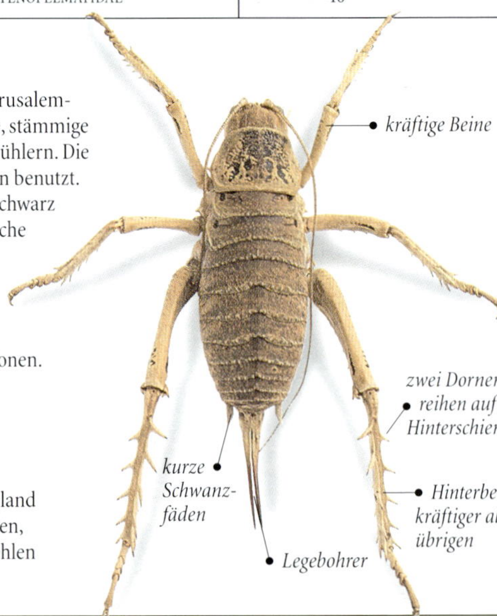

▷ ***Deinacrida rugosa*** kam früher vermutlich in ganz Neuseeland vor. Heute nur noch auf Inseln zu finden, wo eingeschleppte Tiere, z.B. Mäuse, fehlen oder begrenzt werden.

Länge 38–80 mm	Ernährungsweise

Ordnung SALTATORIA	Familie TETTIGONIIDAE	Artenzahl 6000

Laubheuschrecken

Diese Familie umfasst relativ große, braune oder grüne Tiere, deren Flügel oft seitlich über den Hinterleib herausragen. Die Vorderflügel einiger Arten sind verbreitert und so gezeichnet, dass sie einem toten oder frischen Blatt gleichen. Andere wiederum schrecken ihre Feinde durch grellgefärbte Hinterflügel ab.

LEBENSWEISE: Die Männchen werben mit ihrem Gesang um die Weibchen. Dazu werden die Vorderflügel leicht angehoben und gegeneinander gerieben. Die Eigelege werden in den Boden oder in Pflanzen abgesetzt. Es gibt fünf Larvenstadien.

VERBREITUNG: Weltweit, hauptsächlich jedoch in tropischen Regionen. Auf Feldern und Wiesen, in Wäldern vom Boden bis in die Wipfelregion.

▷ ***Sathrophyllia rugosa*** aus Indien imitiert Baumrinde.

▽ ***Metrioptera brachyptera,*** die Kurzflügelige Beißschrecke, lebt auf feuchten Wiesen und kommt in Europa häufig vor.

△ ***Ommatoptera pictifolia*** ist in Brasilien verbreitet. Wie viele Laubheuschrecken imitiert diese Art tote Blätter und verhält sich ganz still, wenn Feinde sich ihr nähern.

▽ ***Leptophyes punctatissima,*** die Punktierte Zartschrecke, lebt gewöhnlich in Hecken, Bäumen und auf Grasland. Das Weibchen hat einen großen säbelartigen Legebohrer.

Länge 15–75 mm, meist 35–50 mm	Ernährungsweise

Ordnung SALTATORIA	Familie ACRIDIDAE	Artenzahl 10 000

Feldheuschrecken

Viele der Feldheuschreckenarten besitzen eine Tarnfärbung, während einige schrille Warnfarben und Wehrsekrete entwickelt haben. Die Fühler dieser Tiere sind kurz. Ein besonderer Legebohrer ist bei den Weibchen, die meist größer sind als die Männchen, nicht ausgebildet.

LEBENSWEISE: Tagsüber werben die Männchen mit ihrem Gesang um die Weibchen. Die Eier werden in den Boden gelegt und durch ein schaumiges Sekret des Weibchens geschützt.

VERBREITUNG: Weltweit, besonders in wärmeren Regionen. Auf dem Boden und in der Vegetation.

ANMERKUNG: Viele Feldheuschrecken sind Landwirtschaftsschädlinge. Die schlimmsten von ihnen, die Wanderheuschrecken, können riesige Schwärme bilden und großflächige Verwüstungen anrichten.

▷ ***Schistocerca gregarina,*** die Wüstenheuschrecke, ist eine der gefährlichsten Wanderheuschrecken. Die gewaltigen Schwärme benötigen bis zu 100 000 Tonnen Futter pro Tag.

Länge 10–80 mm, meist 15–30 mm	Ernährungsweise

Ordnung SALTATORIA	Familie EUMASTACIDAE	Artenzahl 1200

Eumastacidae

Der Kopf dieser dünnen Insekten sitzt abgewinkelt an der Brust. Viele dieser Tiere sind farbenfroh, andere imitieren Blätter oder Zweige. Die Hinterbeine sind dünn und lang mit Dornen an der Unterseite der Schienen. In Ruhe stellen viele die Beine seitwärts aus.

LEBENSWEISE: Bei der Paarung sitzt das Männchen auf dem Rücken des Weibchens. Die Eier werden in die Bodenstreu oder direkt auf den Boden gelegt.

VERBREITUNG: Asien, Afrika, Indien, Nord- und Südamerika, besonders in den tropischen und subtropischen Regionen. Verschiedenste Lebensräume, einschließlich Wälder und Steppen.

△ ***Chorotypus gallinaceus*** ist durch die braune Färbung und das blattähnliche Aussehen gut getarnt.

Länge 15–58 mm	Ernährungsweise

Ordnung SALTATORIA	Familie PYRGOMORPHIDAE	Artenzahl 600

Schaumschrecken

Einige Arten haben Tarnfarben, andere jedoch sind auffällig farbenfroh und verteidigen sich durch selbst produzierte schaumige Wehrsekrete. Der Körper kann recht schlank sein, ist aber meistens eher kräftig mit Höckern und stumpfen Dornen auf den Brustsegmenten. Es gibt Arten, die in kleinen Schwärmen umherziehen.

LEBENSWEISE: Die Eier werden in oder auf dem Boden, in Totholz oder an Baumrinde abgelegt. Bei einigen Arten sind die Jungtiere gesellig und wandern kilometerweit umher.

VERBREITUNG: Tropen; vorzugsweise in Afrika und Südostasien. In vielen dichtbewachsenen Gebieten.

ANMERKUNG: Einige Arten sind Ernteschädlinge.

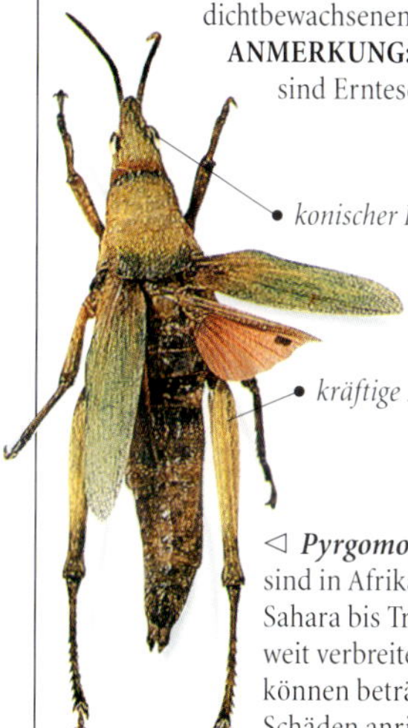

◁ ***Pyrgomorpha*-Arten** sind in Afrika, von der Sahara bis Transvaal, weit verbreitet. Einige können beträchtliche Schäden anrichten.

△ ***Phymateus viridipes*** ist eine hübsch gefärbte Art. Wenn sie gestört oder bedroht wird, zeigt sie die bunten Flügel und raschelt mit ihnen.

Länge 10–85 mm	Ernährungsweise

Ordnung SALTATORIA	Familie TETRIGIDAE	Artenzahl 1200

Dornschrecken

Auffallend an den Dornschrecken ist das über den Hinterleib verlängerte, spitz zulaufende Pronotum. Dieses ist bei einigen Arten so geformt, dass damit Blätter oder Steinchen nachgeahmt werden.

LEBENSWEISE: Die Weibchen legen die Eier in feuchtes Erdreich. Es gibt ca. fünf Larvenstadien.

VERBREITUNG: Weltweit, meist in wärmeren Regionen. Auf Böden mit kargem Bewuchs, in Waldungen und am Rande von Mooren und Seen.

▷ ***Tetrix subulata*** lebt in Asien und Europa und kann unter Wasser schwimmen.

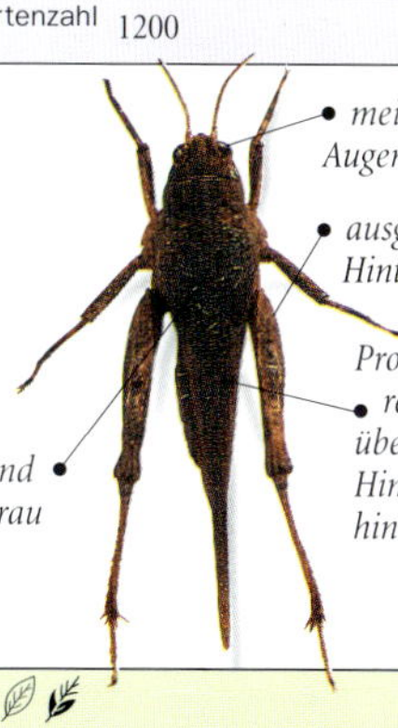

Länge 6–18 mm, meist um 15 mm	Ernährungsweise

Stab- oder Gespenstheuschrecken

Die Ordnung Phasmida umfasst drei Familien mit 2500 Arten. Die größte Familie innerhalb der Ordnung sind die Phasmatidae. Stab- oder Gespenstheuschrecken sind behäbige, ausschließlich pflanzenfressende und nachtaktive Insekten. Tagsüber sind sie durch ihre stock-oder blattähnliche Erscheinung perfekt getarnt. Werden sie gestört, so legen sie die Beine eng an den Körper und verharren regungslos in der Vegetation. Die Männchen sind in der Regel kleiner als die Weibchen und bei einigen Arten geflügelt, wogegen die Weibchen oft ungeflügelt sind. Die Eier werden für gewöhnlich einfach auf den Boden fallen gelassen oder mit dem Hinterleib weggeschleudert. Nur wenige Arten legen ihre Eier in den Boden oder befestigen sie an Pflanzen. Viele der Eier gleichen Samenkörnern und werden gerne von Ameisen in deren Nest verschleppt, wo sie sich geschützt entwickeln. Die Verwandlung ist unvollständig.

Ordnung PHASMIDA	Familie PHASMATIDAE	Artenzahl 2450

Phasmatidae

Diese nachtaktiven Insekten sind gewöhnlich braun oder grün gefärbt und oftmals warzig oder bedornt. Die Weibchen sind in der Regel ungeflügelt, während die Männchen häufig – meist kurze – Flügel besitzen. Einige Arten haben jedoch große fächerförmige Hinterflügel, die von harten kurzen Vorderflügeln bedeckt werden.

LEBENSWEISE: Die Eier werden fallen gelassen, in den Erdboden gelegt oder an Pflanzen befestigt. Die jungen, winzigen Nymphen verlassen sich voll auf ihre Tarntracht.

VERBREITUNG: In den Tropen und in warmen, gemäßigten Regionen. In der Vegetation, auf Blättern von Büschen und Bäumen.

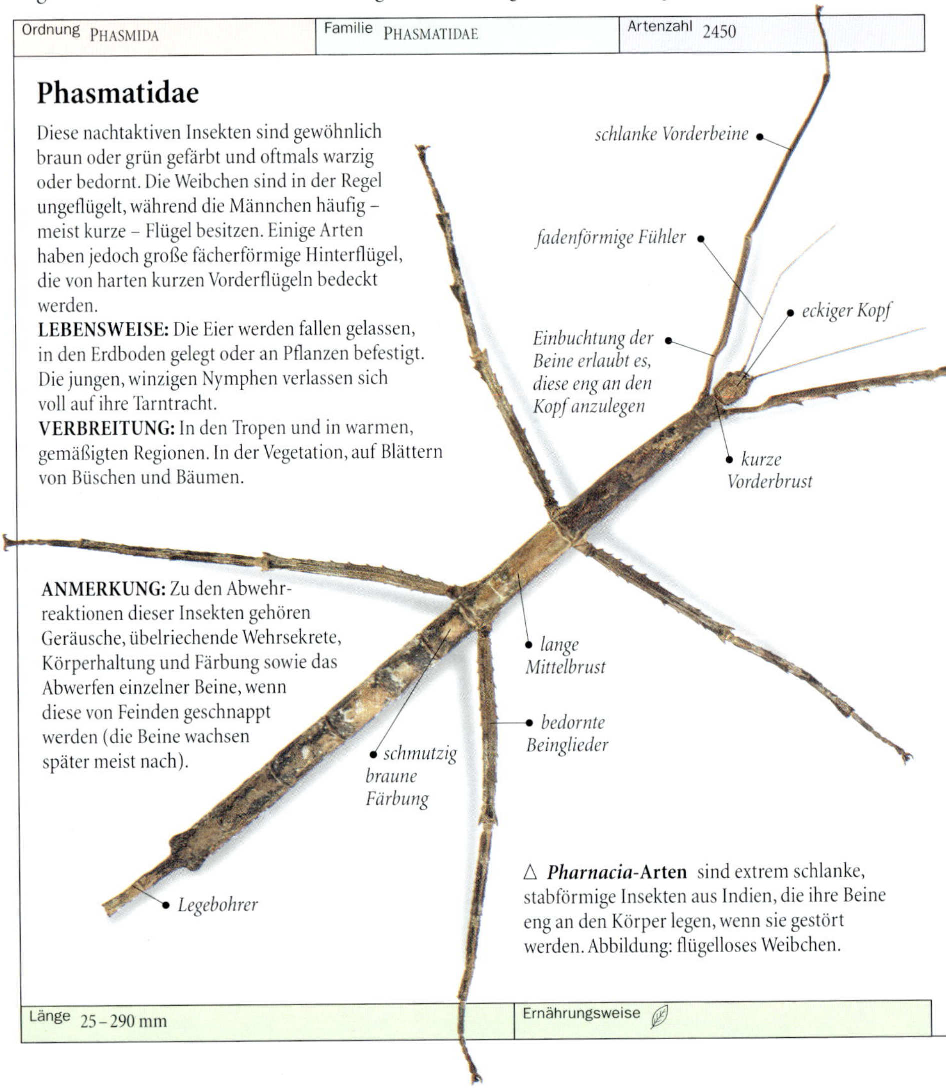

ANMERKUNG: Zu den Abwehrreaktionen dieser Insekten gehören Geräusche, übelriechende Wehrsekrete, Körperhaltung und Färbung sowie das Abwerfen einzelner Beine, wenn diese von Feinden geschnappt werden (die Beine wachsen später meist nach).

△ ***Pharnacia*-Arten** sind extrem schlanke, stabförmige Insekten aus Indien, die ihre Beine eng an den Körper legen, wenn sie gestört werden. Abbildung: flügelloses Weibchen.

Länge 25–290 mm	Ernährungsweise

▷ ***Eurycantha calcarata*** ist flügellos. Die Männchen tragen lange, scharfe Dornen an den Hinterbeinen (Abbildung). Durch einen Abwehrreflex können sie damit nach Feinden, aber auch nach einem menschlichen Finger schnappen. In Papua-Neuguinea werden diese Beine auch als Angelhaken verwendet.

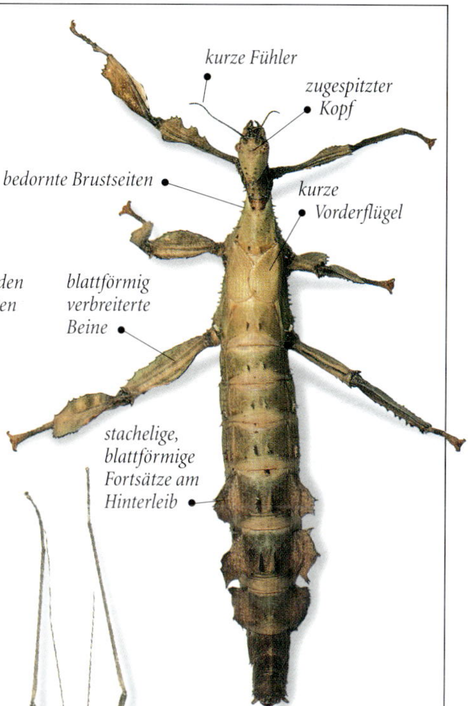

△ ***Extatosoma tiaratum,*** eine Riesengespenstschrecke aus Malaysia, ist eine (auch in Schulen) gern gehaltene Art, da sie sich einfach an Brombeerblättern züchten lässt. Während ihres Lebens legt das Weibchen (Abbildung) täglich ca. zehn Eier. Diese können 1 – 2 m weit fortgeschleudert werden.

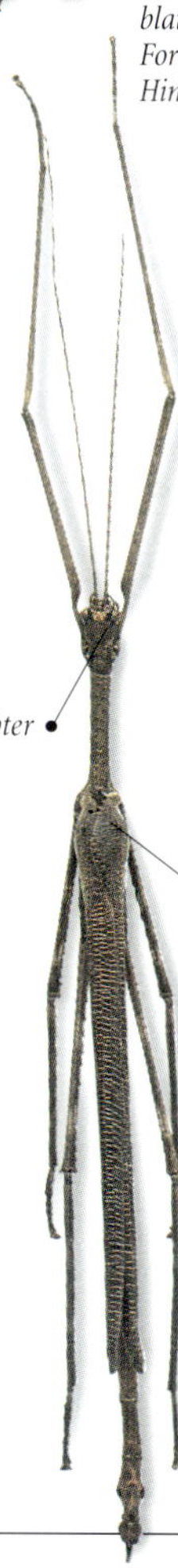

◁ ***Anchiale maculata*** stammt aus Papua-Neuguinea. Bei dieser schlanken Art werden die Hinterflügel von den schmalen Vorderflügeln bedeckt. Die Abbildung zeigt ein Männchen.

▷ ***Anisomorpha buprestoides*** würgt ihren Mageninhalt aus, um Feinde abzuwehren. Die Männchen werden von den größeren Weibchen (Abbildung) lange Zeit herumgetragen.

Ordnung PHASMIDA	Familie PHYLLIIDAE	Artenzahl 30

Phylliidae

Diese Insekten, zu denen auch die Wandelnden Blätter zählen, gleichen in erstaunlicher Weise lebenden oder toten Blättern. Der Hinterleib ist flächig vergrößert, die Beinglieder verbreitert, die Färbung ist braun oder grün. In Ruhe werden die häutigen Hinterflügel von den strukturierten Vorderflügeln bedeckt. Die Körperoberfläche, die Farbflecke und die Fähigkeit sich wie im Wind zu wiegen, machen die Tarnung perfekt. Die Fühler der Weibchen sind kurz und glatt, die der Männchen lang und behaart.

LEBENSWEISE: Die Eier werden auf den Boden fallen gelassen, wo auch die nachtaktiven Jungtiere schlüpfen.

VERBREITUNG: Seychellen, Südostasien, Nordaustralien (Queensland) und Neuguinea. In Lebensräumen mit dichtem Pflanzenbewuchs.

△ ***Phyllium bioculata*** wird gerne als Haustier gehalten. Die Haltung ist einfach, solange genügend Wärme vorhanden ist.

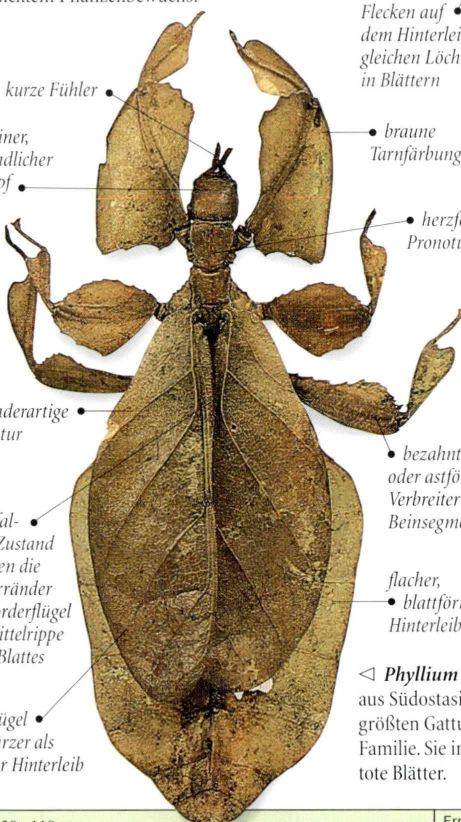

◁ ***Phyllium scythe*** aus Südostasien gehört zur größten Gattung dieser Familie. Sie imitiert tote Blätter.

▷ ***Phyllium*-Arten** wiegen sich sanft hin und her und gleichen somit vom Wind bewegten Blättern.

Länge 30–110 mm	Ernährungsweise

Ohrwürmer

Die Ordnung Dermaptera umfasst zehn Familien mit 1900 Arten. Die auch als Ohrenkneifer bekannten abgeplatteten Insekten haben kurze, aderlose Vorderflügel, die die fächerförmigen Hinterflügel schützen. Der teleskopartige Hinterleib ist sehr beweglich und trägt ein Paar pinzettenförmige Zangen. Bei den Weibchen sind diese gewöhnlich gerade, bei den Männchen dagegen gebogen.
Die Verwandlung ist unvollständig. Meist legen die Weibchen ihre Eier in den Boden ab, einige wenige parasitische Arten sind aber auch lebend gebärend. Die Weibchen betreiben Brutpflege: Sie schützen die Eier vor Feinden und befreien sie z. B. von Pilzsporen. Manchmal wird die Pflege auch nach dem Schlupf der Nymphen weitergeführt. So bringen die Weibchen z. B. Futter in die Nester oder füttern die Jungen mit vorverdauter Nahrung. Mit zunehmender Größe wandern die Jungen aus dem Nest ab, da sie sonst Gefahr laufen, selbst zur Beute ihrer Mutter zu werden. Die Nymphen häuten sich bis zu fünfmal und sehen – bis auf die Größe und die nach jeder Häutung vermehrten Fühlerglieder – den Eltern sehr ähnlich. Der Name dieser versteckt lebenden Tiere spielt auf die weit verbreitete Meinung an, dass sie in menschliche Ohren kriechen (was sie selten tun). Er könnte sich aber auch auf die Form der Hinterflügel beziehen.

Ordnung DERMAPTERA	Familie CARCINOPHORIDAE	Artenzahl 400

Carcinophoridae

Viele dieser kurzbeinigen Arten besitzen keine Hinterflügel und bei einigen fehlen sogar die harten Vorderflügel. Die Grundfärbung ist dunkelbraun oder schwarz mit einem rötlichen Anflug und blassgelben oder roten Flecken. Die Fühler haben weniger als 20 Glieder und die Hinterleibszangen sind typischerweise kurz und können bei den Männchen asymmetrisch ausgebildet sein.
LEBENSWEISE: Die Eier werden in die Laubstreu oder in selbstgegrabene Nester gelegt.
VERBREITUNG: Weltweit, besonders in wärmeren Regionen. In verschiedensten Lebensräumen.
ANMERKUNG: Einige Arten sind Schädlinge an Kulturpflanzen und Früchten.

▷ ***Carcinophora*-Arten** kommen hauptsächlich in Südamerika vor, einige aber auch in Nordamerika und im Fernen Osten. Die Abbildung zeigt eine vollgeflügelte Art.

▷ ***Titanolabis colossea*** ist der größte bekannte Ohrwurm. In der Gattung *Titanolabis* werden vier australische Arten zusammengefasst.

Länge 7–50 mm	Ernährungsweise

Ordnung DERMAPTERA	Familie FORFICULIDAE	Artenzahl 450

Forficulidae

Diese typischerweise schlanken Ohrwürmer variieren stark in ihrem Erscheinungsbild, sind aber gewöhnlich braun bis schwarzbraun gefärbt, wobei die Beine heller sind. Die Fühler sind fadenförmig. Bei den Männchen sind die Hinterleibszangen stark gebogen, bei den Weibchen eher gerade.

LEBENSWEISE: Die Weibchen legen die Eier meist in die Erde, unter Steine oder Rinde und beschützen diese dann vor Feinden. Auch werden die Eier sauber geleckt, um ein Verpilzen zu verhindern. Neben pflanzlichen Stoffen werden kleine Raupen, Blattläuse und andere Insekten gefressen.

VERBREITUNG: Weltweit. In der Laubstreu und im Erdboden, unter Rinde oder in Spalten.

ANMERKUNG: Unter diesen Arten gibt es einige Ernteschädlinge.

▷ ***Allodahlia*-Arten** leben in Indien, Malaysia und einigen Teilen des Fernen Ostens.

▷ ***Forficula auricularia,*** der Gemeine Ohrwurm, ist in Europa weit verbreitet und als Pflanzenschädling bekannt.

Länge 12–25 mm	Ernährungsweise

Ordnung DERMAPTERA	Familie LABIDURIDAE	Artenzahl 75

Labiduridae

Charakteristisch an diesen kräftigen Insekten sind die langen Fühler. Die Grundfärbung ist rotbraun, und viele sind durch dunkle Streifen auf dem Pronotum und den Flügeldecken gekennzeichnet. Neben geflügelten Arten kommen auch einige ungeflügelte vor.

LEBENSWEISE: Die Weibchen graben lange Gänge in sandigen Böden und legen dort die Eier ab.

VERBREITUNG: Weltweit, hauptsächlich in wärmeren Regionen. An Küsten und Flussufern; in Sand, pflanzlichem Abfall, in der Streuschicht oder unter Steinen.

ANMERKUNG: Einige Arten können aus ihren Wehrdrüsen am Hinterleib übelriechende Substanzen verspritzen.

▷ ***Labidura riparia,*** der Sandohrwurm, ist praktisch weltweit verbreitet und lebt an Sandstränden und Flussufern.

▷ ***Forcipula*-Arten,** es gibt insgesamt 30, leben in feuchtem Sand und ernähren sich von Sandflöhen.

Länge 12–40 mm	Ernährungsweise

Fangschrecken

Die Ordnung Mantodea umfasst acht Familien mit 2000 Arten. Die auffällige Lauerstellung der Tiere, in der die Vorderbeine wie zum Gebet gefaltet und erhoben sind, hat ihnen auch den Namen „Gottesanbeterinnen“ eingebracht. Obwohl die Mantiden recht unterschiedlich aussehen können, gibt es doch einige klar erkennbare Merkmale , z. B. den dreieckigen Kopf mit den nach vorne gerichteten großen Augen und die verlängerte Vorderbrust, an der die zu Fangbeinen umgestalteten Vorderbeine ansetzen.
Gottesanbeterinnen sind hervorragende optische Jäger und können sich mit ihrem beweglichen Kopf sogar gleichsam über die „eigene Schulter“ schauen. Die großen Augen erlauben ein Stereosehen, sodass die Tiere die Entfernung zur Beute exakt abschätzen können. Mit den Vorderbeinen werden die Opfer dann blitzschnell, innerhalb von Sekundenbruchteilen, ergriffen. Mantiden sind meist tagaktive Insekten, die eine ganze Anzahl von Arthropoden und sogar Wirbeltiere, z. B. Frösche oder Eidechsen, fressen. Einige Arten schützen sich vor Fledermausangriffen mithilfe eines ultraschallempfindlichen „Ohres“, das sich auf der Unterseite des Hinterleibs befindet. Die Eier werden in papier- oder schaumartigen Kapseln abgelegt, die wiederum an Zweigen oder Steinen befestigt werden. Bei manchen Arten werden diese Eibehälter von den Weibchen bewacht. Die Verwandlung ist unvollständig.

Ordnung MANTODEA	Familie EMPUSIDAE	Artenzahl 30

Empusidae

Beine und Hinterleib der oftmals großen und schlanken Arten dieser Familie sind gewöhnlich blattförmig verbreitert. Auf den Schienen der Vorderbeine sitzen abwechselnd ein kräftiger und eine Gruppe mit zwei bis vier kürzeren Dornen. Der Kopf trägt einen helmartigen Fortsatz und die Fühler der Männchen sind gefiedert.
LEBENSWEISE: Wie bei den Mantiden üblich, werden die Eier in einer Kapsel abgelegt und die Jungtiere häuten sich gleich nach dem Schlupf zum ersten Mal.
VERBREITUNG: Afrika, Teile des Mittelmeerraumes und Asien. Auf Blüten und Blättern.
ANMERKUNG: Wie bei allen Mantiden wird vor dem Fang die Größe und das Verhalten der Beute sorgfältig beobachtet. Wehrhafte Opfer werden nur bis zu einer bestimmten Größe angegriffen.

***Empusa*-Arten** sind typische Vertreter dieser Familie, die sich durch eine blattähnliche Körperform auszeichnen.

Länge 45–90 mm	Ernährungsweise

Ordnung MANTODEA	Familie HYMENOPODIDAE	Artenzahl 50

Hymenopodidae

Durch ihre lebhafte Färbung, die auch rosa und grüne Farbtöne einschließt, und ihre Körperform gleichen diese Arten perfekt den Blüten, auf denen sie auf Beute lauern. Teile des Körpers, z. B. die Beine, sind oft lappenartig verbreitert und imitieren Blätter. Auf den Vorderflügeln können farbige Bänder, Spiralen oder deutliche Augenflecke vorkommen. Einige Weibchen sind auch kurzflügelig.

LEBENSWEISE: Die Eikapseln werden in der Vegetation befestigt. Nachdem die jungen Nymphen geschlüpft und ausgehärtet sind, machen sie Jagd auf kleine Beutetiere.

VERBREITUNG: Überall in den Tropen, außer in Australien. Auf den unterschiedlichsten Pflanzen.

△ ***Hymenopus coronatus,*** die Kronenfangschrecke, hat eine blütenimitierende Tarntracht. Die unterschiedliche Färbung hängt von der unmittelbaren Umgebung ab, in der sich die Nymphe entwickelt hat. Eine rote Färbung bedeutet z. B., dass sich die Nymphe auf einer roten Blüte aufgehalten hat.

◁ ***Creobroter*-Arten** sind typische Vertreter der Familie und leben hauptsächlich in Südostasien, sind aber auch in einigen Teilen Indiens weit verbreitet.

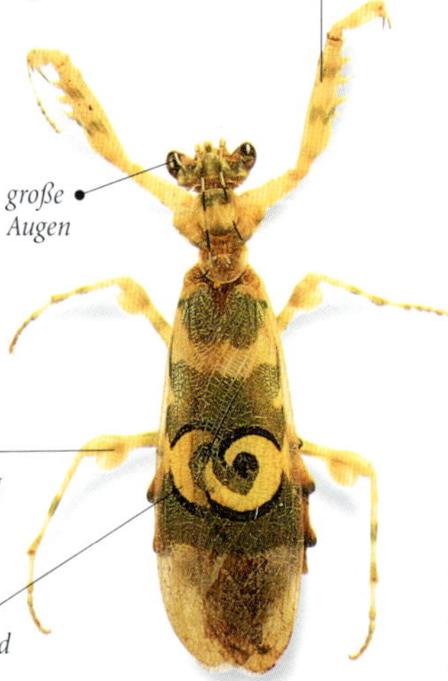

◁ ***Pseudocreobroter*-Arten** haben lebhaft gefärbte Flecken auf den Flügeln, mit denen sie potenziellen Feinden drohen.

Länge 20–80 mm	Ernährungsweise

Ordnung MANTODEA	Familie MANTIDAE	Artenzahl 1400

Mantidae

Angehörige dieser Familie sind sehr einheitlich gestaltet. Die Grundfärbung ist in der Regel braun oder grün und entgegen den blütenbewohnenden Gottesanbeterinnen (S. 72) sind die Flügel meist nicht so auffällig gezeichnet, obwohl auch Augenflecken vorkommen können.

LEBENSWEISE: Die Weibchen sind bekannt dafür, dass sie gelegentlich die Männchen nach der Paarung auffressen. Solch ein Verhalten wird in der Natur jedoch nur selten beobachtet, da die Männchen sehr vorsichtig sind. Ein paar Dutzend bis über 100 Eier werden in einer papierartigen, schaumigen Eikapsel abgelegt.

VERBREITUNG: Weltweit; häufig in wärmeren Regionen. Überall in der Vegetation, wo genügend Beutetiere vorkommen.

▷ ***Choeradonis stalii*** und andere große Arten dieser Gattung sind in der Lage, auch kleine Wirbeltiere, z. B. Frösche oder Salamander, zu erbeuten.

◁ ***Deroplatys desiccata*** hat braune Flügel und gleicht auf erstaunliche Weise toten Blättern. Wenn sie gestört wird, hebt sie ihre leuchtend gefleckten Vorderbeine und droht damit den Angreifern.

Länge 20–105 mm	Ernährungsweise

Schaben

Die Ordnung Blattodea setzt sich aus sechs Familien mit insgesamt 4000 Arten zusammen. Bei diesen urtümlichen Insekten ist der Kopf durch ein schildförmiges Pronotum bedeckt. Generell sind zwei Paar Flügel vorhanden; die vorderen sind ledrig derb ausgebildet und legen sich schützend über die häutigen Hinterflügel. Die abgeflachte Körperform erlaubt es den meist in tropischen Gebieten lebenden Schaben, sich auch durch enge Ritzen zu quetschen. Weniger als ein Prozent dieser Insekten kommen in menschlichen Behausungen vor, wo sie in der warmen Umgebung, besonders unter unhygienischen Bedingungen, gut gedeihen. Schaben reagieren sehr empfindlich auf Vibrationen und können daher rechtzeitig vor Feinden flüchten. Einige Arten verspritzen aber auch Wehrsekrete. Paarungswillige Weibchen locken ihre Partner durch Sexualduftstoffe an und werden dann selbst durch aphrodisierende Sekrete der Männchen zur Kopulation angeregt. Bei der Paarung wird ein Samenpaket übertragen.
Die bis zu 40 Eier werden in eine Eikapsel eingeschlossen, die, meist aus dem Hinterleib herausragend, von den Weibchen noch eine Weile herumgetragen wird. Die Verwandlung ist unvollständig.

Ordnung BLATTODEA	Familie BLABERIDAE	Artenzahl 1000

Blaberidae

Diese riesigen Insekten haben oftmals gut entwickelte hellbraune Flügel. Die Weibchen dieser Familie sind jedoch flügellos, da sie sich meist grabend unter Steinen und Holz aufhalten.
LEBENSWEISE: Die Balzrituale einiger Arten beinhalten auch Paarungslaute. So erzeugen die Männchen von *Nauphoeta cinerea* Geräusche, indem sie einen verdickten Bereich der Vorderflügel gegen das Pronotum reiben. Die meisten Arten legen Eier, die sich in einer Eikapsel entwickeln. Die Weibchen pressen die Eikapsel aus ihrem Hinterleib vollständig heraus, drehen diese um 90° und nehmen sie dann bemerkenswerterweise wieder in ihren Körper auf, wo die Eier ausgebrütet werden.
VERBREITUNG: Tropen. In Regenwäldern und Höhlen sowie zahlreichen anderen Lebensräumen.
ANMERKUNG: Einige Arten werden gerne als Labortiere gezüchtet.

△ ***Pycnoscelis surinamensis*** ist ein weit verbreiteter tropischer Schädling, der unterirdisch lebt und oft in Höhlen im Fledermausmist zu finden ist.

▷ ***Gromphadorhina portentosa*** Die Männchen setzen ihre gepanzerten Brustsegmente im Zweikampf mit Artgenossen ein. Fressfeinde werden durch ein lautes Zischen abgeschreckt, das diese Schaben durch Auspressen von Luft aus den Tracheen erzeugen.

Länge 25–60 mm, selten bis 95 mm	Ernährungsweise

Ordnung	Familie	Artenzahl
BLATTODEA	BLATTIDAE	600

Blattidae

Die meisten Vertreter dieser Familie haben eine braune, rot- oder schwarzbraune Grundfärbung, die die unterschiedlichsten Zeichnungen aufweisen kann. Die Tiere sind sehr aktiv, können schnell rennen, und bei ausreichender Wärme fliegen sie auch. Tagsüber halten sie sich versteckt und gehen erst in der Dunkelheit auf Nahrungssuche, wobei sie allerlei organisches Material und Essensreste aufnehmen. Überall lassen sie ihre Exkremente, wieder erbrochene Nahrung und einen charakteristischen unangenehmen Geruch zurück. Einige Arten stoßen sogar Wehrsekrete aus, die kurzzeitige Blindheit und Hautausschlag hervorrufen können.

LEBENSWEISE: Mit speziellen Duftdrüsen auf ihrem Rücken versuchen die Männchen die Weibchen zur Paarung aufzufordern. Ein einzelnes Weibchen kann bis zu 50 Eipakete mit je 12 bis 14 Eiern produzieren, die an den verschiedensten Orten abgesetzt, vergraben oder angeklebt werden.

VERBREITUNG: Hauptsächlich in tropischen und subtropischen Regionen. Viele schädliche Arten werden auch in Häfen, Lagerhäusern, der Kanalisation und auf Müllkippen gefunden.

△ ***Blatta orientalis,*** die Küchenschabe oder Kakerlake, ist ein verbreiteter Hausschädling. Wie viele andere Arten wurden die Kakerlaken durch Schiffsladungen weltweit verbreitet.

◁ ***Neostylopyga rhombifolia*** erzeugt eine Chemikalie (Amylacetat), die fruchtig riecht und zur Feindabwehr verwendet wird.

△ ***Periplaneta americana,*** die Amerikanische Schabe, wird vielfach in Laboratorien gezüchtet, da sie einfach zu halten ist. Ursprünglich in Afrika heimisch, findet man sie heute weltweit.

Länge	Ernährungsweise
20–45 mm	

Ordnung BLATTODEA	Familie BLATTELLIDAE	Artenzahl 1750

Blattellidae

Die oft glänzende Körperoberfläche der Schaben ist meist blassbraun, manchmal auch olivgrün gefärbt. Nicht selten sind dunklere braune Flecken auf den Flügeln und dem Pronotum vorhanden. Bei beiden Geschlechtern sind die Flügel normalerweise voll entwickelt.
LEBENSWEISE: Die Weibchen sind sehr fruchtbar und können fünf- bis sechsmal pro Jahr ca. 40 Eier legen. Bei vielen Arten werden die Eier in Kapseln, die aus dem Hinterleib herausragen, umhergetragen. Erst kurz vor dem Schlupf werden diese dann abgelegt. Sowohl die Imagines als auch die Nymphen sind Abfallfresser.
VERBREITUNG: Weltweit, hauptsächlich in wärmeren Gebieten. In der Waldstreu, in Abfällen, auf Müllhalden und in Häusern.

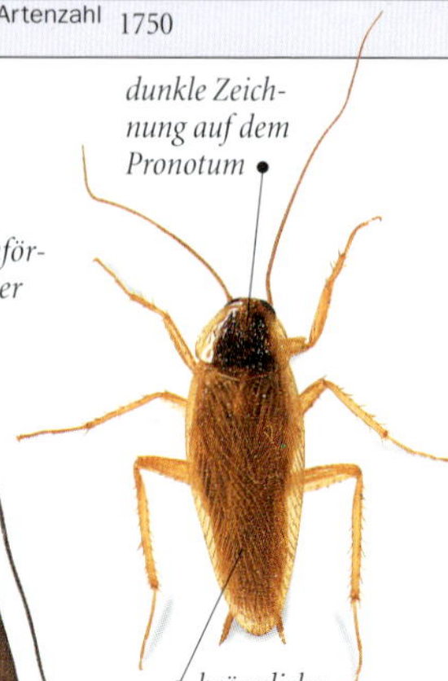

△ ***Blatella germanica,*** die Deutsche Schabe, ist ein verbreiteter Schädling in Häusern, Küchen und Vorratskammern. Während ihres Lebens können die Weibchen Tausende von Eiern produzieren.

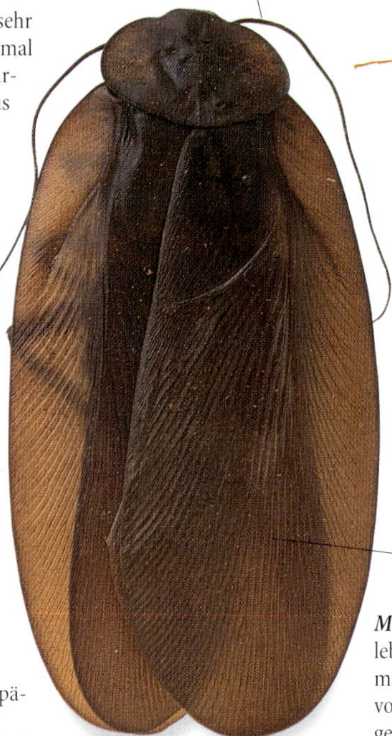

Megaloblatta longipennis lebt in Peru, Ecuador und Panama. Sie ist mit einer Spannweite von bis zu 200 mm die größte geflügelte Schabenart der Welt.

△ ***Loboptera decipiens*** ist eine europäische, flügellose Art. Sie lebt in der Laubstreu, unter Steinen und unter Rinde.

Länge 8 – 100 mm, meist unter 20 mm	Ernährungsweise

Ordnung BLATTODEA	Familie CRYPTOCERCIDAE	Artenzahl 4

Cryptocercidae

In dieser Familie werden die urtümlichsten Schaben zusammengefasst, die alle zu der Gattung *Cryptocercus* gehören. Diese Tiere sind länglich und glänzend dunkelbraun bis schwarz gefärbt.
LEBENSWEISE: Die Cryptoceriden leben in kleinen Familienverbänden bestehend aus zwei Imagines und mehreren Nymphen. Sie fressen Totholz und bohren sich hinein; die Eier befestigen sie an der Decke der hölzernen Kammern. Mithilfe von symbiotischen Einzellern, die sich in ihrem Darm befinden, können sie die zellulosehaltige Nahrung verdauen. Nach jeder Häutung fressen die Jungen die Exkremente der anderen Schaben, um sich erneut mit den Symbionten zu infizieren.
VERBREITUNG: Nordamerika und China. In Tothölzern.

Cryptocercus punctulatus aus Nordamerika umfasst wahrscheinlich mehrere selbstständige Arten.

Länge 20 – 30 mm	Ernährungsweise

Tarsenspinner

Mit nur acht Familien und 300 Arten stellt die Ordnung Embioptera eine recht kleine Insektengruppe dar. Diese geselligen Tiere schützen sich vor Feinden, indem sie seidene Wohnröhren im Boden, Laub oder unter Rinde spinnen – daher auch ihr deutscher Name. Die Beine der Tarsenspinner sind kurz, und alle Arten besitzen ein verbreitertes Fußglied an den Vorderbeinen; auf dessen Unterseite befinden sich die Spinndrüsen, die in zahlreiche hohle Härchen münden. Mit den Vorderfüßen heften die Tarsenspinner beim Laufen die Fäden an den Untergrund, bis sich langsam eine seidene Hülle gebildet hat. Die Männchen besitzen zwei Paar schmale Flügel, wogegen die Weibchen flügellos sind. Letztere leben mit den Nymphen in einer Kolonie, während die Männchen weiterziehen, um in anderen Kolonien neue Partner zu finden. Die Verwandlung ist unvollständig.

Ordnung EMBIOPTERA	Familie CLOTHODIDAE	Artenzahl 14

Clothodidae

Die Angehörigen dieser Familien haben typischerweise einen langen zylindrischen Körper, kurze Beine und beißende Mundwerkzeuge. Sowohl die Imagines als auch die Jungtiere haben verdickte Fußglieder an den Vorderbeinen, die die zahlreichen Spinndrüsen beherbergen. Die Augen sind klein und die Fühler bestehen aus 10 bis 35 Gliedern.

LEBENSWEISE: Die Männchen können mit ihren Kiefern keine Nahrung mehr aufnehmen, halten damit aber den Partner bei der Paarung fest. Die Weibchen betreiben ausgeprägte Brutpflege, wobei sie die Eier mit Seide und Detritus umhüllen und nach dem Schlupf die Jungen mit vorgekauter Nahrung füttern.

VERBREITUNG: Weltweit, in tropischen und subtropischen Regionen. In zahlreichen Lebensräumen, von Regenwäldern bis hin zu Wüsten.

Clothoda urichi ist in Trinidad heimisch und lebt einzeln oder gesellig. Beide Lebenstypen bleiben mit ihren Larven im selben Wohngespinst, wobei die in Kolonien lebenden Weibchen mehr Eier legen als die einzeln lebenden (Abbildung dieser Art in ihrer Wohnröhre).

Länge 5–20 mm	Ernährungsweise

Ordnung EMBIOPTERA	Familie EMBIIDAE	Artenzahl 250

Embiidae

Diese in Kolonien lebenden Tarsenspinner sind normalerweise recht kräftig. Die Männchen haben zwei Paar Flügel, die – wie es für die Ordnung typisch ist – nach vorne gerichtet werden können. Auf diese Weise ist es ihnen möglich, auch rückwärts durch die Wohngespinste zu laufen.

LEBENSWEISE: Die Eier werden in die mit Seide ausgekleideten Wohngänge gelegt. Die Weibchen bewachen sowohl die Eier als auch die Jungtiere, bis diese das Nest verlassen.

VERBREITUNG: Südamerika und Afrika. Zwischen Rinde, in Astlöchern, Spalten, unter Steinen und Felsen.

Embiiden-Arten haben viele ähnliche Merkmale wie die Vertreter der Familie Clothodidae (s.o.).

Länge 5–22 mm	Ernährungsweise

Termiten

Die sieben Familien und 2750 Arten umfassende Ordnung Isoptera kommt nur bis 50° südlich oder nördlich des Äquators vor. Eine typische Termite ist weißlich und hat einen weichen flügellosen Körper, kauende oder beißende Mundwerkzeuge und kurze Fühler. Diese Insekten leben in Kolonien, in denen es unterschiedlich gestaltete Kasten gibt. Die Geschlechtstiere, Könige und Königinnen, haben zwei Paar lange Flügel, kurze Schwanzfäden und einen rundlichen Kopf. Unfruchtbare Soldaten besitzen einen wesentlich längeren Kopf als die Arbeiter. Bei den Termiten sind die Augen oft reduziert oder fehlen gänzlich. Die Verwandlung ist unvollständig. Termiten leben in Hügelbauten aus Erde oder in weit verzweigten unterirdischen Nestern mit riesigen oberirdischen Belüftungsschornsteinen. Die meisten Arten fressen totes oder verrottendes Holz – alle Angehörigen dieser Ordnung können Zellulose verdauen. Einige Termiten sind Nutzholz- oder Ernteschädlinge.

Ordnung ISOPTERA	Familie HODOTERMITIDAE	Artenzahl 19

Hodotermitidae

Die Kiefer dieser Termiten sind auf der Innenseite stark bezahnt, Augen sind vorhanden. Die Grundfärbung ist cremefarben oder hell- bis dunkelbraun, und das Pronotum ist sattelartig.
LEBENSWEISE: Die Eiablage erfolgt innerhalb des Nestes, das bis zu 6 m tief unter der Erde liegen kann. Die Arbeiter sammeln auf dem Boden Gräser oder Holzstückchen, mit denen die Larven gefüttert werden.
VERBREITUNG: Afrika und Asien. Unterirdisch in trockenen Savannen.
ANMERKUNG: Da diese Tiere sich ähnlich ernähren wie die großen Pflanzenfresser (Wildtiere und Hausrinder), können sie gelegentlich als Weideschädlinge auftreten.

stark bezahnte Kiefer
großer, harter Kopf
die Brustsegmente sind von gleicher Größe

***Hodotermes*-Arten** sind in der afrikanischen Savanne weit verbreitet und bauen immer unterirdische Nester. Tagsüber laufen sie herum und sammeln Gräser und Stöckchen.

Länge 4–10 mm – nur Soldaten und Arbeiter	Ernährungsweise

Ordnung ISOPTERA	Familie RHINOTERMITIDAE	Artenzahl 345

Rhinotermitidae

Bei Vertretern aller Kasten ist das Pronotum auf dem Rücken kugelig und kann bei manchen Arten auch eine Herzform annehmen. Die Soldaten sind blind. Die Färbung der Tiere ist hell- bis dunkelbraun oder weißlich.
LEBENSWEISE: Die Eier werden innerhalb der Kolonien abgelegt, die sich unterirdisch oder in Tothölzern befinden.
VERBREITUNG: Weltweit, in wärmeren Regionen.
ANMERKUNG: Einige Arten sind Bauholzschädlinge. Eine nordamerikanische Art ist sogar so gefährlich, dass man den Schäden mit besonderen Bauvorschriften vorbeugen muss.

weicher, weißlicher Körper
kleine Brustsegmente
kugeliges oder herzförmiges Pronotum
perlartige Fühlersegmente

Reticulitermes lucifugus baut Nester in Baumstümpfen und -stämmen. Man findet diese weichen, weißlichen Termiten mit den auffallenden Fühlern in ganz Südeuropa.

Länge 2–8 mm – nur Soldaten und Arbeiter	Ernährungsweise

Ordnung ISOPTERA	Familie TERMITIDAE	Artenzahl 1950

Termitidae

Diese variable Familie beinhaltet nahezu drei Viertel aller bekannten Termiten, meist weißliche bis dunkelbraune Arten. Arbeiter und Soldaten sind augenlos und letztere besitzen oft große Kiefer oder einen nasenartigen Fortsatz auf der Stirn (Nasuti), aus dem sie ein klebriges, giftiges Sekret verspritzen können.

LEBENSWEISE: Die Eier werden in den Nestern abgelegt, die sehr verschieden gestaltet sein können: von kleinen Baumnestern und Erdhügeln bis zu riesigen unterirdischen Labyrinthen. Die Königinnen einiger Arten können sehr groß werden und mehrere Tausend Eier pro Tag produzieren.

VERBREITUNG: Weltweit, in tropischen und subtropischen Gebieten. Auf Bäumen und im Boden.

ANMERKUNG: Diese höher entwickelten Termiten haben ein besonders ausgeprägtes Kastensystem. Viele Arten sind Schädlinge.

Trinervitermes geminatus. Bei dieser Art haben die Soldaten einen nasenartigen Stirnfortsatz, mit dem sie Wehrsekret aus einer Kopfdrüse verspritzen können, um ihre Hauptfeinde – Ameisen – abzuwehren.

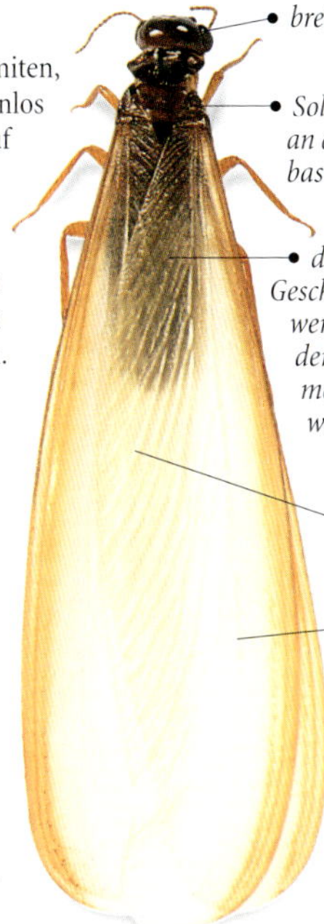

Macrotermes-Arten können Kakao- und Kokusnussbestände schädigen. Zu einer bestimmten Zeit des Jahres schwärmen die Geschlechtstiere (Abbildung) zu Tausenden aus der Kolonie.

Länge 4–14 mm – nur Soldaten und Arbeiter	Ernährungsweise

Ordnung ISOPTERA	Familie TERMOPSIDAE	Artenzahl 20

Termopsidae

Die Färbung dieser Termiten variiert von hell- bis dunkelbraun. Das Pronotum ist viel schmaler als der Kopf.

LEBENSWEISE: Die Eiablage erfolgt in den Nestern. Diese werden meist in Totholz errichtet, das am Boden liegt.

VERBREITUNG: In den wärmeren Gebieten Nord- und Südamerikas, Afrikas, Asiens und Australiens. Hauptsächlich in umgestürzten, verrottenden Bäumen.

ANMERKUNG: Viele Arten sind gefährliche Schädlinge an Bauhölzern (z. B. Telegrafenmasten).

Zootermopsis angusticollis ist eine in Nordamerika heimische Art. Sie kann feuchtes, auf dem Boden liegendes Holz schwer schädigen.

Länge 3–6 mm – nur Soldaten und Arbeiter	Ernährungsweise

Bodenläuse

Die Ordnung Zoraptera wird aus nur einer einzigen Familie mit 29 Arten gebildet und wurde erstmals in den frühen Zwanzigerjahren dieses Jahrhunderts entdeckt. Es handelt sich um kleine, zarte Insekten, die dunkelbraun bis schwärzlich gefärbt oder aber völlig farblos sind. Die Imagines können in zwei verschiedenen Formen auftreten. Eine der beiden Formen besitzt weder Facetten- noch Punktaugen, ist weißlich gefärbt und flügellos wie die Nymphen. Die andere Form besitzt sowohl Facetten- als auch drei Punktaugen, ist pigmentiert und trägt zwei Paar Flügel mit einer reduzierten Aderung. Beide Formen, geflügelte und ungeflügelte, tragen an ihrem Hinterleib kurze Schwanzfäden und besitzen nach unten gerichtete Mundwerkzeuge, die denen der Springschrecken (S. 60–65) gleichen. Die Füße bestehen aus nur zwei Gliedern. Verschlechtern sich die Lebensbedingungen, so sind es die geflügelten Formen, die sich auf die Suche nach einem neuen Lebensraum machen. Ist er gefunden, werfen sie ihre Flügel bald danach ab. Die Verwandlung ist unvollständig, und die Nymphen sehen entsprechend der Form, die sie als Imagines annehmen, unterschiedlich aus. In ihrem Verbreitungsgebiet in Nord- und Südamerika, Afrika und Teilen Ostasiens leben diese Insekten gesellig unter der Rinde morscher Bäume, in Holzmehl und in feuchter Laubstreu. Einige Arten wurden auch in Gesellschaft mit Termiten gefunden.

Ordnung ZORAPTERA	Familie ZOROTYPIDAE	Artenzahl 29

Bodenläuse

Diese Insekten sind entweder hell und flügellos oder dunkel pigmentiert und geflügelt. Der auffällig dreieckige Kopf trägt ein Paar neungliedrige perlschnurartige Fühler und der Hinterleib ist länglich und oval geformt.

LEBENSWEISE: Sowohl Nymphen als auch Imagines ernähren sich von Pilzfäden und kleinen Arthropoden, besonders von Milben. Das Sexualverhalten ist anscheinend sehr komplex und beinhaltet bei manchen Arten auch das Überreichen von Brautgeschenken (Kopfdrüsensekrete der Männchen) an die Weibchen. Bei anderen Arten kommen Rivalenkämpfe um die Weibchen vor, wobei sich die Kontrahenten mit den Hinterbeinen treten. Der Befruchtungserfolg steigt offenbar mit dem Lebensalter der Tiere und nicht mit deren Körpergröße. Die Eier werden an Ort und Stelle, also in morschem Holz oder der Laubstreu, abgelegt.

VERBREITUNG: Weltweit in tropischen Regionen, außer in Australien. In morschem Holz, Sägespänen, in der Laubschicht und unter Rinde.

ANMERKUNG: Alle bekannten Arten gehören zu der Gattung *Zorotypus*.

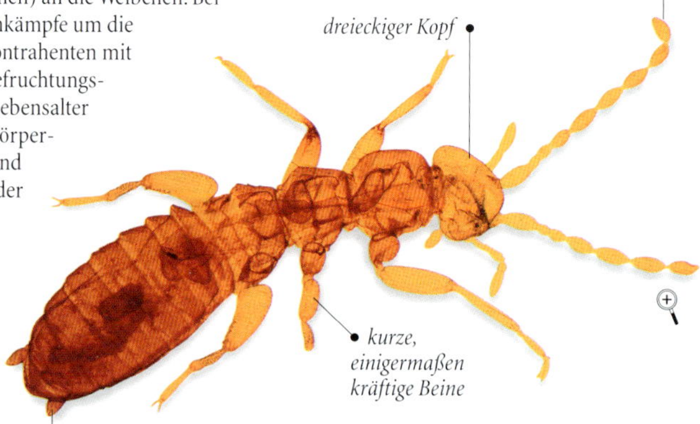

Zorotypus hubbardi ist im Leben hell- bis dunkelbraun, die Abbildung zeigt ein rot gefärbtes mikroskopisches Präparat. Diese im Osten und Süden Amerikas lebende Art findet man in Sägespänen und in morschen Baumstämmen unter toter Rinde.

Länge 2–3 mm	Ernährungsweise

Staub- und Rindenläuse

Die Ordnung *Psocoptera* umfasst 35 Familien mit mehr als 3000 Arten. Obwohl sie sehr häufig vorkommen, werden diese weichhäutigen, unauffälligen, hell- oder dunkelbraun gefärbten Insekten oftmals übersehen. Der massige Kopf ist sehr breit und trägt hervorstehende Augen sowie fadenförmige Fühler. Die Brust erscheint von der Seite gesehen buckelig; auf ihr sitzen normalerweise zwei Paar häutige Flügel, die in Ruhe dachartig über dem Körper getragen werden. Einige wenige Arten sind lebend gebärend, die meisten jedoch legen Eier. Die Verwandlung ist unvollständig und es treten fünf Larvenstadien auf. Man findet diese Insekten in einer Vielzahl terrestrischer Lebensräume, vom Boden bis in die Baumwipfel, wo sie sich von Algen, Flechten und Pilzsporen ernähren. Einige fressen aber auch Pollen und pflanzliches Gewebe. Neben den meist geselligen Arten kommen auch einzeln lebende vor.

Ordnung PSOCOPTERA	Familie CAECILIIDAE	Artenzahl 330

Caeciliidae

Die meisten Caeciliiden sind braun, gelb oder grün gefärbt und entweder voll geflügelt oder stummelflügelig – sehr wenige sind auch ungeflügelt. Die Flügel können gemustert sein und sind an der Vorderkante sowie auf den Flügeladern mit feinen Borsten bedeckt.
LEBENSWEISE: Normalerweise wird ein Gelege mit 12 bis 16 Eiern auf Blättern abgesetzt. Gibt es pro Jahr mehrere Generationen, so fallen die im Herbst gelegten Eier mit den Blättern zu Boden und überwintern in der Streu. Die Jungtiere schlüpfen dann im Frühjahr.
VERBREITUNG: Weltweit. In zahlreichen Lebensräumen; häufig auf den Blättern von Laubgehölzen, in niedriger Vegetation und im Gras; einige auch in der Streuschicht.

rotbraun umrandete Adern der Vorderflügel

gelber Körper

Kopf mit braunem Mittelstreifen

Caecilius flavidus ist ein häufiger Bewohner von Laubbäumen und lebt in Europa. Männchen sind bei dieser Art noch unbekannt.

Länge 1,5–4 mm	Ernährungsweise

Ordnung PSOCOPTERA	Familie ECTOPSOCIDAE	Artenzahl 150

Ectopsocidae

Der Kopf dieser hellbraun gefärbten Insekten ist mit Haaren bedeckt, gelegentlich können auf dem Hinterleib dunkelbraune Bänder auftreten. Die Augen sind klein, und die 13-gliedrigen Fühler sind bei den Männchen länger als bei den Weibchen.
LEBENSWEISE: Die Weibchen deponieren kleine Eigelege auf toten oder welkenden Blättern und überspinnen diese mit Seidenfäden, die sie in speziellen Drüsen herstellen. Unter guten Bedingungen – krankheitsfreie, wirtliche Umgebung, genügend Futter – entwickeln sie sehr große Populationen. Die den Imagines gleichenden Nymphen sind behaart und fressen Pilzfäden, Pflanzenreste, Algen und gelegentlich auch Pollen.
VERBREITUNG: Weltweit. In verschiedenen Lebensräumen; auf trockenen Blättern von Laubbäumen oder in der Bodenstreu; einige Arten leben auch in Gewächshäusern und Wohnungen.

13-gliedrige Fühler

dunkelbrauner Körper

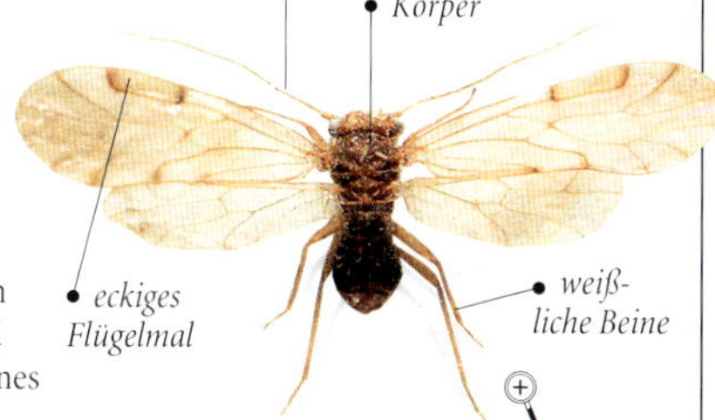

eckiges Flügelmal

weißliche Beine

Ectopsocus briggsi kommt in Europa vor und lebt auf Laubbäumen. Obwohl die Individuen meistens geflügelt sind, treten auch stummelflügelige Tiere auf.

Länge 1,5–3,5 mm	Ernährungsweise

Ordnung PSOCOPTERA	Familie LIPOSCELIDAE	Artenzahl 150

Bücherläuse

Auffallend an diesen abgeflachten Insekten sind die verdickten Schenkel an den Hinterbeinen. Der Kopf trägt ein Paar kurze Fühler und kleine Augen. Die meisten Liposceliden sind ungeflügelt, gelegentlich treten aber auch geflügelte Formen auf.
LEBENSWEISE: Die Weibchen legen die Eier in die Laubstreuschicht, in Rindenritzen oder in Vogelnestern ab. Die Nymphen gleichen den Imagines, haben aber kürzere Fühler.
VERBREITUNG: Weltweit. In trockenem Laub, unter Rinde und in Vogelnestern. Manche Arten findet man auch in Häusern und Vorratskammern.
ANMERKUNG: Einige Arten sind Schädlinge. Verschiedenen *Liposcelis*-Arten gedeihen besonders gut bei hoher Luftfeuchtigkeit und können dann Getreideprodukte, Akten und Bücher befallen. Außerdem sind sie in Museen als Schädlinge von Pflanzen- und Insektensammlungen gefürchtet.

Liposcelis terricolis ist eine weit verbreitete Bücherlaus. Sie lebt in der Laubstreu und in verschiedenen Trockenprodukten, denen sie schädlich werden kann.

Länge 0,5–1,5 mm	Ernährungsweise

Ordnung PSOCOPTERA	Familie PSOCIDAE	Artenzahl 500

Rindenläuse

Die meisten Rindenläuse haben eine hellere Zeichnung auf einer schmutziggrauen, braunen oder schwärzlichen Grundfärbung. Auf den unbehaarten Flügeln können ebenfalls unregelmäßige Flecken auftreten.
LEBENSWEISE: Die Eier werden einzeln oder als kleine Gelege in die Ritzen von Baumrinde abgelegt. Die Entwicklung der Rindenläuse dauert etwas mehr als zwei Monate und gewöhnlich gibt es pro Jahr mehrere Generationen. Als Nahrung dienen den Tieren Pilze, Algen, Pollen und Flechten.
VERBREITUNG: Weltweit. Auf der Rinde zahlreicher Baumarten und Sträucher. Einige der häufigsten Arten der Ordnung sind in dieser Familie vertreten und man findet sie manchmal in Massen auf bestimmten Bäumen.

Psococerastis gibbosa lebt in Europa und einigen Teilen Asiens auf verschiedenen Bäumen. Es ist die größte Psocopteren-Art in Mitteleuropa.

Länge 1–6 mm	Ernährungsweise

Läuse

In der Ordnung Phthiraptera sind 25 Familien mit 6000 Arten zusammengefasst, die man auch als Tierläuse bezeichnet. Diese abgeflachten Insekten sind flügellose Ektoparasiten, die auf Vögeln und Säugetieren leben, ohne diese jedoch zu töten. Die Mundwerkzeuge werden zum Abbeißen von Haut, Feder- oder Fellstückchen benutzt, bei den Echten Läusen sind sie jedoch ausschließlich zum Blutsaugen ausgebildet. Die kurzen Beine sind in der Regel für das Festhalten im Gefieder oder im Fell umgestaltet. Die Verwandlung der Läuse ist unvollständig. Verschiedene Läuse sind auf bestimmte Wirte spezialisiert. So kommen z. B. einige Arten, die durch besondere Mundwerkzeuge gekennzeichnet sind, nur auf dem Warzenschwein und dem afrikanischen Elefanten vor. Viele Läuse leben zudem nur auf bestimmten Körperregionen, sodass mehrere Arten gleichzeitig auf einem Wirt parasitieren können.

Ordnung PHTHIRAPTERA	Familie MENOPONIDAE	Artenzahl 650

Menoponidae

Diese auf Vögeln lebenden Läuse haben einen ovalen Hinterleib und kurze, kräftige Beine. Der große, fast dreieckige Kopf trägt beißende Mundwerkzeuge.

LEBENSWEISE: Die Eier werden einzeln in das Gefieder des jeweiligen Wirtes geklebt. Die Nahrung besteht aus Federn, manchmal auch aus Haut oder Blut.

VERBREITUNG: Weltweit. Auf einer Vielzahl von Vogelarten.

ANMERKUNG: Einige Arten, z. B. *Menopon gallina* (die Schaftlaus), sind gefährliche Geflügelparasiten.

Eomenacanthus stramineus, die Körperlaus, kommt recht häufig vor. Der Befall kann zum Verlust der Federn und zu Infektionen führen.

Länge 1–6 mm, meist unter 4 mm	Ernährungsweise

Ordnung PHTHIRAPTERA	Familie PEDICULIDAE	Artenzahl 2

Kopf- und Kleiderläuse

Um sich an ihren Wirten festhalten zu können, haben diese weißlichen Läuse kurze Beine mit kräftigen Krallen entwickelt. Der kleine Kopf trägt auffallend dunkle Augen. Die Menschenlaus *Pediculus humanus* befällt gelegentlich auch einige Affenarten. Am Menschen selbst kann man zwei Unterarten unterscheiden: die Kleiderlaus, *Pediculus humanus humanus,* und die Kopflaus, *P. humanus capitis.* Eine weitere Art, *P. schaeffi,* parasitiert ausschließlich an Menschenaffen.

LEBENSWEISE: Die Kleiderlaus legt ihre Eier meist in die Kleidung des Menschen, während die Kopflaus ihre Eier (Nissen) an die Kopfhaare klebt.

VERBREITUNG: Weltweit. Auf Menschen, Affen und Menschenaffen.

ANMERKUNG: Kopflausbefall ist recht häufig bei kleinen Kindern zu beobachten. Regelmäßiges Haarewaschen und sorgfältiges Kämmen ist als Abwehrmaßnahme meist genauso wirksam wie insektenabtötende Shampoos, gegen die die Läuse eine Resistenz entwickeln können. Noch vor dem Zweiten Weltkrieg starben mehr Soldaten an von Läusen ausgehenden Typhus-Epidemien und Rückfallfieber als in den Schlachten.

Pediculus humanus capitis hat wie alle Menschenläuse speziell zum Blutsaugen entwickelte Mundwerkzeuge.

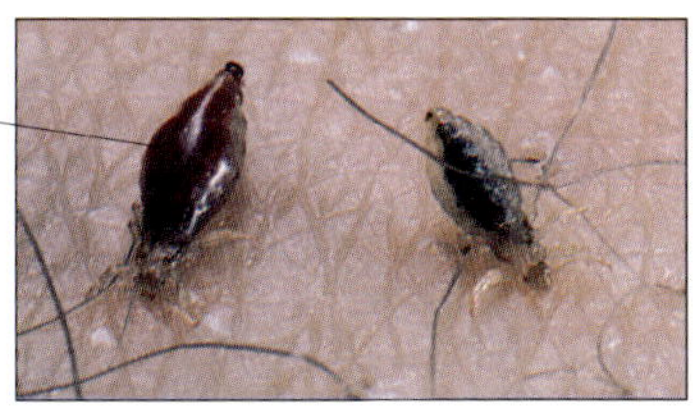

Pediculus humanus humanus, die Kleiderlaus, lebt in der Kleidung der Menschen und kann die gefährlichen Typhus-Erreger übertragen.

Länge 1,5–3,5 mm	Ernährungsweise

Ordnung PHTHIRAPTERA	Familie PTHIRIDAE	Artenzahl 2

Schamläuse

Der Kopf dieser gedrungenen, flachen Läuse ist sehr viel schmaler als die Brustabschnitte. Der Körper ist weißlich bis durchscheinend. Die besonders kurzen Mittel- und Hinterbeine tragen kräftige Klauen, mit denen sie sich an Haaren festhalten können. Neben der Schamlaus des Menschen, *Pthirus pubis* (die Filzlaus), gibt es eine weitere Art, *Pthirus gorillae,* die auf Gorillas vorkommt.

LEBENSWEISE: Nach der Paarung kleben die Weibchen die Eier mit einem wasserfesten Sekret in die Schambehaarung. Nymphen und Imagines ernähren sich vom Blut ihrer Wirte und hinterlassen dabei bläuliche Flecken auf der Haut.

VERBREITUNG: Überall, wo ihre Wirte vorkommen. Die Schamlaus am Menschen ist weltweit verbreitet.

ANMERKUNG: Entgegen der landläufigen Meinung, dass diese langsamen Läuse springen könnten, werden sie nur durch direkten Körperkontakt auf einen neuen Wirt übertragen. In vielen Lehrbüchern werden die Schamläuse auch zur Familie *Pediculidae* gestellt.

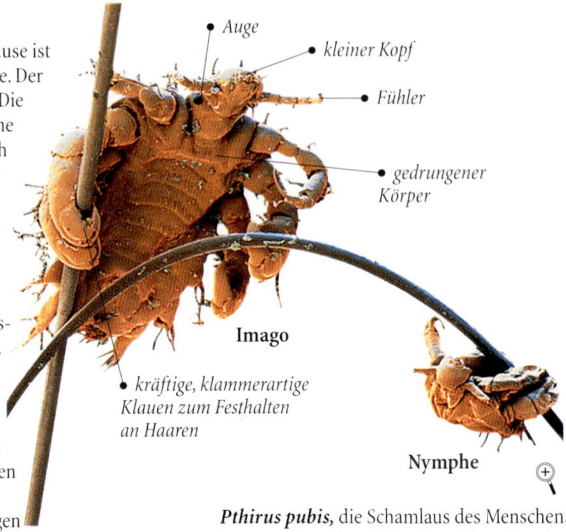

Pthirus pubis, die Schamlaus des Menschen, kommt neben dem Schambereich auch unter den Achselhöhlen und in Bärten vor. Obwohl sie sehr lästig ist, überträgt sie – soweit bekannt ist – keine Krankheiten.

Länge 1,5–2,5 mm	Ernährungsweise

Ordnung PHTHIRAPTERA	Familie TRICHODECTIDAE	Artenzahl 350

Trichodectidae

Charakteristisch für diese meist hellbraun gefärbten Läuse ist deren großer, fast eckiger Kopf mit den auffallenden, kurzen Fühlern und den deutlichen Kiefern. Die kurzen Beine haben jeweils nur eine Klaue. Der Hinterleib der Weibchen endet stumpf, der der Männchen läuft dagegen leicht spitz zu. Eine ganze Reihe von domestizierten Haustieren, z. B. Pferde, Schafe, Rinder, Ziegen, Hunde, Katzen, und wildlebende Säugerarten werden von diesen Läusen befallen.

LEBENSWEISE: Die Eier werden in das Fell der Wirte gelegt. Hier leben auch die Nymphen, die sich von kleinsten Hautstücken, Haaren und Talg ernähren. Gelegentlich nehmen sie jedoch auch Blut zu sich.

VERBREITUNG: Weltweit. Auf den jeweiligen Wirten.

ANMERKUNG: Die Hundelaus ist ein Überträger von Bandwürmern, deren Befall die Gesundheit der Wirtstiere stark beeinträchtigen kann.

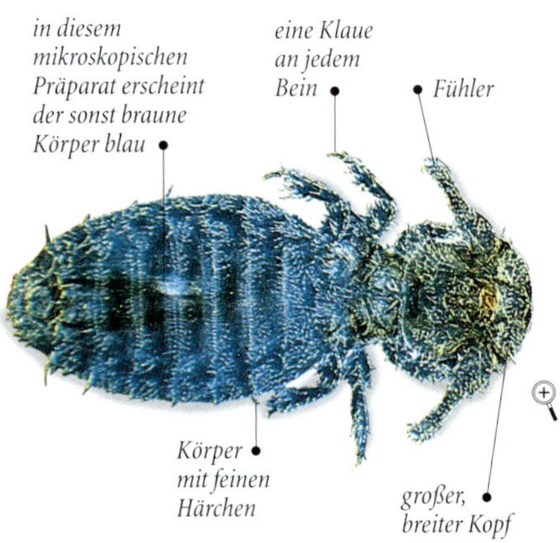

Damalinia oris ist eine kleine Laus, die weltweit verbreitet ist und auf Schafen lebt. Auf einem stark befallenen Tier können über 750 000 Läuse vorkommen.

Länge 1–3 mm	Ernährungsweise

Schnabelkerfe

Die Ordnung Hemiptera besteht aus 134 Familien mit 82 000 Arten, in denen sowohl winzige, flügellose Tiere als auch die riesigen Wasserwanzen vertreten sind, die sogar kleine Fische und Frösche überwältigen können. Die Schnabelkerfe haben erfolgreich alle Lebensräume an Land, im Süßwasser und sogar auf der Meeresoberfläche erobert. Man kann die Hemiptera in mehrere Untergruppen aufteilen: Die Coleorhyncha (nur eine Familie), die Heteroptera (Wanzen), die Auchenorrhyncha (Zikaden) und die Sternorrhyncha (Blatt-, Schild- und Mottenläuse, Blattflöhe). Die an dieser Stelle behandelte Auswahl gliedert sich in Wanzen (Acanthosomatidae bis Tingidae), Zikaden (Aphrophoridae bis Membracidae) und Blattläuse und deren Verwandte (Aleyrodidae bis Psyllidae). Nur unter den Wanzen gibt es räuberische und blutsaugende Arten, alle anderen sind Pflanzenfresser. Die Mundwerkzeuge der Schnabelkerfe sind zu einem stilettartigen Saugrüssel umgebildet, der von der Unterlippe abgeschlossen wird. Viele Pflanzensauger können schädlich werden. Die Verwandlung ist unvollständig; in der Regel treten fünf Larvenstadien auf. Die Eier werden in oder auf Pflanzen, auf den Boden oder unter Rinde abgelegt. Manche Arten sind lebend gebärend, und gelegentlich kommt Jungfernzeugung vor.

Ordnung HEMIPTERA	Familie ACANTHOSOMATIDAE	Artenzahl 250

Stachelwanzen

Die äußere Erscheinung dieser Wanzen gleicht der ihrer nächsten Verwandten, der Baumwanzen (S. 92). Obwohl es auch farbenprächtige Arten gibt, herrschen doch grüne, graue oder braune Töne vor. Der ovale, hinter dem breiten Pronotum sich verjüngende Körper trägt einen kleinen Kopf.

LEBENSWEISE: Die Eier werden auf Büschen abgelegt, von deren Saft sich die Imagines und Larven ernähren.

VERBREITUNG: Weltweit, besonders in wärmeren Regionen. In Wäldern, auf Wiesen und im Buschland, wo ihre Futterpflanzen vorkommen.

ANMERKUNG: Die Weibchen einiger Arten betreiben Brutpflege und bewachen die Jungtiere, die sich bei Angriffen unter der Mutter verstecken.

▷ ***Elasmucha grisea*** pflegt ihre Brut und saugt an Birkenblättern.

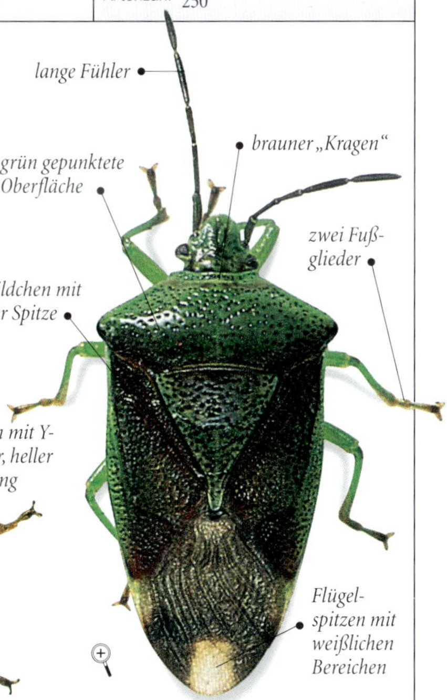

△ ***Elasmothetus interstinctus*** ist in Europa nicht selten und lebt meist in Mischwäldern, kommt aber auch an Haselstaude und Pappel vor.

Länge 5–24 mm	Ernährungsweise 🍃

Ordnung HEMIPTERA	Familie ALYDIDAE	Artenzahl 300

Krummfühlerwanzen

Diese schlanken, eintönig gefärbten Wanzen gleichen den Randwanzen (S. 88), doch ist ihr Kopf größer und fast so lang wie das Pronotum. Viele Arten sind mit Ameisen vergesellschaftet und sehen diesen auch äußerlich ähnlich, während andere eher wespenartig sind. Die Krummfühlerwanzen haben gut entwickelte Stinkdrüsen, die sogar einen noch strengeren Geruch verbreiten als die der Baumwanzen (S. 92).

LEBENSWEISE: Die Eier werden in die Erde oder in die Laubstreu gelegt. Einige Nymphen entwickeln sich in Ameisennestern.

VERBREITUNG: Weltweit. Auf Gräsern und Leguminosen.

ANMERKUNG: Einige Arten sind Schädlinge an Reis und Hirse.

△ ***Hyalymenus*-Arten** haben ameisenähnliche Nymphen. Die Imagines ernähren sich von Aas oder Vogelkot.

◁ ***Alydus calcaratus*** ist eine Krummfühlerwanze, die auf der Nordhalbkugel weit verbreitet ist. Es ist die einzige in Deutschland vorkommende Art aus der Familie. Sie frisst an Schmetterlingsblütlern.

Länge 10–26 mm	Ernährungsweise

Ordnung HEMIPTERA	Familie ANTHOCORIDAE	Artenzahl 500

Blumenwanzen

Die winzigen Vertreter dieser Familie haben einen relativ flachen, länglichen Körper. Die Flügel sind meist voll entwickelt, können bei einigen Arten aber auch verkürzt sein. Die Fühler sind viergliedrig.

LEBENSWEISE: Die Eier werden in kleinen Gruppen auf die Unterseite von Blättern oder an die Blattstiele gelegt. Manchmal kann die Eiablage aber auch an Rinde, Stängeln oder Mulm erfolgen.

VERBREITUNG: Weltweit. Unter Rinde, auf Blüten, in der Vegetation, in der Streuschicht und in Pilzen; einige auch in Tiernestern oder -bauten.

ANMERKUNG: Diese Wanzen werden in der Schädlingsbekämpfung gegen Blatt- und Schildläuse, Thripse, Motten und Milben eingesetzt.

***Anthocoris*-Arten** legen ihre Eier u. a. gerne in Blattlauskolonien, von denen sie sich ernähren. Die Wanzen werden von dem Geruch der Beutetiere angelockt.

Länge 2–5 mm	Ernährungsweise

Ordnung HEMIPTERA	Familie ARADIDAE	Artenzahl 1800

Rindenwanzen

Diese abgeplatteten, eiförmigen Wanzen weisen immer eine schmutzigbraune Tarnfärbung auf. Viele von ihnen sind flügellos. Die Körperoberfläche ist rau und trägt kurze Fortsätze und Grübchen.
LEBENSWEISE: Kleine Eigelege werden unter Rinde oder in der Laubstreu deponiert. Bei einigen Arten kommt Brutpflege vor, an der sich auch die Männchen beteiligen.
VERBREITUNG: Weltweit. Meist unter Rinde, vor allem an morschem Holz; auf Pflanzenabfällen und in der Streuschicht des Waldes sowie an bestimmten Pilzen.

▽ ***Aradus betulae*** ist eine europäische Art, die normalerweise unter der Rinde von Birken zu finden ist.

△ ***Aradus aterimus*** Imagines und Nymphen dieser Art leben oftmals gemeinsam unter der Rinde verschiedenster Laubbäume.

Länge 3–13 mm	Ernährungsweise

Ordnung HEMIPTERA	Familie BELOSTOMATIDAE	Artenzahl 150

Riesenwanzen

In dieser Familie sind die größten lebenden Wanzenarten vertreten. Ihr Körper ist stromlinienförmig, flach und oval geformt, und ihre Vorderbeine sind zu klappmesserartigen Fangbeinen umgestaltet. Die abgeplatteten Mittel- und Hinterbeine sind behaart und werden als Paddel zur Fortbewegung unter Wasser benutzt. Die Fühler sind klein und liegen verborgen. Riesenwanzen verlassen abends das Wasser und werden dann oft von künstlichem Licht angezogen.
LEBENSWEISE: Mit ihrem Körper erzeugen die Männchen auf der Wasseroberfläche Vibrationen, durch die die Weibchen angelockt werden. Die Eier werden von den Weibchen an Pflanzen oder aber auf dem Rücken des Männchens befestigt. Auf diese Weise wird dafür gesorgt, dass die Eier feucht bleiben.
VERBREITUNG: Weltweit, hauptsächlich in tropischen und suptropischen Regionen. In langsam fließenden Gewässern, in Tümpeln und Teichen.
ANMERKUNG: Die Nymphen und Imagines sind räuberisch und können sogar Frösche, Fische und kleine Vögel erbeuten.

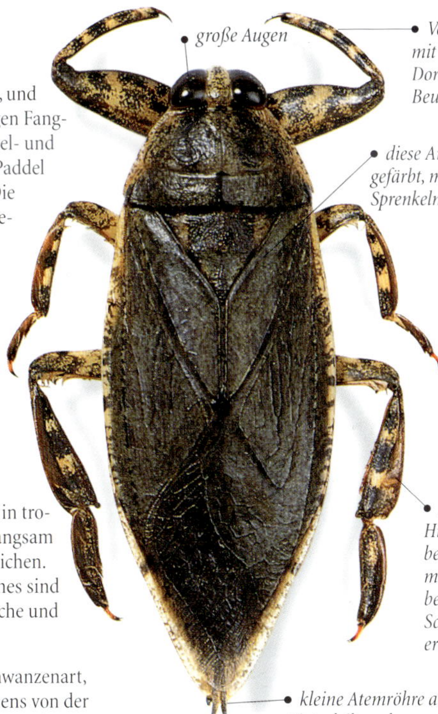

Lethocerus grandis ist eine Riesenwanzenart, die in bestimmten Teilen Südostasiens von der Bevölkerung gefangen und verzehrt wird.

Länge 15–100 mm	Ernährungsweise

Ordnung HEMIPTERA	Familie CIMICIDAE	Artenzahl 90

Bettwanzen

Die Färbung dieser flachen, ovalen, flügellosen Wanzen ist gewöhnlich rötlich oder braun. Sie saugen Blut an Menschen, Säugetieren und Vögeln.
LEBENSWEISE: Die Eiablage erfolgt an den Aufenthaltsorten der Imagines. Jedes der fünf Larvenstadien benötigt eine ausgedehnte Blutmahlzeit zur weiteren Entwicklung, die zwei bis zehn Monate betragen kann.
VERBREITUNG: Weltweit. Auf den Wirten, in Nestern und Bauten, in Häusern.

Cimex lectularius ist die bekannteste am Menschen parasitierende Art. Sie ist nachtaktiv und findet ihren Wirt häufig durch Erspüren der Körperwärme.

Länge 3–6 mm	Ernährungsweise

Ordnung HEMIPTERA	Familie COREIDAE	Artenzahl 2000

Randwanzen

Die Grundfärbung dieser Wanzen ist meist mattbraun, obwohl auch einige leuchtend rot, gelb oder grüne Arten vorkommen. Die Nahrung besteht aus Pflanzensäften und reifen Früchten.
LEBENSWEISE: Die Eiablage erfolgt auf den Futterpflanzen, und die Entwicklung der fünf Larvenstadien bis zur Geschlechtsreife dauert nur ca. drei Wochen.
VERBREITUNG: Weltweit, hauptsächlich in wärmeren Regionen. Auf zahlreichen Pflanzen. Einige Arten sind schädlich.

▽ ***Diactor*-Arten** und die mit ihr verwandten Gattungen haben blattförmige Verbreiterungen an den Beinen.

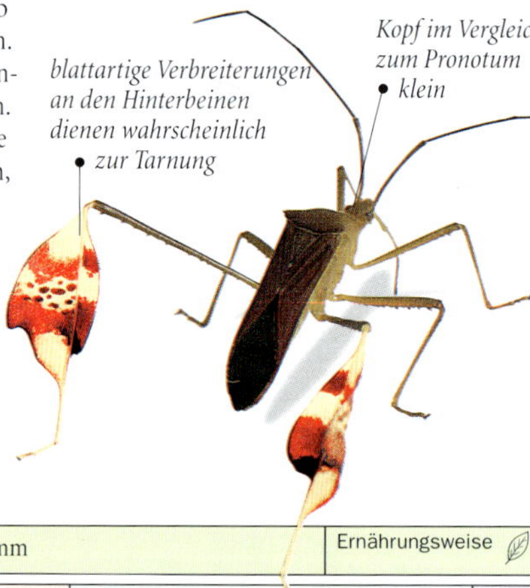

▽ ***Thasus acutangulus*** besitzt sehr kräftige Hinterbeine, die bei Rivalenkämpfen eingesetzt werden.

Länge 7–42 mm, meist unter 20 mm	Ernährungsweise

Ordnung Hemiptera	Familie CORIXIDAE	Artenzahl 550

Ruderwanzen

Diese roten oder gelbbraunen Wanzen sind sehr gute Schwimmer, deren Hinterbeine ruderartig umgestaltet sind. Die dünnen Mittelbeine werden zum Festhalten an Pflanzen benutzt, während die schaufelartigen Vorderbeine die meist pflanzliche Nahrung heranholen.
LEBENSWEISE: Die Männchen können zirpen und locken damit ihre Geschlechtspartner an. Die Eier werden unter Wasser an Pflanzen o.ä. angeheftet.
VERBREITUNG: Weltweit. In Tümpeln, Teichen, Seen und langsam fließenden Bächen.

▽ ***Callicorixa wollastoni*** findet man in einigen Gegenden in torfigen Hochlandtümpeln. Wahrscheinlich räuberisch.

△ ***Corixa punctata*** ist wie ihre Verwandten ein guter Schwimmer, kann aber auch blitzschnell davonfliegen.

Länge 3–15 mm	Ernährungsweise

Ordnung HEMIPTERA	Familie GELASTOCORIDAE	Artenzahl 90

Gelastocoridae

Auffällig an diesen breiten, ovalen Tieren sind ihre froschartig hervortretenden Augen sowie der mit Warzen oder Höckern besetzte Körper. Mit Hilfe dieser Tarntracht imitieren sie Schlamm, Sand oder Kieselsteine. Alle Vertreter dieser Familie können ihre Beute springend überwältigen.
LEBENSWEISE: Die Eier werden in Pflanzenresten oder feuchte Erde abgelegt. Die Larven haben ein gutes Sehvermögen.
VERBREITUNG: Weltweit, hauptsächlich auf der Südhalbkugel. An Tümpeln und Bächen; in Totholz, in der Bodenstreu und unter Steinen.

Nerthra grandicollis ist ein typischer Vertreter dieser Wanzen und stammt aus der artenreichsten Gattung der Gelastocoriden.

Länge 7–14 mm	Ernährungsweise

Ordnung HEMIPTERA	Familie GERRIDAE	Artenzahl 500

Wasserläufer

Diese sehr schnellen und oft flügellosen Wanzen sind hervorragend an das Leben auf dem Wasser angepasst. Die langen Mittel- und Hinterbeine verteilen das Gewicht des Tieres gleichmäßig auf der Wasseroberfläche. Der braune oder schwarze Körper ist dicht mit wasserabweisenden Haaren bedeckt.
LEBENSWEISE: Die Geschlechtspartner finden einander durch Erzeugen von Wasserwellen. Nach der Paarung werden die Eiballen an geeigneten Stellen dicht unter der Wasseroberfläche angeheftet oder in Pflanzenstängeln abgelegt.
VERBREITUNG: Weltweit. In nahezu allen Gewässern: von Tümpeln, Teichen, Bächen, Flüssen, Seen bis hin zu warmen Ozeanen.

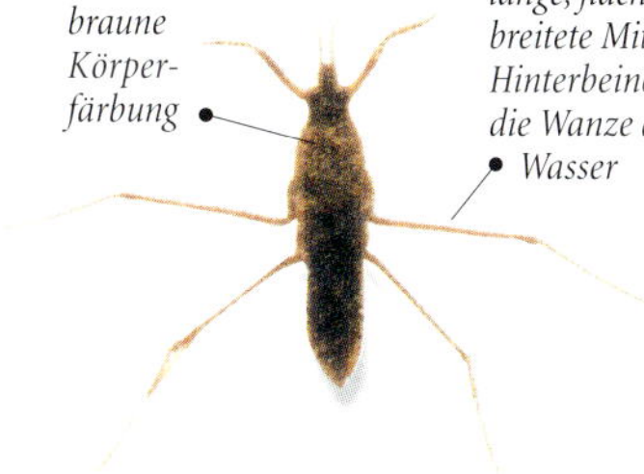

***Gerris*-Arten** sind weit verbreitet und leben oft an Fließgewässern. Auf die Wasseroberfläche gefallene Insekten werden durch ihren Wellenschlag schnell geortet und erbeutet.

Länge 2–35 mm, meist 10–15 mm	Ernährungsweise

Ordnung HEMIPTERA	Familie HYDROMETRIDAE	Artenzahl 120

Teichwasserläufer

Diese schlanken, stabartigen Wanzen sind wie die Wasserläufer (s. o.) in der Lage, mit ihren langen Beinen über die Wasseroberfläche zu laufen. Die Tiere sind rötlich bis dunkelbraun gefärbt, und der stark verlängerte Kopf trägt auf halber Länge ein Paar hervorstehende Augen. Bei einigen Arten treten geflügelte Imagines auf, die meisten sind jedoch flügellos.
LEBENSWEISE: Die Eier werden über dem Wasserspiegel an Pflanzen oder in der Uferregion abgelegt.
VERBREITUNG: Weltweit, vor allem in den Tropen und Subtropen. Auf Wasserpflanzen und auf der freien Wasserfläche; auf Tümpeln, Teichen, in Mooren und Sümpfen.
ANMERKUNG: Imagines und Larven bevorzugen tote oder verletzte Beute. Eine besondere Vorliebe haben sie für Mückeneier oder andere unbewegliche Nahrung.

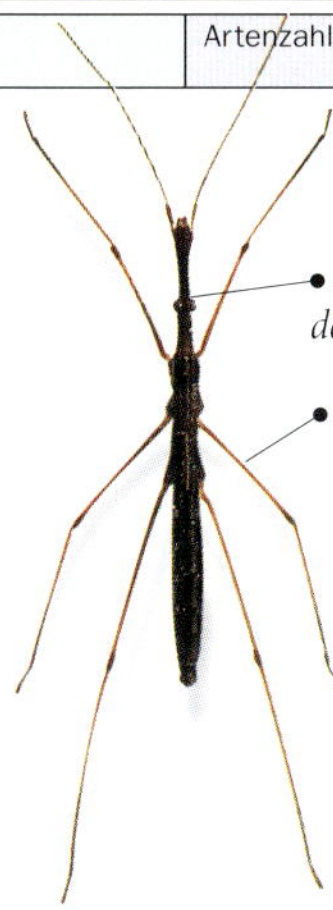

Hydrometra stagnorum saugt gelegentlich tote Insekten aus. Die Beute wird dabei mit den Mundwerkzeugen festgehalten.

Länge 3–22 mm	Ernährungsweise

Ordnung HEMIPTERA	Familie MIRIDAE	Artenzahl 8000

Weichwanzen

Der Körper dieser Wanzen ist normalerweise weichhäutig und zart gebaut, aber die Färbung kann innerhalb der Arten sehr stark voneinander abweichen.

LEBENSWEISE: Gewöhnlich werden die Eier in Pflanzengewebe abgelegt; es treten fünf Larvenstadien auf. Die Nymphen und die Imagines saugen Pflanzensaft, aber einige jagen auch weichhäutige Beute, z. B. Blatt- und Schildwanzen.

VERBREITUNG: Weltweit. In Lebensräumen mit dichtem Pflanzenbewuchs.

ANMERKUNG: Viele Weichwanzen sind Schädlinge, die z. B. Gräser, Baumwolle, Kaffee und Kartoffeln befallen. Einige räuberische Arten wurden jedoch in der biologischen Schädlingsbekämpfung gegen Spinnmilben auf Obstbäumen eingesetzt.

◁ ***Pithanus maerkeli*** *kommt in Mitteleuropa oft auf feuchten Wiesen vor. Die hellen Flügelreste täuschen ein ameisenähnliches Aussehen vor.*

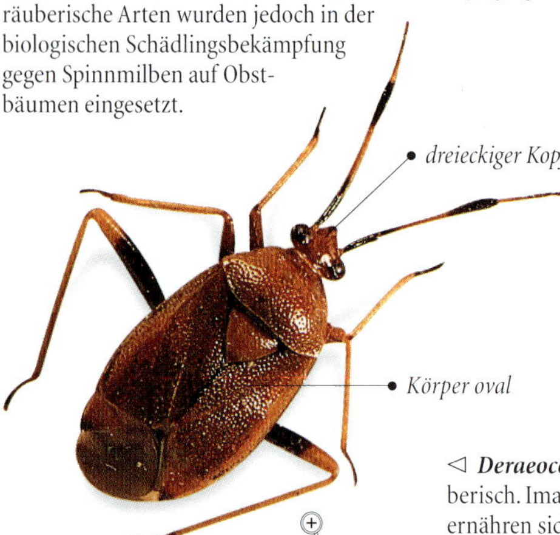

◁ ***Deraeocoris ruber*** lebt räuberisch. Imagines und Nymphen ernähren sich von Blattläusen und anderen kleinen Insekten.

▷ ***Lygocoris pabulinus,*** *die Grüne Futterwanze, ist ein in Europa weit verbreiteter Obstschädling.*

Länge 2–16 mm	Ernährungsweise

Ordnung HEMIPTERA	Familie NAUCORIDAE	Artenzahl 400

Schwimmwanzen

Diese im Wasser lebenden Wanzen haben einen glatten, ovalen oder rundlichen Körper, der meist braun oder schwarz gefärbt ist. Die Hinterbeine werden zum Schwimmen benutzt, während die Vorderbeine die Beute ergreifen.

LEBENSWEISE: Die Eier werden mit Hilfe eines Legebohrers in Pflanzen abgelegt.

VERBREITUNG: Weltweit. In Teichen und Bächen, gelegentlich auch in heißen Quellen.

ANMERKUNG: Zum Atmen unter Wasser wird Luft unter den Flügeln gespeichert. Schwimmwanzen können auch den Menschen schmerzhaft stechen.

Ilyocoris cimicoides ist in ganz Europa heimisch. Trotz voll entwickelter Flügel fliegt diese Art – wenn überhaupt – nur selten.

Länge 6–18 mm	Ernährungsweise

Ordnung HEMIPTERA	Familie NEPIDAE	Artenzahl 250

Skorpionswanzen

Innerhalb dieser Familie kann man zwei Gattungen deutlich voneinander unterscheiden. Zum einen die *Nepa*-Arten mit flachem, ovalem Körper und recht kurzen Beinen und zum anderen die *Ranatra*-Arten mit stabförmigem Körper und langen Beinen. Die kräftigen Vorderbeine sind zu Fangbeinen umgestaltet, während die übrigen Beine zum Laufen benutzt werden. Am Hinterleib ist ein langes Atemrohr ausgebildet.

LEBENSWEISE: Die Weibchen legen ihre Eier meist in Pflanzen ab. Nymphen und Imagines der *Ranatra*-Arten haben an den Vorderbeinen ein Zirporgan und können durch Laute miteinander kommunizieren.

VERBREITUNG: Weltweit, vor allem in wärmeren Regionen. In langsam fließenden Bächen, Tümpeln, Teichen oder Sümpfen.

ANMERKUNG: Die meisten Arten besitzen zwar Flügel, fliegen aber nur selten.

Nepa cinera hat die typischen kurzen Beine und die ovale Form der Gattung *Nepa*. Die Art ist in Europa, Nordafrika und in Teilen Asiens heimisch.

Ranatra linearis, die Stabwanze, ist typisch für die Gattung *Ranatra*. Beharrlich lauert sie in der Unterwasservegetation auf Beute.

Länge 15–48 mm	Ernährungsweise

Ordnung HEMIPTERA	Familie NOTONECTIDAE	Artenzahl 350

Rückenschwimmer

Diese kompakten Wanzen leben im Wasser und schwimmen mit dem Rücken nach unten – daher ihr Name. Die Färbung der Tiere ist eine Anpassung an diese Lebensweise: Der gewölbte Rücken ist hell und die Bauchseite dunkel bis schwarz gefärbt. Zum Schwimmen werden die langen behaarten Hinterbeine benutzt, die Vorder- und Mittelbeine dienen dem Beutefang.

LEBENSWEISE: Durch Reiben des Rüssels an den Vorderbeinen erzeugen die Männchen Balzlaute, die die Weibchen anlocken. Einige wenige Eier werden in Pflanzen abgelegt.

VERBREITUNG: Weltweit. In kleinen Teichen und Tümpeln; im Uferbereich von Seen.

Notonecta glauca, der Rückenschwimmer, ist in Europa weit verbreitet. Er kann Vibrationen der Wasseroberfläche wahrnehmen und mit den großen Augen nahende Beute erkennen.

Länge 2–17 mm	Ernährungsweise

Ordnung HEMIPTERA	Familie PENTATOMIDAE	Artenzahl 5500

Baumwanzen

Aufgrund ihres Äußeren werden diese Tiere auch als Schildwanzen bezeichnet. Neben den meist grünen oder braunen Arten gibt es auch einige farbenfrohe. Diese Wanzen können einen starken Abwehrgeruch verströmen.

LEBENSWEISE: Die tönnchenförmigen Eier werden in kleinen Gelegen an Pflanzen abgesetzt. Es gibt fünf Larvenstadien. Viele Nymphen sind in der Jugend Pflanzensauger, nehmen aber später auch tierische oder gemischte Kost zu sich.

VERBREITUNG: Weltweit. Auf Kräutern, Büschen und Bäumen.

△ ***Pentatoma rufipes,*** die Rotbeinige Baumwanze, saugt an Laubbäumen, z. B. Eichen, in europäischen Wäldern.

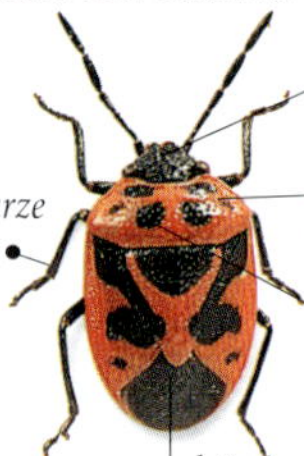

△ ***Eurydema dominulus*** trägt zum Zeichen ihrer Ungenießbarkeit eine offensichtliche Warnfärbung. Diese Art ist in ganz Europa heimisch.

△ ***Nezara viridula*** ist ein fast weltweit verbreiteter Schädling an Gemüse, Obst und Getreide.

Länge 5–25 mm	Ernährungsweise

Ordnung HEMIPTERA	Familie PYRRHOCORIDAE	Artenzahl 400

Feuerwanzen

Der Familienname dieser meist länglichen Wanzen bezieht sich auf die auffallend orange oder schwarzrote Färbung.

LEBENSWEISE: Die Eier werden in feuchten Boden, Mulm oder an den Samen der Futterpflanzen abgelegt. Viele dieser Wanzen saugen an Pflanzen oder deren Samen, sind aber auch Gemischtköstler.

VERBREITUNG: Weltweit, vor allem in den wärmeren Regionen. An Malvengewächsen und anderen Pflanzen.

ANMERKUNG: Einige Arten der Gattung *Dysdercus* (Rotwanzen) sind gefährliche Baumwollschädlinge. Durch ihren Stich wird ein Pilz übertragen, der das Gewebe der Baumwollpflanze in kurzer Zeit schwarz färbt.

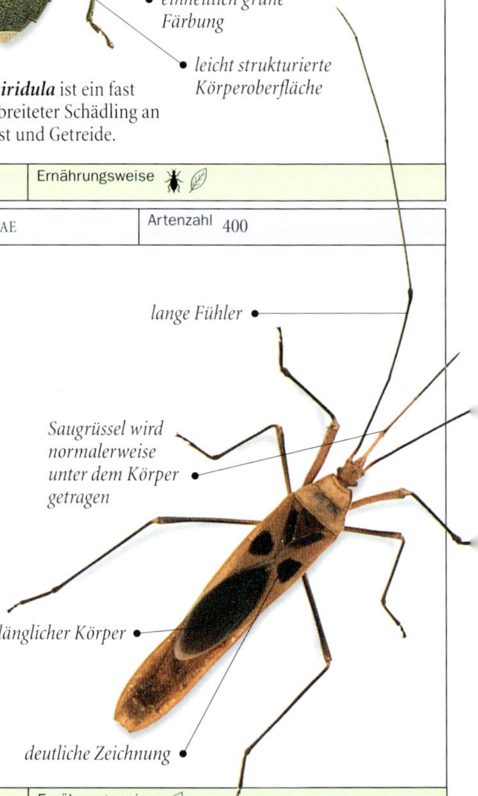

Lohita grandis ist ein Schädling in den Wäldern Nordindiens. Diese Art saugt an verschiedenen Bäumen, zu denen auch zwei wertvolle Nutzholzarten zählen.

Länge 8–22 mm; einige bis 50 mm	Ernährungsweise

Ordnung HEMIPTERA	Familie REDUVIIDAE	Artenzahl 6000

Raubwanzen

Der Name der Familie weist schon auf die ausnahmslos räuberische Lebensweise dieser Wanzen hin, deren Körperform von gedrungen bis sehr länglich variiert. Die Grundfärbung ist meist dunkel, es kommen jedoch auch leuchtend gezeichnete Tiere vor. Der kleine Kopf trägt einen dreigliedrigen Rüssel. Die Vorderbeine sind zum Zweck des Beutefangs kürzer und kräftiger entwickelt als die übrigen.
LEBENSWEISE: Die bis zu 50 Eier werden in Ritzen und Spalten, in den Boden oder an Pflanzen abgelegt und z. T. von den Weibchen bewacht.
VERBREITUNG: Weltweit, vor allem in den Tropen und Subtropen. In den verschiedensten Lebensräumen.
ANMERKUNG: Einige am Menschen blutsaugende Arten übertragen die Chagas-Krankheit, in deren Folge Herzversagen auftreten kann.

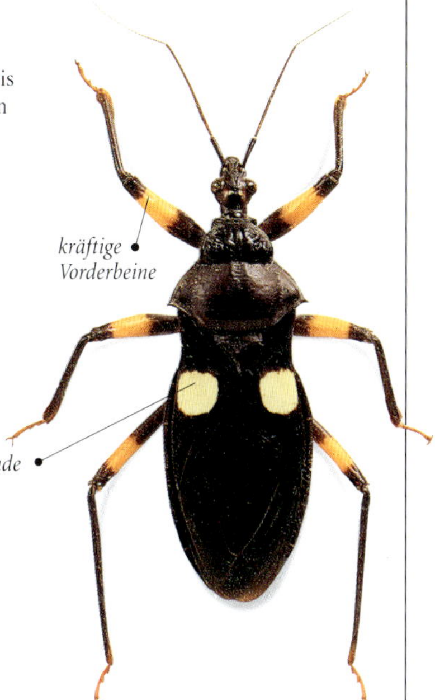

Gardena melanarthrum gehört zu einer Gruppe recht kleiner, schlanker Arten, die auf Pflanzen, in der Streu oder in Höhlen leben. Einige erbeuten auch schon gefangene Tiere aus Spinnennetzen.

Platymeris biguttata, die Zweifleck-Raubwanze, wird in Laboren gerne als „Haustier" gehalten. Wegen ihres giftigen Speichels ist aber dennoch einige Vorsicht geboten.

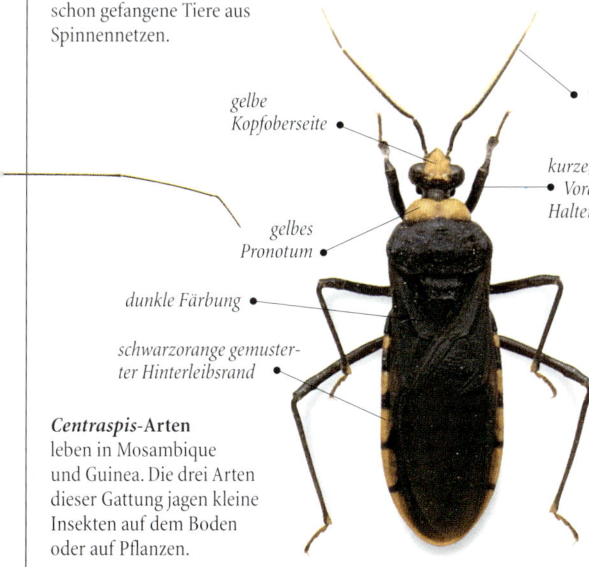

***Centraspis*-Arten** leben in Mosambique und Guinea. Die drei Arten dieser Gattung jagen kleine Insekten auf dem Boden oder auf Pflanzen.

Rhinocoris alluaudi kann, wie viele Raubwanzen, Laute erzeugen, indem der Rüssel über eine geriefte Querfurche auf der Unterseite der Brust gezogen wird.

Länge 7–40 mm	Ernährungsweise

Ordnung HEMIPTERA	Familie SALDIDAE	Artenzahl 300

Uferwanzen

Diese kleinen, ovalen Wanzen sind meist braun oder schwarz gefärbt. Die großen Augen weisen am Hinterrand eine Einbuchtung auf, das Rostrum ist lang. Vor Feinden fliehen diese Tiere durch weite Sprünge und werden daher auch gelegentlich als Sprungwanzen bezeichnet.

LEBENSWEISE: Die Eier werden am Fuß von Gräsern oder im Moos abgelegt. Einige Nymphen leben grabend im Boden.

VERBREITUNG: Weltweit. Im Uferbereich von Bächen, Teichen; auch an der Meeresküste am Rand der Gezeitenzone.

***Saldula*-Arten** leben im Uferbereich von Süßwassertümpeln und weisen eine auffällige Flügelzeichnung auf.

Länge 3–7 mm	Ernährungsweise

Ordnung HEMIPTERA	Familie SCUTELLERIDAE	Artenzahl 500

Schildwanzen

Mit ihrem normalerweise gewölbten, runden oder ovalen Körper gleichen diese oft lebhaft bunt gefärbten Wanzen den Käfern. Das von der Mittelbrust gebildete Schildchen (Scutellum) ist meist groß und bedeckt fast den gesamten Hinterleib.

LEBENSWEISE: Die rundlichen Eier werden in Gruppen an Pflanzen angeheftet. Nymphen und Imagines sind Pflanzensaftsauger und fressen manchmal gemeinschaftlich.

VERBREITUNG: Weltweit, hauptsächlich in wärmeren Regionen. Auf Pflanzen.

ANMERKUNG: Einige Arten sind Schädlinge an Getreide und Baumwolle.

***Calliphara*-Arten** haben ein für diese Familie typisches käferähnliches Aussehen. Sie leben in Australien, Neuguinea, Indonesien und auf den Philippinen.

Länge 6–22 mm	Ernährungsweise

Ordnung HEMIPTERA	Familie TINGIDAE	Artenzahl 2000

Gitterwanzen

Vorderflügel und Pronotum sind bei diesen Tieren zuweilen glasklar und netzmaschig strukturiert. Gelegentlich kann das Pronotum mützenförmig über den Kopf verlängert sein.

LEBENSWEISE: Die Eier werden in die Futterpflanzen gelegt. Bei einigen Arten zeigen die Weibchen bei Eiern und Nymphen ein komplexes Brutpflegeverhalten.

VERBREITUNG: Weltweit. An krautigen Pflanzen und Bäumen.

ANMERKUNG: Einige Arten sind Schädlinge, andere werden aber auch zur Unkrautbekämpfung eingesetzt.

▷ ***Tingis cardui*** ist eine lehmgraue mitteleuropäische Gitterwanze, die sich von Disteln ernährt.

◁ ***Derephysia foliacea*** ist an ihren typischen netzartigen Flügeln leicht zu erkennen. Diese Art, die erst 1987 in Nordamerika entdeckt wurde, saugt hauptsächlich an Efeu.

Länge 2–5 mm	Ernährungsweise

Ordnung HEMIPTERA	Familie APHROPHORIDAE	Artenzahl 850

Aphrophoridae

Gelegentlich werden diese Zikaden auch als Unterfamilie der Schaumzikaden (s. u.) angesehen. Sie haben ein gutes Sprungvermögen und die meist hell- oder dunkelbraune Färbung trägt oft Sprenkel oder Farbbänder.
LEBENSWEISE: Die Eier werden in pflanzliches Gewebe abgelegt. Nach den Schlupf leben die Larven oberirdisch in einer schützenden schaumigen Flüssigkeit (Kuckucksspeichel), die sie aus dem After ausscheiden.
VERBREITUNG: Weltweit. In niedriger Vegetation, Büschen und Bäumen.

△ ***Balsana subfasciata*** lebt in Brasilien und weist eine charakteristische Flügelbänderung auf.

▷ ***Aphrophora alni*** kommt in Europa häufig vor. Man findet sie auf verschiedenen Laubbäumen.

Länge 6–12 mm	Ernährungsweise

Ordnung HEMIPTERA	Familie CERCOPIDAE	Artenzahl 2400

Schaumzikaden

Obwohl die meisten dieser gut springenden Zikaden eintönig gefärbt sind, gibt es auch einige mit lebhafter schwarzroter oder schwarzgelber Zeichnung. Die Schaumzikaden sind nah verwandt mit den Aphrophoriden (s. o.) und können auch leicht mit den Singzikaden (S. 96) verwechselt werden.
LEBENSWEISE: Die Eier werden in den Boden gelegt, und die Larven entwickeln sich unterirdisch an Wurzeln in einem Schaumnest.
VERBREITUNG: Weltweit, besonders in wärmeren Regionen. Auf zahlreichen Bäumen, Büschen und krautigen Pflanzen.

◁ ***Gynopygoplax theora*** lebt auf den Philippinen und in Korea und ist ein sehr guter Springer. Die leuchtenden Flügel sollen dazu beitragen, Feinde abzuschrecken.

◁ ***Cercopis vulnerata*** Die Nymphen der Blutzikade leben unterirdisch in einer schaumigen Masse und saugen an Wurzeln.

Länge 5–20 mm	Ernährungsweise

Ordnung HEMIPTERA	Familie CICADELLIDAE	Artenzahl 16 000

Zwergzikaden

Das wohl auffallendste Merkmal dieser gut springenden Zikaden sind die vierkantigen Hinterschienen, die an jeder Kante eine Dornenreihe aufweisen. Ansonsten sind die Tiere eher unscheinbar grün oder braun gefärbt, obwohl es auch einige leuchtend bunt gezeichnete Arten gibt. Der Kopf ist dreieckig.

LEBENSWEISE: Zwergzikaden finden ihre Geschlechtspartner mit Hilfe von Paarungslauten, die sie mit einem besonderen Hinterleibsorgan erzeugen. Diese Laute versetzen Blätter in Schwingungen und werden so durch das Laub weitergetragen. Die Eier werden in Pflanzen abgelegt.

VERBREITUNG: Weltweit. Überall, wo es Pflanzenbewuchs gibt.

ANMERKUNG: Zwergzikaden können Nutzpflanzen, z. B. Reis und Mais, befallen und schädigen.

△ ***Graphocephala coccinea*** lebt in Nordamerika auf Brombeeren und Zierpflanzen und in Europa auf einigen Rhododendron-Arten.

◁ ***Ledra aurita,*** die Ohrzikade, ist die einzige einheimische Art, die durch ihre braune Tarnfärbung und flache Form an das Leben auf Baumrinden angepasst ist.

Länge 3–20 mm, meist unter 15 mm	Ernährungsweise

Ordnung HEMIPTERA	Familie CICADIDAE	Artenzahl 2500

Singzikaden

Diese Zikaden sind durch einen plumpen, aber kräftigen Körperbau gekennzeichnet. Der Kopf ist breit, und es herrscht eine braune oder grüne Tarnfärbung vor.

LEBENSWEISE: Die bekannten, langandauernden Paarungslaute der Männchen werden durch ein paariges Trommelorgan im Hinterleib erzeugt. Mit ihrem Legebohrer ritzen die Weibchen Büsche und Bäume an und legen die Eier hinein. Die Jungtiere fallen zu Boden und graben sich ein, wogegen die Imaginalhäutung dann wieder auf den Bäumen stattfindet. Z. T. dauert die Larvalentwicklung mehrere Jahre.

VERBREITUNG: Weltweit, hauptsächlich in wärmeren Regionen. Auf Büschen und Bäumen.

△ ***Angamiana aetherea*** lebt in Indien. Wie alle Zikaden, erzeugt diese Art eine Reihe von Gesängen, die der Balz oder der Revierabgrenzung dienen.

◁ ***Pycna repanda***, ebenfalls aus Indien, lebt auf einer Vielzahl von verschiedenen Bäumen.

Länge 23–55 mm	Ernährungsweise

Ordnung HEMIPTERA	Familie DERBIDAE	Artenzahl 800

Derbidae

Viele dieser Arten sind leuchtend gelb, braun und hellbraun gefärbt. Sie haben dünne Beine, einen kleinen Kopf, große Augen und typischerweise schmale Flügel.
LEBENSWEISE: Über die Entwicklung ist sehr wenig bekannt, einige jedoch legen ihre Eier in Holz, modernde Pflanzen oder in Spalten.
VERBREITUNG: Weltweit, vor allem in tropischen und subtropischen Regionen. Auf Bäumen, Blumen, Baumpilzen und morschem Holz.

in Ruhe werden die langen Flügel dachartig über dem Körper getragen

kleiner Kopf

Derbe longitudinalis hat die zarte, mottenähnliche Erscheinung der tropischen Derbiden. Diese Art lebt in Bolivien und Ecuador.

Länge 7–12 mm	Ernährungsweise

Ordnung HEMIPTERA	Familie DICTYOPHARIDAE	Artenzahl 800

Laternenträger

Das auffälligste Merkmal dieser Zikaden ist der eigentümlich gestaltete Kopffortsatz. In Ruhe sind die Tiere meist gut an den Untergrund angepasst. Werden sie gestört, so präsentieren sie ihre Warnfärbung oder die Augenflecke auf den Hinterflügeln, um den Angreifer abzuschrecken.
LEBENSWEISE: Die Eier werden auf die Futterpflanzen gelegt und durch ein Sekret geschützt.
VERBREITUNG: Weltweit, vor allem aber in den Tropen und Subtropen. In Pflanzenbewuchs.

auffallend knolliger Kopf

kontrastreiche Augenflecke auf den Hinterflügeln

△ ***Dictyophara laternaria*** hat einen gedrungenen Kopffortsatz, von dem man früher dachte, er würde leuchten. Diese Art lebt in Zentral- und Südamerika sowie in Westindien.

ungewöhnlich geformter Kopf

Vorderflügel mit Tarnfärbung

◁ ***Phrictus quinquepartitus*** hat einen ungewöhnlichen Kopf und wundervoll gefärbte Flügel. Die Art lebt in Panama, Brasilien und Kolumbien.

Vorderflügel mit deutlicher Zeichnung

viele Arten haben leuchtend gefärbte Hinterflügel

Länge 10–100 mm	Ernährungsweise

Ordnung HEMIPTERA	Familie MEMBRACIDAE	Artenzahl 2500

Buckelzikaden

Namengebendes und charakteristisches Erkennungsmerkmal dieser Zikaden ist das zuweilen bizarr geformte und vergrößerte Pronotum. Die Formenfülle reicht von Dornen, die Feinden das Fressen erschweren, bis hin zu breit aufgeblähten Strukturen, die vermutlich als wirksame Tarnung dienen. Die Nymphen besitzen kein vergrößertes Pronotum, können aber dennoch Dornen oder seitliche Auswüchse tragen. Buckelzikaden sind meist grün, braun oder schwarz gefärbt.
LEBENSWEISE: Die Eier werden in Pflanzen abgelegt und erst nach fünf Häutungen erreichen die Nymphen die Geschlechtsreife. Buckelzikaden sitzen meist in Gruppen zusammen und saugen Pflanzensaft. Gerne werden solche „Herden" von Ameisen „gemolken", die es auf die kohlenhydratreichen Exkremente (Honigtau) der Zikaden abgesehen haben. Im Gegenzug werden diese von den Ameisen geschützt.
VERBREITUNG: Weltweit, hauptsächlich in wärmeren Gebieten.

△ ***Umbonia*-Arten** leben in Südamerika, Südostasien und in Teilen Nordamerikas. Das Pronotum ist rosenstachelartig gestaltet und so hart und spitz, dass es eine Schuhsohle durchdringen kann.

▷ ***Hemikyptha marginata*** ist in Brasilien heimisch. Von oben betrachtet (Abbildung) erkennt man nur das dornartige Pronotum, das die Tiere gegen Vogelfraß schützt.

▽ ***Antianthe expansa*** aus Guatemala hat eine wirksame Tarntracht. Wie man hier sehen kann, sitzen die Tiere in einer Reihe hintereinander, sodass die Dornen alle in dieselbe Richtung weisen und die Zikaden dadurch wie ein Teil der Pflanze erscheinen.

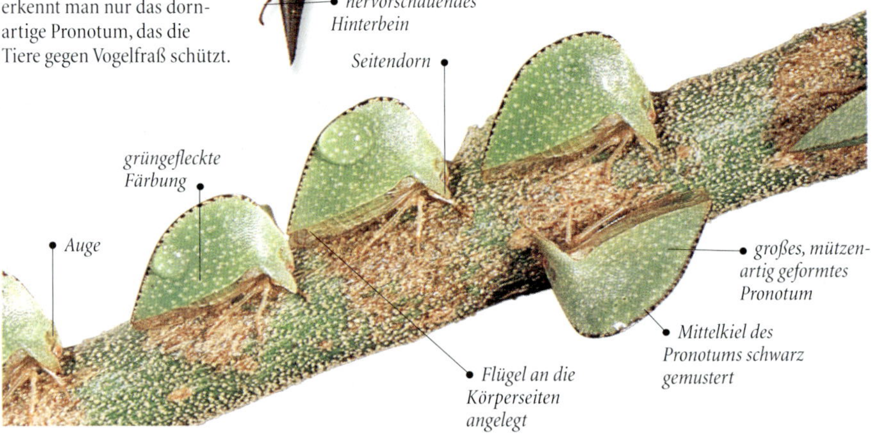

Länge 5–15 mm	Ernährungsweise

Ordnung HEMIPTERA	Familie ALEYRODIDAE	Artenzahl 1200

Mottenläuse

Die auch als Weiße Fliegen bekannten Insekten gleichen winzigen Motten. Der Kopf trägt siebengliedrige Fühler. Die auffälligen Flügel sind weiß und wie der Rest des Körpers stets mit einem feinen Wachspuder überzogen.

LEBENSWEISE: Die Weibchen legen gestielte Eier auf die Unterseite von Blättern. Nach dem Schlupf laufen die Nymphen ein Stück umher, um sich dann mit ihrem Saugrüssel in der Pflanze zu verankern. Die älteren Nymphen bilden die Beine zurück und werden zu ortsfesten Saftsaugern.

VERBREITUNG: Weltweit, besonders in den warmen Regionen. Auf zahlreichen Futterpflanzen.

ANMERKUNG: Viele Mottenläuse sind gefährliche Schädlinge. *Trialeurodes vaporariorum* (Abbildung) und *Bemisia tabaci* sind weit verbreitete gefürchtete Arten, die Baumwolle und andere Nutzpflanzen befallen.

Trialeurodes vaporariorum ist in Gewächshäusern ein häufiger Schädling an Gurken und Tomaten. Unter warmen Bedingungen befällt er auch Nutzpflanzen im Freiland.

Länge 1–3 mm	Ernährungsweise

Ordnung HEMIPTERA	Familie APHIDIDAE	Artenzahl 2250

Röhrenläuse

Diese kleinen – zu den Blattläusen zählenden – Insekten sind durch die Rückenröhren auf dem Hinterleib gekennzeichnet, aus denen sie ein Wehrsekret ausscheiden.

LEBENSWEISE: Die Weibchen produzieren große Kolonien durch Jungfernzeugung; in der Regel sind sie lebend gebärend. Geflügelte Imagines fliegen auf andere Futterpflanzen, wo sie weiter Saft saugen und sich ungeschlechtlich vermehren. Später wechseln wiederum geflügelte Tiere auf die Ursprungspflanzen, wo sich die Geschlechtspartner paaren und Eier legen.

VERBREITUNG: Weltweit. Auf den Futterpflanzen.

ANMERKUNG: Durch ihre riesige Vermehrungsrate gehören Blattläuse zu den gefährlichsten Pflanzenschädlingen. Nahezu alle Nutzpflanzen werden durch das Saugen und die Übertragung von Krankheiten durch diese Insekten geschädigt.

Macrosiphum albifrons, eine amerikanische Röhrenlaus, kommt inzwischen auch in vielen Teilen Europas vor. Sie kann aufgrund der Übertragung eines Mosaikvirus schädlich werden.

Länge 1–8 mm, meist 5 mm	Ernährungsweise

Ordnung HEMIPTERA	Überfamilie COCCOIDEA	Artenzahl 7000

Schildläuse

Die Arten dieser Überfamilie sind sehr variabel. Meist sind die flügellosen Weibchen länglich, flach, oval und wirken eher insektenfremd. Sie sind fast unbeweglich. Ihr Körper kann mit wachsartigen Ausscheidungen bedeckt sein, die einen schildförmigen Deckel über dem Tier bilden. Nur selten kommen Männchen vor, die in der Regel geflügelt sind und den Weibchen in keiner Weise ähnlich sehen.

LEBENSWEISE: Nymphen und Imagines sind Pflanzensauger. Durch geschlechtliche und ungeschlechtliche Fortpflanzung ist die Vermehrungsrate der Schildläuse riesig. Die Weibchen sind lebend gebärend oder legen Eier. Die Verbreitung erfolgt durch die Nymphen, die später jedoch oft ihre Beine reduzieren und ebenfalls ortsfest werden.

VERBREITUNG: Weltweit, besonders in tropischen und subtropischen Gebieten. Auf den Futterpflanzen.

Anmerkung: Viele Arten sind gefährliche Pflanzenschädlinge, z. B. an Kaffee oder Zitrusbäumen.

△ ***Saissetia nigra*** ist ein weit verbreiteter Schädling an Maniokpflanzen, befällt aber auch Muskatnussgewächse, Zimt- und Teakholzbäume.

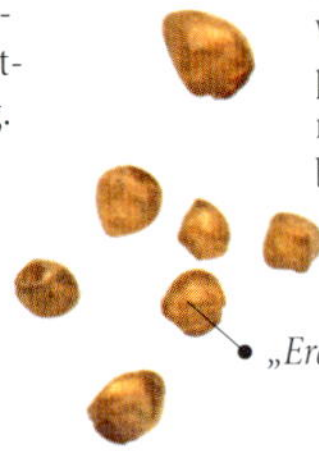

△ ***Margarodes*-Arten** Die Nymphen umgeben sich mit einer Wachskapsel und werden als „Erdperlen“ bezeichnet. Sie leben unterirdisch und befallen Pflanzenwurzeln.

△ ***Cerococcus quercus*** richtet oft verheerende Schäden an Ziergehölzen in Nordamerika an.

◁ ***Planococcus citri*** befällt neben Zitrusbäumen auch andere Nutzpflanzen, z. B. Kaffee und Sojabohnen.

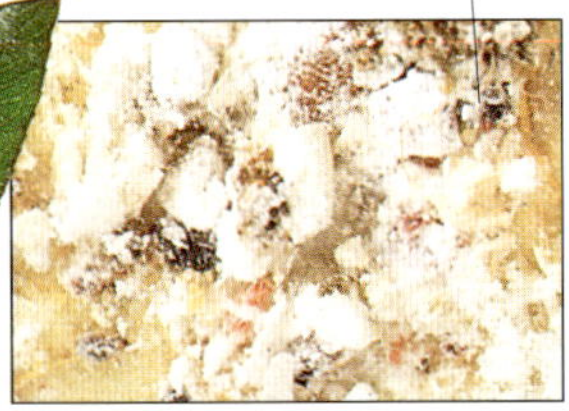

Dactylopius tomentosus wurde früher verwendet, um unkontrolliertes Kakteenwachstum in Teilen Südafrikas einzuschränken.

Länge 1–30 mm, meist unter 10 mm	Ernährungsweise

Ordnung HEMIPTERA	Familie PSYLLIDAE	Artenzahl 1500

Blattflöhe

Diese unterschiedlich gefärbten kleinen Schnabelkerfe gleichen auf den ersten Blick den Singzikaden (S. 96), haben aber viel längere Fühler. Der dreigliedrige Saugrüssel ist klein, und die zwei Paar ovalen Flügel werden dachförmig über dem Körper getragen.

LEBENSWEISE: Mit dem Legebohrer setzen die Weibchen gestielte Eier auf oder in die Futterpflanzen. Die Nymphen sind flach und entwickeln im Alter Flügelanlagen. Durch die Saugtätigkeit verursachen einige Arten gelegentlich eine Gallbildung oder Einrollung der Blätter.

VERBREITUNG: Weltweit. Auf zahlreichen Pflanzen.

ANMERKUNG: Viele Arten sind ernst zu nehmende Schädlinge.

Cacopsylla pyricola, der Gefleckte Birnbaumsauger, ist ein weit verbreiteter Schädling auf der gesamten Nordhalbkugel.

Länge 1,5–5 mm	Ernährungsweise

Fransenflügler

Die auch als Thripse oder Blasenfüßer bekannte Ordnung Thysanoptera umfasst acht Familien mit 5000 Arten. Es handelt sich dabei um kleine, schlanke Insekten, deren zwei Paar Flügel am Rand fransenartig mit langen Härchen besetzt sind. Der Kopf trägt kurze Fühler und auffällige Facettenaugen. Die Mundwerkzeuge sind stechend-saugend, wobei der linke Kiefer zu einer dünnen Stechborste umgebildet, der rechte dagegen reduziert wurde. An den Füßen befinden sich blasenähnliche Haftorgane, mit denen sich die Insekten auf glatten Oberflächen festhalten können. Fransenflügler sind nahe Verwandte der Schnabelkerfe, ihre Verwandlung ist aber weder vollständig noch unvollständig und schließt mindestens ein bewegliches Puppenstadium ein. Die Weibchen einiger Arten besitzen einen sägeförmigen Legebohrer, mit dem sie ihre Eier in pflanzlichem Gewebe ablegen können, während anderen der Legebohrer fehlt. Bei letzteren Arten erfolgt die Eiablage in Ritzen und Spalten oder auf der Oberfläche der Futterpflanzen. Wie bei den Hautflüglern (S. 178–206) entstehen aus befruchteten Eiern Weibchen, aus unbefruchteten dagegen Männchen. Bei einigen Arten kommen einfache Formen sozialen Verhaltens vor. Man kann sogar beobachten, dass bestimmte Tiere die Kolonien bewachen. In der Regel sind die Fransenflügler Pflanzensauger, und viele von ihnen stellen ernsthafte Pflanzenschädlinge dar – besonders an Getreide. Einige Arten ernähren sich auch räuberisch.

Ordnung THYSANOPTERA	Familie AEOLOTHRIPIDAE	Artenzahl 250

Aeolothripidae

Die Grundfärbung dieser Thripse ist gelblich bis dunkel. Die Flügel sind oft quergebändert oder weisen Streifen auf, in Ruhe liegen sie parallel nebeneinander. Der Körperquerschnitt ist rund. Die meisten dieser Arten leben räuberisch von kleinen Insekten (einschließlich anderer Fransenflügler), einige von ihnen fressen Pollen.

LEBENSWEISE: Die meisten Weibchen besitzen einen sägeartigen Legebohrer, mit dem die Eier in die Futterpflanzen abgelegt werden. Am Ende der Larvalentwicklung spinnen die gelblichen oder orangen Nymphen in der Erde eine seidene Eikapsel.

VERBEITUNG: Weltweit, vorzugsweise in den gemäßigten Breiten. Auf den Futterpflanzen, besonders in den Blüten.

△ ***Aeolothrips*-Arten** sind in der Regel an ihren gebänderten Flügeln zu erkennen. Die meisten von ihnen kommen ausschließlich auf der Nordhalbkugel vor.

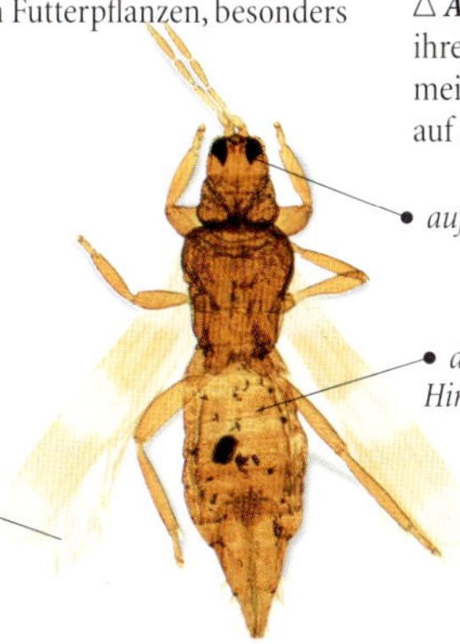

◁ ***Aeolothrips tenuicornis*** kommt in Europa häufig vor. Man findet sie besonders in den gelben Blüten der Leguminosen und Korbblütler.

Länge 1–2 mm (Körper)	Ernährungsweise

Ordnung THYSANOPTERA	Familie PHLAEOTHRIPIDAE	Artenzahl 2700

Phleothripidae

Diese Thripse sind oft länger als die meisten anderen Arten, ihr Hinterleib endet röhrenförmig zugespitzt. Sie sind meist dunkel, können aber auch helle oder gesprenkelte Flügel aufweisen. Tropische Arten sind z.T. bunt gefärbt. In Ruhe überlappen sich die Flügel über dem Körper.
LEBENSWEISE: Die Eier werden an den Futterpflanzen abgelegt. Die roten oder gelblichen Nymphen sind mit den Imagines vergesellschaftet; sie können sich untereinander durch Laute verständigen. Die meisten Arten ernähren sich von Pilzfäden, einige erzeugen Gallen oder leben räuberisch.
VERBREITUNG: Weltweit, meist Tropen oder Subtropen. Auf krautigen Pflanzen, Bäumen und Büschen; in der Erde und in der Laubstreu.
ANMERKUNG: Einige Arten sind Schädlinge.

letztes Hinterleibssegment röhrenförmig verjüngt
Flügelanlagen

***Phlaeothripidae*-Arten** sind Pflanzensauger. Hier ist das letzte puppenähnliche Larvenstadium zu sehen. Das Tier steht kurz vor der Häutung zur Imago, die voll entwickelte Flügel besitzt.

Länge 1–12 mm, meist unter 5 mm	Ernährungsweise

Ordnung THYSANOPTERA	Familie THRIPIDAE	Artenzahl 1750

Echte Thripse

Die Färbung dieser Thripse variiert von hellgelb über braun bis schwarz, die spitz zulaufenden Flügel sind sehr schmal und gelegentlich mit hellen Bänderungen versehen. Die Weibchen besitzen einen nach unten gebogenen sägeartigen Legebohrer.
LEBENSWEISE: In dieser Familie tritt oftmals ungeschlechtliche Fortpflanzung auf. Die Weibchen benutzen ihren Legebohrer, um die Eier in pflanzliches Gewebe oder Blüten abzulegen. Imagines und Jungtiere der meisten Arten saugen Pflanzensäfte, einige fressen aber auch Pilzfäden oder saugen an anderen kleinen Insekten. Nach der Wachstumsphase kriechen die Nymphen auf Pflanzen oder in den Boden und erreichen ein puppenähnliches Stadium.
VERBREITUNG: Weltweit. Auf Blättern und Blüten zahlreicher Pflanzen.
ANMERKUNG: Viele der Echten Thripse sind gefährliche Schädlinge an Nutzpflanzen, wie Tabak, Baumwolle und Bohnen.

Augen mit großen Facetten
dunkler, flacher Körper
Körper mit dunklen Haaren

△ ***Thrips fuscipennis*** ist eine dunkel gefärbte Art mit auffallenden Härchen auf dem Körper. Sie ist auf der Nordhalbkugel weit verbreitet und lebt auf vielen verschiedenen Pflanzenarten.

drittes Glied der achtgliedrigen Fühler ist weißlich
glänzend schwarzer Körper
transparente, fransenartige Flügel
helle Fußglieder

▷ ***Thrips simplex,*** der Gladiolenthrips, stammt ursprünglich aus Südafrika und hat sich von dort stark ausgebreitet. Man findet ihn heute überall, wo Gladiolen wachsen.

Länge 0,7–2 mm	Ernährungsweise

Schlammfliegen und Verwandte

In der recht kleinen Ordnung Megaloptera sind nur drei Familien mit 300 Arten vertreten. Diese Tiere sind die ursprünglichsten Insekten mit einer vollständigen Verwandlung. Zwei Familien können deutlich unterschieden werden: die Sialidae, die eigentlichen Schlammfliegen, und die Corydalidae. Die Tiere beider Familien sind weichhäutig, dunkel gefärbt und besitzen zwei Paar etwa gleich große Flügel, die in Ruhe dachförmig über dem Körper zusammengelegt werden. Dennoch sind diese Insekten schlechte Flieger und entfernen sich niemals weit von ihren Brutgewässern. Obwohl die Imagines große Kiefer haben, nehmen sie keine Nahrung mehr zu sich. Die aquatischen Larven, die unter Wasser mit Hinterleibskiemen atmen, sind dagegen gefräßige Räuber. Die Verpuppung erfolgt im Sand- oder Erdboden, gelegentlich auch in Moos.

Ordnung MEGALOPTERA	Familie CORYDALIDAE	Artenzahl 200

Corydalidae

Diese meist großen, weichhäutigen Insekten besitzen glasige Flügel, die grau oder braun gefärbte Bereiche aufweisen. Sie haben drei Punktaugen. Die Kiefer der Männchen sind groß und werden bei Rivalenkämpfen oder zum Festhalten der Weibchen benutzt.

LEBENSWEISE: Die Eiablage erfolgt in Ufernähe der Brutgewässer. Die am Grund lebenden Larven besitzen acht Paar Hinterleibsfäden mit basalen Kiemenbüscheln. Ihre Entwicklung dauert mehrere Jahre.

VERBREITUNG: Weltweit, hauptsächlich in den gemäßigten Breiten. In Fließgewässern.

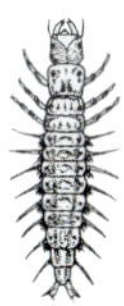

LARVEN: Ein Paar hakenförmige Hinterleibsbeine.

△ ***Chauliodes*-Arten** haben einen deutlich gerundeten Hinterkopf.

Länge 25–75 mm; Flügelspannweite bis 150 mm	Ernährungsweise der Larven

Ordnung MEGALOPTERA	Familie SIALIDAE	Artenzahl 100

Schlammfliegen

Die dunkel getönten Flügel der Schlammfliegen sind viel kleiner als die der Corydaliden (s. o.), die Tiere besitzen auch keine Punktaugen. Die Imagines findet man meist kauernd in der Ufervegetation.

LEBENSWEISE: Das Weibchen legt die Eier in Gewässernähe auf Blätter ab, sodass die schlüpfenden Larven ins Wasser fallen. Diese tragen sieben Paar Hinterleibskiemen sowie einen endständigen Schwanzfaden. Die Larvalentwicklung dauert ca. ein Jahr.

VERBREITUNG: Weltweit, hauptsächlich in den gemäßigten Breiten. In Tümpeln und Wassergräben sowie in Bächen und anderen langsam fließenden Gewässern.

LARVEN: Stark entwickelte Beine zur Fortbewegung im Schlamm.

△ ***Sialis*-Arten** kommen überall auf der Nordhalbkugel häufig vor. Die ausgewachsenen Larven kriechen an Land, um sich im feuchten Erdboden zu verpuppen.

Länge 10–20 mm, meist unter 15 mm	Ernährungsweise der Larven

Kamelhalsfliegen

Nur zwei Familien, die Raphidiidae und die Inocellidae, bilden mit etwa 150 Arten die Ordnung Rhaphidioptera. Beide Familien besitzen einige gemeinsame Merkmale: Der Kopf ist leicht abgeflacht und trägt nach vorn gerichtete kauende Mundwerkzeuge, die Vorderbrust ist deutlich verlängert, es sind zwei Paar Flügel vorhanden. Die Vertreter der Inocellidae sind meist kleiner als die der Raphidiidae und unterscheiden sich von diesen zudem durch lange Fühler und fehlende Punktaugen. Obwohl die Kamelhalsfliegen nah mit den Schlammfliegen verwandt sind, haben sie keine aquatischen Larven entwickelt. Imagines und Larven leben vielmehr in dichtbewachsenen Wäldern und ernähren sich räuberisch von anderen Insekten. Kamelhalsfliegen jagen, indem sie den Kopf und ihren langen „Hals" (Vorderbrust) erheben, dann blitzschnell nach vorne stoßen und die Beute mit den Kiefern ergreifen. Ein Großteil der Nahrung besteht allerdings auch aus Aas.
Das Paarungsvorspiel dieser Tiere kann einige Stunden bis Tage andauern, und nach der Begattung werden mehrere Gelege mit bis zu 100 Eiern in Baumrinde oder morschen Hölzern abgesetzt. Die Verwandlung ist vollständig.

Ordnung RAPHIDIOPTERA	Familie RAPHIDIIDAE	Artenzahl 85

Kamelhalsfliegen

Das charakteristische Merkmal dieser Insekten ist der längliche „Hals", der durch die Verlängerung der gesamten Vorderbrust entsteht. Damit kann der meist breite, sich nach hinten verjüngende Kopf sehr hoch aufgerichtet werden. Die Weibchen der Kamelhalsfliegen sind etwas größer als die Männchen.
LEBENSWEISE: Mit ihrem langen Legebohrer setzen die Weibchen ihre Eier in Rindenritzen ab. Die Larven leben später unter Rinde, in morschen Baumstümpfen und in der Laubstreu und ernähren sich wie die Imagines von weichhäutigen Insekten.
VERBREITUNG: Hauptsächlich auf der Nordhalbkugel. In Wäldern auf Pflanzen.

LARVEN: Flach, eckiger Kopf, kleine Augen, gebogene Kiefer, kräftige Beine.

△ ***Agulla*-Arten** leben in Nordamerika und Kanada, von den Rocky Mountains bis hin zum Großen Becken an der Pazifikküste.

◁ ***Raphidia*-Arten** haben eine sehr große Vorderbrust und einen auffallend breiten, sich nach hinten verjüngenden Kopf sowie zwei Paar gleich große Flügel.

Flügelspannweite 6–30 mm	Ernährungsweise der Larven

Ameisenjungfern, Florfliegen und Verwandte

Die Ordnung Planipennia beinhaltet 17 Familien mit insgesamt 4000 Arten. Als Gemeinsamkeiten besitzen die Vertreter dieser Gruppe kauende Mundwerkzeuge, große Facettenaugen und lange Fühler, die meist länger sind als Kopf und Brust zusammen. Die zwei Paar gleich großen Flügel werden in Ruhe dachförmig über dem Körper getragen, die Hauptflügeladern sind in der Nähe des Flügelrandes gegabelt und verzweigt. Obwohl die Imagines dieser Ordnung meist dämmerungs- und nachtaktive Jäger sind, fressen einige auch Pollen und Nektar.
Die Verwandlung ist vollständig. Bei den Larven sind die hakenförmigen Mundwerkzeuge zu hohlen Saugzangen umgestaltet, mit denen die Beute angestochen und ausgesaugt wird. Nach dem dritten Larvenstadium erfolgt die Verpuppung in einer zarten Eikapsel aus Seide.

Ordnung PLANIPENNIA	Familie ASCALAPHIDAE	Artenzahl 450

Schmetterlingshafte

Auffallend an diesen grauen, schwarzen oder rotbraunen Insekten sind die klaren oder leicht getönten Flügel, die oftmals wunderschön gelbschwarz gezeichnet sind und an Schmetterlinge erinnern. In Ruhe werden die Flügel dachförmig über dem Körper getragen. Die langen Fühler sind an den Enden gekeult. Die meist nachtaktiven Imagines, die ihre Beute aktiv aus dem Flug heraus fangen, werden oft von Lichtquellen angezogen.
LEBENSWEISE: Bis zu 50 Eier werden in Doppelreihen an Pflanzenstängeln oder Zweigen befestigt. Die Larven lauern auf dem Boden oder in der Streu auf geeignete Beute.
VERBREITUNG: Weltweit, besonders in wärmeren Regionen. Auf Wiesen oder in warmen, trockenen Wäldern.
ANMERKUNG: Einige dieser Insekten sehen auf den ersten Blick aus wie Libellen.

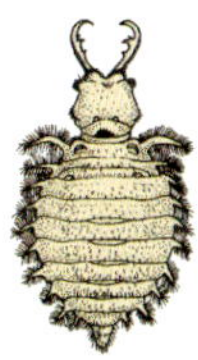

LARVEN: Flach, oval, die Hinterleibssegmente sind an den Seiten leicht ausgezogen. Einige können ihre Kiefer sehr weit öffnen.

▽ ***Libelloides coccaius*** ist eine europäische Art mit einer auffälligen Flügelform. Die Hinterflügel sind an der Basis schwarz gefärbt.

Flügelspannweite 30–120 mm	Ernährungsweise der Larven

Ordnung PLANIPENNIA	Familie CHRYSOPIDAE	Artenzahl 1600

Florfliegen

Von einigen braunen Arten abgesehen, ist die Grundfärbung in dieser Familie grün. Die Flügelmembran ist z.T. schimmernd, die Flügeladern sind zu den Rändern hin verzweigt. Auffallend sind die gold oder rötlich glänzenden Augen der meist nachtaktiven Imagines, die gerne ans Licht fliegen und oftmals zur Überwinterung in Häuser eindringen. In ihren Flügeln haben viele ein ultraschallempfindliches Organ, das sie vor Fledermausangriffen warnt.
LEBENSWEISE: Die Weibchen legen ihre gestielten Eier auf Pflanzen, an denen sich später auch die Larven in runden, seidenen Eikapseln verpuppen. Einige Larven tarnen sich mit den leeren Hüllen ihrer Beutetiere. Wie die Imagines ernähren sie sich von Blatt- und Schildläusen, Thripsen und Milben.
VERBREITUNG: Weltweit. Auf Pflanzen in verschiedenen Lebensräumen, auch in trockenen Gebieten, und in Ameisennestern.

△ ***Chrysopa*-Arten** sind sehr zarte, großflügelige Insekten, die ihre Flügel in Ruhe dachartig über den Körper legen.

◁ ***Nothochrysa capitata*** ist größer und matter als die grünen Florfliegen. Diese Tiere findet man in der Nähe von Stämmen verschiedener Bäume und in den Wipfeln von Eichen und Pinien.

LARVEN: Gebogene Kiefer, haarige Warzen, kräftige Beine.

Flügelspannweite 10–50 mm	Ernährungsweise der Larven

Ordnung PLANIPENNIA	Familie MANTISPIDAE	Artenzahl 300

Fanghafte

Die Vorderbeine dieser Insekten gleichen in erstaunlicher Weise den Fangbeinen der Gottesanbeterinnen (S. 74) und werden ebenfalls zum Ergreifen der Beute benutzt. Die Vorderbrust der Fanghaften ist verlängert, die zwei Paar schmalen Flügel sind nahezu gleich groß.
LEBENSWEISE: Kleine, kurz gestielte weiße Eier werden zu mehreren Hundert an Baumrinde geheftet. Die Larven bohren sich dann in die Eisäcke von Spinnen und fressen diese aus. Einige Arten parasitieren an Bienen.
VERBREITUNG: Weltweit, hauptsächlich in warmen, gemäßigten und tropischen Regionen. In dichtem Pflanzenbewuchs.

LARVEN: Besitzen in der Jugend drei Paar gut entwickelte Beine. Ältere Tiere (Abbildung) sind eher madenförmig.

***Climaciella*-Arten** haben eine auffällige Körperform. Die abgebildete Art ist vermutlich durch ihre leuchtende, wespenähnliche Zeichnung vor Angriffen geschützt.

Flügelspannweite 10–55 mm	Ernährungsweise der Larven

Ordnung	Familie	Artenzahl
PLANIPENNIA	MYRMELEONTIDAE	1000

Ameisenjungfern

Auf den ersten Blick gleichen diese schlanken, weichhäutigen Insekten den Kleinlibellen (S. 51–53). Der Kopf ist breiter als das Pronotum und trägt auffällige große Augen und gekeulte Fühler, die so lang sind wie Kopf und Brust zusammen. Die schmalen, langen Fühler können braun oder schwarz gezeichnet sein.
LEBENSWEISE: Die Eier werden einzeln oder in kleinen Gruppen in Erde oder Sand gelegt. Die Larven (Ameisenlöwen) ernähren sich von allerlei dünnhäutigen Insekten. Manche Arten bauen zum Beutefang Trichter in den Boden; sie graben sich am Grund ein und lauern auf ihre Opfer, die am Rand des Trichters ins Rutschen kommen und hineinfallen. Manchmal bringen die Larven ihre Beute auch durch Schleudern von Sand zum Abrutschen. Andere Arten leben auf Baumstämmen, im Mulm oder unter Steinen.
VERBREITUNG: Weltweit, besonders in halbtrockenen subtropischen und tropischen Regionen. In lichten Wäldern, in Halbwüsten und trockenen sandigen Gebieten.

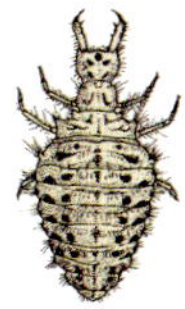

LARVEN: Große, gebogene Kiefer, lange Beine. Der Hinterleib ist tropfenförmig.

▷ ***Tomatares citrinus*** wurde nach den auffallend zitronengelben Flügeln benannt, mit denen die Art vermutlich ihre Ungenießbarkeit anzeigt. Viele Vertreter dieser Gattung leben in Afrika.

△ ***Palpares libelluloides*** ist eine große, tagaktive Art mit charakteristisch gesprenkelten Flügeln. In Südeuropa und im Mittelmeergebiet kommt sie stellenweise häufig vor.

Flügelspannweite	Ernährungsweise der Larven
30–120 mm	🪲

Ordnung PLANIPENNIA	Familie NEMOPTERIDAE	Artenzahl 150

Fadenhafte

Bei diesen Arten sind die Vorderflügel gewöhnlich groß und deutlich gezeichnet, während die Hinterflügel meist lange fadenförmige Bänder bilden oder löffelartig gerundet sind.
LEBENSWEISE: Die Eier werden auf den Boden, in trockene Erde, Sandgruben oder sandige Höhleneingänge gelegt, wo sich auch die Larven entwickeln. Die Verpuppung erfolgt in einer seidenen Eikapsel.

VERBREITUNG: Weltweit, in subtropischen und tropischen Regionen, außer in Nordamerika. Oft auf sandigen Flächen.

LARVEN: Einige Arten haben oft einen stark verlängerten Hals.

△ ***Nemoptera sinuata*** lebt in Südeuropa. Die Vorderflügel sind braun gezeichnet, am Ende der Hinterflügel befinden sich braune Bänder.

Flügelspannweite 20–80 mm	Ernährungsweise der Larven

Ordnung PLANIPENNIA	Familie OSMYLIDAE	Artenzahl 150

Bachhafte

Diese schlanken Netzflügler besitzen breite, gefleckte Flügel und fadenförmige Fühler.
LEBENSWEISE: Die Eier werden in Gewässernähe unter Blättern und an Pflanzenstängeln befestigt. Einige Larven leben halbaquatisch, z. B. in feuchtem Moos, und fressen Insektenlarven, während sich andere unter Baumrinde aufhalten.

VERBREITUNG: Weltweit, außer in Nordamerika. In bewaldeten Gebieten in der Nähe von Bächen.

LARVEN: Gerade, nadelartige Mundwerkzeuge.

▽ ***Osmylus fluvicephalus*** kommt in Europa überall häufig vor. Wie alle Bachhaften sind sie trotz der großen Flügel schlechte Flieger.

Flügelspannweite 14–30 mm	Ernährungsweise der Larven

Ordnung PLANIPENNIA	Familie SISYRIDAE	Artenzahl 50

Schwammfliegen

Diese kleinen Insekten besitzen lange Fühler und zarte, genetzte Flügel. Die Imagines sind dämmerungs- und nachtaktiv und entfernen sich nie weit von Gewässern.
LEBENSWEISE: Die Eier werden einzeln oder in Gruppen an überhängenden Pflanzen abgelegt, die Larven fallen später ins Wasser. Mit ihren langen, dünnen Mundwerkzeugen saugen die Larven Süßwasserschwämme aus.
VERBEITUNG: Weltweit. An allen Gewässern, in denen Süßwasserschwämme vorkommen.

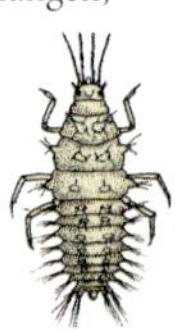

LARVEN: Spitze Mundwerkzeuge, Hinterleibskiemen.

△ ***Sisyra fuscata*** kommt in Europa häufig vor. Die Imagines, die abends gern von Licht angezogen werden, ernähren sich von Blattläusen.

Flügelspannweite 6–12 mm	Ernährungsweise der Larven

Käfer

Die riesige Ordnung Coleoptera umfasst 166 Familien mit 370 000 Arten. Damit ist jedes dritte heute lebende Insekt ein Käfer. Jeder Lebensraum – sowohl an Land als auch im Süßwasser – wurde von diesen Tieren erfolgreich besiedelt. Es gibt winzige Arten unter den Käfern, die kaum 1 mm Länge erreichen, bis hin zu tropischen Riesenexemplaren mit stattlichen 180 mm Körperlänge.

Obwohl die Käfer in Form und Färbung stark variieren, zeigen sie doch ein gemeinsames Hauptmerkmal: Ihre Vorderflügel sind zu harten Flügeldecken, sog. Elytren, umgebildet, unter denen die häutigen Hinterflügel geschützt verborgen sind. Gelegentlich können die Elytren sehr kurz sein, doch stoßen sie bei allen Arten in der Körpermitte zusammen. Mit ihrer Hilfe und dank dem kompakten, kräftigen Körper sind die Käfer in der Lage, sich in alle nur denkbaren Nischen zu zwängen oder einzugraben und an den verschiedensten Standorten zu überleben. Bei den wasserbewohnenden Arten bietet der Raum unter den Elytren genügend Platz für einen Luftvorrat.

Die Verwandlung ist vollständig. Während der Paarung sitzt das Männchen gewöhnlich auf dem Rücken des Weibchens. Die meisten Käfer sind Pflanzenfresser, es gibt unter ihnen jedoch auch eine Reihe von Räubern und Aasfressern sowie einige hochspezialisierte Parasiten.

Ordnung COLEOPTERA	Familie ANOBIIDAE	Artenzahl 1500

Nagekäfer

Diese Käfer sind hellbraun bis schwarz, ihre Körperform variiert von länglich bis oval. Das Pronotum ist oft kapuzenartig über den Kopf gezogen, die kurzen Beine können in Vertiefungen unter dem Körper eingezogen werden. Die letzen drei Fühlerglieder sind verbreitert oder verlängert.
LEBENSWEISE: Die Eier werden an eine geeignete Nahrungsquelle – meist an Hölzer – gelegt, in der die Larven kleine, kreisrunde Gänge bohren. Die Verpuppung erfolgt direkt unter der Oberfläche.
VERBREITUNG: Weltweit. In Wäldern, Lagerhäusern und anderen Gebäuden sowie an Vorräten.
ANMERKUNG: In dieser Familie ist der berüchtigte Gemeine Holzwurm *(Anobium punctatum)* vertreten. Der Name geht auf die im Holz bohrenden Larven zurück.

△ ***Xestobium rufovillosum,*** die Totenuhr, ist nach den Balzgeräuschen (Kopf schlägt gegen die Wand des Bohrganges) benannt, die einst in stillen Totenzimmern zu hören waren.

△ ***Ptilinus pectinicornis*** lebt in ganz Mitteleuropa und kann manchmal an Holzmöbeln schädlich werden.

▷ ***Ptinomorphus imperialis*** kommt häufig in Mitteleuropa vor. Man findet ihn im Frühjahr auf Weißdornblüten.

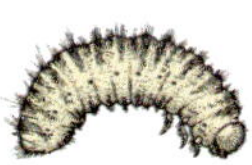

LARVEN: Fressen sie Holz, wird die aufgenommene Zellulose im Darm durch symbiotische Hefen in Einfachzucker zerlegt.

Länge 2–9 mm, meist 2–6 mm	Ernährungsweise der Larven

Ordnung COLEOPTERA | Familie ANTHRIBIDAE | Artenzahl 3000

Breitrüssler

Die Grundfärbung dieser länglichen Käfer ist normalerweise dunkel mit einer Zeichnung aus weißen und dunklen Schuppen oder Haaren. In der Regel sind die Fühler aus elf Gliedern aufgebaut.
LEBENSWEISE: Die Eier werden in verrottendem Holz oder in pflanzlichem Gewebe abgelegt, wo sich auch die Larven entwickeln.
VERBREITUNG: Weltweit, hauptsächlich tropisch. Auf Ästen, unter Rinde, in Pilzen, Holz und Samen.

LARVEN: Weißlich und gekrümmt, meist kurze, zweigliedrige Beine.

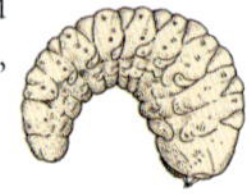

Mecocerus gazella lebt in Südostasien. Die Fühler sind bei dieser Art besonders lang.

Länge 0,5 – 38 mm, meist unter 20 mm | Ernährungsweise der Larven

Ordnung COLEOPTERA | Familie BOSTRICHIDAE | Artenzahl 700

Bohrkäfer

Meistens sind diese zylindrischen Käfer dunkelbraun bis schwarz gefärbt. Der Kopf ist nach unten gerichtet.
LEBENSWEISE: Die Eier werden in oder an trockenem oder frischem Holz abgelegt. Sowohl die Larven als auch die Imagines bohren in Stämmen, Ästen und Zweigen von Bäumen. Mikroorganismen im Darm helfen, die Holznahrung zu verdauen.
VERBREITUNG: Weltweit, besonders in den Tropen. Im Holz der Futterpflanzen.

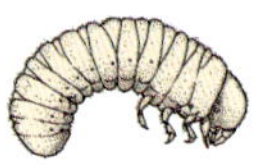

LARVEN: Weißlich mit kurzen Härchen.

Bostrichus capucinus kommt in Europa häufig vor.

Länge 3 – 50 mm, meist 6 – 20 mm | Ernährungsweise der Larven

Ordnung COLEOPTERA | Familie BRENTIDAE | Artenzahl 2500

Langkäfer

Die Färbung dieser erstaunlich langen, dünnen Käfer ist schwarz, braun oder gelb. An dem verlängerten, schmalen Kopf sitzt ein deutlicher Rüssel, der die faden- oder perlschnurartigen elfgliedrigen Fühler trägt.
LEBENSWEISE: Mit seinem langen Rüssel bohrt das Weibchen ein Loch in morsches Holz, in dem es dann die Eier ablegt. Die Larven bohren sich in das Splintholz und ernähren sich vermutlich von Pilzen. Die Imagines fressen Pilze oder Pflanzensäfte.
VERBREITUNG: Tropen. In Wäldern.

***Brenthus*-Arten** sind gewöhnlich unbehaart. Wie alle Vertreter der Familie sind sie mit den Rüsselkäfern verwandt.

LARVEN: Langer Körper, kurze, eingliedrige Beine.

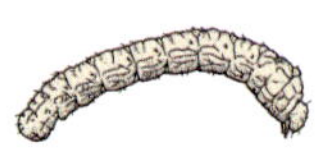

Länge 3 – 86 mm | Ernährungsweise der Larven

Ordnung COLEOPTERA	Familie BUPRESTIDAE	Artenzahl 15 000

Prachtkäfer

Wie der Name schon vermuten läßt, sind diese Käfer wunderschön metallisch grün, rot oder blau gefärbt und mit Streifen, Bändern oder Flecken verziert. Typischerweise sind sie leicht abgeflacht und laufen nach hinten spitz zu. Sie haben große Augen und kurze Fühler.
LEBENSWEISE: Die Eier werden in das Holz von toten oder kranken Bäumen gelegt. Die meisten Larven bohren ovale Gänge in das Holz, von dem sie sich ernähren. Die Imagines hingegen fressen Blüten, Nektar oder Pollen.
VERBREITUNG: Weltweit, vorzugsweise in tropischen Regionen. In Wäldern und an Gehölzen.
ANMERKUNG: Am Ansatz der mittleren Beine befinden sich bei einigen Arten Wärmesensoren, mit deren Hilfe die Käfer frische Waldbrandareale – ihre bevorzugten Paarungs- und Brutgebiete – finden.

◁ ***Chrysochroa chinensis*** lebt in Indien. Wie die meisten Prachtkäfer fliegt diese Art in den wärmsten Stunden des Tages.

△ ***Julodis klugii*** aus Südafrika ist am ganzen Körper mit auffälligen Härchen bedeckt. Die meisten Prachtkäfer sind jedoch glatt und glänzend, können aber auch mit Längsstreifen und Punktreihen versehen sein.

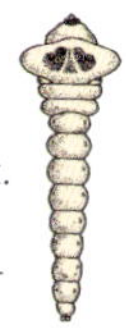

LARVEN: Weißlich, beinlos, verbreiterte Vorderbrust, spitzer Hinterleib.

Länge 2–65 mm; meist unter 30 mm	Ernährungsweise der Larven

Ordnung COLEOPTERA	Familie CANTHARIDAE	Artenzahl 4500

Weichkäfer

Der Körper dieser weichen Käfer ist meistens verlängert, am Kopf befinden sich deutlich gekrümmte Kiefer sowie fadenförmige Fühler. Obwohl die Weichkäfer räuberisch sind, ernähren sich einige Arten auch von Pollen und Nektar.
LEBENSWEISE: Die Eier werden auf den Boden verteilt. Meistens jagen die Larven kleine Insekten in verrottendem Holz, in der Laubstreu, unter Rinde und im Erdreich.
VERBREITUNG: Weltweit. Auf Blüten, in Hecken, auf Wiesen und an Waldrändern.
ANMERKUNG: Aufgrund ihrer uniformartigen Färbung werden die Angehörigen dieser Familie auch als Soldatenkäfer bezeichnet.

LARVEN: Auffallend samtig behaarter Körper, flache Form, gut entwickelte Beine.

◁ ***Cantharis lateralis*** lebt meist an feuchten und anderen sumpfigen Orten.

Länge 3–30 mm	Ernährungsweise der Larven

Ordnung COLEOPTERA	Familie CARABIDAE	Artenzahl 29 000

Laufkäfer

Die Färbung dieser länglichen, leicht abgeflachten Käfer reicht von braun bis schwarz und kann matt oder glänzend sein, manchmal mit einem metallischen Schimmer. Kopf, Brust und Hinterleib können klar unterschieden werden. Die Elytren weisen gewöhnlich eine deutliche Streifung auf. Viele der Arten sind nachtaktive Jäger.

LEBENSWEISE: Die Eier werden auf dem Boden, in der Vegetation, an Totholz oder an Pilzen abgelegt. Wie die Imagines sind die Larven räuberisch, ernähren sich aber auch von Aas, einige Arten sogar von Pflanzen.

VERBREITUNG: Weltweit. Auf dem Boden, unter Steinen und Totholz sowie in der Streuschicht. Einige Laufkäfer leben auf Sträuchern und Bäumen.

ANMERKUNG: Bestimmte Arten können zur Feindabwehr eine heiße, übelriechende Gaswolke mit einem Knall aus ihrem Hinterleib abschießen.

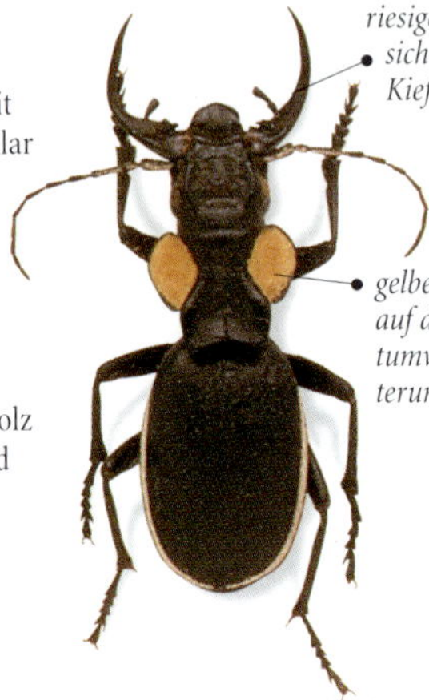

△ ***Anthia thoracica*** ist ein bodenbewohnender Räuber, der wie alle Vertreter der Gattung Wehrsekrete gegen Angreifer verspritzen kann.

LARVEN: Länglich, dunkelbraun oder schwarz gefärbt, kräftige Kiefer, gut entwickelte Beine.

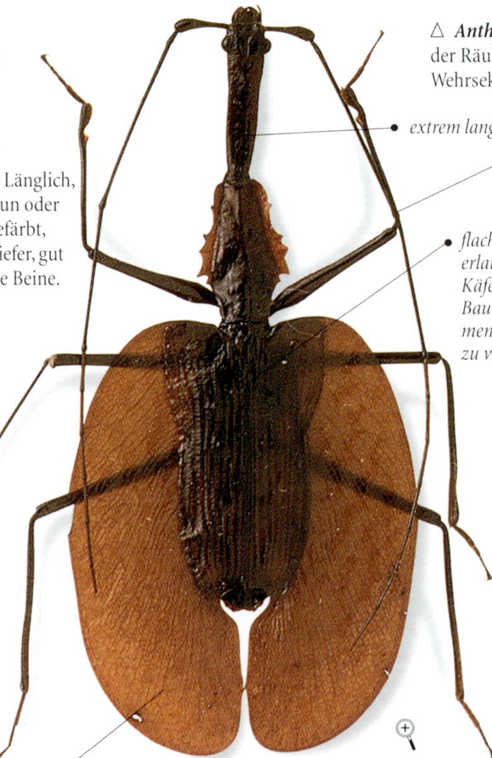

△ ***Mormolyce phyllodes,*** ein Gespenstlaufkäfer aus den Wäldern Südostasiens, lebt von Insektenlarven und Schnecken.

△ ***Megacephala australis*** hat einen metallisch glänzenden Körper. Er ist wie alle Arten der Gattung *Megacephala* ein nachtaktiver Jäger.

Länge 2–80 mm	Ernährungsweise der Larven

Ordnung COLEOPTERA	Familie CERAMBYCIDAE	Artenzahl 30 000

Bockkäfer

Die oft länglichen Käfer dieser Familie zeichnen sich durch die auffallend langen, hornartig gebogenen Fühler aus – daher ihr Name. Diese können die vierfache Körperlänge erreichen. Die Färbung der Tiere ist sehr vielfältig.
LEBENSWEISE: Die Eier werden an den Futterplätzen der Larven abgelegt, die sich meist von morschem Totholz ernähren. Mikroorganismen im Darm helfen die Holznahrung zu verdauen. Einige Larven fressen allerdings auch an lebenden Bäumen und bohren sich dabei in das Holz oder in die Samen der Pflanzen ein. Die Imagines nehmen Pollen, Nektar, Blätter oder Pflanzensäfte zu sich.
VERBREITUNG: Weltweit, hauptsächlich in den Tropen. In Wäldern und auf Wiesen.
ANMERKUNG: Viele Arten sind gefährliche Schädlinge an Bauholz, Obst- und Zierbäumen.

Sternotomis bohemanni besitzt die typische Bockkäferform. Die Weibchen beißen mit ihren Kiefen Löcher in Rinde, in die sie dann die Eier ablegen.

LARVEN: Rundlich. Die Entwicklung kann Monate oder Jahre dauern.

△ ***Phosphorus jansoni*** lebt in Afrika. Die Larven fressen an Bäumen und können auch wirtschaftlich bedeutende Arten, z. B. den Cola-Baum, schädigen.

△ ***Xixuthrus heros*** Die Männchen dieser Art leben revierbezogen und kämpfen um die besten Eiablageplätze.

Länge 3–150 mm, meist unter 45 mm	Ernährungsweise der Larven

Ordnung COLEOPTERA	Familie CETONIIDAE	Artenzahl 3500

Rosenkäfer

Diese hübschen, kräftigen Käfer haben einen leicht eckigen Körperumriss und sind meistens leuchtend bunt gefärbt und glänzend. Der Kopf kann einen unterschiedlich langen Fortsatz entwickeln, der bei den Männchen meist stärker ausgebildet ist. Oft werden die Rosenkäfer auch als Unterfamilie der Scarabaeidae (S. 128) angesehen.

LEBENSWEISE: Die Eier werden in verrottenden Pflanzen, trockenen Kadavern oder in den Boden gelegt. Die Larven fressen abgestorbene Pflanzen, Dung oder Holz, während die Imagines sich hauptsächlich von Pflanzensäften, Pollen und Früchten ernähren.

VERBREITUNG: Weltweit; besonders häufig in den Tropen und Subtropen. In Gebieten mit dichtem Pflanzenbewuchs.

LARVEN: C-förmig gekrümmt. Sie winden sich stark, wenn sie ausgegraben werden.

△ ***Iumnos ruckeri*** lebt in Indien und Burma und hat – wie es für die Rosenkäfer charakteristisch ist – einen fast eckigen, gedrungenen Körperumriss und eine glänzende Oberfläche.

▷ ***Dicronorhina derbyana*** kann auch weniger gestreift sein, als auf der Abbildung zu sehen ist, weist dann aber größere grüne Bereiche auf.

◁ ***Agestrata luzonica*** ist nach ihrem Fundort auf den Philippinischen Inseln benannt.

△ ***Pachnoda sinuata*** ist eine gedrungene Art aus Südafrika. Es können verschiedene Formen mit unterschiedlich gelbschwarzer Zeichnung auftreten. Die meisten Arten dieser Gattung stammen aus dem tropischen Afrika.

Länge 10–70 mm	Ernährungsweise der Larven

Ordnung COLEOPTERA	Familie CHRYSOMELIDAE	Artenzahl 35 000

Blattkäfer

Die Käfer können lang und zylindrisch bis kugelig geformt sein. Viele Arten sind leuchtend gefärbt und haben eine unbehaarte Körperoberfläche. Die Fühler sind nur halb so lang wie der Körper.

LEBENSWEISE: Die Eier werden in Grüppchen auf die Futterpflanzen gelegt, wo die Larven später an Stängeln, Blättern und Wurzeln fressen. Die Verpuppung erfolgt im Boden.

VERBEITUNG: Weltweit. Weit verbreitet auf Pflanzen in allen terrestrischen Lebensräumen.

ANMERKUNG: Viele Arten sind Schädlinge. Der Kartoffelkäfer *(Leptinotarsa decemlineata,* s. u.) z. B. befällt Kartoffeln, Tomaten und Auberginen.

LARVEN: Lang und leicht gekrümmt, gut entwickelte Beine.

▷ ***Eumolpus*-Arten** sind in den tropischen Teilen Südamerikas heimisch und zeigen die für die Familie charakteristische Körperform.

△ ***Sagra*-Arten** besitzen kräftige Hinterbeine, die im Rivalenkampf und zur Verteidigung eingesetzt werden. Die Larven leben in Pflanzenstängeln.

△ ***Calispidea regalis*** lebt in Brasilien. Diese kugelige Art ist netzartig rot gezeichnet, die Elytren sind seitlich verbreitert.

▷ ***Leptinotarsa decemlineata,*** der Kartoffelkäfer, kommt in Asien, Nordamerika und Europa vor. Er ist ein bekannter Schädling an verschiedenen Nutzpflanzen, wie z. B. der Kartoffel.

Länge 1–30 mm	Ernährungsweise der Larven

Ordnung COLEOPTERA	Familie CLERIDAE	Artenzahl 3500

Buntkäfer

Die meisten Arten dieser Familie haben einen weichen, länglichen und leicht abgeplatteten Körper. Sie sind oft mit langen Haaren besetzt, die Fühler sind deutlich gekeult. Viele Buntkäfer sind leuchtend rot, grün, blau oder rosa gezeichnet, einige besitzen dagegen eine braune oder schwarze Tarnfärbung.

LEBENSWEISE: Da sich die Larven dieser Käfer für gewöhnlich von Borkenkäferlarven ernähren, werden die Eier meist in Totholz abgelegt. Es gibt jedoch auch Buntkäferlarven, die Bienen- und Wespenlarven sowie Heuschreckeneier fressen.

VERBREITUNG: Weltweit, hauptsächlich in tropischen und subtropischen Gebieten. Auf Baumstämmen, Blüten und Blättern; an Pilzen und in der Laubstreu sowie in den Bohrgängen von Borkenkäfern und in den Nestern von sozialen Insekten, z. B. Bienen und Termiten.

LARVEN: Besitzen oft Hinterleibsfortsätze.

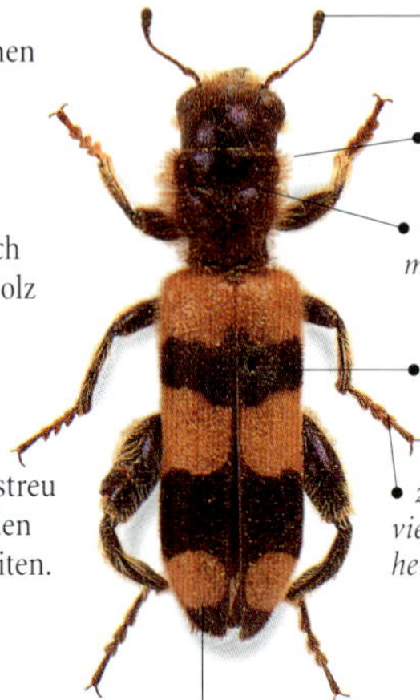

▷ ***Trichodes crabroniformis*** lebt in Mitteleuropa. Die Larven entwickeln sich in den Nestern bestimmter Bienenarten.

Länge 2–50 mm	Ernährungsweise der Larven

Ordnung COLEOPTERA	Familie COCCINELLIDAE	Artenzahl 5000

Marienkäfer

Diese kugeligen Käfer, auch bekannt als Glückskäfer oder Sonnenkälbchen, sind entweder glänzend und glatt oder behaart. Viele Arten sind lebhaft rot, gelb oder orange gefärbt und nicht selten mit auffallend dunklen Streifen oder Punkten verziert.

LEBENSWEISE: Die Eier werden einzeln oder in kleinen Gruppen an Pflanzen angeheftet. Sowohl die Imagines als auch die dunkel gefärbten Larven der meisten Arten fressen weichhäutige Insekten. Die Puppen besitzen gelegentlich das Aussehen von Vogelkot.

VERBREITUNG: Weltweit. Auf Blättern.

ANMERKUNG: Marienkäfer sind als Vertilger von Schadinsekten, wie z. B. Blattläusen, sehr nützlich.

△ ***Anatis ocellata,*** der Augenmarienkäfer, lebt auf Bäumen und ist recht einfach an seinen hellumsäumten schwarzen Flecken zu erkennen.

LARVEN: Oft warzig oder bedornt.

▷ ***Coccinella septempunctata,*** der Siebenpunkt, kommt in Europa häufig vor. Zur Abwehr von Feinden können die Tiere ihre übelriechende Blutflüssigkeit aus den Beingelenken ausscheiden.

Länge 1–15 mm	Ernährungsweise der Larven

Ordnung COLEOPTERA	Familie CURCULIONIDAE	Artenzahl 48 000

Rüsselkäfer

Das charakteristische an diesen Insekten ist die rüsselförmige Verlängerung des Kopfes, an dessen Spitze die Kiefer sitzen. Viele Arten weisen eine Tarnfärbung auf, während andere metallisch schimmernde Schuppen besitzen.

LEBENSWEISE: Mit ihrem Rüssel beißen die Weibchen der meisten Arten Löcher in pflanzliches Gewebe, in die die Eier abgelegt werden.

VERBREITUNG: Weltweit. An zahlreichen Land- und einigen Wasserpflanzenarten.

ANMERKUNG: Nicht wenige Arten befallen Nutzpflanzen, z. B. Reis und Baumwolle, oder sind Rindenschädlinge. Rüsselkäfer bilden die größte Familie innerhalb des Tierreichs.

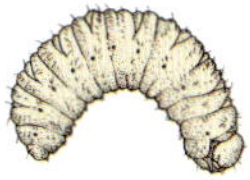

LARVEN: Weißlich und madenartig, dunkler, harter Kopf, beinlos.

△ ***Cyrtotrachelus*-Arten** kommen in Südostasien vor. Die Männchen haben stark behaarte Vorderschienen, die als Balzsignale benutzt werden.

▷ ***Brachycerus fascicularis*** ist eine ungewöhnlich aussehende Art aus Südafrika, deren Larven an Lilien fressen.

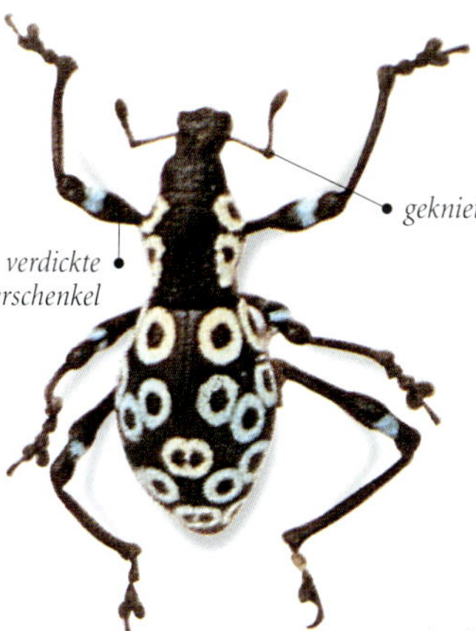

△ ***Pachyrhynchus*-Arten** tragen eine auffällige Punktzeichnung auf ihrem Körper. Sie leben ausschließlich auf den Philippinen.

▷ ***Lamprocyphus augustus*** kommt in Südamerika vor. Die grüne Färbung soll vermutlich Blätter nachahmen, um den Käfer vor Feinden zu schützen.

Länge 1–90 mm	Ernährungsweise der Larven

Ordnung COLEOPTERA	Familie DERMESTIDAE	Artenzahl 950

Speckkäfer

Bei den Vertretern dieser Familie, die auch als Pelz- oder Museumskäfer bezeichnet werden, handelt es sich um kugelige oder leicht längliche Tiere mit einer mattbraunen oder schwarzen Grundfärbung, die gewöhnlich durch verschiedenfarbige Härchen oder Schuppen gezeichnet sind. Von oben betrachtet ist der Kopf meist nicht zu erkennen, da er vom Pronotum verdeckt wird.

LEBENSWEISE: Die haarigen Larven sind gierige Detritusfresser, die sich von unterschiedlichsten organischen, vorzugsweise tierischen, Stoffen ernähren. Die Eier werden daher an geeignete Futterquellen abgelegt.

VERBREITUNG: Weltweit. In verschiedensten Lebensräumen.

ANMERKUNG: Viele Arten sind gefährliche Schädlinge an Textilien und Nahrungsmittelvorräten, z. B. an Räucherfleisch und Gewürzen.

LARVEN: Dicht mit vermutlich giftigen Härchen besetzt.

◁ ***Dermestes lardarius,*** der Gemeine Speckkäfer, hält sich gerne in Vorratskammern auf. Die vordere Hälfte der schwarzen Elytren erhält durch feine weiße Härchen eine auffallende Zeichnung.

△ ***Anthrenus museorum,*** der Museumskäfer, kann in Museen Pflanzen- oder Insektensammlungen schädigen.

Länge 2–12 mm	Ernährungsweise der Larven

Ordnung COLEOPTERA	Familie DYTISCIDAE	Artenzahl 3500

Schwimmkäfer

Die Färbung der Schwimmkäfer ist schwarz oder dunkelbraun, einige können aber auch gelb, braun oder grün gezeichnet sein. Auffällig an diesen Tieren ist der stromlinienförmige, ovale, glatte und glänzende Körper. Die Hinterbeine sind zu Paddeln verbreitert und mit Haaren umsäumt. Diese stark an das Wasserleben angepassten Käfer können unter den Flügeldecken einen Luftvorrat mitführen.

LEBENSWEISE: Die Weibchen schlitzen die Stängel von Wasserpflanzen an und legen ihre Eier hinein. Larven und Imagines sind gefräßige Räuber, deren Beutespektrum von Insekten bis zu kleinen Fröschen und Fischen reicht. Die Verpuppung findet in feuchter Erde in Gewässernähe statt.

VERBREITUNG: Weltweit. In Bächen, flachen Seen und Teichen, Brackwassertümpeln und Thermalquellen.

LARVEN: Lang, gut entwickelte Beine, große, gebogene Kiefer.

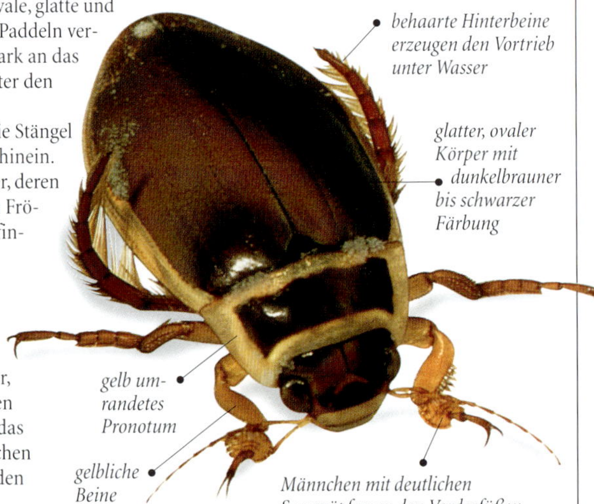

▷ ***Dytiscus marginalis,*** der Gelbrandkäfer, lebt in Europa und Asien. Mit den auffälligen Saugnäpfen an den Vorderbeinen hält sich das Männchen während der Paarung am Weibchen fest. Die Weibchen unterscheiden sich von den Männchen durch stärker gefurchte Elytren.

Länge 2–40 mm	Ernährungsweise der Larven

Ordnung COLEOPTERA	Familie ELATERIDAE	Artenzahl 9000

Schnellkäfer

Das charakteristische an diesen länglichen, meist dunkel gefärbten Käfern ist ihre Eigenschaft, sich selbst aus der Rückenlage in die Luft katapultieren zu können. Dieser Vorgang ist mit einem hörbaren Klicken verbunden, das Feinde abschrecken soll.

LEBENSWEISE: Die Eier werden ins Erdreich oder an pflanzlichen Stoffen abgelegt, und die Larvalentwicklung dauert mehrere Jahre.

VERBREITUNG: Weltweit. An Pflanzen, in der Laubstreu, in totem Holz oder im Boden.

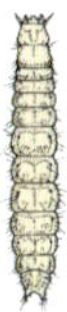

LARVEN: Dünn, zylindrisch. Sie werden auch als Drahtwürmer bezeichnet.

▷ ***Alaus*-Arten** sind auf der Nordhalbkugel verbreitet. Einige Arten tragen große, deutliche Augenflecken auf dem Pronotum.

▷ ***Semiotus angulatus*** hat eine auffallende orange Zeichnung auf der Brust, die sich auf den Elytren fortsetzt.

Länge 2–70 mm	Ernährungsweise der Larven

Ordnung COLEOPTERA	Familie EROTYLIDAE	Artenzahl 2500

Erotylidae

Zu dieser Familie gehören z. T. wunderschön gezeichnete, ovale bis längliche Käfer, deren Elytren meist eine dunkelgrüne oder blaue Grundfärbung aufweisen. Kopf, Pronotum und Beine sind schmutzigbraun.

LEBENSWEISE: Die Larven dieser Käfer bohren sich in das Fleisch von Pilzen und ernähren sich davon. Die Eier werden daher oft an größeren Hutpilzen oder an verpilztem, verrottendem Holz abgelegt.

VERBREITUNG: Weltweit. In Wäldern; unter Baumrinde, an Austrittsstellen von Pflanzensäften und an oder in Pilzen und zerfallendem Holz.

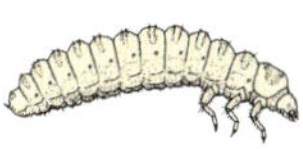

LARVEN: Länglich, zuweilen leuchtend gefärbt.

▷ ***Zonarius*-Arten** haben deutlich gestreifte Elytren, wie sie für einige tropische Vertreter dieser Familie typisch sind.

▷ ***Scaphidomorphus*-Arten** leben in Südamerika. Sie können zur Verteidigung eine giftige Flüssigkeit aus dem After und aus den Beingelenken ausscheiden.

Länge 3–25 mm	Ernährungsweise der Larven

Ordnung COLEOPTERA	Familie GEOTRUPIDAE	Artenzahl 600

Mistkäfer

Die Körperform dieser gedrungenen Käfer ist oval bis kugelig. Sie sind glänzend braun oder schwarz gefärbt, oft mit einem metallisch blauen oder violetten Schimmer. Die harten Elytren weisen eine deutliche Längsfurchung oder -streifung auf. Die breiten Vorderschienen sind stark bezahnt und werden zum Graben benutzt.
LEBENSWEISE: Die Eiablage erfolgt in zuvor angelegten Gängen unter dem Kot von pflanzenfressenden Säugetieren. Zur Ernährung der Larven werden einige Gänge mit Dung, Aas oder verrottendem Material angefüllt.
VERBREITUNG: Weltweit. An Dung, Aas, verrottendem Holz oder Pilzen.

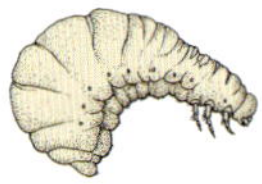

LARVEN: Weiß und madenartig. Der Hinterleib ist zuweilen zum Ende hin verdickt.

△ ***Typhoeus typhoeus*** ist auch als Stierkäfer bekannt, da die Männchen (Abb.) Hörner tragen. Die Weibchen graben Tunnel für die Eiablage und füllen die Seitengänge mit Kaninchenmist.

▷ ***Ceratophys hoffmannseggi*** ist in Spanien, Portugal und Nordafrika heimisch. Diese Art vergräbt den Dung verschiedenster Pflanzenfresser.

Länge 4–40 mm	Ernährungsweise der Larven

Ordnung COLEOPTERA	Familie GYRINIDAE	Artenzahl 750

Taumelkäfer

Diese länglichen, ovalen Käfer sind meist schwarz gefärbt, oft mit einem bronzefarbenen oder stahlblauen Schimmer. Die langen Vorderbeine dienen dem Ergreifen von Beute, während die kurzen paddelartigen Mittel- und Hinterbeine zur Fortbewegung auf dem Wasser gebraucht werden. Taumelkäfer kommen gelegentlich in großer Zahl auf der Wasseroberfläche vor und können dort mit ihren Fühlern feinste Wasserwellen wahrnehmen und so ihre Beute lokalisieren.
LEBENSWEISE: Die Eier werden in Schnüren an Wasserpflanzen abgelegt. Gegen Ende der Entwicklung verpuppen sich die Larven in einer selbst gegrabenen Kammer an Land.

ANMERKUNG: Die Käfer zeigen auf dem Wasser schnelle kreisende Bewegungen – daher der deutsche Name.

LARVEN: Länglicher Körper, spitze, saugende Kiefer, gefiederte Hinterleibskiemen.

▷ ***Enhydrus*-Arten** sind in Südamerika heimisch. Wie alle Taumelkäfer können sie ein fruchtig riechendes Wehrsekret bilden.

Länge 3–25 mm	Ernährungsweise der Larven

Ordnung COLEOPTERA	Familie HISTERIDAE	Artenzahl 3000

Stutzkäfer

Der Körperumriss dieser kräftigen Käfer ist rund bis oval. Viele Arten sind gewölbt, einige besitzen jedoch eine abgeflachte Form, die ihnen das Leben unter Baumrinde ermöglicht. Die meisten Arten sind schwarz und zeigen verschiedenste Streifungen und Punktreihen sowohl auf den Elytren als auch auf anderen Körperteilen.

LEBENSWEISE: Die Eier werden in der Nähe von Aas, Dung und faulenden Pflanzen einzeln in den Boden gelegt. Die Larven und Imagines jagen andere Insekten, besonders Fliegenmaden und Käferlarven.

VERBREITUNG: Weltweit. An Dung, Aas, in der Laubstreu, unter Rinde; in den Gängen von holzbohrenden Insekten, in Ameisen- und Vogel- sowie in Termitennestern.

LARVEN: Länglicher Körper, eckiger Kopf.

△ ***Hololepta*-Arten** sind recht flach mit einem sehr harten Panzer. Sie jagen unter der Rinde verschiedener Bäume.

Seitenansicht

Draufsicht

△ ***Carcinops pucilo*** ist ein schwarzer, sehr glänzender Käfer, der seine Eier in faulenden tierischen oder pflanzlichen Stoffen und in Fledermauskot ablegt.

Länge 1–25 mm	Ernährungsweise der Larven

Ordnung COLEOPTERA	Familie HYDROPHILIDAE	Artenzahl 2000

Wasserkäfer

Die Färbung dieser ovalen Käfer ist braun oder schwarz und manchmal auch gelblich. Das Hauptbestimmungsmerkmal sind die charakteristischen Fühler mit einer viergliedrigen, samtartig behaarten Endkeule. Die meisten Imagines leben im Wasser, wobei sie einen Luftvorrat unter ihren Flügeldecken und an der Körperoberfläche mit sich tragen.

LEBENSWEISE: Wasserlebende Arten legen ihre Eier in einen schwimmenden Eibehälter, andere in Dung oder an feuchte Stellen. Die Imagines sind Pflanzen- oder Detritusfresser, wogegen die Larven kleine Insekten, Schnecken und Würmer jagen.

VERBREITUNG: Weltweit. Die meisten Arten leben im Wasser oder an feuchten Orten, einige findet man jedoch auch an Dung oder verrottenden Pflanzen.

LARVEN: Tragen zuweilen Warzen oder Haare auf dem Rücken.

▷ ***Hydrophilus piceus,*** der Große Kolbenwasserkäfer, benutzt seine besonders geformten Fühler, um Luft unter die Flügel zu leiten.

Länge 1–45 mm	Ernährungsweise der Larven

Ordnung COLEOPTERA	Familie LAMPYRIDAE	Artenzahl 2000

Leuchtkäfer

Diese länglichen, ovalen Käfer sind den meisten wohl besser bekannt als Glüh- oder Johanniswürmchen. Im allgemeinen ist die Färbung dunkel, kann aber auch rote und gelbe Zeichnungen aufweisen. Bei den Männchen sind die Flügel normalerweise gut entwickelt, bei vielen Weibchen aber fehlen sie, sodass diese dann recht larvenartig aussehen. Der deutsche Name deutet schon an, dass diese Käfer durch ein Leuchtvermögen ausgezeichnet sind. Durch artspezifische Leuchtblitze versuchen die Geschlechtspartner zueinander zu finden. Das kalte, grünliche Licht entsteht in Leuchtorganen auf der Unterseite des Hinterleibs.

LEBENSWEISE: Die Eier werden in die Vegetation gelegt. Nach dem Schlupf ernähren sich die Larven, die eigentlichen Glühwürmchen, von Schnecken und anderen Wirbellosen.

VERBREITUNG: Weltweit. Im Pflanzenbewuchs, in Wäldern und auf feuchten Wiesen.

ANMERKUNG: Die Weibchen einiger Arten imitieren die Leuchtsignale nah verwandter Arten und locken so deren Männchen an, die sie dann fressen.

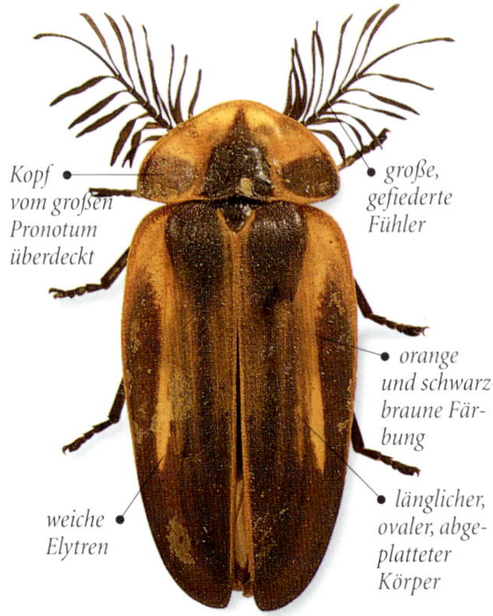

△ ***Lamprosela selas*** besitzt auffällige Fühler. Die orangerote und schwarzbraune Färbung signalisiert Feinden, dass diese Art ungenießbar ist.

LARVEN: Länglich, an beiden Enden spitz zulaufend. Der Kopf ist meist klein und länger als breit.

Länge 5–30 mm	Ernährungsweise der Larven

Ordnung COLEOPTERA	Familie LATRIDIIDAE	Artenzahl 500

Moderkäfer

In dieser Familie sind winzige ovale, meist braune oder schwarze Käfer mit einem kugeligen Pronotum versammelt. Die Elytren sind gerippt oder tragen Punktreihen und sind leicht behaart oder beborstet.

LEBENSWEISE: Die Eier werden an faulendes Material oder Pilzen abgelegt. Die Larven ernähren sich von Pilzsporen.

VERBREITUNG: Weltweit, besonders in den gemäßigten Breiten. Unter Steinen und Rinde; an Pilzen und faulenden oder schimmelnden Stoffen, in Vogelnestern und auf Blüten.

◁ ***Aridius bifasciatus*** ist ein Pilzfresser aus Australien, der inzwischen überall vorkommt. Typisch sind die groben Furchen und die dunklen Flecken auf den Elytren.

△ ***Enicmus transversus*** ist braun bis schwarz gefärbt. Der Käfer ist flach und hat deutliche Furchen auf den Elytren.

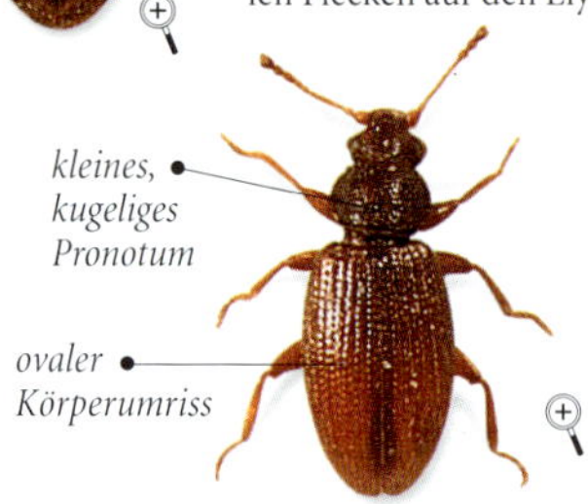

△ ***Corticaria impressa*** ist ein dunkelbrauner pilzfressender Käfer, dessen Flügeldecken heller gefärbt sind als Kopf und Pronotum.

LARVEN: Weißlich, oval bis länglich und leicht abgeflacht. Die Körperoberfläche trägt kleine Haarbüschel.

Länge 1–3 mm	Ernährungsweise der Larven

Ordnung COLEOPTERA	Familie LUCANIDAE	Artenzahl 1300

Hirschkäfer

Diese Käfer sind groß, glatt und schwarz oder rotbraun gefärbt. Bei den Männchen sind die Kiefer sehr stark vergrößert und können mit deutlichen Zähnen bewehrt sein. Diese kräftigen Kiefer werden in den Rivalenkämpfen der Männchen benutzt und sind derart gestaltet, dass der Gegner damit fest am Pronotum gepackt werden kann. Der Sieger schleudert den Unterlegenen dann fort. Die Imagines sind meist nachtaktiv und nehmen flüssige Nahrung auf (Pflanzensaft, Nektar, Fruchtsaft) oder fressen gar nicht.

LEBENSWEISE: Das Weibchen legt die Eier an modernde Wurzeln, Baumstämme oder -stümpfe. Die Larvalentwicklung dauert mehrere Jahre; am Ende verpuppen sich die Larven in einer Kammer aus Mulm und Holzfasern.

VERBREITUNG: Weltweit. In Laubwäldern.

▷ ***Mesotopus tarandus*** stammt aus Südafrika. Die Kiefer der Männchen sind fast rechtwinkelig gebogen, um in den Rivalenkämpfen den Gegner fest umschließen zu können

LARVEN: C-förmig gekrümmt, kräftige Beine.

△ ***Chiasognathus granti*** Die Männchen haben sehr stark verlängerte Kiefer, mit denen sie gegeneinander kämpfen.

△ ***Phalacrognathus mulleri*** ist ein sehr bunter, metallisch glänzender Hirschkäfer aus den Regenwäldern Nordaustraliens.

Länge 5–80 mm, meist 15–45 mm	Ernährungsweise der Larven

Ordnung COLEOPTERA	Familie LYCIDAE	Artenzahl 3500

Rotdeckenkäfer

Charakteristisch an diesen weichen, meist rotschwarzen Käfern sind die eigenartig netzförmig gemusterten Elytren. In den tropischen Regenwäldern kommen Arten vor, deren flügellose Weibchen wie sehr große Larven aussehen.
LEBENSWEISE: Die Eier werden gewöhnlich in oder an den Futterquellen der Larven abgelegt, die kleine Gliederfüßer fressen oder Säfte an faulenden Stoffen lecken. Bis heute gibt es keine genauen Angaben über die Lebensweise der Imagines. Man nimmt an, dass sie höchstens Pollen und Nektar zu sich nehmen.
VERBREITUNG: Weltweit, außer in Neuseeland; hauptsächlich in wärmeren Regionen. In Wäldern und Gebieten mit dichter Vegetation.

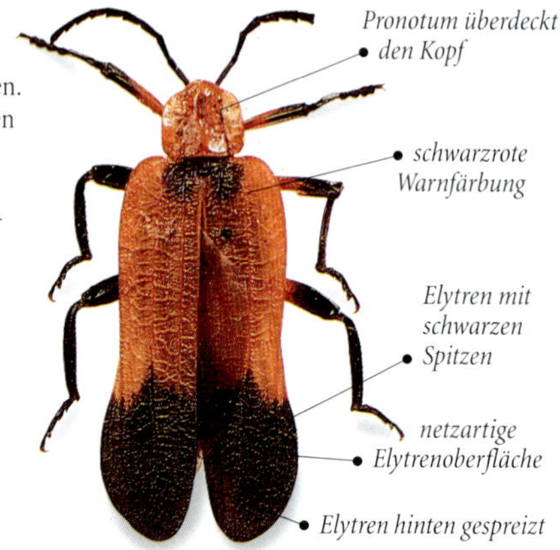

LARVEN: In der Mitte oft deutlich verdickt. Der Rücken trägt gelegentlich eine Zeichnung.

△ ***Lycus*-Arten** sind charakteristischerweise flach, die schwarzrote Warnfarbe soll Angreifer abschrecken. Männchen und Weibchen können unterschiedlich gezeichnet sein.

Länge 3–30 mm	Ernährungsweise der Larven

Ordnung COLEOPTERA	Familie MELOIDAE	Artenzahl 3000

Ölkäfer

Bei diesen Käfern (auch Blasen- oder Pflasterkäfer genannt) produzieren die Imagines Cantharidin – einen öligen Stoff, der Feinde abwehrt und zu Hautreizungen führen kann. Viele Arten sind weich und ledrig. Die Körperoberfläche ist schwarz oder braun und trägt rote oder gelbe Flecke; einige Arten schimmern metallisch. Die Körperform reicht von länglich bis oval, die Länge der Elytren variiert.
LEBENSWEISE: Die Eier werden in den Boden gelegt. Das erste Larvenstadium frisst die Eier von Heuschrecken oder solitären Bienen.
VERBREITUNG: Weltweit, außer in Neuseeland; meist in warmen, trockenen Gebieten. Auf Blüten und Blättern.
ANMERKUNG: Aus *Lytta vesicatoria* gewonnenes Cantharidin wurde früher zu medizinischen Zwecken verwendet.

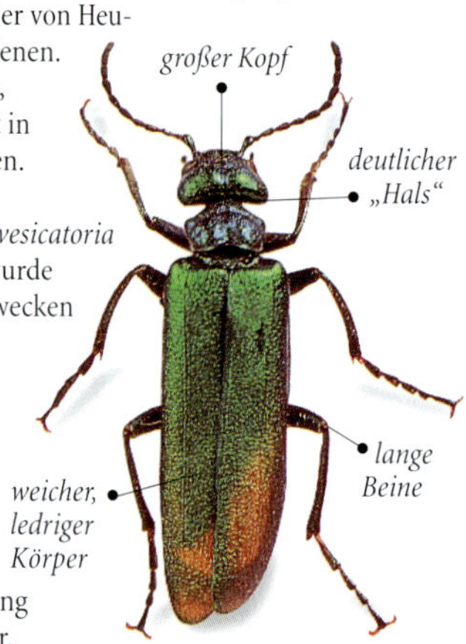

LARVEN: Mit jeder Häutung werden sie madenähnlicher.

△ ***Mylabris*-Arten** sind leuchtend gefärbt und können giftige oder hautreizende Sekrete aus ihren Beingelenken ausscheiden. Einige Arten sind in Westafrika gefährliche Schädlinge an Hirsepflanzungen.

◁ ***Lytta vesicatoria*,** die Spanische Fliege, ist leuchtend grün und schillernd gefärbt und verbreitet einen mausartigen Geruch. Die Larven entwickeln sich in den Nestern solitärer Bienen.

Länge 5–30 mm, meist 10–20 mm	Ernährungsweise der Larven

Ordnung COLEOPTERA	Familie MORDELLIDAE	Artenzahl 1500

Stachelkäfer

Der Hinterleib dieser buckeligen oder gewölbten Käfer ist am Hinterende stachelartig verlängert – daher ihr Name – und seitlich zusammengedrückt. Die meisten Arten sind braun oder schwarz gefärbt und tragen eine Zeichnung aus weißen, roten oder gelben Härchen oder Schuppen.

LEBENSWEISE: Die Larven ernähren sich von morschem Holz oder bohren in Pflanzenstängeln. Entsprechend werden die Eier einzeln an Totholz oder in Pflanzen abgelegt. Die Imagines ernähren sich von Nektar und Pollen.

VERBREITUNG: Weltweit, hauptsächlich in den Tropen. Die Imagines versammeln sich gerne auf sonnigen Blüten und an brüchigem Holz.

△ ***Mordella octopunctata*** hat orange gepunktete Elytren und ein gemustertes Pronotum.

LARVEN: Lang, zylindrisch, kugeliger Kopf, kurze Beine.

▷ ***Tomoxia bucephala*** hat die typische parallelseitig zusammengedrückte Form der Stachelkäfer.

Länge 2–15 mm	Ernährungsweise der Larven

Ordnung COLEOPTERA	Familie NITIDULIDAE	Artenzahl 3000

Glanzkäfer

In der Regel sind diese kleinen Käfer oval oder eckig und mäßig gewölbt. Die schwarze oder braune Färbung kann mit unregelmäßigen roten oder gelben Flecken durchsetzt sein. Bei einigen Arten sind die Flügeldecken verkürzt, sodass die letzten Hinterleibssegmente unbedeckt bleiben.

LEBENSWEISE: Die Eier werden in der Nähe der Futterquellen abgelegt. Imagines und Larven ernähren sich von Pflanzensaft, Nektar und Pollen, einige Arten fressen jedoch Schildläuse. Einige Larven verpuppen sich in den Schoten bestimmter Pflanzen.

VERBREITUNG: Weltweit. An Blüten, ausfließendem Pflanzensaft oder Aas. Einige Arten leben in Ameisennestern oder Bienenstöcken.

LARVEN: Lang, dünn, leicht gekrümmt und weißlich.

▷ ***Epuraea-Arten*** sind meist hell- oder rotbraun und leicht abgeflacht. Die Fühler sind gekeult, die Augen dunkel.

△ ***Meligethes planiusculus*** ist in Europa heimisch. Imagines und Larven ernähren sich von Knospen und Blüten.

Länge 1–15 mm	Ernährungsweise der Larven

Ordnung COLEOPTERA	Familie PASSALIDAE	Artenzahl 500

Zuckerkäfer

Der Körper dieser dunkelbraunen bis pechschwarzen Käfer ist parallelseitig, leicht abgeflacht und kräftig. Auf den Elytren befinden sich deutliche Längsfurchen. Einige Arten sind schlechte Flieger.
LEBENSWEISE: Die Eier werden in morsches Holz gelegt, wo auch die Imagines und Larven gemeinschaftlich zusammenleben. Die Imagines füttern die Larven mit zerkautem Holzmehl, das in deren Darm mithilfe von Pilzen verdaut wird.
VERBREITUNG: Tropen, hauptsächlich in den Wäldern Südamerikas und Südostasiens. Einige Arten leben in den Nestern von Blattschneiderameisen.
ANMERKUNG: Die Imagines können laut zirpen, indem sie die Hinterflügel gegen den Hinterleib reiben. Die Laute dienen der Kommunikation untereinander und mit den Larven, welche ebenfalls Laute erzeugen können.

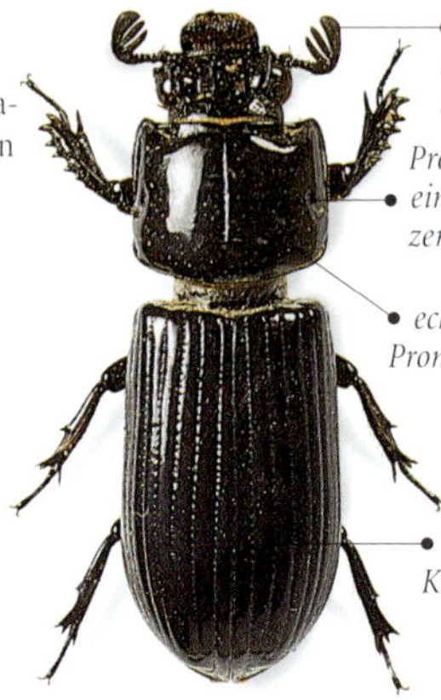

△ ***Aulacocyclus parryi*** lebt unter Rinde oder gräbt mit seinem flachen Körper in toten organischen Stoffen.

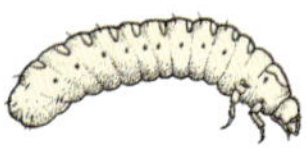

LARVEN: Sie können Laute erzeugen, indem sie ihre kurzen, dicken Hinterbeine gegen die Kanten der Mittelbeine reiben.

△ ***Aulacocyclus-Arten*** sind in ganz Südostasien häufig anzutreffen. Da die einzelnen Arten sich sehr ähnlich sehen, muss man sie für eine genaue Bestimmung eingehend untersuchen.

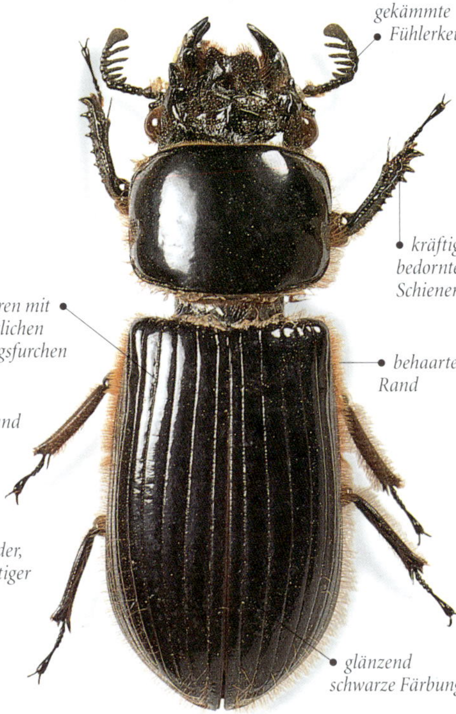

△ ***Aceraius rectidens*** trägt gebogene, zehngliedrige Fühler und kurze Fortsätze auf dem Kopf.

Länge 10–85 mm	Ernährungsweise der Larven

Ordnung COLEOPTERA	Familie PSELAPHIDAE	Artenzahl 9000

Palpenkäfer

Der Hinterleib dieser kleinen braunen Käfer ist erheblich breiter als das Pronotum und der Kopf zusammen. Die kurzen Elytren lassen einen Teil des Hinterleibes unbedeckt.
LEBENSWEISE: Über die Entwicklung der meisten Arten ist nicht viel bekannt. Imagines und vermutlich auch die Larven fressen Milben, kleine Insekten und andere Wirbellose.
VERBREITUNG: Weltweit. Unter Rinde, in faulenden Pflanzen und verrottendem Holz, in Moos, Laubstreu, Höhlen und im Boden.

◁ ***Batrisodes delaporti*** lebt zusammen mit der Ameisenart *Lasius brunneus* in Totholz.

▷ ***Rybaxis longicornis*** lebt in Europa, vor allem in Moospolstern an Tümpeln und Sümpfen.

LARVEN: Oftmals leicht abgeplattet.

Länge 0,5–6 mm, meist unter 3 mm	Ernährungsweise der Larven

Ordnung COLEOPTERA	Familie PYROCHROIDAE	Artenzahl 150

Feuerkäfer

Der Name dieser Käfer bezieht sich auf deren auffallende schwarzrote oder -gelbe Färbung. Die meisten Arten haben einen schmalen, weichen Körper und – im Vergleich zum Kopf – große Augen. In der Regel sind die Fühler gesägt oder gekämmt.
LEBENSWEISE: Die Eier werden unter die Rinde von Totholz abgelegt, wo sich auch die Larven entwickeln, die Pilzfäden oder kleine Tiere fressen.
VERBREITUNG: Hauptsächlich auf der Nordhalbkugel und in Südostasien. In Wäldern.

LARVEN: Flach, auffälliges Hinterleibssegment.

△ ***Pyrochora*-Arten,** auch Kardinäle genannt, findet man auf Blüten und Baumstümpfen. Die meisten haben einen flachen Körper.

Länge 6–18 mm	Ernährungsweise der Larven

Ordnung COLEOPTERA	Familie RHIPIPHORIDAE	Artenzahl 450

Fächerkäfer

Diese etwas buckeligen, orangeschwarzen Käfer haben einen spitz zulaufenden Körper. Die Flügel sind entweder gut ausgebildet oder kurz.
LEBENSWEISE: Die jungen Larven heften sich mit ihren Beinen an Bienen oder Wespen, lassen sich so in die Nester tragen und parasitieren an der Brut. Einige Fächerkäferlarven befallen auch Schaben oder Nagekäferlarven. Ältere Larven nehmen mehr und mehr eine madenähnliche Form an.
VERBREITUNG: Weltweit. In den Lebensräumen ihrer Wirte.

LARVEN: Nach dem Schlupf besitzen sie Beine zum Ergreifen der Wirtsinsekten.

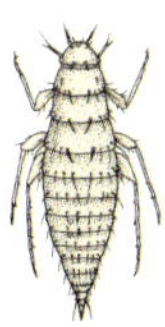

◁ ***Metoecus paradoxus*** kommt in Europa am häufigsten vor. Die Larven parasitieren an Wespenlarven der Gattung Vespula.

Länge 4–36 mm	Ernährungsweise der Larven

Ordnung COLEOPTERA	Familie SCARABAEIDAE	Artenzahl 16 500

Scarabaeidae

Die riesige Familie der Blatthornkäfer umfasst mehrere bedeutende Unterfamilien, so z. B. die Pillendreher oder Scarabäen, die Herkuleskäfer, die Maikäfer und die Laubkäfer. Größe und Form dieser Käfer sind sehr unterschiedlich. Ihre Färbung reicht von schwarz bis zu metallischen Blau- und Grüntönen. Allen Arten gemein sind die in einer Keule endenden Fühler. Die Glieder der Keule sind blattartig verbreitert und können gespreizt werden. Bei den Männchen sind oftmals Hörner auf dem Panzer entwickelt, die bei Rivalenkämpfen eingesetzt werden.

LEBENSWEISE: Alle Arten legen Eier. Die Larven entwickeln sich im Boden, im Dung von Pflanzenfressern, verrottendem Holz und anderen faulenden Stoffen. Einige Käfer rollen mit den Hinterbeinen frischen Dung zu Kugeln, bevor sie ihn an anderer Stelle vergraben und ihre Eier darin ablegen. Manche vergraben den Dung jedoch an Ort und Stelle.

VERBREITUNG: Weltweit. An Dung, Aas, zersetzendem Material, Pilzen und in der Vegetation; unter Rinde, in den Bauten von Wirbeltieren sowie in Ameisen- und Termitennestern.

ANMERKUNG: Im alten Ägypten spielte der Pillendreher oder Scarabäus als religiöses Symbol eine wichtige Rolle. Mit der Mumifizierung der Toten wurde wahrscheinlich das Puppenstadium des Käfers nachgeahmt, in dem der Körper während der Verwandlung und bis zur endgültigen Wiedergeburt schützend umhüllt ist.

△ ***Phaneus demon*** kommt in Zentralafrika vor. Ihre Larven entwickeln sich im Dung großer Pflanzenfresser.

▽ ***Plusiotis resplendens*** lebt in Mittelamerika. Solche leuchtend bunten Arten sind bei gewissenlosen Sammlern heiß begehrt.

▽ ***Melolontha melolontha,*** besser bekannt als Maikäfer, ist ein nachtaktives Tier. Eine nah verwandte Art ist der Junikäfer.

△ ***Kheper aegyptiorum*** stammt aus Afrika und rollt aus Pflanzenfresserdung Kugeln von bis zu 50 mm Größe, die dann abseits des Dunghaufens vergraben werden. Diese Art wurde vermutlich im alten Ägypten verehrt.

Länge 2–17 mm	Ernährungsweise der Larven

△ ***Coprophaneus lancifer*** lebt in Südamerika. Diese Art vergräbt Aas, an dem dann die Larven großgezogen werden.

LARVEN: Weißlich, C-förmig gekrümmt, gut entwickelte Kiefer.

△ ***Scarabaeus cateratus*** aus Südafrika wird vom Dung großer Pflanzenfresser, z. B. Büffel und Giraffen, angezogen. Die brutpflegenden Weibchen bleiben am Nest, bis die Jungkäfer aus der Brutpille schlüpfen.

△ ***Chalcosoma atlas*** ist eine von drei bekannten ostasiatischen Arten. Die Männchen kämpfen mit ihren Hörnern gegen Rivalen um die Gunst der Weibchen.

Ordnung COLEOPTERA	Familie SILPHIDAE	Artenzahl 250

Aaskäfer

Bei diesen Käfern handelt es sich um flache, meist dunkel gefärbte Tiere, die manchmal auch leuchtend rot, gelb oder orange gezeichnet sind. Bei einigen Arten sind die Elytren verkürzt, sodass mehrere Hinterleibssegmente unbedeckt bleiben.
LEBENSWEISE: Imagines und Larven sind meistens Aasfresser, einige ernähren sich aber auch räuberisch oder sogar vegetarisch. Arten der Gattung *Nicrophorus* (Totengräber) vergraben die Kadaver kleiner Tiere und legen ihre Eier daran ab. Verschiedene Arten dieser Käfer betreiben Brutpflege und füttern ihre Jungen mit vorverdautem Aas.
VORKOMMEN: Weltweit, hauptsächlich auf der Nordhalbkugel. In der Nähe von Aas, Dung und verrottenden Pilzen.

△ ***Necrophila americana*** Dieser Käfer stammt aus Nordamerika und besitzt einen breiten Körper mit geradezu leuchtender Färbung. Wie viele Arten wird er durch Aasgerüche sehr schnell angelockt.

LARVEN: Länglich, abgeflacht, breites Pronotum, kleiner Kopf.

Länge 4–45 mm, meist unter 20 mm	Ernährungsweise der Larven

Ordnung COLEOPTERA	Familie STAPHYLINIDAE	Artenzahl 29 000

Kurzflügler

Das Hauptmerkmal dieser eher kleinen Käfer sind die kurzen Elytren, durch die der Hinterleib sehr beweglich wird. Der Körper ist meist länglich, parallelseitig und schwarz. Es gibt aber auch Arten mit leuchtenden Farben oder starker Behaarung. Kleinere Kurzflügler sind meist tagaktiv, größere dagegen oft nachtaktiv.
LEBENSWEISE: Gewöhnlich werden die Eier in den Boden, an Pilze und in die Laubstreu gelegt. Die meisten Larven jagen andere Arthropoden. Man findet sie an den gleichen Orten wie die Imagines.
VERBREITUNG: Weltweit. Am Boden, an Pilzen, Aas, in der Laubstreu und faulenden Pflanzen. Einige leben in Ameisen- oder Termitenkolonien, manche auch im Fell von Säugetieren.
ANMERKUNG: Die Wehrsekrete von *Paederus*-Arten können zu Hautreizungen und Blasenbildung führen.

▷ ***Ocypus olens,*** der Schwarze Moderkäfer, ist eine große europäische Art. Wird der Käfer gestört, krümmt er seinen Hinterleib skorpionartig nach vorn.

LARVEN: Schlank, kurze Fühler, kurze Schwanzfäden.

◁ ***Emus hirtus*** ist eine auffallend große Art aus Südeuropa. Sie frisst andere Insekten an frischem Dung oder Aas.

Länge 1–40 mm, meist unter 20 mm	Ernährungsweise der Larven

Ordnung Coleoptera	Familie Tenebrionidae	Artenzahl 17 000

Schwarzkäfer

Wie der Name schon sagt, ist die Grundfärbung dieser Käfer meist schwarz oder braun. Bei einigen Arten kommen jedoch auch weiße Elytren oder bunte Zeichnungen vor. Die Schwarzkäfer sind sehr formenreich. Parallelseitige, stumpf endende Tiere kommen genauso häufig vor wie große, breite und ovale. Der Körper kann glatt und glänzend oder auch matt und mit Grübchen besetzt sein. Viele Imagines sind in der Lage, ein übelriechendes Wehrsekret aus speziellen Hinterleibsdrüsen auszuscheiden.
LEBENSWEISE: Die Eier werden einzeln oder in Gelegen in oder an die Futterstoffe der Larven gelegt. Viele dieser Käfer fressen vertrocknete oder faulende Pflanzen, andere sind Aasfresser und einige Larven nagen an Wurzeln.
VERBREITUNG: Weltweit. In allen terrestrischen Lebensräumen, vor allem in Wüsten und anderen trockenen Gebieten.
ANMERKUNG: Einige Arten sind Schädlinge. Dazu zählen auch die Mehlkäfer, die zuweilen trockene Vorräte, z. B. Mehl, Körner und andere Getreideprodukte, befallen. Andere Arten wiederum schädigen Kaffee- oder Pilzernten.

△ ***Blaps mucronota*** ist eine von sechs ähnlichen, flugunfähigen Arten in Europa. Die auch als Totenkäfer bezeichneten Tiere verbergen sich meist im Dunklen.

LARVEN: Schlank, zylindrisch, harter Körper, kurze Beine.

△ ***Onymacris candidipennis*** lebt in der Namib-Wüste und hat ungefärbte Flügeldecken. Dadurch und dank der langen Beine ist der Käfer in der Lage, auch in den heißen Stunden des Tages aktiv zu sein.

△ ***Helaeus subserratus*** Diese australische Art sieht wie ein Samenkorn aus und tarnt sich auf diese Weise vor Feinden.

◁ ***Tenebrio molitor,*** der Mehlkäfer, kommt auf der ganzen Erde in Getreide- und Mehlvorräten vor.

Länge 2–50 mm, meist unter 20 mm	Ernährungsweise der Larven

Fächerflügler

In der Ordnung Strepsiptera sind acht Familien mit 560 Arten vertreten. Die Männchen dieser eigentümlichen Insektengruppe sind geflügelt, ihre Vorderflügel sind jedoch zu winzigen Schwingkölbchen umgebildet. Die häutigen Hinterflügel sind groß und fächerförmig und haben den Tieren zu ihrem deutschen Namen verholfen. Die Weibchen leben als Endoparasiten in anderen Insekten, dementsprechend ist ihr Körper stark reduziert. Sie sind flügel- und beinlos und gleichen eher einer Made als einem voll entwickelten Insekt. Die Wirte der Fächerflügler sind Angehörige der unterschiedlichsten Insektenordnungen, bevorzugt werden jedoch Wanzen, Wespen und Bienen. Durch Sexuallockstoffe finden die Männchen ihren Geschlechtspartner in dem Wirtsinsekt, halten sich an diesem fest und begatten das Weibchen im Innern. Die Verwandlung ist vollständig. Die Eier schlüpfen noch im Weibchen und Hunderte oder Tausende winziger sechsbeiniger Larven verlassen den Wirt, um sich auf die Suche nach einem eigenen Wirt zu begeben. Ist dieser gefunden, dringt die Larve mithilfe eines Enzyms in dessen Körperhöhle ein und häutet sich zu einem beinlosen Endoparasiten, der sich von Gewebs- und Körperflüssigkeiten ernährt. Die Verpuppung erfolgt ebenfalls in dem Wirt. Während die weiblichen Imagines in ihrem Wirt verbleiben, verlassen ihn die Männchen, wobei das nicht selten dessen Tod zur Folge hat. Einige Fächerflügler spielen eine nicht zu unterschätzende Rolle als Schädlingsregulierer, z. B. von Grillen und Zikaden.

Ordnung STREPSIPTERA	Familie STYLOPIDAE	Artenzahl 260

Stylopidae

Die kleinen, dunklen Männchen haben deutlich hervorstehende, beerenartige Augen. Ihre Vorderflügel sind zu kleinen Kölbchen umgebildet, die großen Hinterflügel sind jedoch breit und fächerförmig. Die parasitischen Weibchen sind flügel- und beinlos, da sie ständig im Körper ihres Wirtes stecken.
ENTWICKLUNG: Die meisten Arten leben in Sand- oder Schmalbienen sowie in solitären oder staatenbildenden Wespen (S. 178–193). Die Eier schlüpfen noch im Weibchen. Die Larven verlassen ihre Mutter durch einen speziellen Brutkanal und gelangen ins Freie, wo sie sich – meist auf Blüten – eigene Wirte suchen.
VERBREITUNG: Weltweit. In vielen Lebensräumen, in denen ihre Wirte vorkommen. Die Männchen leben frei, die Weibchen in bestimmten Bienen und Wespen.
ANMERKUNG: Gelegentlich wird die Keimdrüsenentwicklung weiblicher Wirte durch die Parasitierung unterdrückt.

Wirtsbiene

das Fächerflüglerweibchen in ihrer Puppenhülle schaut teilweise zwischen den Hinterleibssegmenten der Wirtsbiene heraus

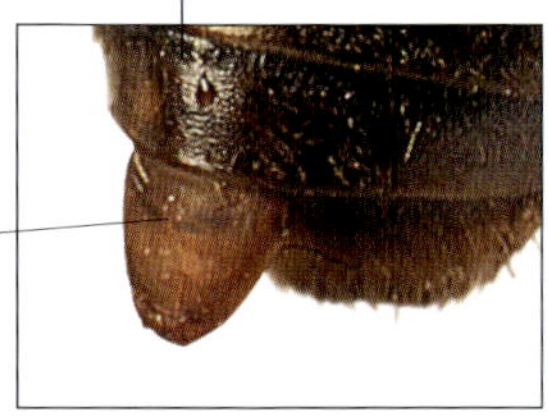

Weiblicher Fächerflügler im Hinterleib der Wirtsbiene steckend

LARVEN: Sehr kleiner Körper, ein Paar Hinterleibsborsten, die zum Springen benutzt werden.

Männchen

△◁ ***Stylops*-Arten** haben eine sehr auffällige Körperform. Insekten, an denen sie parasitieren, bezeichnet man auch als stylopisiert.

Länge 0,5–4 mm	Ernährungsweise der Larven

Schnabelfliegen

In der Ordnung Mecoptera werden neun Familien mit 550 Arten vereinigt, deren deutscher Name sich auf den schnabelartig ausgezogenen Kopf dieser Insekten bezieht. Dieser Schnabel, der auch als Rostrum bezeichnet wird, trägt die Kiefer. Der Körper der Tiere ist ansonsten meist länglich und schlank und trägt zwei Paar schmale Flügel.
Die Nahrung der Schnabelfliegen besteht aus toten Insekten und Aas, gelegentlich werden auch Nektar oder andere Pflanzensäfte aufgenommen. Bei der Paarung, die meist nach Einbruch der Dunkelheit erfolgt, werden von den Männchen regelmäßig Brautgeschenke in Form von toten Insekten oder Speicheldrüsensekreten überreicht. Fallen solche Geschenke nicht reichhaltig genug aus, wird das Männchen vom Weibchen abgewiesen. In solchen Fällen erzwingt dann das Männchen gelegentlich die Paarung, indem es das Weibchen mit seinen Hinterleibszangen ergreift. Zum Paarungsvorspiel gehört ebenfalls der Einsatz von Sexuallockstoffen, die entweder nur von den Männchen oder aber von beiden Geschlechtern abgegeben werden.
Schnabelfliegen durchlaufen eine vollständige Verwandlung. Die Eier werden in den Erdboden abgelegt. Die Larven sind entweder raupenähnlich, mit Bauchfüßen, oder madenartig. Die Verpuppung erfolgt im Boden oder in der Vegetation.

Ordnung MECOPTERA	Familie BITTACIDAE	Artenzahl 170

Mückenhafte

Diese den Schnaken (S. 140) ähnelnden Schnabelfliegen sind durch schmale Flügel, sehr lange Beine und besondere, zum Beutefang umgestaltete Fußglieder ausgezeichnet. Das fünfte Fußglied der Hinterbeine ist auffallend spitz und kann Beutetiere klappmesserartig umklammern. Normalerweise hängen die Mückenhaften an ihren Vorderbeinen in der Vegetation und fangen mit den Hinterbeinen vorbeikommende Opfer.
LEBENSWEISE: Für eine erfolgreiche Paarung benötigt das Männchen ein ausreichend großes Brautgeschenk, das ihm gelegentlich von anderen Männchen gestohlen wird. Die Eier werden in den Erboden gelegt, und die raupenähnlichen Larven tarnen sich mit angeklebten Erdteilchen. Die Larven ernähren sich vor allem von kleinen toten Insekten.
VERBREITUNG: Weltweit. In feuchten Wäldern oder dicht bewachsenen schattigen Gebieten.

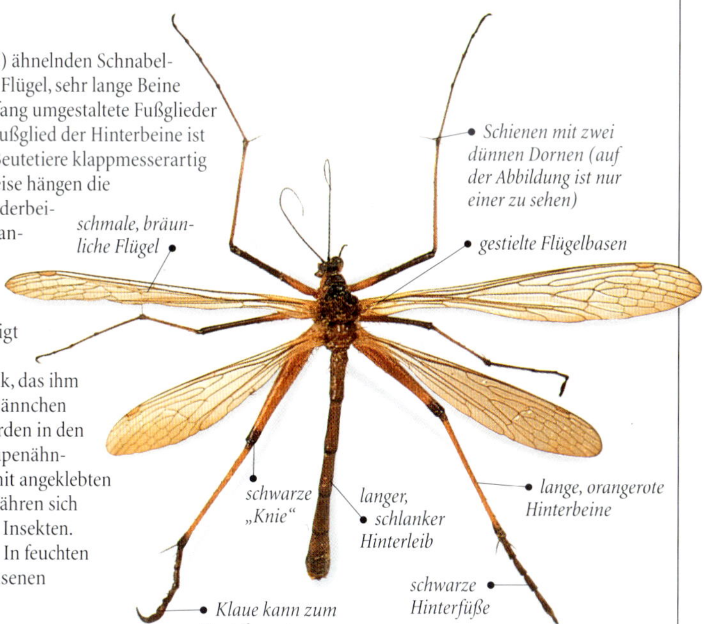

△ ***Harpobittacus australis*** ist eine australische Art mit bräunlichen Flügeln und schwarz-orangerot gezeichneten Beinen.

LARVEN: Raupenähnlich, drei Paar Brustbeine, kurze Bauchfüße, behaarte Wärzchen.

Flügelspannweite 15–40 mm	Ernährungsweise der Larven

Ordnung MECOPTERA	Familie BOREIDAE	Artenzahl 26

Winterhafte

Diese dunkelbraunen oder schwarzen Insekten sind flugunfähig, können mit ihren langen Mittel- und Hinterbeinen jedoch kleine Strecken springend zurücklegen. Die Flügel der Männchen sind zu hakenförmigen Strukturen zurückgebildet, während die der Weibchen schuppenartig gestaltet sind.

LEBENSWEISE: Die Eiablage erfolgt in Moos, das neben Flechten auch die Hauptnahrungsquelle der Imagines und Larven darstellt.

VERBREITUNG: Auf der Nordhalbkugel, in kalten gebirgigen Regionen. Man findet sie auf Schnee, im Moos und unter Steinen.

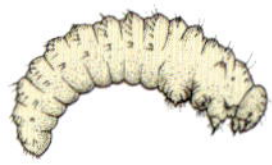

LARVEN: Zylindrisch und raupenähnlich, gut entwickelte Brustbeine.

△ ***Boreus brumalis*** ist hier auf einer Schneefläche bei der Paarung abgebildet. Die Art ist der häufigste Winterhafte in den nordöstlichen Teilen der USA.

Länge 2–5 mm	Ernährungsweise der Larven

Ordnung MECOPTERA	Familie PANORPIDAE	Artenzahl 360

Skorpionsfliegen

Gewöhnlich sind die Flügel der Skorpionsfliegen braun oder schwarz gemustert. Kennzeichnend ist aber der verdickte Genitalapparat am Hinterleibsende der Männchen, der skorpionartig nach oben gekrümmt getragen wird. Der Hinterleib der Weibchen dagegen läuft spitz zu.

LEBENSWEISE: Einige Männchen stehlen in Spinnennetzen gefangene Insekten, um sie dem Weibchen bei der Paarung als Brautgeschenk anzubieten. Später werden die Eier in den Boden oder in feuchte Laubstreu abgelegt. Die Verpuppung der raupenähnlichen Larven erfolgt in einer Erdkammer. Als Nahrung dienen den Imagines tote Insekten, Nektar und Früchte.

VERBREITUNG: Weltweit, vorzugsweise auf der Nordhalbkugel. Auf Pflanzen in zahlreichen schattigen Lebensräumen.

△ ***Panorpa nuptialis*** ist eine große, auffallende Art aus Nordamerika mit leuchtend weißen Querbändern auf den Flügeln.

△ ***Panorpa lugubris*** kommt in Teilen Nordamerikas recht häufig vor. Die Männchen dieser Art sind deutlich größer als die Weibchen.

LARVEN: Drei Paar Brustbeine, acht Paar kurze Bauchfüße.

Länge 9–25 mm, meist 1–15 mm	Ernährungsweise der Larven

Flöhe

Die Ordnung Siphonaptera wird in 18 Familien mit 2000 Arten unterteilt. Der braun glänzende Flohkörper ist fest, flügellos und seitlich stark zusammengedrückt. Ein charakteristisches Merkmal sind die nach hinten gerichteten Haare und Dornen. Die vergrößerten Hinterbeine tragen zum einzigartigen Sprungmechanismus bei; energiespeichernde, gummiartige Proteinpolster im Innern der Brust sind ebenfalls daran beteiligt. Als Ektoparasiten, die äußerlich auf Säugetieren und Vögeln leben ohne sie zu töten, besitzen die Flöhe zum Blutsaugen umgestaltete Mundwerkzeuge. Die Wirtsspezifität ist nicht so ausgeprägt wie bei den Läusen (S. 83–84), sodass einige Flöhe auf über 30 Wirtsarten gefunden werden können. Die Verwandlung ist vollständig. Als Larven saugen die Flöhe kein Blut, sondern fressen Detritus, trockenes Blut und die Exkremente der Imagines.

Ordnung SIPHONAPTERA	Familie HYSTRICHOPSYLLIDAE	Artenzahl 80

Hystrichopsyllidae

Am Hinterrand des Pronotums tragen diese Arten einen kräftigen, dunklen Borstenkamm. Die meisten von ihnen sind Ektoparasiten an kleinen Nagetieren, z. B. Mäuse und Buschratten.
LEBENSWEISE: Die klebrigen Eier werden in die Nester und Bauten der Wirtstiere gelegt. Nach drei Larvenstadien erfolgt die Verpuppung in einem Seidenkokon.
VERBREITUNG: Weltweit, besonders auf der Nordhalbkugel. In den Nestern, Bauten und Lagerstätten ihrer Wirte.
ANMERKUNG: Zu den wirtschaftlich relevanten Schädlingen dieser Familie zählt auch der europäische Hühnerfloh, *Ceratophyllus gallinae*.

LARVEN: Weißlich, dünn, beinlos, wenige Haare.

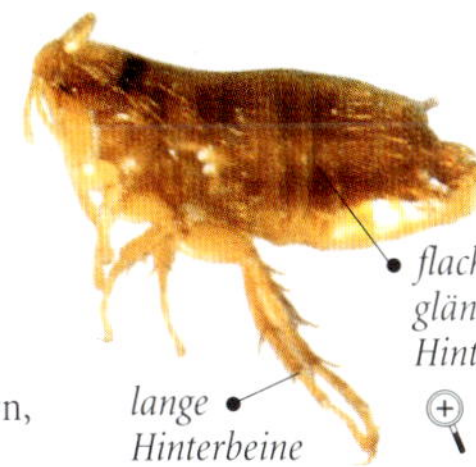

△ ***Epitedia*-Arten** leben in Nordamerika. Ihre bevorzugten Wirte sind Ratten, Mäuse und Spitzmäuse.

Länge 1–4 mm	Ernährungsweise der Larven

Ordnung SIPHONAPTERA	Familie PULICIDAE	Artenzahl 200

Pulicidae

Alle Arten besitzen die typische Flohgestalt mit Borstenkämmen unter dem Kopf und am Hinterrand des Pronotums. Diese Flöhe sind Ektoparasiten an Säugetieren und am Menschen.
LEBENSWEISE: Die Eier werden an den Aufenthaltsorten der Wirte auf den Boden fallen gelassen. Dort können die Imagines lange Zeit ohne eine Blutmahlzeit auskommen. Nach Ende der Puppenruhe bleiben sie so lange in ihrem Puppenkokon, bis sie einen Wirt entdecken.
VERBREITUNG: Weltweit. Auf Säugetieren.
ANMERKUNG: Viele Flöhe verbreiten Krankheiten. Der Hundefloh überträgt z. B. einen Bandwurm, der auch Menschen befallen kann. Die Pest im Mittelalter geht auf Bakterien zurück, die durch Rattenflöhe verbreitet wurden.

LARVEN: Wurmähnlich, dünn und weißlich.

▷ ***Spilopsyllus cuniculi***, der Kaninchenfloh, ist auf der Nordhalbkugel weit verbreitet und ist Überträger der Kaninchenkrankheit Myxomatose.

◁ ***Cedispsylla simplex*** findet man auf den Waldkaninchen Nordamerikas.

Länge 1–8 mm	Ernährungsweise der Larven

Zweiflügler

Die große Ordnung Diptera beinhaltet 122 Arten in 130 Familien. Diese Insekten besitzen nur ein Paar Flügel, da die Hinterflügel zu kleinen, trommelschlegelförmigen Sinnesorganen, den sog. Schwingkölbchen (Halteren), umgebildet wurden. Einige Arten sind sekundär flügellos. Es werden zwei Unterordnungen unterschieden: die meist zarten Nematocera (Mücken) mit vielgliedrigen dünnen Fühlern (hier vertreten mit den Bibionidae bis Tipulidae) und die eher kräftigen Brachycera (Fliegen) mit weniger als sechs Fühlergliedern (hier mit den Familien Acroceridae bis Tephritidae). Die Brachycera werden nochmals in Orthorrhapha und Cyclorrhapha unterteilt. Die Verwandlung ist vollständig. Als Bestäuber, Parasiten, Räuber und Zersetzer spielen die Zweiflügler nahezu überall eine wichtige Rolle. Gleichzeitig haben sie als Schädlinge und Krankheitsüberträger einen nicht zu unterschätzenden Einfluss auf Mensch und Tier.

Ordnung DIPTERA	Familie BIBIONIDAE	Artenzahl 780

Haarmücken

Diese stark behaarten Mücken sind schwarz oder dunkelbraun gefärbt. Im Gegensatz zu den Weibchen haben die Männchen einen großen Kopf und aneinander stoßende Augen. Viele dieser Insekten treten sehr früh im Jahr auf, häufig schon vor dem April.

LEBENSWEISE: Meist werden Eigelege von den Weibchen in oder auf dem Erdboden abgesetzt. Die Larven leben häufig im Boden, Kompost, Dung und in der Laubstreu.

VERBREITUNG: Weltweit. Auf Wiesen und Weiden, in Gärten und Wäldern.

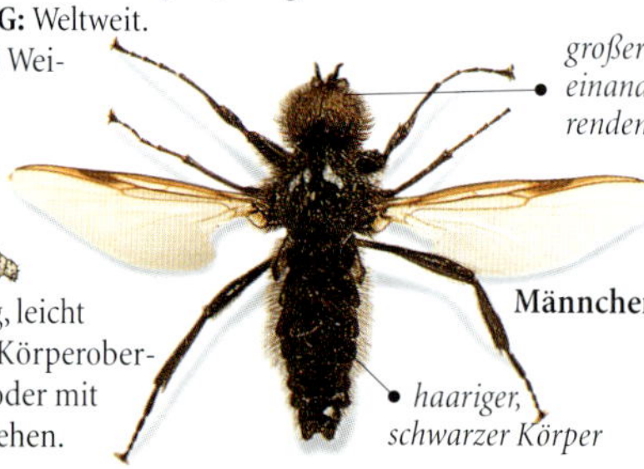

△ ***Bibio marci,*** die Markusfliege, ist eine europäische Art. Die Imagines schlüpfen im zeitigen Frühjahr. Die Tiere sind dann plump fliegend und mit hängenden Beinen in ihren Paarungsschwärmen zu beobachten.

LARVEN: Lang, leicht abgeflacht. Die Körperoberfläche ist rauh oder mit Fortsätzen versehen.

Länge 5–11 mm	Ernährungsweise der Larven

Ordnung DIPTERA	Familie CECIDOMYIIDAE	Artenzahl 5000

Gallmücken

Diese Tiere fallen durch ihre langen Beine auf. Sie können weiß, hellgelb bis grün oder braun gefärbt sein. Ihre Flügel weisen nur wenige Längsadern auf.

LEBENSWEISE: Die meisten Larven entwickeln sich in Pflanzengallen, die durch die Eiablage entstanden sind. Andere Arten legen ihre Eier an faulenden Stoffen, Pflanzen oder in feuchte Erde ab. Ihre Larven leben von Milben, faulenden Pflanzenteilen oder Pilzen.

VERBREITUNG: Weltweit. Nahe den Nahrungsquellen.

ANMERKUNG: Viele Gallmücken sind Pflanzenschädlinge.

▷ ***Cecidomyia*-Arten** sind sehr schwer zu bestimmen, hilfreich dabei sind jedoch die spezifischen Gallenformen, die sie erzeugen.

LARVEN: Lang oder leicht abgeflacht, kleiner, reduzierter Kopf.

Länge 1–8 mm, meist unter 4 mm	Ernährungsweise der Larven

Ordnung DIPTERA	Familie CERATOPOGONIDAE	Artenzahl 4000

Gnitzen

Einige dieser kleinen Arten stechen zuweilen den Menschen und andere Insekten. Sie sind dünn oder gedrungen und besitzen kurze, kräftige Beine. Ihre Färbung ist meist mattgrau oder braun, die Flügel sind dunkel gesprenkelt. Auf dem kugeligen Kopf sitzen beim Männchen gefiederte Fühler, mit denen der Flügelschlag der Weibchen wahrgenommen werden kann.
LEBENSWEISE: Die Paarung erfolgt in großen Schwärmen im Flug. Später werden kleine Eigelege oder Eischnüre in feuchtem Boden, faulenden Stoffen, im Morast oder Wasser abgesetzt. Die Imagines entfernen sich niemals weit von ihren sumpfigen Brutgewässern. Die Weibchen einiger Arten saugen Wirbeltierblut; andere saugen die Blutflüssigkeit größerer Insekten, jagen kleine wirbellose Tiere oder nehmen andere organische Stoffe auf.
VERBEITUNG: Weltweit, vor allem auf der Nordhalbkugel. Häufig an Teichufern, Flüssen und Seen; in Sümpfen und an der Küste. Anmerkung: Gnitzenstiche können zu stark juckenden Hautreizungen führen, sodass die Arbeit im Freien in einigen Gebieten unmöglich ist. In wärmeren Regionen übertragen einige Gnitzenarten parasitische Würmer und andere Krankheiten auf Mensch und Tier. Daneben sind sie jedoch auch wichtige Blütenbestäuber.

LARVEN: Wurmförmig, deutlicher Kopf. Der Körper ist zuweilen behaart.

△ ***Culicoides impunctatus*** ist eine berüchtigte Art an Seen, Bächen und Sümpfen. Der Stich des Weibchens juckt sehr stark und ist äußerst schmerzhaft.

Länge 1–5 mm, meist um 3 mm	Ernährungsweise der Larven

Ordnung DIPTERA	Familie CHIRONOMIDAE	Artenzahl 5000

Zuckmücken

Diese zarten bis gedrungenen Mücken kennzeichnet eine hochgewölbte Brust. Die dünnen Beine sind lang, die Färbung ist hellbraun oder leicht grünlich. Sie gleichen den Stechmücken, haben aber rückgebildete Mundwerkzeuge.
LEBENSWEISE: Die Generationszeit dauert ca. zwei bis drei Jahre; die Imagines leben meist nur ein paar Wochen. Oft erfolgt die Paarung in großen Schwärmen. Später werfen die Weibchen die gallertigen Eier über dem Wasser ab oder befestigen sie an Wasserpflanzen. Die Larven ernähren sich von Wasserpflanzen, Detritus, Algen oder sind Filtrierer. Einige Arten leben räuberisch.
VERBREITUNG: Weltweit. In vielen Lebensräumen; oft in Schwärmen nahe Teichen, Seen oder Bächen.
ANMERKUNG: Die Larven sind ein wichtiges Glied der Nahrungskette im Süßwasser. Einige Arten besitzen Hämoglobin, das ihnen das Leben in sauerstoffarmen Gewässern ermöglicht.

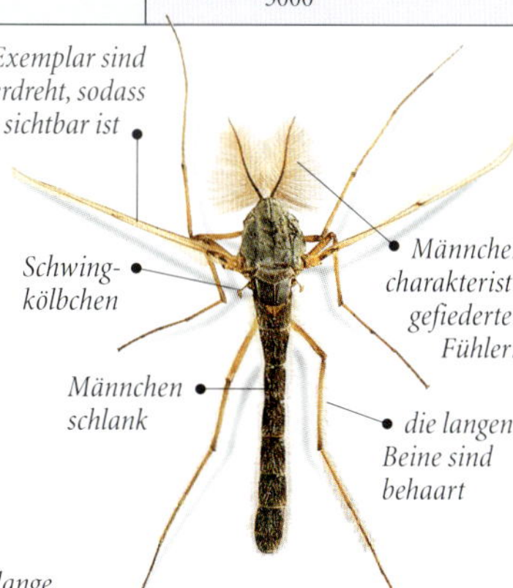

△ ***Chironomus riparius*** ist eine europäische Art, deren Larven in Teichen und anderen Stillgewässern leben.

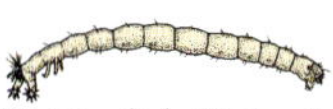

LARVEN: Länglich. Sie besitzen oft ein Paar Stummelfüßchen an der Vorderbrust und Nachschieber am letzten Hinterleibssegment.

◁ ***Chironomus*-Arten** sind recht zart. Die Imagines sind sehr kurzlebig – sie leben oft nur einige Tage –, können aber in riesigen Massen auftreten.

Länge 1–9 mm	Ernährungsweise der Larven

Ordnung DIPTERA	Familie CULICIDAE	Artenzahl 3100

Stechmücken

Der Körper dieser feingliedrigen Mücken ist von zahlreichen, zu Mustern angeordneten Schüppchen bedeckt, die weiß, grau, braun oder schwarz getönt sein können. Einige tropische Arten sind leuchtend bunt. Ränder und Adern der länglichen Flügel sind ebenfalls mit Schüppchen bedeckt. Die Mundwerkzeuge bilden einen langen, dünnen Stechrüssel.

LEBENSWEISE: Die Eier werden einzeln oder in Gruppen von 30 bis 300 auf dem Wasser abgelegt. Die aquatischen Larven nehmen mit einem Atemrohr am Hinterleib Luft von der Wasseroberfläche auf. Während sie von Detritus oder anderen Mückenlarven leben, saugen die weiblichen Imagines Wirbeltierblut, aber auch Pflanzensäfte. Die Männchen nehmen nur Pflanzensäfte auf. Eine Generation lebt selten länger als drei Wochen.

VERBREITUNG: Weltweit, besonders in warmen Regionen. Imagines leben häufig in Waldnähe, die Larven in nahezu jedem Süßgewässer, von regengefüllten Astlöchern und Regentonnen bis hin zu Seen.

ANMERKUNG: Schlimmer als die juckenden Stiche sind die Krankheiten, die durch viele Arten beim Blutsaugen auf Mensch und Tier übertragen werden. Dazu zählen Malaria, Gelbfieber, Dengue-Fieber, Elephantiasis und Hirnhautentzündung. Malaria wird durch einen Einzeller der Gattung *Plasmodium* verursacht. Alle zwölf Sekunden stirbt auf der Welt ein Mensch an dieser Krankheit, die sich trotz vieler Bemühungen ausbreitet.

LARVEN: Länglich, Haarbüschel auf dem vergrößerten Brustabschnitt.

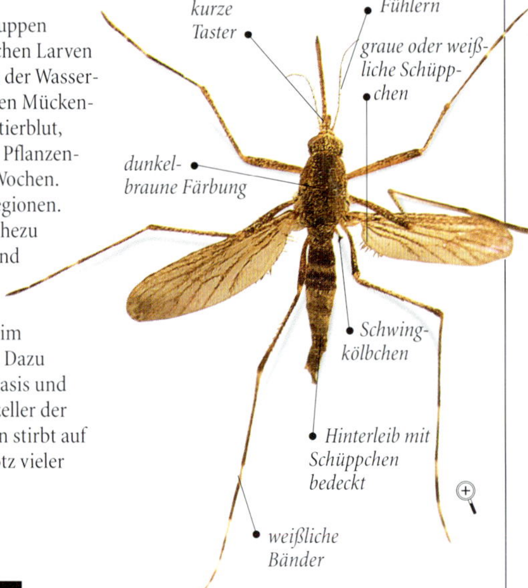

△ ***Aedes cantans*** ist eine europäische Art, die sich in nur zeitweise wasserführenden Tümpeln entwickelt und auch den Menschen sticht.

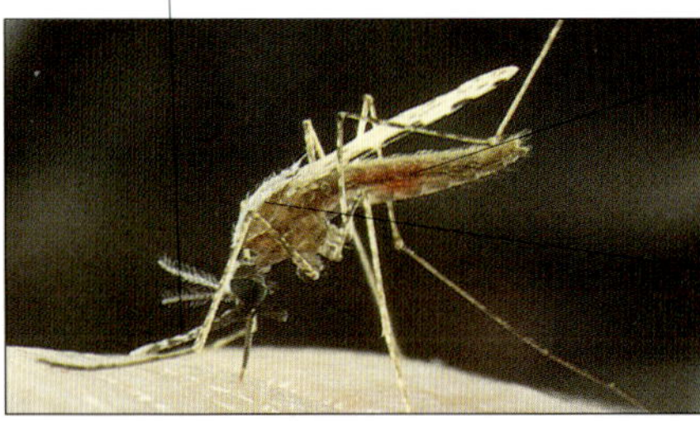

△ ***Anopheles gambiae*** In Afrika zählen die weit verbreiteten Stechmücken der Gattung *Anopheles* zu den wichtigsten Malariaüberträgern. Zum Blutsaugen bevorzugen sie eher Menschen als Tiere.

△ ***Culex*-Arten** nehmen in Ruhe eine charakteristisch buckelige Haltung ein. Zahlreiche Arten übertragen Krankheiten, einschließlich der Elephantiasis.

Länge 3–20 mm, meist unter 10 mm	Ernährungsweise der Larven

Ordnung DIPTERA	Familie MYCETOPHILIDAE	Artenzahl 3300

Pilzmücken

Bei dieser Familie handelt es sich um kleine, nicht stechende Mücken, die – abgesehen von einigen bunten Arten – meist braun, schwarz oder gelblich gefärbt sind. Auffällig an diesen Tieren ist die buckelige Haltung, die durch die hoch aufgewölbte Brust zustande kommt, sowie die langen, dünnen Beine.
LEBENSWEISE: Die Eiablage erfolgt an Pilzen und anderen modrig riechenden Pflanzenstoffen, wo auch die Larvalentwicklung stattfindet. Die Larven ernähren sich dabei meist von Pilzen, die mit ihrem Geflecht die gesamten Brutstätten durchziehen. Einige Pilzmücken sind jedoch räuberisch und fressen kleine Würmer und Insekten. Die Verpuppung erfolgt in einem Seidenkokon.
VERBREITUNG: Weltweit. An feuchten, schattigen Orten, wie Wäldern und Höhlen und in der Nähe von modernden Pilzen und Pflanzen.
ANMERKUNG: Die Höhlen bewohnenden Larven von *Arachnocampa*, einer in Australien und Neuseeland lebenden Pilzmücke, können Licht erzeugen, mit dessen Hilfe sie Beutetiere in ihr Fangnetz locken. Solch ein Netz besteht aus zahlreichen von der Decke herunter hängenden klebrigen Fäden.

△ ***Macrocera stigma*** ist eine in Europa weit verbreitete Art mit behaarten Flügeln.

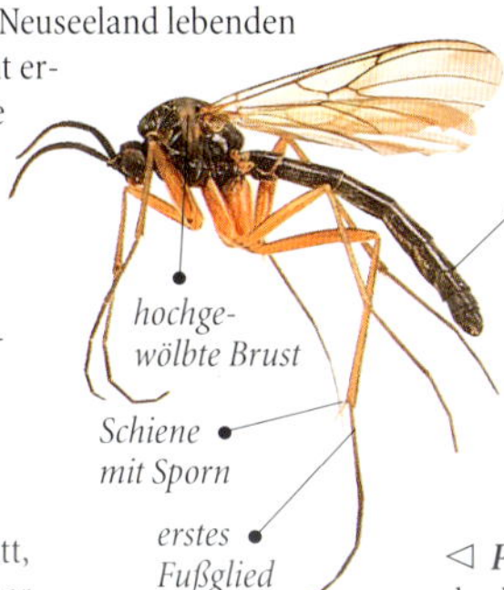

◁ ***Platyura marginata*** ist eine recht große, dunkel gefärbte Art aus Westeuropa, deren Larven unter verrottendem Holz leben.

LARVEN: Weiß und glatt, meist sehr dünner Körper, brauner oder schwarzer Kopf.

Länge 2–15 mm	Ernährungsweise der Larven

Ordnung DIPTERA	Familie PSYCHODIDAE	Artenzahl 2000

Schmetterlingsmücken

Die meist breiten, behaarten oder beschuppten Flügel dieser grauen bis braunen Mücken werden in Ruhe dachartig über dem Körper getragen, sodass die Tiere wie winzige Schmetterlinge aussehen. Die Männchen unterscheiden sich von den Weibchen durch eine kontrastreichere Färbung.
LEBENSWEISE: Die blutsaugenden Arten der Gattung *Phlebotomus* (Sandmücken) entwickeln sich im feuchten Erdboden. Die meisten Schmetterlingsmücken legen ihre Eier jedoch in feuchte, faulende Abfälle.
VERBREITUNG: Weltweit, besonders in warmen Regionen. In der Nähe von Waldbächen oder Sümpfen. Sandmücken bevorzugen warme, trockene Lebensräume.
ANMERKUNG: Einige Sandmücken können Krankheiten, besonders Leishmaniosen, auf den Menschen übertragen.

LARVEN: Länglich. Einige sind am Ende spitz zulaufend.

△ ***Pericoma fuliginosa*** ist eine dunkle, weit verbreitete Schmetterlingsmücke, deren Larven sich in Flachwasser und modrigen Astlöchern entwickeln.

Länge 1–5 mm	Ernährungsweise der Larven

Ordnung DIPTERA	Familie SIMULIIDAE	Artenzahl 1500

Kriebelmücken

Es handelt sich um kleine, meist schwarze, stechende Mücken mit gedrungener, buckeliger Erscheinung. Fühler und Beine sind kurz.
LEBENSWEISE: Die Larven entwickeln sich in Fließgewässern, wo sie sich mit einem Haftorgan am Hinterleib an Steinen festhalten. Die Verpuppung erfolgt in einem pantoffelförmigen Kokon unter Wasser. Nach dem Schlupf steigen die Imagines mithilfe einer Luftschicht auf und fliegen davon.
VERBREITUNG: Weltweit. An Fließgewässern.
ANMERKUNG: Einige *Simulium*-Arten im tropischen Afrika übertragen die Flussblindheit.

LARVEN: Halten sich mit ihrem Haftorgan am Untergrund fest.

△ ***Simulium*-Arten** fallen in Teilen Europas zuweilen Mensch und Tier zur Last. Ihre Stiche führen zu stark juckenden Hautreizungen.

Länge 1–5 mm, meist unter 4 mm	Ernährungsweise der Larven

Ordnung DIPTERA	Familie TIPULIDAE	Artenzahl 15 000

Schnaken

Diese auch als Schneider- oder Stelzmücken bezeichneten großen Insekten besitzen meist eine braune, schwarze oder graue Färbung mit gelber oder hellbrauner Zeichnung. Die Weibchen haben einen spitzen Legebohrer, während das Hinterende der Männchen stumpf ist. Schnaken werfen bei Gefahr oft ihre Beine ab; sie können nicht stechen.
LEBENSWEISE: Bald nach der Paarung werden die Eier im Boden abgelegt. Die Larven leben in der Erde, verrottendem Holz, Vogelnestern und nahe bei Sümpfen, wo sie sich von Detritus, Wurzeln, Pilzfäden und Moosen ernähren. Einige aquatische Larven sind räuberisch. Die kurzlebigen Imagines sind dämmerungsaktiv und nehmen höchstens Nektar zu sich.
VERBREITUNG: Weltweit. Oft in Gewässernähe, auf feuchten Wiesen und in schattigen Wäldern.
ANMERKUNG: Viele Schnakenlarven sind Schädlinge an Nutz- und Zierpflanzen.

LARVEN: Walzenförmig und derbhäutig. Das Hinterende trägt oft gesichtsähnliche Bildungen (Teufelsfratzen).

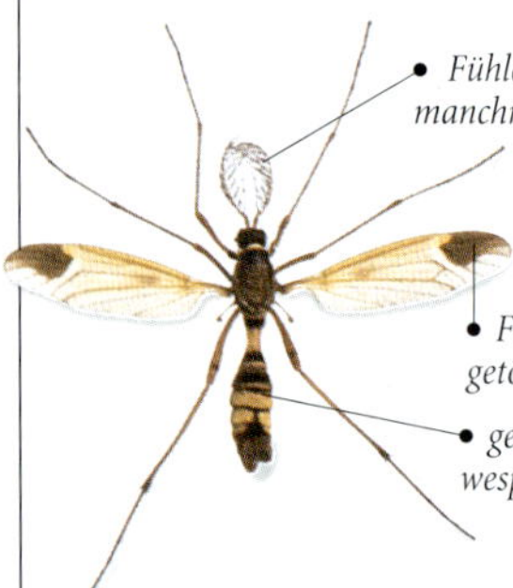

△ ***Ctenophora ornata*** ist eine auffällige europäische Art, deren Larven sich in verrottendem Holz entwickeln.

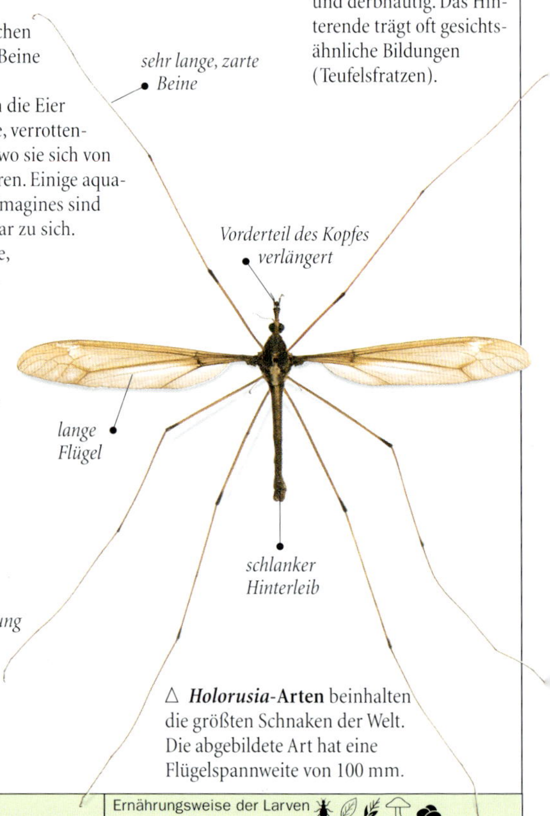

△ ***Holorusia*-Arten** beinhalten die größten Schnaken der Welt. Die abgebildete Art hat eine Flügelspannweite von 100 mm.

Länge 6–60 mm, meist 12–24 mm	Ernährungsweise der Larven

Ordnung DIPTERA	Familie ACROCERIDAE	Artenzahl 500

Kugelfliegen

Der sehr kleine Kopf dieser massigen Fliegen wird fast gänzlich von den großen Augen bedeckt. Durch die aufgewölbte Brust erscheinen die Tiere buckelig.
LEBENSWEISE: Die Eier werden an dünnen Zweigen oder Rinde abgelegt, gelegentlich auch im Flug fallen gelassen. Nach dem Schlupf suchen sich die Larven Spinnen, in die sie sich einbohren. Erst gegen Ende der Larvalentwicklung wird der Wirt völlig ausgefressen und stirbt. Die Larve überwintert in der leeren Spinnenhaut, schlüpft im nächsten Jahr und verpuppt sich im Boden.
VERBREITUNG: Weltweit. Überall, wo Spinnen vorkommen.

LARVEN: Werden innerhalb des Spinnenkörpers madenartig und dick.

△ ***Lasia*-Arten** Die Larven dieser Art entwickeln sich in südamerikanischen Vogelspinnen.

Länge 3–22 mm	Ernährungsweise der Larven

Ordnung DIPTERA	Familie AGROMYZIDAE	Artenzahl 2500

Minierfliegen

Diese Fliegen sind grau, schwarz oder grünlich gelb, die Flügel sind z. T. gezeichnet. Der Hinterleib ist nach hinten verjüngt und trägt bei den Weibchen einen spitzen Legebohrer.
LEBENSWEISE: Die Larven entwickeln sich als Minierer in Pflanzen. Entsprechend werden die Eier in die Futterpflanzen hineingelegt. Es werden sowohl Blätter und Stängel als auch Samen und Wurzeln befallen. Einige Arten erzeugen Gallen. Die Verpuppung erfolgt in der Mine oder im Boden.
VERBREITUNG: Weltweit. An Futterpflanzen.
ANMERKUNG: Einige Arten können schädlich sein, andere werden zur Unkrautbekämpfung eingesetzt.

LARVEN: Weiß oder blassgelb, seitlich leicht abgeplattet.

***Hexomyza*-Arten** sind in Europa, Nordamerika, Japan und Südafrika verbreitet. Sie erzeugen Gallen an den Zweigen von Bäumen, z. B. an Pappeln.

Länge 1–6 mm	Ernährungsweise der Larven

Ordnung DIPTERA	Familie ANTHOMYIIDAE	Artenzahl 1500

Blumenfliegen

Viele dieser Fliegen sehen aus wie gelbliche, mattbraune, graue oder schwarze Stubenfliegen (S. 148).
LEBENSWEISE: Die meisten Blumenfliegen legen ihre Eier in das Gewebe von Futterpflanzen, in denen sich die Larven entwickeln. Einige bohren sich in die Stängel oder minieren in den Blättern, während andere Gallen erzeugen. Daneben leben einige Larven in faulendem Seetang oder Dung, ein paar Arten haben sich einer parasitischen Lebensweise in Bienen- oder Wespennestern angepasst.
VERBREITUNG: Weltweit, vor allem auf der Nordhalbkugel. In feuchten, bewaldeten Lebensräumen und an der Meeresküste.

▷ ***Anthomyia imbrida*** kommt in weiten Teilen Europas vor. Die Larven leben von den Abfällen in Vogelnestern.

LARVEN: Gewöhnlich mit abgestumpftem Ende und spitzem Vorderteil.

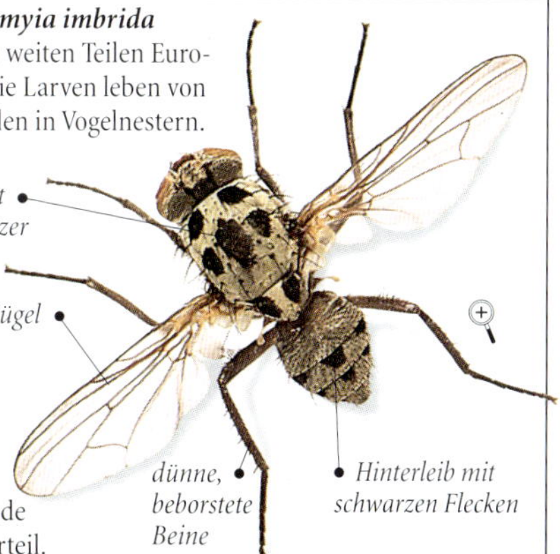

Länge 2–12 mm, meist 7–9 mm	Ernährungsweise der Larven

Ordnung DIPTERA	Familie ASILIDAE	Artenzahl 5000

Raubfliegen

Kennzeichnend an diesen Tieren ist die leichte Stirnfurche zwischen den Augen, oftmals ist das Gesicht stark behaart (sog. Knebelbart).

LEBENSWEISE: Die Raubfliegen fangen ihre Beute im Stoßflug, injizieren mit ihrem Stechrüssel giftigen Speichel in das Opfer und saugen es aus. Die Eier werden entweder in den Erdboden oder in Pflanzen abgelegt. Die Larven leben im Boden, in der Laubstreu oder in morschem Holz, wo sie sich von den Eiern, Larven und Puppen anderer Insekten ernähren.

VERBREITUNG: Weltweit. In zahlreichen Lebensräumen, vor allem auf Trocken- und Halbtrockenrasen.

△ ***Blepharotes splendidissimus*** lebt in Australien. Bei dieser großen Art sind die Hinterleibsseiten mit plattenartigen Haarbüscheln besetzt.

◁ ***Pagidolaphria flammipennis*** hat einen langen, seitlich abgeflachten Saugrüssel, der von ebenso langen Gesichtshaaren umstanden ist.

LARVEN: Lang und zylindrisch. Sie tragen oft charakteristische Borsten am letzten Segment.

Länge 3–70 mm, meist 8–15 mm	Ernährungsweise der Larven

Ordnung DIPTERA	Familie BOMBYLIIDAE	Artenzahl 5000

Hummelschweber

Abgesehen von einigen kleinen Arten sind diese Fliegen in der Regel massig und hummelartig behaart – daher ihr deutscher Name. Die Grundfärbung ist meist dunkel, kann aber bei einigen Arten mit einer hellen Zeichnung versehen sein.

LEBENSWEISE: Die Larven der meisten Hummelschweber entwickeln sich parasitoid an den Larven zahlreicher anderer Insekten, obwohl sich einige wenige auch von Heuschreckeneiern ernähren. Bei den parasitoiden Arten werden die Eier direkt an die Wirte gelegt oder die Weibchen schießen die Eier gezielt aus dem Flug heraus in die Nähe der Wirtsnester (meist solitärer Bienen). In letzterem Fall suchen die frisch geschlüpften Larven aktiv den Wirt in seinem Nest auf, fressen ihn und verpuppen sich in der leeren Brutkammer. Die Imagines ernähren sich von Nektar.

VERBREITUNG: Weltweit, besonders in offenen, halbtrockenen Gebieten. An Blüten oder auf dem Boden ruhend.

△ ***Bombylius discolor*** ist eine europäische Art. Durch den breiten Hinterleib und den pelzigen Körper sehen diese Fliegen einer Hummel nicht unähnlich.

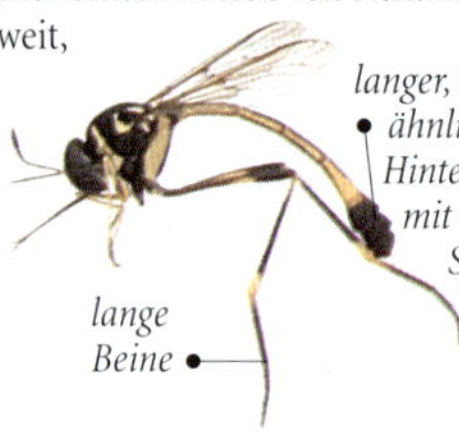

△ ***Systropus*-Arten** sind wespenartige Vertreter der Familie und haben einen schlanken Körper. Sie leben in den Tropen und Subtropen.

△ ***Ligyra venus*** ist eine auffällig gezeichnete Art aus Tansania. Die Larven entwickeln sich in den Nestern bestimmter Wespen.

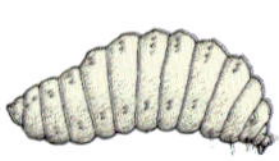

LARVEN: Leicht gekrümmt. Erst sind sie beweglich, später madenartig.

Länge 2–30 mm, meist unter 20 mm	Ernährungsweise der Larven

Ordnung DIPTERA	Familie CALLIPHORIDAE	Artenzahl 1200

Schmeißfliegen

Die Vertreter dieser Familie sind typischerweise kräftig gebaut und meist metallisch grün bis blau gefärbt. Bei einigen Arten weisen die Geschlechter eine unterschiedliche Färbung auf. Diese Gruppe enthält auch die allseits bekannten blauen und grünen „Brummer".

LEBENSWEISE: Bei bestimmten Arten werden statt der Eier lebende Larven geboren. Ansonsten legen die Schmeißfliegen ihre Eier an Aas, Dung und anderen faulenden organischen Stoffen ab. Die Larven einiger Arten leben räuberisch von Insektenlarven und -eiern, andere saugen Blut an Vogelküken.

VERBREITUNG: Weltweit. Auf Blüten und an Aas. Fliegen auch gerne an rohe oder gekochte Nahrungsmittel.

ANMERKUNG: Da viele Schmeißfliegen ihre Eier auch an Lebensmittel oder sogar in menschliche Wunden legen, können sie auf diese Weise Krankheiten übertragen. Eine Goldfliegenart, *Lucilla sericata*, legt ihre Eier normalerweise in die Wolle von Schafen; ihre Larven dringen später in deren Haut ein. Dieselben Larven wurden früher auch zur Wundheilung beim Menschen benutzt, da sie abgestorbenes Gewebe fressen.

△ ***Calliphora vomitoria*** ist ein blauer „Brummer", der in ländlichen Gebieten sehr häufig anzutreffen ist. Die Weibchen legen im Lauf ihres Lebens Hunderte von Eiern.

LARVEN: Weiß oder cremefarben, nach vorne sich verjüngend, hinten abgestutzt. Der Körper zeigt mit Borsten besetzte Querbänder.

◁ ***Cynomyia mortuorum*** Die Larven dieser Art entwickeln sich in faulendem Fleisch, Tierleichen und menschlichen Exkrementen.

▽ ***Calliphora vicina*** lebt häufig in Städten, wo sich die Larven u.a. in den Kadavern von Tauben, Mäusen und Ratten entwickeln.

Länge 4–15 mm	Ernährungsweise der Larven

Ordnung DIPTERA	Familie CELYPHIDAE	Artenzahl 100

Celyphidae

Wie bei den Käfern werden die Flügel dieser Fliegen unter einer metallisch schillernden, flügeldeckenartigen Struktur verborgen, die am Hinterrand der Brust ansetzt und über den gesamten Hinterleib gewölbt ist. An den Schwingkölbchen sind diese Insekten leicht als Zweiflügler zu erkennen.

LEBENSWEISE: Die Larven entwickeln sich in faulenden pflanzlichen Stoffen.

VERBREITUNG: In den Tropen, außer Zentral- und Südamerika. In feuchten Lebensräumen in der Nähe von Gewässern sowie in Savannen.

LARVEN: Klein, weißlich und madenartig, an beiden Enden verjüngt.

△ ***Chaemaecelyphus*-Arten** gleichen kleinen Käfern. Zum Flug werden die Flügel unter der Brustverlängerung ausgestreckt.

Länge 3–8 mm	Ernährungsweise der Larven

Ordnung DIPTERA	Familie CHLOROPIDAE	Artenzahl 2000

Halmfliegen

Die Färbung dieser häufigen Insekten ist schwarzgrau, grün oder schwarz mit gelber Zeichnung. Kennzeichnend ist ein großer, die Einzelaugen umschließender dreieckiger Fleck auf dem Kopf.

LEBENSWEISE: Die Eiablage erfolgt an den Futterplätzen der Larven, meist in pflanzlichem Gewebe. Die Larven bohren sich vorwiegend in Gräser, einige erzeugen auch Gallen und fressen faulende pflanzliche Stoffe, Wurzelläuse, Pilze oder die Eier von Spinnen und Insekten.

VERBREITUNG: Weltweit. In zahlreichen Lebensräumen von der Steppe bis in die Regenwälder.

LARVEN: Gewöhnlich dünn, am Ende abgestutzt und vorne spitz zulaufend.

△ ***Meromyza pratorum*** lebt in Küstendünen, wo ihre Larven in den Stängeln des Strandhafers bohren.

Länge 1–6 mm, meist unter 4 mm	Ernährungsweise der Larven

Ordnung DIPTERA	Familie CONOPIDAE	Artenzahl 1000

Dickkopffliegen

Diese Fliegen haben einen großen Kopf. Ihr Hinterleib ist zur Brust hin verjüngt, sodass sie wespenartig wirken; die Färbung verstärkt diesen Eindruck.

LEBENSWEISE: Die Larven sind Endoparasitoide an Fliegen, Heuschrecken, Schaben, Wespen oder Bienen, von deren Körperflüssigkeiten sie leben.

VERBREITUNG: Weltweit. Imagines fressen oft auf Blüten.

ANMERKUNG: Einige Larven können die Wirtsbienen veranlassen, sich in den Boden einzugraben. Auf diese Weise kann der Parasitoid sich geschützt verpuppen.

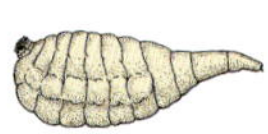

LARVEN: Am Vorderende sehr dünn, nach hinten schnell dicker werdend. Der Körper ist haarlos und hat feine Runzeln.

△ ***Conops*-Arten** haben eine ausgeprägt wespenähnliche Erscheinung. Man findet sie häufig auf Doldenblüten.

Länge 3–26 mm	Ernährungsweise der Larven

Ordnung DIPTERA	Familie DIOPSIDAE	Artenzahl 180

Stielaugenfliegen

Die meist kleinen Vertreter dieser Familie sind leicht an ihrem Kopf zu erkennen. Die Augen und die Fühler werden von zwei Stielen getragen, die seitlich aus dem Kopf herausragen. Diese Augenstiele sind bei den Männchen ausgeprägter als bei den Weibchen, denen sie auch fehlen können.
LEBENSWEISE: Zwischen den Männchen kommt es zu Kämpfen um Territorien und Weibchen. Die Fliegen, deren Augen am weitesten auseinanderstehen, scheinen den größten Erfolg bei der Partnersuche zu haben. Die Eier werden in faulende Pflanzenstoffe oder lebendes Pflanzengewebe abgelegt.
VERBREITUNG: In den Tropen, vor allem in Afrika; in Südamerika fehlend, in Nordamerika nur kurzstielige Formen.
An feuchten und schattigen Orten, oft in der Nähe von Gewässern.

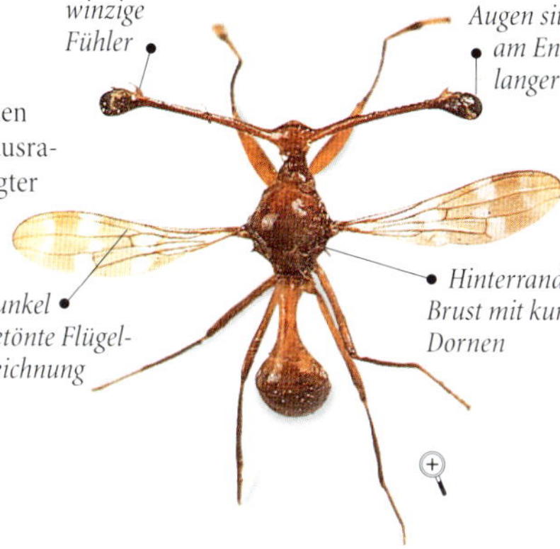

LARVEN: An beiden Enden zugespitzt, glatter, haarloser Körper.

Cyrtodiopsis dalmanni lebt in Teilen Südostasiens. Die Larven dieser Art minieren in den Stängeln verschiedener Gräser.

Länge 3–18 mm	Ernährungsweise der Larven

Ordnung DIPTERA	Familie DOLICHOPODIDAE	Artenzahl 5500

Langbeinfliegen

Diese kleinen, borstigen Fliegen sind metallisch grün, bronzefarben oder blau. Die Beine sind lang, der Körper ist meist seitlich abgeplattet. Die Männchen besitzen einen auffallenden Genitalapparat.
LEBENSWEISE: Eiablage und Larvalentwicklung erfolgen meist unter Rinde, in feuchtem Boden, Schlamm, Seetang und in der Laubstreu. Die Larven leben von Insekten, die Imagines nehmen zusätzlich noch Nektar auf.
VERBREITUNG: Weltweit. Auf feuchten Wiesen, in Wäldern, an Bächen und Seeufern sowie an den Küsten.
ANMERKUNG: Einige dieser Fliegenlarven jagen Schadinsekten, z. B. holzbohrende Käferlarven oder Stechmücken.

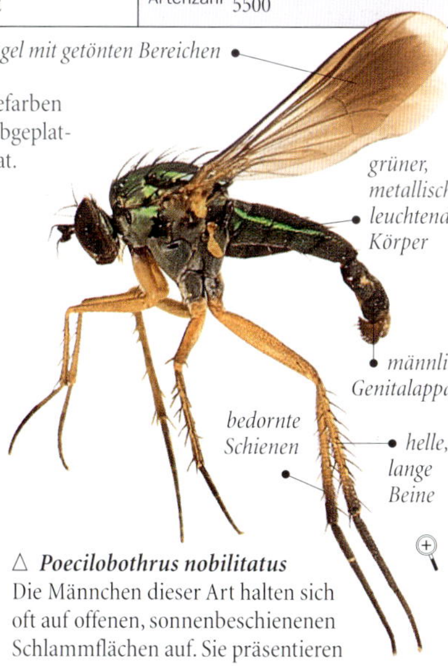

△ ***Poecilobothrus nobilitatus***
Die Männchen dieser Art halten sich oft auf offenen, sonnenbeschienenen Schlammflächen auf. Sie präsentieren ihre Flügel, um Weibchen anzulocken.

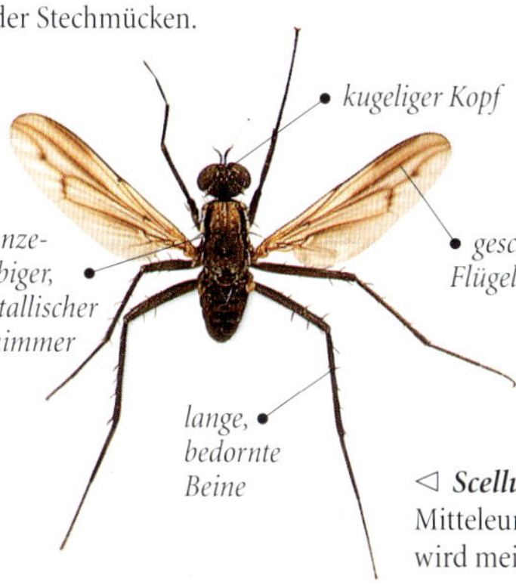

◁ ***Scellus notata*** kommt in Mitteleuropa häufig vor. Die Art wird meist auf Grasland gefunden.

LARVEN: Weißlich, nach vorne leicht zugespitzt. Der Hinterleib ist oft vierteilig gelappt.

Länge 1–10 mm, meist unter 4 mm	Ernährungsweise der Larven

Ordnung DIPTERA	Familie DROSOPHILIDAE	Artenzahl 2900

Taufliegen

Diese kleinen Fliegen, die auch unter dem Namen Obst- oder Essigfliegen bekannt sind, besitzen eine gelbe, braune oder schwarze Färbung. Ihre Augen sind in der Regel leuchtend rot. Brust und Hinterleib weisen zuweilen Streifen oder Flecken auf.

LEBENSWEISE: Die Eier werden in oder nahe den Futterquellen abgelegt. Als Larvennahrung kommen Bakterien und andere Mikroorganismen in Betracht, aber auch Pilze, Aas oder Dung. Einige wenige Arten besitzen minierende Larven, andere wiederum leben parasitoid an Insekten.

VERBREITUNG: Weltweit. An faulender Vegetation, faulendem Obst, an Pilzen oder gärenden Säften.

ANMERKUNG: Die Hälfte aller Taufliegen gehört zur Gattung *Drosophila*.

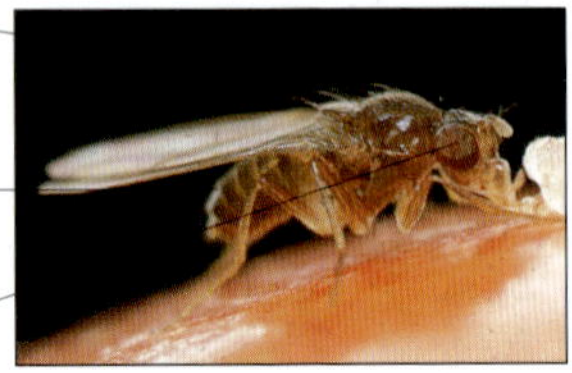

△ ***Drosophila*-Arten** werden oftmals von faulendem Obst angezogen.

◁ ***Drosophila melanogaster***
Die kurze Generationszeit und der Fund von Riesenchromosomen in den Speicheldrüsenzellen machten diese Taufliege zu einem wichtigen Modellorganismus in der genetischen Forschung. Sie wurde die bestuntersuchte Fliege der Welt.

LARVEN: Der Körper ist an jedem Segment mit feinen Dörnchen besetzt.

Länge 1–6 mm	Ernährungsweise der Larven

Ordnung DIPTERA	Familie EMPIDIDAE	Artenzahl 3500

Tanzfliegen

Der Familienname dieser Fliegen geht auf die tanzähnlichen Zickzackflüge in den Paarungsschwärmen zurück. Die meisten Arten besitzen eine gedrungene Brust und einen verlängerten, spitz zulaufenden Hinterleib. Auf dem kugeligen Kopf sitzen große Augen und manchmal ein kräftiger Stechrüssel.

LEBENSWEISE: Zuweilen bietet das Männchen dem Weibchen bei der Balz ein Beutetier als Brautgeschenk an. Die Eiablage erfolgt im Boden, an Dung, faulenden pflanzlichen Stoffen oder im Wasser. An solchen Stellen entwickeln sich auch die Larven, die von kleinen Insekten leben. Die Imagines fressen kleine Fliegen und Nektar.

VERBREITUNG: Weltweit, vor allem auf der Nordhalbkugel. In feuchter Vegetation; oft in „Tanzgruppen“ über einer Wasseroberfläche.

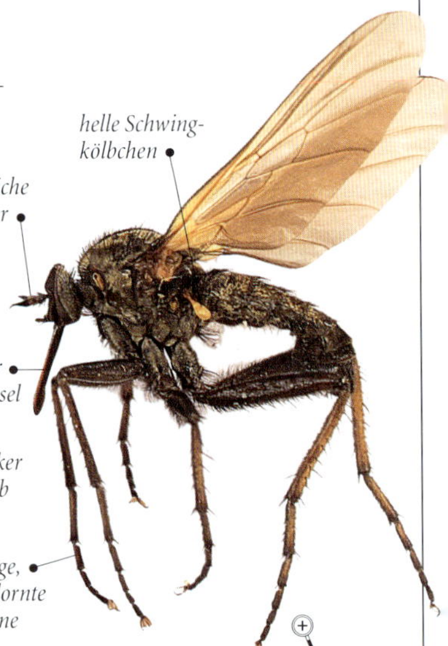

LARVEN: Dünn. Aquatische Arten besitzen Bauchfüße.

△ ***Wiedemannia stagnalis*** Die räuberischen Imagines dieser Art lauern im feuchten Moos auf geeignete Beute. Ihre Larvalentwicklung durchlaufen diese Fliegen wahrscheinlich ebenfalls in nassen Moospolstern.

△ ***Empis*-Arten** besitzen einen langen, nach unten gerichteten Stechrüssel, mit dem Beutetiere aufgespießt und ausgesaugt werden.

Länge 1,5–11 mm	Ernährungsweise der Larven

Ordnung DIPTERA	Familie GASTEROPHILIDAE	Artenzahl 50

Magendasseln

Diese gedrungenen, bienenähnlichen Fliegen besitzen rückgebildete Mundwerkzeuge, sodass sie keinerlei Nahrung aufnehmen können. Alle Magendasseln sind als Larven Endoparasiten großer Säugetiere, z. B. bei Pferden, Nashörnern und Elefanten. Auch Menschen können von einigen Arten befallen werden.

LEBENSWEISE: Die kurzlebigen Imagines legen ihre Eier an Gräser oder in den Mundbereich der Wirte. Nach dem Schlupf werden die Larven verschluckt oder wandern selbst über den Mund in den Magen. Ausgewachsene Larven werden ausgeschieden und verpuppen sich im Boden.

VERBREITUNG: Weltweit, besonders in Asien und Afrika. In der Nähe der Wirte.

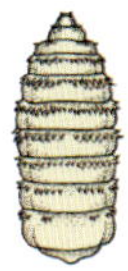

LARVEN: Massig. Der Körper trägt auffällige, nach hinten gebogene Borstenreihen.

△ ***Gasterophilus intestinalis***, die Pferdemagenbremse, legt im Flug mehrere Hundert Eier in den Brustbereich ihrer Wirte. Diese lecken dann die Larven auf.

Länge 10–25 mm	Ernährungsweise der Larven

Ordnung DIPTERA	Familie GLOSSINIDAE	Artenzahl 22

Tsetsefliegen

Diese blutsaugenden Fliegen übertragen die berüchtigte Schlafkrankheit auf den Menschen sowie die Nagana-Seuche auf Haus- und Wildtiere. In Ruhe sind die Flügel über dem Hinterleib aufeinander gelegt.

LEBENSWEISE: Eine einzelne Larve schlüpft noch im Mutterleib und wird dort von einer „Milchdrüse" ernährt. Sofort nach der Geburt verpuppen sich die Larven im Boden, um nach vier Wochen die Imagines hervorzubringen.

VERBREITUNG: Afrika. Vor allem in Gras- und Buschlandschaften.

LARVEN: Sie können nahezu die Größe der Mutter erreichen.

▽ ***Glossina morsitans*** ist einer der Überträger der Schlafkrankheit.

Länge 6–14 mm	Ernährungsweise der Larven

Ordnung DIPTERA	Familie HIPPOBOSCIDAE	Artenzahl 200

Lausfliegen

Diese abgeflachten, gedrungenen Fliegen haben als Anpassung an ihre ektoparasitische Lebensweise kräftige Klauen entwickelt, mit denen sie sich im Haar- oder Federkleid der Wirte festhalten können. Sie besitzen kurze, stechend-saugende Mundwerkzeuge.

LEBENSWEISE: Die Weibchen sind lebend gebärend, die Larven verpuppen sich nach der Geburt auf den Wirten. Die Imagines ernähren sich von Säugetier- oder Vogelblut.

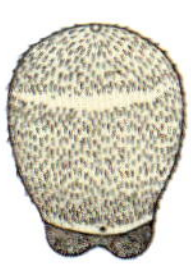

VERBREITUNG: Weltweit. Auf Wirtstieren, z. B. Rindern, Schafen, Pferden, Rotwild und Vögeln.

LARVEN: Weiß oder gelb. Sie besitzen bei ihrer Reife die kugelige, dicke Form der Puppe.

▷ ***Crataerina pallida*** lebt als Parasit auf Schwalben und Mauerseglern. Drei Viertel aller Lausfliegen befallen Vögel.

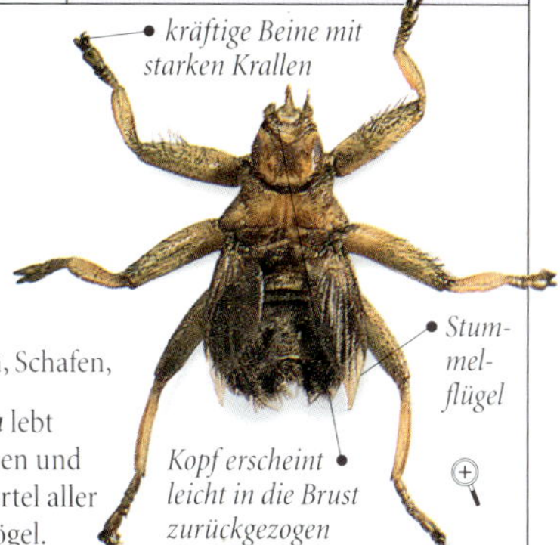

Länge 1,5–12 mm	Ernährungsweise der Larven

Ordnung DIPTERA	Familie MUSCIDAE	Artenzahl 3500

Echte Fliegen

Die meisten Arten sind schwarzgrau gefärbt, haben dünne Beine und dunkle, lange Borsten. Mit den schwammartigen Mundwerkzeugen nehmen sie Flüssigkeiten auf. Einige Arten besitzen einen Stechrüssel zum Blutsaugen.

LEBENSWEISE: Die Eier werden an Dung, faulenden Stoffen, Pilzen, in Vogelnestern, Pflanzengewebe oder im Wasser abgelegt. Die Larven (Maden) wachsen sehr schnell und verpuppen sich schon nach ca. einer Woche.

VERBREITUNG: Weltweit. Auf Blüten, an Dung und faulenden Stoffen; blutsaugende Arten in der Nähe ihrer Wirte.

ANMERKUNG: Sie können Krankheiten übertragen, z. B. Typhus und Cholera.

LARVEN: Im Kopfbereich meist spitz und am Ende abgestutzt.

△ ***Musca domestica,*** die Große Stubenfliege, sucht sowohl Dung als auch menschliche Nahrungsmittel auf und kann so Krankheiten, z. B. Cholera, Typhus, Dysenterien und Sommerdiarrhöen, übertragen.

Länge 2–12 mm	Ernährungsweise der Larven

Ordnung DIPTERA	Familie MYDIDAE	Artenzahl 350

Mydasfliegen

Diese kräftigen Fliegen, die den Raubfliegen (S. 142) sehr nahe stehen, besitzen einen haarlosen schwarzen Körper. Nur die Fühler und die Flügelspitzen können eine orangefarbene Tönung aufweisen. Viele der Arten gleichen den Wegwespen (S. 153). Die Mundwerkzeuge der Imagines sind nur schwach ausgebildet. Oftmals leben die Männchen in Territorien.

LEBENSWEISE: Die Eier werden in den Boden oder in verrottendes Holz abgelegt. Mit ihren großen gebogenen Kiefern jagen die Larven nach Käferlarven oder Insektenpuppen.

VERBREITUNG: Weltweit, vor allem in wärmeren Regionen in Afrika und Südamerika. In trockenen, sandigen Gebieten oder Wäldern.

ANMERKUNG: In dieser Familie sind die größten Fliegen der Welt vertreten. Die Larven von *Mydas heros* leben in den Nestern von Blattschneiderameisen, wo sie sich von Blatthornkäferlarven ernähren.

LARVEN: Zuweilen zylindrisch mit zugespitztem Vorderende.

△ ***Mydas heros*** ist eine starkbeinige große Fliege aus Südamerika und gleicht auf den ersten Blick einer dunklen Wespe.

Länge 20–60 mm	Ernährungsweise der Larven

Ordnung DIPTERA	Familie NYCTERIBIIDAE	Artenzahl 250

Fledermausfliegen

Diese kleinen Fliegen sind spinnenartig und flügellos und besitzen keine oder nur winzige Augen. Sie ernähren sich von Fledermausblut.
LEBENSWEISE: Die Larven schlüpfen und entwickeln sich im Mutterleib, wo sie von Milchdrüsen ernährt werden. Sie verpuppen sich nach der Geburt an den Schlafplätzen der Wirte. Die Imagines schlüpfen, sobald sie die Nähe eines Wirtes wahrnehmen.
VERBREITUNG: Weltweit. Ektoparasitisch auf Fledermäusen.

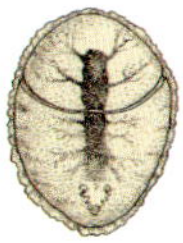

LARVEN: Weich, dick und weißlich, mit zunehmendem Alter dunkler werdend.

Nycteribia kolenatii kommt auf verschiedenen Fledermausarten vor. Die Art weist den für Fledermausfliegen typisch entstellten Brustabschnitt auf.

Länge 2–4 mm	Ernährungsweise der Larven

Ordnung DIPTERA	Familie OESTRIDAE	Artenzahl 80

Dasselfliegen

Diese massigen, stark behaarten Fliegen gleichen starkbeinigen Bienen. Die kurzlebigen Imagines nehmen keine Nahrung mehr auf.
LEBENSWEISE: Die Larven sind Endoparasiten in Säugetieren, meist in Huftieren. Je nach Art werden die im Mutterleib geschlüpften Larven in die Nüstern der Wirte gespritzt oder die Eier an deren Fell angeklebt. Die Larven bohren sich dann in die Haut des Wirtes. Die Verpuppung findet im Boden statt.
VERBREITUNG: Weltweit, vor allem auf der Nordhalbkugel und in Afrika. In der Nähe der Wirte.

LARVEN: Je nach Stadium besitzen sie charakteristische Dornenreihen.

Hypoderma bovis, die Rinderdasselfliege, ist sehr weit verbreitet. Obwohl sie wie eine Biene aussieht, erkennen die Rinder diese Fliege und reagieren mit panischer Flucht.

Länge 8–25 mm	Ernährungsweise der Larven

Ordnung DIPTERA	Familie PANTOPHTHALMIDAE	Artenzahl 25

Pantophthalmidae

Kennzeichnend an diesen Fliegen, die wie große Bremsen (S. 154) aussehen, sind der eckige Hinterleib und die dunkel gezeichneten Flügel. Die Mundwerkzeuge sind nicht stechend.
LEBENSWEISE: Kleine Eigelege werden in Rindenritzen abgesetzt, die Larven bohren sich später in das Holz. Es ist noch unklar, ob sie sich von den Holzfasern oder von Pilzen, Pflanzensäften oder Rottestoffen ernähren.
VERBREITUNG: Südamerika. In Regenwäldern.

LARVEN: Kräftig. Die Entwicklung dauert bis zu zwei Jahren.

Pantophthalmus bellardii ist eine innerhalb Südamerikas weit verbreitete Art, deren Imagines sich vermutlich von Pflanzensaft und anderen Flüssigkeiten ernähren.

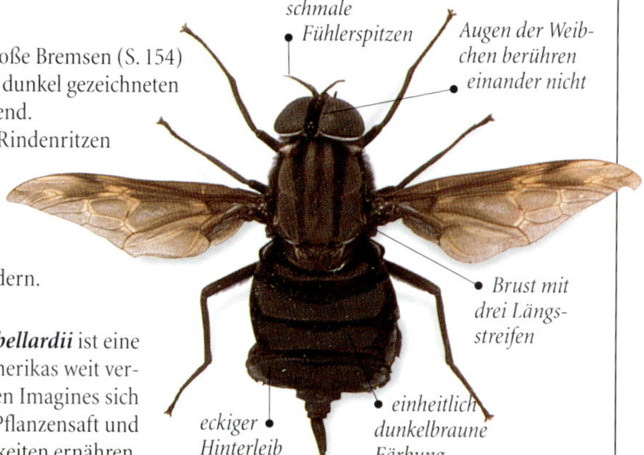

Länge 3–50 mm	Ernährungsweise der Larven

Ordnung DIPTERA	Familie PHORIDAE	Artenzahl 3000

Buckelfliegen

Der deutsche Name dieser kleinen, braunen, schwarzen oder gelblichen Fliegen bezieht sich auf ihre in der Seitenansicht buckelige Erscheinung. Der stark nach unten gerichtete Kopf ist klein, die Hinterschenkel sind oft seitlich zusammengedrückt und stark verbreitert. Die kurzen Borsten sehen in der Vergrößerung federartig aus.
LEBENSWEISE: Je nach Art entwickeln sich die Larven in zahlreichen Kleinstlebensräumen. Einige ernähren sich von Pilzen, Aas oder faulenden Stoffen, andere leben als Detritusfresser oder sind Parasitoide von Schnecken, Insekten, Würmern und Tausendfüßlern.
VERBREITUNG: Weltweit, in den verschiedensten Lebensräumen.

LARVEN: In der Mitte am dicksten, tragen oft stachelige Fortsätze.

△ ***Anevrina thoracica*** kommt auf der Nordhalbkugel vor. Die Larven leben bevorzugt im Boden, in den Kadavern kleiner Tiere und in Maulwurfsbauten.

Länge 0,6–6 mm	Ernährungsweise der Larven

Ordnung DIPTERA	Familie PLATYSTOMATIDAE	Artenzahl 1200

Breitmundfliegen

Nicht selten weisen diese Fliegen eine schillernde Färbung und gemusterte Flügel auf. Die Fühler liegen in einer Rinne des Kopfes verborgen.Bei einigen Arten können die Augen auf seitlich herausragenden Stielen sitzen.
LEBENSWEISE: In der Nähe von Bäumen und Gebüschen treffen sich die Tiere zur Paarung, wobei die Männchen ihre Flügel als Balzsignale benutzen. Später legen die Weibchen ihre Eier in allerlei faulende Stoffe ab.
VERBREITUNG: Weltweit, vor allem in warmen, feuchten Teilen Europas, Asiens und Afrikas. In zahlreichen Lebensräumen.

LARVEN: Zylindrisch, am Hinterende abgestutzt. Kurze Dornen unterstützen die Fortbewegung.

△ ***Clitodoca fenestralis*** ist eine sehr große afrikanische Art mit einer Flügelspannweite von 45 mm. Die leuchtende Färbung dient vermutlich der Balz.

Länge 4–20 mm	Ernährungsweise der Larven

Ordnung DIPTERA	Familie PSILIDAE	Artenzahl 250

Nacktfliegen

Diese dünnen Fliegen sind rötlichbraun bis schwarz gefärbt und weisen einen leicht kugeligen oder dreieckigen Kopf auf. Sie sind nahezu unbehaart, daher ihr Name.
LEBENSWEISE: Die Eier werden auf die Futterpflanzen oder in die Nähe von Wurzeln abgelegt. Der weitaus größte Teil dieser Fliegen bohrt in Wurzeln und Stängeln oder unter Rinde. Einige Arten sind auch Gallenerzeuger. Durch diese Lebensweise werden sie nicht selten an Wurzelgemüse schädlich („Eisenmadigkeit“).
VERBREITUNG: Vor allem auf der Nordhalbkugel. In Wäldern, feuchten Gebieten und auf Gemüsefeldern.

LARVEN: Weißlich, glatt, dünn und zylindrisch.

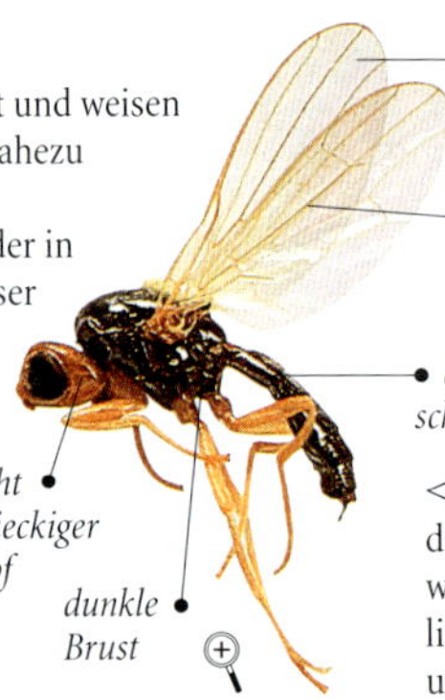

◁ ***Chamaepsila rosae,*** die Möhrenfliege, ist ein weit verbreiteter Schädling an Karotten, Sellerie und Pastinak.

Länge 3–9 mm	Ernährungsweise der Larven

Ordnung DIPTERA	Familie SARCOPHAGIDAE	Artenzahl 2500

Fleischfliegen

Diese Fliegen sind oft silbriggrau oder schwarz gefärbt, nicht selten ist der Hinterleib schachbrettartig gezeichnet. Die Brust weist charakteristische Längsstreifen auf.
LEBENSWEISE: Viele der Fleischfliegen sind lebend gebärend und können ihre Larven im Flug über geeigneten Futterquellen abwerfen, wobei die Eihülle im Körper der Mutter verbleibt. Einige Larven fressen an Aas, während andere als Parasitoide von Insekten, Schnecken, Würmern und anderen Wirbellosen auftreten. Gelegentlich werden die Larven in Wunden oder Körperhöhlen von Säugetieren, einschließlich des Menschen, abgelegt – daher ihr Name.
VERBREITUNG: Weltweit, vor allem auf der Nordhalbkugel. In unterschiedlichen Lebensräumen.

△ ***Sarcophaga melanura*** ist eine europäische Art, die in der Nähe der Meeresküsten lebt. Die Larven entwickeln sich in faulenden Stoffen, wo sie parasitär an Schnecken oder Insekten leben.

LARVEN: Spitzer Kopf, abgestutztes Hinterende, feine Borstenreihen.

Länge 2–20 mm, meist 6–10 mm	Ernährungsweise der Larven

Ordnung DIPTERA	Familie SCATHOPHAGIDAE	Artenzahl 350

Dungfliegen

Die Färbung dieser Fliegen ist normalerweise mattgrau, braun oder gelbbraun, gelegentlich auch schwarz oder gelbschwarz. Der Körper der meisten Dungfliegen ist stark behaart, ihre dünnen Beine tragen kräftige dunkle Borsten. Der deutsche Familienname ist eigentlich etwas verwirrend, da nur die Arten der Gattung *Scathophaga* an Dung leben.
LEBENSWEISE: In der Regel werden Eier abgelegt. Die Larven fressen an Pflanzen, teilweise sind sie Blattminierer. Einige entwickeln sich an Dung, wo sie sich von anderen Insektenlarven ernähren. Andere wiederum leben in feuchtem Boden oder im Wasser und machen dort Jagd auf kleine wirbellose Tiere. Die Imagines ernähren sich von kleinen Insekten.
VERBREITUNG: Auf der Nordhalbkugel. In verschiedenen Lebensräumen, auch an allen Arten von Pflanzen und an frischem Dung.

▽ ***Scathophaga stercoraria,*** die Gelbe Dungfliege, ist auf der gesamten Nordhalbkugel weit verbreitet. Diese Art findet man häufig auf Schaf- oder Rinderdung, doch entwickeln sich die Larven ebenso in den Exkrementen von Geflügel, Pferden und Menschen.

LARVEN: Weißlich und zylindrisch. Einige sind zum Kopf hin spitz zulaufend.

Länge 3–12 mm	Ernährungsweise der Larven

Ordnung DIPTERA	Familie SEPSIDAE	Artenzahl 250

Schwingfliegen

Diese kleinen Fliegen sind meist glänzend schwarz oder bräunlich gefärbt, wobei die Männchen oft dunkle Flügelspitzen aufweisen. Kennzeichnend sind die Vorderbeine der Männchen, die mit Borsten und Höckern besetzt sind, um die Weibchen vor und während der Paarung an den Flügeln festhalten zu können. Einige Arten sind ameisenähnlich.

LEBENSWEISE: Die Eier werden auf den Nahrungsquellen der Larven abgelegt, wobei sie mit einem kleinen Anhang versehen werden, der zur Sauerstoffversorgung des Embryos beiträgt. Die Larven entwickeln sich in den Exkrementen von Säugetieren, in Kompost und an frischen Kadavern. Zuweilen treten die Larven in großen Mengen auf.

VERBREITUNG: Weltweit. In zahlreichen Lebensräumen; auf Blüten, an Dung oder faulenden organischen Stoffen.

ANMERKUNG: Am Ende des Sommers finden sich einige Arten zu großen Schwärmen auf Pflanzen zusammen. Es wird vermutet, dass sie auf diese Weise bestimmte Orte mit einem Duftstoff markieren, um ihn nach der Überwinterung zur Paarung wiederzufinden.

LARVEN: Dünn, zum Kopf hin verjüngt. Das letzte Hinterleibssegment ist verdickt.

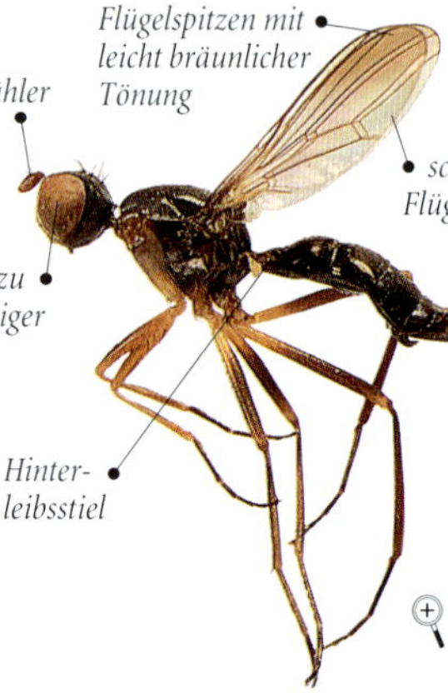

△ ***Nemopoda nitidula*** erhält ihr wespenähnliches Aussehen durch den Hinterleib, der an der Ansatzstelle zur Brust sehr schmal ist.

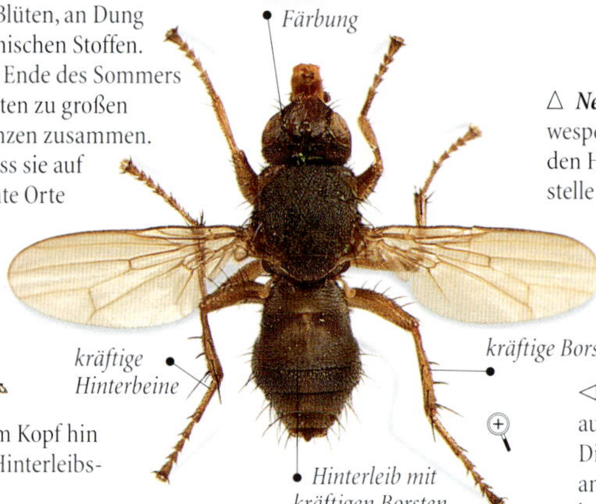

◁ ***Orygma luctuosa*** kommt auf der Nordhalbkugel vor. Diese große Art legt ihre Eier an Seetang, der an den Meeresküsten zu finden ist.

Länge 2–6 mm	Ernährungsweise der Larven

Ordnung DIPTERA	Familie STRATIOMYIDAE	Artenanzahl 2000

Waffenfliegen

Die meisten dieser Fliegen sind recht gedrungen und leicht abgeplattet und weisen eine bunte oder metallische Zeichnung auf. Manche Arten sind kräftig und wespenähnlich; sie besitzen einen charakteristischen gelb, schwarz oder grün gebänderten Hinterleib. Der runde Kopf wird bei den Männchen fast gänzlich von den großen Augen bedeckt.

LEBENSWEISE: Die Eier werden auf Wasseroberflächen, in die Vegetation, Laubstreu, verrottendes Holz, Dung oder im Boden abgelegt. Viele Larven leben von faulenden Stoffen oder jagen Fliegen- und Borkenkäferlarven.

VERBREITUNG: Weltweit. Oft an Blüten. Einige aquatische Larven leben sogar in heißen Quellen oder in sehr salzhaltigem Wasser.

LARVEN: Derbhäutig, leicht abgeflacht, viele kurze Borsten.

△ ***Hedriodiscus pulcher*** ist in Südamerika heimisch. Diese Art weist eine grüne Färbung mit charakteristischer Zeichnung auf.

Länge 3–20 mm	Ernährungsweise der Larven

Ordnung DIPTERA	Familie SYRPHIDAE	Artenzahl 6000

Schwebfliegen

Auffallend an diesen Fliegen ist ihre Art, im Schwirrflug in der Luft zu stehen oder pfeilschnell zwischen Blüten hin- und herzufliegen. Ihre Erscheinung ist sehr uneinheitlich, viele sind schlank und wespenartig und weisen gelbe Streifen, Punkte oder Bänder auf. Andere sind eher bienenartig gedrungen und behaart. Daneben kommen schwarze, blaue oder metallisch gefärbte Arten vor. Alle Schwebfliegen besitzen in ihrer Flügelmitte eine „falsche" Ader und am Hinterrand der Flügel eine „falsche" Aderkante.
LEBENSWEISE: Die Eiablage erfolgt an den Nahrungsquellen der Larven (s. u.). Während sich die Imagines durchweg von Pollen und Nektar ernähren, ist die Ernährungsweise der Larven sehr unterschiedlich. Viele Schwebfliegenlarven vertilgen im Laufe ihrer Entwicklung große Mengen an Blattläusen. Andere räuberische Arten dagegen fressen Schildläuse, Blattwespenlarven und ähnlich weichhäutige Insekten. Daneben gibt es auch viele Larven, die sich von zerfallendem Holz oder Dung ernähren. Einige entwickeln sich auch im Schlamm oder leben in Stillgewässern. Die Larven bestimmter Arten leben in Bienenstöcken oder Wespennestern, wo sie tote Larven oder Puppen fressen.
VERBREITUNG: Weltweit. In zahlreichen Lebensräumen. Imagines oftmals an Doldenblüten.
ANMERKUNG: Einige Larven sind Schädlinge. Die Imagines spielen als Bestäuber eine wichtige Rolle.

LARVEN: Sehr vielgestaltig. Im Wasser oder Dung lebende Arten besitzen in der Regel ein Atemrohr am Hinterende (Rattenschwanzlarven).

◁ ***Sericomyia silentis*** kommt in Heidelandschaften vor, wo sich die Larven in moorigen Tümpeln, die nach dem Torfstechen entstehen, entwickeln.

△ ***Syrphus ribesii*** ist eine sehr häufige, wespenähnliche Art aus Europa, die oft in geselligen Gruppen zu beobachten ist. Die Larven sind Blattlausfresser.

△ ***Volucella zonaria*** ist eine massige, auffällig gebänderte Schwebfliege aus Europa, die größere Wanderungen unternehmen kann. Die Larven leben als Abfallfresser in Wespennestern.

Länge 3–34 mm, meist 10–20 mm	Ernährungsweise der Larven

Ordnung DIPTERA	Familie TABANIDAE	Artenzahl 4000

Bremsen

Diese mitunter sehr lästigen Fliegen besitzen einen massigen, haarlosen Körper mit zuweilen schillernd bunt gefärbten Augen. Sie sind meist schwarz, grau oder braun, der breite Hinterleib trägt oft eine bunte Zeichnung. Mit den stechenden Mundwerkzeugen durchdringen die Weibchen die Haut von Säugetieren und saugen Blut. Die Männchen stechen nicht.

LEBENSWEISE: Die Eier werden im Boden, in verrottendem Holz oder an ähnlichen Plätzen abgelegt. Die Larven leben meist in feuchtem Boden, oft in Gewässernähe, wo sie Würmer, Insektenlarven und andere Kleintiere fressen. Einige entwickeln sich in Astlöchern oder verrottendem Holz. Die Imagines nehmen Nektar und Pollen auf, die Weibchen zusätzlich Blut von Säugern und Vögeln.

VERBREITUNG: Weltweit. In zahlreichen Lebensräumen.

ANMERKUNG: In wärmeren Regionen können sie Krankheiten auf Tiere und Menschen übertragen.

△ ***Tabanus atratus*** ist eine schwarze Bremse, die überall in den USA verbreitet ist. Zusammen mit anderen Arten sticht sie vor allem Rinder, was zu wirtschaftlichen Verlusten in der Milch- und Fleischproduktion führt.

LARVEN: Derbhäutig, langgestreckt und leicht glänzend. Sie besitzen bewegliche Kriechwarzen.

△ ***Tabanus sudeticus,*** die Rinderbremse, besitzt einen großen, bienenartigen Hinterleib mit hellen, dreieckigen Flecken entlang der Mittellinie.

▷ ***Tabanus*-Arten** sind dunkel gefärbt und massig. Die abgebildete Art gleicht einer großen Biene, z. B. der Holzbiene (S. 179).

Länge 6–30 mm	Ernährungsweise der Larven

Ordnung DIPTERA	Familie TACHINIDAE	Artenzahl 8000

Raupenfliegen

Diese gedrungenen Fliegen sind sehr variabel. Einige gleichen den Echten Fliegen, größere Arten wiederum sind bienenähnlich. Oft ist vor allem das Hinterleibsende stark behaart.
LEBENSWEISE: Die Larven sind Parasitoide anderer Insekten. Die Eier werden zuvor an den Wirt angeheftet, sodass die Larven sich in diesen hineinbohren müssen, oder sie werden gleich in den Wirt abgelegt. Die Weibchen einiger Arten legen die Eier sogar direkt in den Mund fressender Insekten oder auf deren Futterpflanzen, damit sie von den Wirten verschluckt werden.
VERBREITUNG: Weltweit. In den Lebensräumen der Wirte.
ANMERKUNG: Viele Arten werden zur biologischen Schädlingsbekämpfung eingesetzt.

LARVEN: Weiß oder gelblich. Gelegentlich tragen sie Dornen oder Härchen.

△ ***Paradejeania rutiloides*** kommt in den nordwestlichen Teilen der USA vor und parasitiert an verschiedenen Arten von Raupen.

△ ***Formosia moneta*** ist eine massige Fliege, die durch ihre Färbung deutlich auffällt. Sie lebt parasitär an Larven von Blatthornkäfern (S. 128–129).

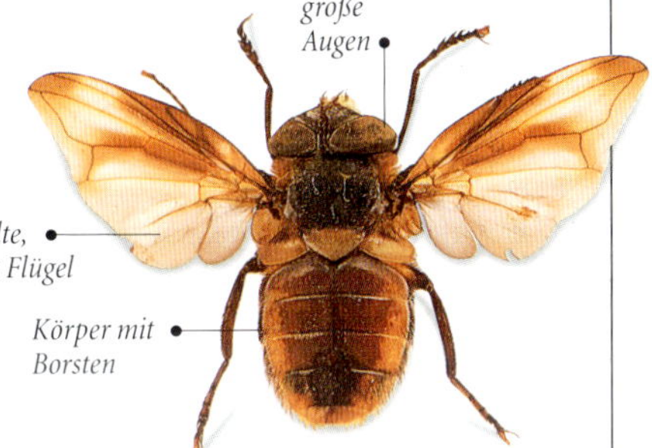

△ ***Phasia hemiptera*** befällt Schildwanzen (S. 92). Die Art lebt in Teilen Europas auf Wiesen und in Wäldern.

Länge 5–15 mm	Ernährungsweise der Larven

Ordnung DIPTERA	Familie TEPHRITIDAE	Artenanzahl 4500

Fruchtfliegen

Viele Arten weisen typische helldunkle Flügelzeichnungen auf, z. B. Bänder, Flecke oder Zickzackmuster, die auch zur Bestimmung dienen. Der Legebohrer der Weibchen ist spitz und oft länger als der übrige Körper.
LEBENSWEISE: Die Eiablage erfolgt an oder in Pflanzen. Viele Larven leben von weichen Früchten oder bohren in Blütenstände, andere sind Blattminierer oder erzeugen Gallen.
VERBREITUNG: Weltweit. In zahlreichen Lebensräumen.
ANMERKUNG: Viele Fruchtfliegen, z. B. die Mittelmeerfruchtfliege, *Ceratitis capitata,* sind Schädlinge an Nutzpflanzen, besonders an Obst.

LARVEN: Unterschiedlich. Der Körper ist glatt oder hat feine Borsten.

△ ***Icterica westermanni*** ist eine europäische Fruchtfliege, deren Larven an Greiskraut fressen.

Länge 2–20 mm, meist unter 15 mm	Ernährungsweise der Larven

Köcherfliegen

Vertreter der Ordnung Trichoptera – mit 8000 Arten in 43 Familien – kann man in der Regel überall im Süßwasser finden. Die schlanken, matt gefärbten Imagines sind mottenähnlich, besitzen aber Flügel, die mit Härchen statt mit Schuppen bedeckt sind. Im Flug werden die Flügel durch gebogene Haare miteinander gekoppelt. Mit den schwach ausgebildeten Mundwerkzeugen können höchstens Flüssigkeiten aufgenommen werden, jedoch benötigen die Imagines der meisten Arten keinerlei Nahrung. Die Köcherfliegen besitzen lange, dünne, vielgliedrige Fühler und Facettenaugen, gelegentlich auch noch Punktaugen. Unterhalb des Wasserspiegels legen die Weibchen in der Regel aus einer gallertigen Masse bestehende Eischnüre an Wasserpflanzen ab. Die Verwandlung ist vollständig. Bezeichnenderweise bauen sich die Larven oft aus Fremdstoffen, z. B. Sandkörnern oder Stöckchen, einen schützenden Köcher, in dem sie sich später auch verpuppen.

Ordnung TRICHOPTERA	Familie HYDROPSYCHIDAE	Artenzahl 1000

Hydropsychidae

Diese Köcherfliegen sind eintönig dunkel gefärbt und haben entweder glasige oder behaarte Flügel.
LEBENSWEISE: Die Eier werden ins Wasser abgelegt. Die Larven in dieser Familie bauen keinen Köcher, sondern leben in der Nähe eines zwischen Steinen selbst gesponnenen Netzes, mit dessen Hilfe sie kleine Tiere, Algen oder Schwebstoffe fangen.
VERBREITUNG: Weltweit. Häufig an Bächen und Flüssen.
ANMERKUNG: Die jeweiligen Arten bauen Netze mit unterschiedlicher Maschenweite, um auf diese Weise immer das geeignete Futter zu fangen.

LARVEN: Stark gefiederte Kiemen an Brust und Hinterleib.

△ ***Hydropsyche contubernalis*** ist in verschiedenen Teilen Westeuropas heimisch. Diese typisch schmutzigbraun gefärbte Art findet man eher in Fließ- als in Stillgewässern.

Länge 6–18 mm	Ernährungsweise der Larven

Ordnung TRICHOPTERA	Familie HYDROPTILIDAE	Artenzahl 1000

Hydroptilidae

Diese schnell fliegenden Köcherfliegen haben eine schwarz, weiß oder grau gesprenkelte Färbung, ihr Körper ist dicht mit Härchen bedeckt.
LEBENSWEISE: Die Eier werden in einer gallertigen Masse auf dem Wasser oder an Wasserpflanzen abgesetzt. Erst nach dem fünften Larvenstadium beginnen die Jungtiere mit dem Bau eines seidenen Köchers. Die Seide dazu produzieren sie in ihren Speicheldrüsen. In die Köcher werden gelegentlich auch kleine Sandkörnchen oder Algen eingebaut.
VERBREITUNG: Weltweit. An Bächen, Flüssen, Teichen und Seen.

LARVEN: Klein und in den frühen Stadien frei beweglich.

△ ***Hydroptila*-Arten** kommen weltweit vor. In der gesamten Familie ist die Gattung *Hydroptila* mit 150 Arten die häufigste.

Länge 2–6 mm	Ernährungsweise der Larven

Ordnung	Familie	Artenzahl
TRICHOPTERA	LIMNEPHILIDAE	1500

Limnephilidae

Diese Insekten sind dunkelbraun, rötlich oder gelb gefärbt. Ihre dunkel gezeichneten Flügel haben einen geraden Vorderrand, die Spitzen sind abgestutzt. Auf den Vorderschienen befindet sich je ein Sporn.
LEBENSWEISE: Die Eier werden ins Wasser abgelegt. Der unregelmäßig gestaltete Larvenköcher wird aus verschiedensten Materialien angefertigt. Meist fressen die Larven Detritus, Algen und andere kleine Organismen.
VERBREITUNG: Vor allem auf der Nordhalbkugel. An Teichen, Seen, Bächen, Wassergräben, Sümpfen und zeitweiligen Gewässern.

LARVEN: Zuweilen recht lang, kugeliger Kopf.

Limnephilus lunatus ist eine weit verbreitete Art, deren Larven in zahlreichen Süßgewässern leben. Die Färbung kann variieren, ist aber in der Regel dunkelbraun oder schwarz.

Länge	Ernährungsweise der Larven
7–30 mm, meist unter 24 mm	

Ordnung	Familie	Artenzahl
TRICHOPTERA	PHILOPOTAMIDAE	500

Philopotamidae

Bei dieser Familie handelt es sich um kleine, dunkel gefärbte Arten mit ovalen Flügeln und einem recht flachen, mit Punktaugen versehenem Kopf.
LEBENSWEISE: Die Eier werden ins Wasser abgelegt. Die Larven leben oft in netzreusenartigen Gespinsten, die auf Steinen befestigt sind und mit denen feine organische Stoffe aus dem Wasser gefiltert werden.
VERBREITUNG: Weltweit. Besonders häufig in schnell fließenden Gewässern.

LARVEN: Kopf und Pronotum rötlich.

Philopotamus monatus lebt, wie der Name schon andeutet, an schnell fließenden Bächen in hügeligen oder gebirgigen Teilen Europas.

Länge	Ernährungsweise der Larven
4–8 mm	

Ordnung	Familie	Artenzahl
TRICHOPTERA	PHRYGANEIDAE	450

Phryganeidae

Diese Arten sind hellbraun oder grau gesprenkelt. Sie besitzen Punktaugen. An den Vorderschienen befinden sich je zwei Sporne, an den Mittel- und Hinterschienen je vier.
LEBENSWEISE: Die Eier werden ins Wasser abgelegt. Die Larven bauen sich Köcher aus spiralig angeordneten Pflanzenteilen, die durch Anbauten dem Wachstum des Tieres angepasst werden.
VERBREITUNG: Vorwiegend auf der Nordhalbkugel. An Teichen, Seen, Sümpfen und langsam fließenden Bächen und Flüssen.

LARVEN: Dünn und flach, manchmal dunkel gebänderter Kopf.

Phryganea grandis ist die größte einheimische Köcherfliege. Die Männchen sind kleiner als die Weibchen (Abbildung) und ihnen fehlt der deutliche schwarze Streifen auf den Vorderflügeln.

Länge	Ernährungsweise der Larven
12–26 mm	

Schmetterlinge

Die Ordnung Lepidoptera umfaßt 127 Familien mit 165 000 Arten. Diese Insekten werden in Tag- und Nachtfalter unterteilt, sind wissenschaftlich jedoch nicht scharf getrennt. Erstere fliegen tagsüber und haben gekeulte Fühler, letztere sind nachtaktiv; ihre Fühler sind gewöhnlich ungekeult. Bei beiden Gruppen sind Körper und Flügel dachziegelartig mit winzigen Schuppen bedeckt, und sie besitzen vielgliedrige Fühler. Die Mundwerkzeuge bilden gewöhnlich einen Saugrüssel zur Aufnahme von Nektar und anderen Flüssigkeiten. In der unten gegebenen Auswahl sind zunächst die Nachtfalter (Arctiidae bis Zygaenidae), dann die Tagfalter (Lycaenidae bis Pieridae) aufgeführt.
Die Balz beinhaltet sowohl farbliche Signale als auch den Einsatz von Sexuallockstoffen. Männchen und Weibchen setzen einen Duft frei, der durch Wind verbreitet und von den Fühlern des Partners aufgenommen wird. Die Eier werden entweder verstreut oder an den Futterpflanzen der Larven abgelegt. Die Verwandlung ist vollständig. Die Mehrzahl der zylindrischen Larven (Raupen) sind Pflanzenfresser mit kauenden Mundwerkzeugen und drei Paar Brustbeinen. Eine Anzahl Afterfüße mit winzigen Häkchen erlaubt es ihnen, sich an den Futterpflanzen festzuhalten. Es treten vier bis neun Larvenstadien auf. Das Puppenstadium wird entweder unterirdisch in einer seidenumhüllten Kammer, in einem vom letzten Larvenstadium erzeugten Seidenkokon oder nackt und der Futterpflanze angeheftet durchlaufen.

Ordnung	Familie	Artenzahl
LEPIDOPTERA	ARCTIIDAE	2500

Bärenspinner

Viele Vertreter dieser Familie haben einen kräftigen, behaarten Körper und weisen zur Feindabschreckung häufig leuchtende Farbkombinationen von schwarz, rot, gelb und orange auf. Andere sind blass oder weiß und tragen kleine, schwarze Zeichnungen. Zu dieser Familie zählen auch die unscheinbar gefärbten, schlanken Flechtenbärchen.

LEBENSWEISE: Die Eier werden auf und neben die Futterpflanzen abgelegt. Viele Raupen dieser Familie sind nachtaktiv und ernähren sich von unterschiedlichstem Pflanzenmaterial. Sie sind stark behaart. Zahlreiche Arten sind ungenießbar, da sie die Blätter von Pflanzen, z. B. Kartoffeln und Goldregen, fressen, die giftige Substanzen enthalten.

VERBREITUNG: Weltweit. In dicht bewachsenen Gebieten, in denen die Futterpflanzen vorkommen.

ANMERKUNG: Einige Arten sind bedeutende Wald- und Obstplantagenschädlinge.

△ ***Estigmene acrea*** kommt in Südost-Kanada und östlichen Teilen der USA vor.

△ ***Arctia caja,*** der Braune Bär, ist eine farbenprächtige Art, die in Europa, Nordamerika und Asien vorkommt.

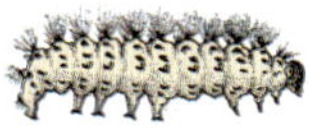

RAUPEN: Sie verpuppen sich in einem Seidenkokon, in den sie einige ihrer langen Haare einweben.

Flügelspannweite	Ernährungsweise der Larven
20–70 mm, meist 25–40 mm	

Ordnung LEPIDOPTERA	Familie BOMBYCIDAE	Artenzahl 100

Echte Spinner

Diese kräftigen, pelzigen Falter sind beige, grau oder braun und haben funktionslose Mundwerkzeuge.
LEBENSWEISE: Die Eiablage erfolgt an den Futterpflanzen, die Verpuppung in einem Seidenkokon. Die Raupen von *Bombyx mori* fressen Maulbeerblätter, andere Arten verschiedene Pflanzen.
VERBREITUNG: Südostasien.
In dichter Vegetation, an den Futterpflanzen.

RAUPEN: Häufig farbenprächtig, Hinterleibsfortsätze.

Bombyx mori, der Maulbeerseidenspinner, stammt ursprünglich aus Asien. Mittlerweile wird er weltweit in Seidenfarmen gezüchtet.

Flügelspannweite 20–60 mm	Ernährungsweisen der Larven

Ordnung LEPIDOPTERA	Familie BRAHMAEIDAE	Artenzahl 20

Brahmaeidae

Diese großen Falter weisen wellenförmige Flügelzeichnungen auf, die Vorderflügel tragen zuweilen Augenflecke.
LEBENSWEISE: Die Eier werden an den Futterpflanzen abgelegt. Die Verpuppung findet auf dem Boden statt.
VERBREITUNG: Osteuropa, Asien und Afrika. In Wäldern, in denen die Futterpflanzen vorkommen.

Brahmaea wallichii kommt häufig im Osten vor. Sie ist eine der größten Arten dieser Familie.

RAUPEN: Häufig farbenprächtig, Hinterleibsfortsätze.

Flügelspannweite 50–165 mm	Ernährungsweisen der Larven

Ordnung LEPIDOPTERA	Familie CASTNIIDAE	Artenzahl 180

Castniidae

Diese Nachtfalter gleichen den Tagfaltern und fliegen auch am Tag. Sie besitzen auffällige, breite Flügel. Die Vorderflügel weisen eine Tarnfärbung auf, die Hinterflügel sind bunt oder metallisch glänzend und z. T. mit weißen oder orange Flecken oder Bändern versehen.
LEBENSWEISE: Die Eiablage erfolgt an den Futterpflanzen. Die Raupen bohren in Pflanzenstängeln oder fressen an Wurzeln.
VERBREITUNG: Zentral- und Südameika, Südostasien und Australien. In dichter Vegetation, an den Futterpflanzen.

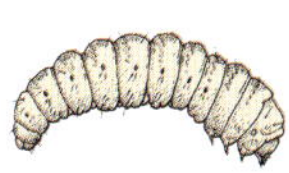

RAUPEN: Weißlich, unbehaart, madenähnlich.

△ ***Castnia licus*** ist ein bedeutender Zuckerrohr- und Bananenschädling.

Flügelspannweite 30–110 mm	Ernährungsweise der Larven

Ordnung LEPIDOPTERA	Familie COSSIDAE	Artenzahl 700

Holzbohrer

Diese kräftig gebauten Arten haben gewöhnlich dunkle, gepunktete Flügel mit einer unregelmäßig braunen, weißen und cremefarbenen Musterung. Einige Arten sind auch leopardenartig gezeichnet und zeigen schwarze Flecken auf weißen Flügeln.

LEBENSWEISE: Die Weibchen legen die Eier in Rindenritzen oder in verlassene Bohrgänge schon geschlüpfter Holzbohrer-Motten. Die Raupen fressen und bohren sich in das Holz. Sie durchlaufen eine Entwicklungszeit von einem bis zu vier Jahren. Voll entwickelte Raupen verpuppen sich in ihren Bohrgängen oder im Erdboden. Der Kokon besteht aus Seide und zerkauten Holzfasern.

VERBREITUNG: Weltweit. In Waldgebieten.

ANMERKUNG: Einige Arten sind Schädlinge an Eiche, Ahorn, Kiefer und anderen Bäumen. Von den Ureinwohnern Australiens werden die Holzbohrer-Raupen auch gegessen.

△ ***Zeuzera pyrina,*** das Blausieb, kommt überall auf der Nordhalbkugel vor.

△ ***Cossus cossus,*** der Weidenbohrer, ist eine europäische Art. Die Raupen können ein übelriechendes Sekret absondern, wenn sie gestört werden.

RAUPEN: Dickleibig. Sie tragen kräftige, nach vorn gerichtete Kiefer.

Flügelspannweite 20–225 mm	Ernährungsweise der Larven

Ordnung LEPIDOPTERA	Familie DREPANIDAE	Artenzahl 1000

Sichelflügler

Der Name dieser Motten geht auf die gebogenen Vorderflügelspitzen zurück, die viele Arten kennzeichnen. Die meisten Arten sind schlank mit gelblichbraunen Flügeln.

LEBENSWEISE: Die weiblichen Motten legen ihre abgeflachten Eier auf die Futterpflanzen. Die Raupen fressen Blätter von Sträuchern und Bäumen. Bei vielen Arten sind die Afterfüße der Raupen stark reduziert und ihr Hinterleibsende ist spitz oder verjüngt.

VERBREITUNG: Die Hauptverbreitungszonen sind feuchtheiße Gebiete, vor allem Indien und Südchina; in Südamerika fehlend. In Wäldern und an Orten mit reichem Pflanzenbewuchs.

RAUPEN: Viele Arten ruhen mit erhobenem Kopf und Schwanz oder mit eingekrümmtem Vorderleib.

△ ***Drepana arcuata*** ist in Nordamerika verbreitet. Die Raupen dieser Art fressen an Blättern von Birken und Erlen.

Flügelspannweite 20–50 mm	Ernährungsweise der Larven

Ordnung LEPIDOPTERA	Familie GEOMETRIDAE	Artenzahl 20 000

Spanner

Diese schlanken Nachtfalter haben große, rundliche Flügel, die ein kompliziertes, feingezeichnetes Muster aufweisen. Meist tragen die nachtaktiven Tiere eine Tarntracht. Einige tagaktive tropische Arten sind bunt.
LEBENSWEISE: Die Eiablage erfolgt einzeln oder in Gruppen auf Rinde, Äste oder Stängel der Futterpflanzen. Die Raupen schlüpfen im Frühjahr. Bei Gefahr verharren viele Raupen und gleichen so kleinen Zweigen. Zur Verpuppung spinnen sie einen Kokon zwischen Blättern oder in der Streu.
VERBREITUNG: Weltweit. In der Vegetation.
ANMERKUNG: Viele Arten sind land- und forstwirtschaftliche Schädlinge, deren Befall zur Entlaubung führen kann.

△ ***Geometra papilionaria,*** das Grüne Blatt, frisst an Buchen-, Erlen- und Haselblättern.

◁ ***Rheumaptra hastata,*** der Speerspitzenspanner, ist auf der gesamten Nordhalbkugel verbreitet.

RAUPEN: Aufgrund ihrer Fortbewegungsart werden sie als Spannerraupen bezeichnet.

Flügelspannweite 14–74 mm	Ernährungsweise der Larven

Ordnung LEPIDOPTERA	Familie HEPIALIDAE	Artenzahl 300

Wurzelbohrer

Bei den meisten Arten sind Vorder- und Hinterflügel ähnlich gestaltet. Viele haben eine eintönige Grundfärbung, wohingegen einige Arten Muster aus leuchtend silbrigen Flecken aufweisen. Die Flügel werden nicht wie bei anderen Faltern im Flug gekoppelt, sondern überlappen sich einfach.
LEBENSWEISE: Weibchen lassen die Eier neben den Futterpflanzen einzeln auf die Erde fallen; sie können mehrere Hundert Eier produzieren. Die Raupen bohren hauptsächlich in Pflanzenstängeln, Baumstämmen und Wurzeln, einige fressen Blätter oder Moos.
VERBREITUNG: Weltweit, vor allem in Südostasien und Australien. In locker bewachsenen Wäldern und Grasland.
ANMERKUNG: Viele Arten können an Gräsern, Gemüsepflanzen, Büschen und Bäumen schädlich werden.

Männchen

Hepialus humuli, auch Hopfenwurzelbohrer oder Geistermotte genannt, ist als Raupe ein Schädling an Kartoffeln und Erdbeeren.

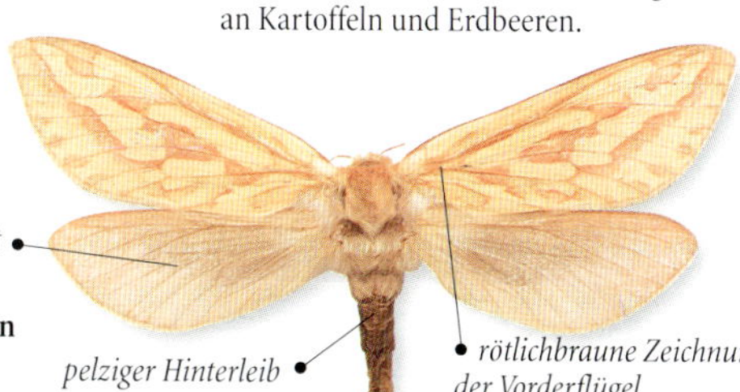

Weibchen

RAUPEN: Vertreter dieser Familie sind weiß und haben einen braunen Kopf.

Flügelspannweite 30–240 mm	Ernährungsweise der Larven

Ordnung LEPIDOPTERA	Familie HESPERIIDAE	Artenzahl 3000

Dickkopffalter

Obwohl gewöhnlich den Tagfaltern zugeordnet, gleichen diese tagsüber fliegenden, kräftigen Insekten mehr den Nachtfaltern. Die Fühler enden mit einer langgestreckten, gebogenen und deutlichen Keule. Während die Vorderflügel meist klein und dreieckig sind, können die Hinterflügel lange Schwanzanhänge aufweisen. Der Flug der Tiere ist schwirrend und schnell.

LEBENSWEISE: Die Weibchen legen ihre Eier einzeln auf den Futterpflanzen ab. Die Raupen der meisten Arten fressen nachts an Seggen und anderen Gräsern, Kräutern sowie am Laub einiger Baumarten. Tagsüber verbergen sie sich in einer Wohnröhre aus zusammengerollten oder gefalteten Blättern.

VERBREITUNG: Weltweit, außer Neuseeland. In zahlreichen offenen Lebensräumen, z. B. Acker- und Weideland.

△ ***Amenis baroni*** ist eine leuchtend gefärbte Art aus Peru mit besonders auffälligen orangeroten Zeichnungen auf den Vorderflügeln.

RAUPEN: Grün, braun oder weiß, gewöhnlich großer Kopf und halsartig abgesetztes erstes Brustsegment, zum Hinterende verjüngend.

△ ***Euschemon rafflesia*** lebt in den australischen Regenwäldern und saugt tagsüber an nektarreichen Blüten.

△ ***Urbanus proteus*** kommt in Nord- und Südamerika häufig vor. Anhand der langen, geschwänzten Hinterflügel kann diese Art leicht erkannt werden.

▷ ***Calpodes ethlius*** ist in Südamerika und Westindien weit verbreitet. Dieser große, kräftige Dickkopffalter kann bei seinem Flug weite Entfernungen zurücklegen.

Flügelspannweite 20–80 mm, meist unter 45 mm	Ernährungsweise der Larven

Ordnung	Familie	Artenzahl
LEPIDOPTERA	INCURVARIIDAE	300

Miniersackmotten

Die meisten dieser zierlichen Falter weisen eine Tarnfärbung auf, manche sind metallisch gold- oder bronzefarben. Einige Vertreter mit sehr langen Fühlern, die Langhornmotten, werden zuweilen in eine eigene Familie gestellt.

◁ ***Nemophora cupriacella*** hat metallische Flügelschuppen, ein orangefarbenes Haarbüschel auf dem Kopf und weiße Fühlerspitzen.

▽ ***Nemophora scabiosella*** kommt in Asien und Europa vor und weist dunkel gesäumte Flügel auf.

LEBENSWEISE: Eier werden einzeln in Pflanzengewebe abgelegt. Die frühen Raupenstadien sind Samenbohrer oder Blattminierer; ältere Raupen bauen einen Sack aus Pflanzenmateial, in dem sie leben und sich möglicherweise auch verpuppen.

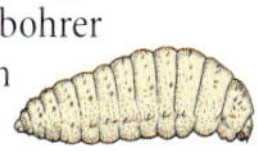

VERBREITUNG: Weltweit, außer Neuseeland. In Wäldern, in denen ihre Futterpflanzen wachsen.

RAUPEN: Klein, winzige Afterfüße.

Flügelspannweite	Ernährungsweise der Larven
8–25 mm	

Ordnung	Familie	Artenzahl
LEPIDOPTERA	LASIOCAMPIDAE	2000

Glucken

Viele dieser pelzigen, kräftigen Falter sind gelbbraun, braun oder grau gefärbt. Die Weibchen sind größer als die Männchen und haben meist einen massigeren Hinterleib.
LEBENSWEISE: Eiablage an den Futterpflanzen. Die Raupen leben gesellig in Gespinsten in der Vegetation. Die Verpuppung findet in einem festen, dünnen, eiförmigen Kokon statt.
VERBREITUNG: Weltweit, außer Neuseeland. An den Futterpflanzen.

RAUPEN: Kräftig, Haarbüschel auf Rücken und Körperseiten.

▷ ***Malacosoma americanum*** ist ein lästiger Schädling an Apfel- und Wildkirschbäumen.

Flügelspannweite	Ernährungsweise der Larven
25–95 mm	

Ordnung	Familie	Artenzahl
LEPIDOPTERA	LIMACODIDAE	1000

Asselspinner

Die Flügel vieler Arten sind breit und rund, der Körper ist behaart und die Färbung unscheinbar. Der lateinische Name bedeutet „nacktschneckenähnlich“ und bezieht sich auf die Gestalt und die Fortbewegung der Raupen.
LEBENSWEISE: Die Ablage der flachen Eier erfolgt auf den Blättern der Futterpflanzen. Die Raupen sind oft giftig oder mit Nesselhaaren bewehrt.
VERBREITUNG: Weltweit, vor allem in den Tropen. Auf zahlreichen Sträuchern und Bäumen.

RAUPEN: Oft leuchtend gefärbt, keine Afterfüße.

△ ***Sibine stimulea*** ist eine nordamerikanische Art, deren Raupen eine sattelförmige Zeichnung auf dem Rücken tragen.

Flügelspannweite	Ernährungsweise der Larven
20–45 mm	

Ordnung LEPIDOPTERA	Familie LYMANTRIIDAE	Artenzahl 2600

Schadspinner

Diese auch als Trägfalter bezeichneten Schmetterlinge gleichen den Eulenfaltern (S. 165), sind jedoch stärker behaart. Die meisten von ihnen sind unscheinbar, einige tropische Arten aber auch farbenprächtig. Die Männchen unterscheiden sich von den Weibchen – die bei manchen Arten flügellos sein können – durch ihre etwas geringere Größe. Da den Faltern ein Saugrüssel fehlt, können sie keine Nahrung aufnehmen.

LEBENSWEISE: Die Weibchen legen die Eier in Gruppen auf die Rinde ihrer Futterbäume und -sträucher ab und versehen sie zum Schutz gegen Räuber häufig mit einigen Nesselhaaren ihres Hinterleibsendes. Die Raupen, die leuchtend gefärbt sein können, fressen in Gruppen an Blattwerk.

VERBREITUNG: Weltweit. In zahlreichen Lebensräumen, auch in Hecken sowie Nadel- oder Laubwäldern.

ANMERKUNG: Schwammspinner und Goldfalter sind gefürchtete Schädlinge verschiedenster Bäume und Sträucher der Nordhalbkugel. Ein Massenvorkommen kann schwerwiegende Schäden zur Folge haben, z. B. die Entlaubung großer Flächen und gänzliches Baumsterben.

RAUPEN: Stark behaart. Sie tragen gewöhnlich bürstenähnliche Haarbüschel auf dem Rücken und den Körperseiten.

Lymantria dispar, der Schwammspinner, kommt in Europa und Asien vor, wurde jedoch für die billige Seidenproduktion nach Nordamerika gebracht. Erst als Tiere aus Zuchten entkamen, konnte der Falter sich zu einem gefürchteten Schädling entwickeln.

△ ***Orgyia antiqua,*** der Schlehenspinner oder Bürstenbinder, kommt auf der Nordhalbkugel vor. Die Weibchen dieser Art sind flügellos.

△ ***Euproctis chrysorrhoea,*** der Goldfalter, hat pelzige, braune Raupen, die gesellig in einem Seidengespinst leben.

Flügelspannweite 20–60 mm	Ernährungsweise der Larven

Ordnung LEPIDOPTERA	Familie NOCTUIDAE	Artenzahl 22 000

Eulenfalter

Diese mittelgroßen, nachtaktiven Falter besitzen recht schmale Vorderflügel und breite Hinterflügel. Eulenfalter weisen eine dunkle Grundfärbung auf, einige Arten haben jedoch leuchtend gefärbte und gemusterte Hinterflügel.

LEBENSWEISE: Die Weibchen legen ihre Eier einzeln oder in Gruppen am Fuß der Futterpflanzen oder in den Boden ab. Die nachtaktiven Raupen fressen oder bohren sich immer weiter ins Innere der Futterpflanzen und können diese dadurch stark schädigen.

VERBREITUNG: Weltweit. In fast allen Lebensräumen.

ANMERKUNG: Diese nachtaktiven Falter besitzen Hörorgane im Brustabschnitt, mit deren Hilfe sie den Angriffen von Fledermäusen entgehen können. Viele Arten sind bedeutende Schädlinge, die nahezu alle landwirtschaftlichen Nutzpflanzen der Welt befallen. Eine Art (rechte Abbildung) entwickelte sich vom Früchtebohrer zum Blutsauger.

△ ***Calyptra eustrigata,*** die Vampireule, saugt Blut. Ihre stechenden Mundwerkzeuge können die Haut von Säugetieren durchbohren. Sie kommt in Indien und Südostasien vor.

RAUPEN: Vertreter der meisten Arten fressen nachts an Futterpflanzen.

△ ***Heliothis armigera*** ist ein gefürchteter Baumwoll-, Mais- und Tomatenschädling. Die Art lebt in östlichen Teilen der Welt.

△ ***Xanthopastis timais*** kommt im tropischen Nord- und Südamerika vor. Ihre Raupen fressen an Narzissen und Feigenarten.

△ ***Spodoptera exigua*** ist ein weltweit verbreiteter gefürchteter Baumwoll-, Mais- und Reisschädling.

△ ***Agrotis ipsilon,*** die Ypsiloneule, ist weltweit verbreitet. Ihre Raupen schädigen Baumwolle, Kartoffeln, Tomaten und Getreide.

Flügelspannweite 15–300 mm, meist unter 80 mm	Ernährungsweise der Larven

Ordnung	Familie	Artenzahl
LEPIDOPTERA	NOTODONTIDAE	3000

Zahnspinner

Viele Arten sind dunkel gefärbt und weisen eine Tarnzeichnung auf. Einige imitieren zerbrochene Zweige, z. B. der Mondvogel *(Phalera bucephala)*. Am Hinterrand der Vorderflügel sitzt oft ein Schuppenbüschel, das die in Ruhe zusammengelegten Flügel zahnartig überragt.

LEBENSWEISE: Die Eiablage erfolgt auf den Blättern der Futterpflanzen. Die Raupen fressen gesellig, um sich vor Vögeln zu schützen. Einige produzieren Wehrsekrete und nehmen Drohstellungen ein. Bestimmte Raupen werden als Prozessionsspinner bezeichnet, da sie nachts in einem langen Zug – der Kopf berührt das Hinterende des Vorderen – zu ihren Futterplätzen wandern. Tagsüber halten sie sich oft in Massen in einem lockeren Gespinstnest verborgen.

VERBREITUNG: Weltweit. Auf den Futterpflanzen, meist auf Büschen, Bäumen und Hülsenfrüchten.

△ ***Epicoma melanostica*** kommt in Australien vor. Die Raupen fressen an den Blättern von *Leptospernum*-Arten, die in südlichen und östlichen Regionen Australiens vorkommen.

△ ***Datana ministra*** ist eine ziemlich dunkel gefärbte, nordamerikanische Art. Die Raupen haben schwarze und gelbe Streifen und fressen an einer Vielzahl von Laubblättern.

△ ***Anaphe panda*** lebt in Afrika. Die Raupen spinnen tagsüber taschenförmige Seidenkokons. Einige Vertreter dieser Gattung führen zur Entlaubung der Futterbäume.

▷ ***Cerura vinula,*** der Große Gabelschwanz, ist in Europa sowie in Teilen Asiens weit verbreitet und trägt eine sehr auffällige Zeichnung.

RAUPEN: Leuchtend gefärbt, behaart oder nackt, fleischige Auswüchse am Hinterende.

Flügelspannweite	Ernährungsweise der Larven
30–80 mm	

Ordnung LEPIDOPTERA	Familie PYRALIDAE	Artenzahl 24 000

Zünsler

Diese Falter sind charakteristisch dunkel gefärbt. Einige Arten scheinen am Vorderende des Kopfes eine kurze Schnauze zu tragen, die von den langen, nach vorne gestreckten Tastern gebildet wird. Die Vorderflügel sind entweder breit oder schmal, die Hinterflügel hingegen sind breit und abgerundet. Die Beine sind in der Regel lang.

LEBENSWEISE: Die Eier werden nahe bei oder auf den Futterpflanzen, sonstigen Futterquellen oder Wirten abgelegt. Die Freßgewohnheiten der Larven sind unterschiedlich, meist bohren sie jedoch in Blättern, Stängeln und Wurzeln der Futterplanzen. Einige Mitglieder der Familie fressen an pflanzlichen bzw. tierischen Abfällen, andere sogar an kleinen Insekten und wieder andere leben im Fell von Faultieren oder an Geweihen.

VERBREITUNG: Weltweit. In einer Vielzahl von Lebensräumen; auf ihren Futterpflanzen.

ANMERKUNG: Zahlreiche Zünsler sind Schädlinge an Getreide- und Trockenfrüchten.

△ ***Endotricha flammealis*** ist eine nachtaktive Art. Sie kommt in verschiedenen Regionen Westeuropas vor.

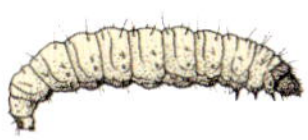

RAUPEN: Entweder schlank zylindrisch oder sehr gedrungen. Einige Hinterleibssegmente tragen Afterfüße.

▷ ***Chilo phragmitella*** ist in sumpfigem Gelände anzutreffen, wo die Raupen an Stängeln von Schilfgräsern der Gattung *Phragmites* fressen; daher der wissenschaftliche Name des Falters.

▷ ***Vitessa suradeva*** ist eine leuchtende, ungewöhnlich gemusterte Art aus Borneo. Alle Vertreter dieser Gattung sind in Südostasien beheimatet.

Flügelspannweite 10–45 mm	Ernährungsweise der Larven

Ordnung LEPIDOPTERA	Familie SATURNIIDAE	Artenzahl 1200

Augenspinner

Diese großen, kräftigen Falter, die auch als Nachtpfauenaugen bezeichnet werden, haben breite, häufig auffallend gezeichnete Flügel und funktionslose Mundwerkzeuge, mit denen sie keine Nahrung mehr aufnehmen können. Die Fühler der Männchen sind gefiedert, die der Weibchen meist fadenförmig. Vertreter der südostasiatischen Gattung *Attacus* weisen unter den Nachtfaltern die weltweit größte Flügelfläche auf, wohingegen *Thysania aggrippina,* ein Vertreter der Eulenfalter, die größte Flügelspannweite erreicht (S. 165).

LEBENSWEISE: Die Eier werden an einer Vielzahl von Bäumen und Sträuchern abgelegt, an deren Blättern die Raupen fressen. Ausgewachsene Raupen fertigen einen Kokon an, der in den Zweigen der Futterpflanze angeheftet wird.

VERBREITUNG: Weltweit. Besonders in den Tropen und Subtropen. *Attacus*-Arten sind in einigen Ländern geschützt; zahlreiche Falter sterben jedoch, weil sie, vom Licht angezogen, unaufhörlich um Straßenbeleuchtungen flattern.

ANMERKUNG: Einige Augenspinner können als Schädlinge verschiedene Bäume befallen. Früher wurden die Gespinstfäden zahlreicher Arten zur Seidenproduktion verwendet, wenn auch nicht im selben Ausmaß wie die des Maulbeerseidenspinners (*Bombyx mori*, S. 159).

RAUPEN: Sie können sehr groß werden und tragen fleischige, mit Stacheln und langen Haaren versehene Auswüchse.

△ ***Callosamia promethea*** kommt in Nordamerika vor. Die Raupen fressen an Blättern verschiedener Bäume, einschließlich Obstbäumen. Männchen sind bis auf die helleren Flügelränder überwiegend schwarzbraun, Weibchen sind leuchtend rotbraun oder dunkelbraun und zeigen helle Flügelzeichnungen.

Flügelspannweite 50–300 mm	Ernährungsweise der Larven

◁ ***Actias luna,*** der amerikanische Mondspinner, ist von Mexiko bis zur kanadischen Grenze verbreitet. Die Raupen fressen an Birken- und Erlenblättern.

▽ ***Attacus atlas,*** der Atlasspinner, kommt in Südostasien und Indien vor. Er ist hinsichtlich des Gesamtumfangs der größte Nachtfalter der Welt. Seine gelbgrünen, dornenbewehrten Raupen werden bis zu 100 mm lang. Sie fressen eine Vielzahl von Pflanzen, können aber in Gefangenschaft leicht an Liguster gezüchtet werden.

Ordnung LEPIDOPTERA	Familie SESIIDAE	Artenzahl 1000

Glasflügler

Einige dieser Schmetterlinge sehen Wespen oder Bienen sehr ähnlich. Ihr Körper ist größtenteils schwarz, bläulich oder dunkelbraun und weist gelbe und orange Zeichnungen auf, der Hinterleib ist oftmals gestreift. Während des Flugs erzeugen sie ein summendes Geräusch, das die Nachahmung zusätzlich betont; einige Arten täuschen sogar vor zu stechen. Große Flügelbereiche sind glasig, dunkle Schuppen kommen lediglich entlang der Flügeladerung vor. Das Hinterleibsende kann fächerförmig angeordnete, lange Schuppen aufweisen. Die Fühler besitzen oftmals verbreiterte oder gekeulte Enden.

LEBENSWEISE: Glasflügler-Weibchen legen ihre Eier in der Regel an Stämmen oder Wurzeln von Bäumen und Büschen ab, in denen die Raupen bohren. Beim Schlupf der Falter aus den Puppenhüllen sind die Flügel vollständig mit Schuppen bedeckt; die kahlen Flächen entstehen erst während des Jungfernfluges.

VERBREITUNG: Weltweit. An Blüten oder in der Nähe der Futterpflanzen.

ANMERKUNG: Zahlreiche Arten, darunter *Synanthedon exitiosa,* schädigen u.a. Obstbäume und Sträucher.

△ ***Albuna oberthuri*** ist ein großer Falter, der in nördlichen Teilen Australiens vorkommt. Er trägt einen unverkennbaren Hinterleibsfächer und sehr charakteristische Hinterflügel: Sie sind glasklar, weisen aber einen auffälligen gelben Strich an der Vorderseite auf.

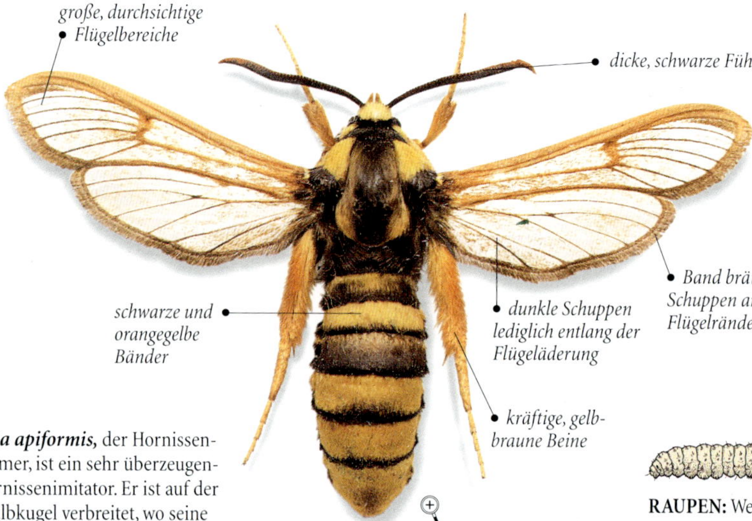

▷ ***Sesia apiformis,*** der Hornissenschwärmer, ist ein sehr überzeugender Hornissenimitator. Er ist auf der Nordhalbkugel verbreitet, wo seine Raupen Stämme und Wurzeln von Pappeln und Weiden schädigen.

RAUPEN: Weißlich. Kopf deutlich kleiner als die Brust.

Flügelspannweite 15–40 mm	Ernährungsweise der Larven

Ordnung LEPIDOPTERA	Familie SPHINGIDAE	Artenzahl 1100

Schwärmer

Der Körper dieser kräftigen Falter ist länglich und trägt schmale Vorderflügel. Der z. T. sehr lange Saugrüssel kann unter dem Kopf eingerollt werden. In Ruhe sind die Flügel nach hinten abgewinkelt. Die Falter sind ausdauernde Flieger und ernähren sich meist von Nektar. Einige schweben vor den Blüten wie Kolibris.

LEBENSWEISE: Die Eiablage erfolgt einzeln an Pflanzen, deren Blätter von den Raupen gefressen werden.

VERBREITUNG: Weltweit, besonders in tropischen und subtropischen Regionen. In Gebieten, in denen die Futterpflanzen vorkommen.

△ ***Euchloron megaera*** ist eine afrikanische Art, deren Raupen an Reben und Kletterpflanzen fressen.

◁ ***Acherontia atropos,*** der Totenkopfschwärmer, kommt in Afrika und Europa vor. Mit seinem kräftigen Rüssel saugt er Honig aus Bienenwaben.

RAUPEN: Die meisten Arten tragen einen gekrümmten Hinterleibsdorn.

Flügelspannweite 30 – 150 mm, meist unter 100 mm	Ernährungsweise der Larven

Ordnung LEPIDOPTERA	Familie TORTRICIDAE	Artenzahl 5000

Wickler

Viele dieser kleinen Falter sind braun, grün oder grau und gleichen dadurch Borke, Flechten und Blättern; einige Arten sind bunt. Die Vorderflügel sind deutlich rechtwinkelig.

LEBENSWEISE: Die Eiablage erfolgt an den Futterpflanzen, z. B. bestimmten Gräsern, an denen die Raupen fressen und sich verpuppen.

VERBREITUNG: Weltweit. In vielen Lebensräumen.

Anmerkungen: Samen, die bestimmte Wicklerraupen enthalten, nennt man Mexikanische „Springbohnen".

RAUPEN: Schlank oder kräftig, verhältnismäßig unbehaart.

Clepsis rurinana kommt in Europa und Asien vor. Die Raupen können in zusammengerollten Blättern von Laubbäumen gefunden werden.

Flügelspannweite 8 – 30 mm	Ernährungsweise der Larven

Ordnung LEPIDOPTERA	Familie URANIIDAE	Artenzahl 100

Uraniafalter

Zu diesen Nachtfaltern zählen sowohl große, geschwänzte, bunte Tagflieger als auch unscheinbare, nachtaktive Arten mit schillernden Flügelschuppen und ohne Schwanzanhänge.
LEBENSWEISE: Die Eiablage erfolgt an den Futterpflanzen. Die Raupen zahlreicher Arten fressen giftige Pflanzen aus der Familie Wolfsmilchgewächse. Oft wandern die Falter, um bessere Futterplätze für ihre Raupen zu finden.
VERBREITUNG: Tropen und Subtropen. Auf den Futterpflanzen.
ANMERKUNGEN: Südamerikanische und madagassische Arten sind so groß und bunt, dass sie oft mit Tagfaltern verwechselt werden.

▽ ***Chrysiridia riphearia*** hat gelbschwarz gezeichnete, für Räuber ungenießbare Raupen.

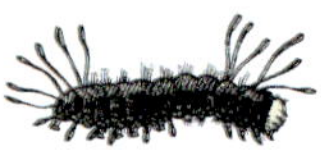

RAUPEN: Die Vertreter einiger Arten leben in frühen Stadien gesellig in einem Seidengespinst.

Flügelspannweite 60 – 100 mm	Ernährungsweise der Larven

Ordnung LEPIDOPTERA	Familie ZYGAENIDAE	Artenzahl 800

Widderchen

Viele dieser Falter sind schwarz und zeigen eine leuchtende oder metallisch rote, grüne oder blaue Zeichnung; einige sehen wespenähnlich aus. Die Fühlerspitzen sind verdickt, auf dem Kopf sitzen oberhalb der Augen zwei Haarbüschel. Die meisten Arten bilden Blausäure – ein Merkmal, das durch die Warntracht angezeigt wird.
LEBENSWEISE: Die Eier werden an Kräutern abgelegt, die Larven fressen später an den Blättern. Die Falter sind tagaktiv und saugen an Blüten. Die Verpuppung findet in einem länglichen Kokon statt.
VERBREITUNG: Weltweit, außer Neuseeland; vor allem in den Tropen und Subtropen. Auf Futterpflanzen.

△ ***Adscita statices,*** das Gemeine Grünwidderchen, ist in Europa und Asien verbreitet. Die Raupen fressen an Sauerampfer.

◁ ***Zygaena filipendulae,*** das Gemeine Blutströpfchen, kommt in ganz Europa vor.

RAUPEN: Sie haben kleine, mit Haarbüscheln besetzte Warzen.

Flügelspannweite 25 – 35 mm	Ernährungsweise der Larven

Ordnung Lepidoptera	Familie Lycaenidae	Artenzahl 6000

Bläulinge

Die Männchen und Weibchen dieser kleinen, schlanken Tagflieger sind häufig unterschiedlich gefärbt. Die Flügeloberseiten der Männchen können schillernd blau, kupferfarben oder violett sein, einige sind jedoch braun oder orange. Die Flügelunterseiten sind bei beiden Geschlechtern matt und weisen kleine, hellumrandete Punkte auf.
LEBENSWEISE: Die Eier werden auf Futterpflanzen abgelegt. Die Raupen fressen sowohl Pflanzen als auch kleine Insekten wie Blatt- und Schildläuse. Die Larven zahlreicher Arten sondern ein zuckerhaltiges Sekret ab, das gern von Ameisen gefressen wird. Deshalb werden sie von den Ameisen gegen Feinde geschützt und gelegentlich sogar von diesen gefüttert. Die Verpuppung findet auf der Futterpflanze oder am bzw. im Boden statt.
VERBREITUNG: Weltweit, bevorzugt in wärmeren Regionen. Vergesellschaftet mit Ameisennestern oder Wirtspflanzen.

Thecla coronata kommt in den tropischen Regionen Südamerikas vor. Die Art ist eine der größten und schillerndsten dieser Familie.

RAUPEN: Nacktschneckenähnlich, stämmig und spitz zulaufend, grün oder braun gefärbt.

△ ***Polyommatus icarus,*** der Hauhechelbläuling, ist einer der weit verbreitetsten europäischen Tagfalter.

△ ***Lycaena phlaeas,*** der Kleine Feuerfalter, ist ein farbenprächtiger, auf der Nordhalbkugel weit verbreiteter, kleiner Tagfalter.

◁ ***Thecla betulae,*** der Nierenfleck, kommt in den Wäldern Europas und der gemäßigten Zonen Asiens vor.

Flügelspannweite 15–50 mm	Ernährungsweise der Larven

Ordnung LEPIDOPTERA	Familie NYMPHALIDAE	Artenzahl 5000

Fleckenfalter

Die Arten dieser Familie, auch Edelfalter genannt, sind tagaktiv und variieren in Größe und Färbung sehr stark. Wichtigstes Familienmerkmal sind die zu Putzbeinen umgestalteten Vorderbeine. In Ruhe sind die Tiere durch die Tarnfärbung auf der Flügelunterseite gut geschützt; die Oberseite ist meist farbenfroh.

LEBENSWEISE: Kleine Gruppen rundlich gerippter Eier werden auf die Blätter von Bäumen, Büschen und krautigen Pflanzen abgelegt. In der Jugend fressen die Raupen gesellig. Die oft warzigen Puppen hängen kopfunter an den Futterpflanzen, wo sie mit endständigen Häkchen (Kremaster) befestigt sind.

VERBREITUNG: Weltweit. Häufig auf blütenreichen Wiesen und Waldlichtungen.

ANMERKUNG: Einige wenige Arten sind Schädlinge, vor allem an Süßkartoffeln und Sojabohnen.

△ ***Heliconius erato*** ist ein erstaunlich variabler Falter aus Zentral- und Südamerika.

RAUPEN: Normalerweise bestachelt, verzweigte Höcker und Fortsätze.

▷ ***Nymphalis antiopa,*** der Trauermantel, ist ein unverwechselbarer, auch in Europa vorkommender Fleckenfalter.

◁ ***Vanessa atalanta,*** der Admiral, ist eine weit verbreitete Art. Die normalerweise schwarzen Raupen tragen weiße und gelbe Punkte. Sie fressen an Brennnesseln und verwandten Arten.

Flügelspannweite 30–150 mm	Ernährungsweise der Larven

▽ ***Morpho menelaus*** kommt in Südamerika vor. Die metallisch blauen Männchen leben in Territorien. Die Abbildung zeigt ein Weibchen.

△ ***Danaus plexippus,*** der Monarch, ist bekannt für seine ausgedehnten Wanderflüge. Eine der längsten Flugrouten reicht von Mexiko bis Kanada.

Oberseite

Unterseite

△ ***Maniola jurtina,*** das Große Ochsenauge, kommt sehr häufig auf europäischen Wiesen und Weiden vor. Die Raupen fressen an Gräsern.

Ordnung LEPIDOPTERA	Familie PAPILIONIDAE	Artenzahl 600

Ritterfalter

Die Flügel dieser Tagfalter sind schwarz und mit weißen, gelben, orange, roten, grünen oder blauen Bändern, Flecken und Punkten verziert. Viele Arten haben geschwänzte Hinterflügel.

LEBENSWEISE: Runde Eier werden auf den Futterpflanzen abgelegt,deren Blätter von den Raupen gefressen werden. Die Verpuppung erfolgt meist auf der Futterpflanze; die Puppe wird mit einem seidenen „Gürtel" in aufrechter Position gehalten.

VERBREITUNG: Weltweit, vor allem in wärmeren Regionen. In offenen oder schattigen, blütenreichen Lebensräumen.

ANMERKUNG: Zu dieser Familie zählen auch die inzwischen geschützten Vogelfalter – die größten Tagfalter überhaupt.

RAUPEN: Sie sondern aus einer auf der Brust befindlichen Drüse einen Duftstoff ab, der Räuber abschreckt.

△ ***Papilio glaucus*** ist eine wunderschöne nordamerikanische Art.

▽ ***Ornitophtera priamus*** lebt in Regenwäldern. Die Abbildung zeigt das Männchen. Die Weibchen sind größer und haben schwarzweiße Flügel.

Flügelspannweite 45–280 mm	Ernährungsweise der Larven

Ordnung LEPIDOPTERA	Familie PIERIDAE	Artenzahl 1200

Weißlinge

Die Flügel dieser weitverbreiteten Tagfalter sind im allgemeinen gelb oder orange mit schwarzen oder dunkelgrauen Zeichnungen. Die Pigmentierung der Flügelschuppen ist auf Stoffwechselabbauprodukte zurückzuführen.

LEBENSWEISE: Die Weibchen legen in der Regel einzelne, längliche, gerippte Eier auf einer Vielzahl von Futterpflanzen ab. Die Raupen haben keine Stacheln oder Fortsätze. Die Puppen hingegen weisen im Nacken einen auffälligen bedornten Fortsatz auf, an dem ein seidener „Gürtel" befestigt ist; dieser fixiert die Puppe in aufrechter Position.

VERBREITUNG: Weltweit. In zahlreichen Lebensräumen. Sie sind häufig gesellig an Vogeldung, Urin oder sonnenbeschienenen Pfützen anzutreffen. Einige Arten wandern in großen Schwärmen.

ANMERKUNG: Viele Arten sind Nutzpflanzenschädlinge. Der Große Kohlweißling (*Pieris brassicae*) und der Kleine Kohlweißling (*P. rapae*) sind gefürchtete Kohl-Schädlinge.

△ ***Anthocharis cardamines,*** der Aurorafalter, ist in Europa und Asien verbreitet. Bei beiden Geschlechtern sind die Flügelunterseiten grün marmoriert. Das Männchen hat orange Flügelspitzen.

RAUPEN: Sie können eine Warnfärbung aufweisen: grün mit hellen Streifen oder Bändern. Viele haben stachelähnliche Haare.

△ ***Pieris rapae,*** der Kleine Kohlweißling oder Rapsweißling, ist eine weltweit verbreitete, unauffällig aussehende Art. Die Abbildung zeigt ein Männchen. Das Weibchen ist gelblich gefärbt.

◁ ***Colias eurytheme*** ist in Nordamerika weit verbreitet. Das Männchen (Abbildung) ist etwas kleiner als das Weibchen.

Flügelspannweite 20–70 mm	Ernährungsweise der Larven

Bienen, Wespen und Ameisen

Die Ordnung Hymenoptera (Hautflügler) beinhaltet 91 Familien mit 198 000 Arten. Innerhalb dieser Ordnung werden zwei Unterordnungen unterschieden: die ursprünglicheren Pflanzenwespen (Symphyta) und die hoch entwickelten Wespen, Ameisen und Bienen (Apocrita). Die hier vorgestellten Familien sollen jedoch in drei Gruppen behandelt werden: die einen Wehrstachel tragenden Bienen, Ameisen und Wespen (mit den Familien Andrenidae bis Vespidae), die meist parasitoiden Wespen mit Legebohrer (Agaonidae bis Siricidae) und die Pflanzenwespen (Argidae bis Siricidae). Das namengebende Merkmal der Ordnung sind die zwei – bei fast allen Arten vorhandenen – häutigen Flügelpaare, die im Flug durch winzige Häckchen miteinander gekoppelt sind. Außer bei den Pflanzenwespen ist das erste Hinterleibssegment mit der Brust verschmolzen, während das zweite und gelegentlich auch das dritte Segment die bekannte „Wespentaille" bilden. Der Legebohrer der Pflanzenwespen gleicht einer kräftigen Säge, der der parasitoiden Wespen ist hingegen dünn und lang. Bei den Bienen, Wespen und Ameisen ist er zu einem Wehrstachel umgebildet, an dessen Basis nun die Eier austreten. Die Verwandlung ist vollständig. Befruchtete Eier entwickeln sich im Allgemeinen zu Weibchen, während aus unbefruchteten Männchen entstehen. Viele Arten zeigen ein ausgeprägtes Sozialverhalten und man sollte die Rolle, die diese Insekten als Räuber, Parasitoide und Pflanzenbestäuber im Ökosystem spielen, nicht unterschätzen.

Ordnung HYMENOPTERA	Familie ANDRENIDAE	Artenzahl 2500

Sandbienen

Bei diesen honigbienenähnlichen Arten kommen neben typisch rotbraunen oder braunschwarzen auch gelb oder weißlich gefärbte Tiere vor. Brust und Hinterleib können stark behaart sein. Die Arten leben meist solitär oder in gemeinschaftlichen Verbänden.

LEBENSWEISE: Das Weibchen legt im lockeren Boden ein Nest an, in dem die Eier in besonderen Brutzellen deponiert werden. In diesen Zellen, die mit Pollen angefüllt und mit einem wasserabweisenden Sekret imprägniert werden, entwickeln sich auch die Larven. Der eingesammelte Pollen wird an den Hinterbeinen ins Nest gebracht.

VERBREITUNG: Weltweit, außer Australien. Im zeitigen Frühjahr in blütenreichen Lebensräumen.

ANMERKUNG: Sandbienen sind wichtige Bestäuber von Frühjahrsblühern (z. B. Obstbäumen).

△ ***Andrena fulva*** erscheint im zeitigen Frühjahr. Das Nest wird gerne in Rasenflächen angelegt und ist durch einen kleinen, die Öffnung umgebenden Erdwall leicht zu erkennen.

▷ ***Andrena cineraria*** ist eine europäische Biene. Bei den Weibchen sind nur die Vorderschienen weiß behaart (Abbildung). Männchen tragen hingegen weiße Haare an allen Schenkeln.

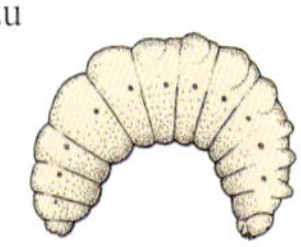

LARVEN: Schlank oder gedrungen, wulstige Hinterleibssegmente.

Länge 4–20 mm, meist 10–15 mm	Ernährungsweise der Larven

Ordnung HYMENOPTERA	Familie ANTHOPHORIDAE	Artenzahl 4000

Anthophoridae

Die meisten Arten dieser großen Familie leben solitär, bei den Holzbienen (Gattung *Xylocopa*) können aber auch soziale Verhaltensweisen beobachtet werden. Die Holzbienen sind entweder sehr stattlich und blauschwarz oder klein, dunkel und blaugrün. Einige Arten, die sog. Kuckucksbienen, sind wespenähnlich schwarzgelb oder braunweiß gefärbt, an den Hinterbeinen fehlt ihnen die Einrichtung zum Sammeln von Pollen. Viele andere Anthophoriden sind kräftige und stark behaarte Bienen.

LEBENSWEISE: Kuckucksbienen legen ihre Eier in die Nester von solitären Bienen. Die Larven töten dann die Eier oder Larven ihres Wirtes und verzehren deren Futtervorrat. Die im Boden brütenden Bienen graben Gänge in das Erdreich und verproviantieren dort spezielle Larvenkammern mit Pollen und Honig. Holzbienen legen ihre Nester mit den Brutzellen in Holz an. In jede Kammer, die mit klebrigem Pollen angefüllt wird, legt das Weibchen ein einzelnes Ei. Danach wird die Zelle mit zerkautem Holzmehl verschlossen.

VERBREITUNG: Weltweit. In blütenreichen Lebensräumen.

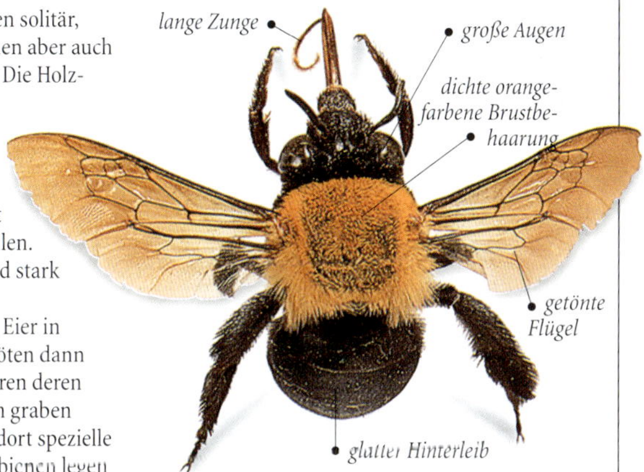

△ ***Amegilla acraensis*** kommt in Afrika, südlich der Sahara, recht häufig vor. Diese sehr schnell fliegende Biene legt weite Wege zurück, um an hochwertigen Nektar aus langkelchigen Blüten zu gelangen.

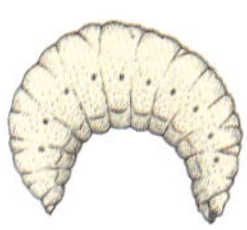

LARVEN: Sehr unterschiedlich, kräftig oder schlank, weißlich bis gelb gefärbt.

△ ***Melecta luctuosa*** ist eine Kuckucksbiene, die ihre Eier in die Nester von Bienen der Gattung *Anthophora* legt. Ihre Heimat ist Europa und Asien.

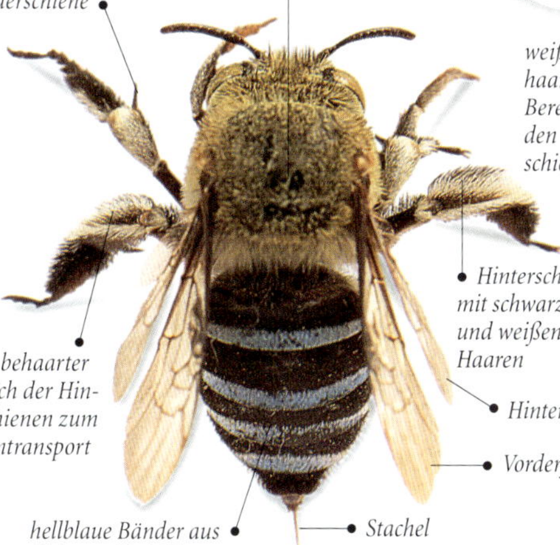

◁ ***Amegilla comberi*** ist eine schnell fliegende, im Boden brütende Biene aus Indien. Als Anpassung an langkelchige Blüten hat sie eine extrem lange Zunge.

Länge 3–30 mm	Ernährungsweise der Larven ❀

Ordnung HYMENOPTERA	Familie APIDAE	Artenzahl 1000

Honigbienen und Verwandte

Die kräftigen, pelzigen Hummeln und die etwas kleineren, schlankeren Honigbienen sind die wohl bekanntesten Vertreter dieser Familie. Die Weibchen besitzen spezielle Schienenkörbchen zum Pollentransport. Die Färbung der Tiere variiert sehr stark.

LEBENSWEISE: Diese Bienen leben in Staaten, die aus einer Eier legenden Königin, Männchen (Drohnen) und den unfruchtbaren Arbeiterinnen bestehen. Letztere sammeln Futter und versorgen die Brut. Hummeln leben in kleineren Gemeinschaften, deren Nester ober- oder unterirdisch angelegt werden und die Brutzellen aus Wachs beherbergen. In Bienenstöcken dagegen leben mehrere Tausend Individuen. Ein Stock besteht aus zweiseitigen Waben mit vielen sechseckigen Zellen, in denen sich die Larven entwickeln und Pollen und Honig gespeichert werden. Die Arbeiterinnen können sich Entfernung, Lage und Qualität der Futterquellen durch eine Tanzsprache mitteilen.

VERBREITUNG: Weltweit, außer in Teilen Afrikas. Hummeln häufig in den nördlichen gemäßigten Breiten. In blütenreichen Lebensräumen.

ANMERKUNG: Diese Bienen sind Honig- und Wachslieferanten und wichtig für die Bestäubung vieler Blütenpflanzen.

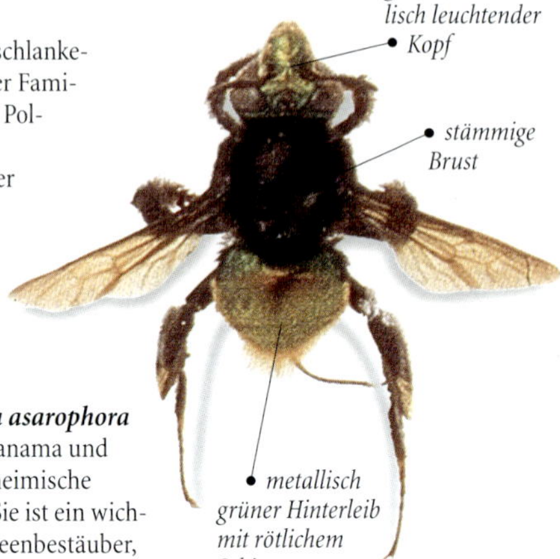

▷ ***Euglossa asarophora*** ist eine in Panama und Costa Rica heimische Goldbiene. Sie ist ein wichtiger Orchideenbestäuber, da die Männchen Öle und Harze von Orchideen sammeln, die sie vermutlich bei der Balz verwenden.

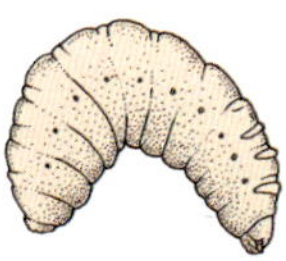

LARVEN: Weißlich und madenförmig. Hummellarven sind dicker als die der Honigbiene.

△ ***Euglossa intersecta*** lebt in Surinam, Guyana und in nördlichen Teilen Brasiliens. Wie viele *Euglossa*-Arten ist sie leuchtend metallisch gefärbt.

◁ ***Apis mellifera,*** die Honigbiene, ist heute weltweit verbreitet und die am besten untersuchte Biene der Gattung *Apis*. Millionen von Flügen zwischen Blüten und Bienenstock sind nötig, um ein Kilo Honig zu erzeugen.

Länge 3–30 mm	Ernährungsweise der Larven

***Psithyrus*-Arten** sind Kuckucksbienen, die als Schmarotzer in enger Verbindung mit Hummeln leben. Sie legen ihre Eier vornehmlich in die Nester von *Bombus*-Arten und einige gleichen äußerlich in erstaunlicher Weise ihren Wirten.

◁ ***Bombus monticola*** ist eine recht kleine, aber auffällige Hummel, die – wie ihr lateinischer Name schon verrät – häufig in höheren Lagen und in den nördlichen Gebirgen vorkommt. Das Nest wird in unterirdischen Höhlen angelegt, die sich oft in der Nähe von Blaubeersträuchern befinden.

△ ***Bombus lucorum*** ist eine sehr häufig vorkommende Hummel, die ihre Nester unterirdisch anlegt. Sie ist eine der ersten Arten, die man in Europa im Frühsommer beobachten kann.

△ ***Bombus terrestris*** ist als Erdhummel allgemein bekannt. Das Hinterende der Männchen und der Arbeiterinnen ist stets weißlich gefärbt. Die Abbildung zeigt eine unfruchtbare Arbeiterin bei der Nahrungssuche auf einer Blüte.

Ordnung HYMENOPTERA	Familie BETHYLIDAE	Artenzahl 2000

Bethylidae

Der Kopf dieser normalerweise schwarz oder bräunlich gefärbten Wespen ist recht lang. Einige oftmals flügellose Weibchen sehen sehr ameisenähnlich aus, bestimmte andere Arten wiederum gleichen mit ihrer gepunkteten Körperoberfläche den Ameisenwespen (S. 187).

LEBENSWEISE: Die Eier werden äußerlich an Käferlarven oder Schmetterlingsraupen abgelegt. Die zur Eiablage ausgewählte Beute wird meist mit Stichen gelähmt und in ein geeignetes Versteck gebracht. Bei einigen Arten bleibt das Weibchen bis zum Schlupf der Imagines im Versteck.

VERBREITUNG: Weltweit, besonders in den wärmeren Regionen. In den Lebensräumen ihrer Wirte.

***Bethylus*-Arten** können mit ihrem Stachel kleine Beutetiere wirkungsvoll lähmen oder töten.

LARVEN: Weißlich, nach hinten dicker werdend.

Länge 4–20 mm, meist unter 10 mm	Ernährungsweise der Larven

Ordnung HYMENOPTERA	Familie CHRYSIDIDAE	Artenzahl 3000

Goldwespen

Diese wunderschönen, metallisch glänzenden Wespen sind grün, blau, rot oder in einer Kombination dieser Töne gefärbt, worauf auch ihr deutscher Name anspielt. Ihr Körper ist mit Grübchen übersät und zum Schutz vor Bienen- und Wespenstichen stark gepanzert.

LEBENSWEISE: Ähnlich wie die Kuckucksbienen legen die Goldwespen ihre Eier in die Nester solitärer Bienen und Wespen. Die Goldwespenlarve frisst dann die Wirtslarve von außen her auf und vertilgt auch einen Teil des Futtervorrats.

VERBREITUNG: Weltweit. In zahlreichen Lebensräumen, in denen geeignete Wirte vorkommen.

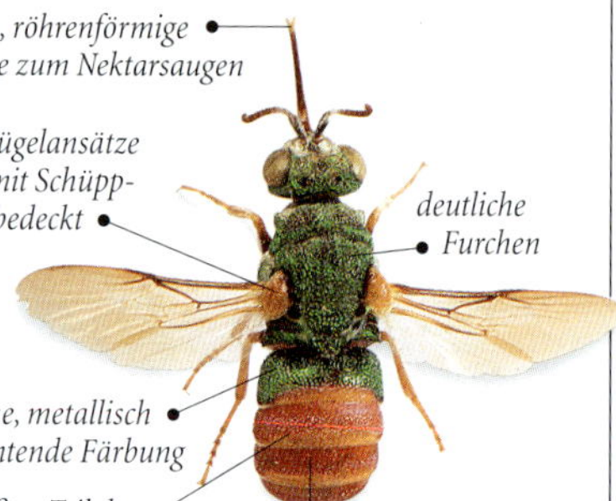

△ ***Parnopes carnea*** ist eine europäische Goldwespe. Die Arten dieser Gattung leben parasitär an solitären Wespen.

△ ***Stilbum splendidum*** Diese Art stammt aus Nordaustralien und parasitiert an solitären, in Lehm nistenden Wespen.

△ ***Cleptes*-Arten** findet man meist auf der Nordhalbkugel. Oft hat der Körper keinen durchgehend metallischen Schimmer.

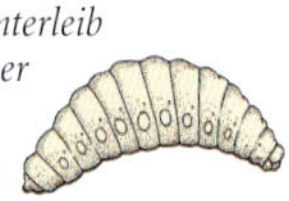

LARVEN: Glatt und kräftig, in der Körpermitte am dicksten.

Länge 2–20 mm, meist unter 12 mm	Ernährungsweise der Larven

Ordnung HYMENOPTERA	Familie COLLETIDAE	Artenzahl 2000

Seiden- und Maskenbienen

Diese solitären Bienen sind schlank bis kräftig und meist recht dunkel oder schwarz gefärbt. Die Körperbehaarung ist zart goldfarben oder weißlich und bildet auf dem Hinterleib schmale Bänder.
LEBENSWEISE: Die Seidenbienen legen in Sandböden Erdnester an, die sie mit einem seidenartigen Sekret wasserdicht auskleiden. Maskenbienen nisten gern in Holz, wobei sie meist schon vorhandene Hohlräume, z. B. Gänge von holzbohrenden Insekten, bevorzugen; aber auch hohle Pflanzenstängel kommen für den Nestbau in Betracht. Jede Brutkammer wird mit ausgewürgtem Pollen und Nektar verproviantiert.
VERBREITUNG: Weltweit, vor allem auf der Südhalbkugel. Häufig an Blüten.
ANMERKUNG: Seidenbienen transportieren Pollen an den Hinterbeinen, während Maskenbienen ihn in ihrem Kropf tragen.

△ ***Hylaeoides concinna*** ist eine Maskenbiene mit einem auffällig rötlichen Gesichtsfleck.

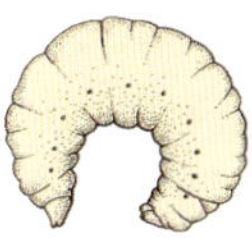

LARVEN: Je nach Art unterschiedlich, aber immer gekrümmt und madenförmig.

◁ ***Colletes daviesanus*** ist eine europäische Seidenbiene. Sie legt ihre Nester in sandigen Steilufern an.

Länge 3–18 mm, meist unter 13 mm	Ernährungsweise der Larven

Ordnung HYMENOPTERA	Familie DRYINIDAE	Artenzahl 1000

Zikadenwespen

Auffallend an diesen braunen oder schwarzen Wespen sind die zu pinzettenartigen Greifern umgestalteten Vorderfüße der Weibchen. Die Männchen sind meist geflügelt, während die Weibchen oft flügellos sind und ameisenähnlich erscheinen.
LEBENSWEISE: Die Weibchen erbeuten Zikaden, vor allem deren Nymphen, lähmen sie durch einen Stich und legen ein Ei hinein. Die parasitoiden Wespenlarven entwickeln sich in einer sackartigen Hinterleibsvorwölbung des Wirtes und ernähren sich von dessen Gewebe. Später findet die Verpuppung außerhalb des Wirtes in einem Kokon statt.
VERBREITUNG: Weltweit. Überall dort, wo ihre Wirte leben.

▷ ***Gonatopus sepsoides*** ist eine europäische Wespe, deren Weibchen – wie viele Arten dieser Gattung – ameisenähnlich aussehen.

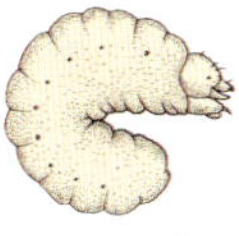

LARVEN: Gewöhnlich weißlich, großer Kopf. In der Regel sind sie stark U-förmig eingekrümmt.

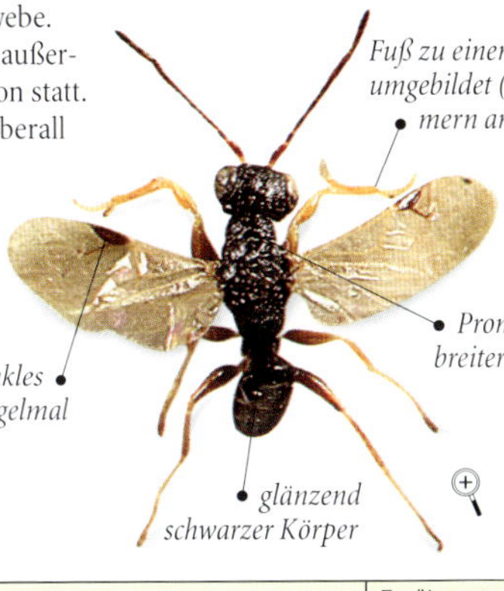

◁ ***Chelogynus scapularis*** lebt ebenfalls in Europa. Die auffallenden Beine sind gelblich und weisen verdickte Schenkel auf.

Länge 2–12 mm, meist unter 8 mm	Ernährungsweise der Larven

Ordnung HYMENOPTERA	Familie FORMICIDAE	Artenzahl 9000

Ameisen

Diese im höchsten Grade sozial lebenden Insekten bilden Staaten, die aus wenigen Dutzend bis mehreren Millionen Individuen bestehen; zu solch einer Kolonie gehören überwiegend sterile, flügellose Arbeiterinnen. Die Geschlechtstiere, Männchen und Königinnen, sind zumindest in einem frühen Stadium geflügelt. Alle Ameisen haben einen deutlichen Hinterleibsstiel, der vom zweiten, manchmal auch noch vom dritten Hinterleibssegment gebildet wird. Dieser Stiel kann knoten- oder stachelförmig sein. Die Färbung der Tiere ist meist braun oder rotbraun, es treten aber auch gelbe und grünliche Arten auf. Ameisen sind sehr wehrhaft, können beißen, stechen und Ameisensäure verspritzen.

LEBENSWEISE: Das Männchen stirbt nach der Paarung, die junge Königin dagegen wirft ihre Flügel ab und gründet an geeigneter Stelle einen neuen Staat. Bald schon übernehmen die Arbeiterinnen die Pflege der Eier und die Fütterung der Larven. Durch spezielle Eiweißnahrung entwickeln sich diese zu Geschlechtstieren.

VERBREITUNG: Weltweit. In allen terrestrischen Lebensräumen. Anmerkung: In den meisten Ökosystemen treten Ameisen als bedeutende Räuber oder Pflanzenfresser auf. Einige Arten, z. B. die Blattschneiderameisen (Atta-Arten) oder die Feuerameisen *(Solenopsis invicta)*, sind gefährliche Pflanzenschädlinge. Oft wird die Familie Formicidae in mehrere Familien aufgeteilt, die alle in die übergeordnete Gruppe Formicoidea gestellt werden.

△ ***Oecophylla smaragdina,*** die Grüne Weberameise, baut ihre Nester aus Blättern. Einige Arbeiterinnen halten die Blätter in Position, während andere sie mit den Spinnfäden der Larven zusammenfügen, wobei sie die Larven in ihren Kiefern tragen und wie ein Weberschiffchen benutzen.

LARVEN: Weiß, gekrümmt und madenartig, gelegentlich behaart.

▽ ***Myrmecia*-Arten,** die Australischen Bulldogameisen, sind recht lang. Die Arbeiterinnen verfügen über einen wirkungsvollen Stachel.

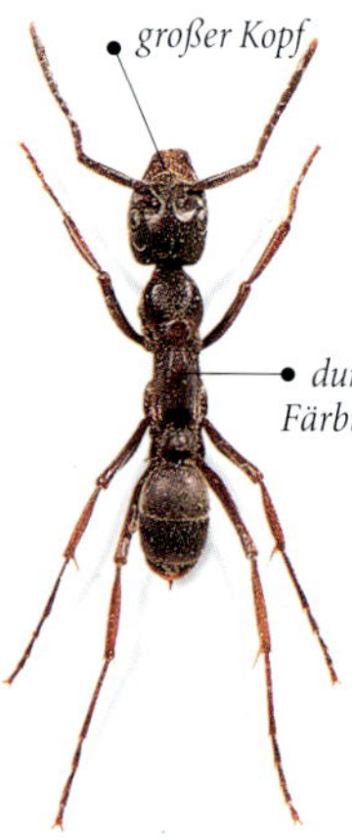

△ ***Megaponera foetens*** lebt in Afrika und ist ein ausgesprochener Termitenräuber. Ist eine Termite entdeckt, legen die Tiere eine Duftspur zum Nest zurück, die noch mehr Arbeiterinnen für die Jagd mobilisiert.

△ ***Dinoponera grandis*** ist in Teilen Südamerikas heimisch. Diese Art bildet nur kleine Kolonien. Die großen Arbeiterinnen gehen gemeinschaftlich auf die Jagd.

Länge 1–20 mm	Ernährungsweise der Larven

▷ ***Dorylus nigricans*** ist eine im südlichen Afrika gefürchtete Treiberameise. Charakteristisch ist der wurstförmige Körper dieser Insekten.

Königin

Arbeiterinnen

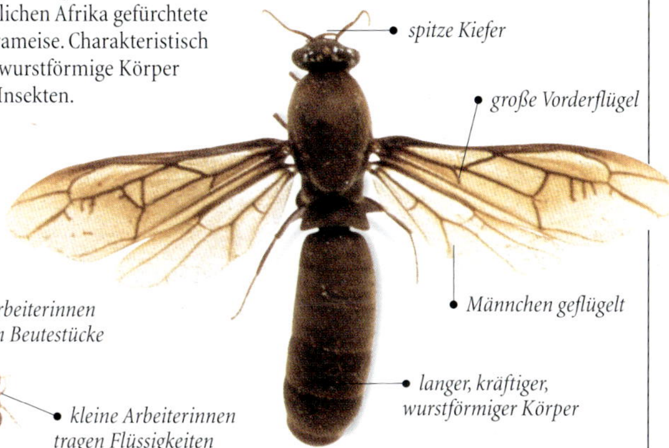

Männchen

△ ***Dorylus nigricans*** Die Kolonien dieser Ameise umfassen Millionen von Einzeltieren, die alle auf eine einzige Königin zurückgehen. Während der Wanderphase wird die Brut der Königin von den Arbeiterinnen zwischen den Kiefern getragen.

▷ ***Atta laevigata*** ist eine von ca. 200 Arten der Blattschneiderameisen aus dem tropischen Südamerika. In langen Karawanen tragen die Arbeiterinnen Blattstückchen in die riesigen Nester ein. Auf den Blättern züchten sie Pilze, von denen sie sich ernähren.

▽ ***Formica rufa,*** eine der bekanntesten Waldameisen, kommt in ganz Europa häufig vor. Als Räuber spielt diese Art eine wichtige Rolle im ökologischen Gleichgewicht der Wälder.

Ordnung HYMENOPTERA	Familie HALICTIDAE	Artenzahl 3500

Schmalbienen

Die meisten dieser Bienen sind braun oder schwarz gefärbt, einige haben jedoch einen metallisch blauen oder grünen Schimmer. Ihr Körper ist in der Regel nur schwach behaart, die Oberfläche kann Grübchen oder Furchen aufweisen. Die meisten Arten leben solitär, manche auch in unterschiedlichem Grade sozial.

LEBENSWEISE: Die Eiablage erfolgt in Nestern, die im Boden oder in morschem Holz angelegt werden. Durch ein besonderes Sekret, das die Bienen an den Nestwänden verschmieren, werden die Brutkammern wasserdicht imprägniert und gegen Pilzbefall geschützt.

VERBREITUNG: Weltweit. Weit verbreitet, besonders in blütenreichen Gebieten und an Waldrändern.

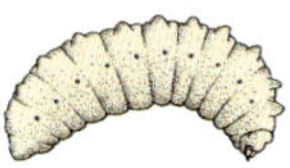

LARVEN: Manchmal sitzen kleine Höcker oder winzige Dornen auf der Körperoberfläche.

Halictus quadricinctus lebt in ganz Südeuropa und im Mittelmeerraum. Es ist eine der größten europäischen Arten der Gattung *Halticus*.

Länge 4–5 mm, meist unter 10 mm	Ernährungsweise der Larven ❀

Ordnung HYMENOPTERA	Familie MEGACHILIDAE	Artenzahl 3000

Blattschneiderbienen und Verwandte

Die Mehrheit dieser Bienen lebt solitär. Oft ist der Körper kräftig und dunkelbraun bis schwarz gefärbt. Manche haben eine gelbe oder weißliche Zeichnung, einige schimmern metallisch blau oder grün. Pollen sammelnde Arten transportieren den Pollen in Haarbüscheln unter dem Hinterleib.

LEBENSWEISE: Die meisten Arten legen ihre Nester in natürliche Hohlräume, z. B. Totholz, hohle Stängel und leere Schneckenhäuser. Bei den Blattschneiderbienen werden die Brutzellen mit Blattstückchen voneinander abgegrenzt und ausgekleidet, während die Wollbienen Pflanzenhaare dafür benutzen. Mauerbienen formen ihre Nester unter Steinen und in kleinen Höhlen aus Lehm. In dieser Familie kommen auch Kuckucksbienen als Brutschmarotzer nestbauender Bienen vor.

VERBREITUNG: Weltweit. In unterschiedlichen Lebensräumen.

ANMERKUNG: Als wichtige Bestäuber werden einige Arten gelegentlich auf großen Anhängern von Feld zu Feld gefahren.

Chalicodoma monticola nistet in Pflanzenstängeln, z. B. Bambusrohren, und trennt die Brutzellen mit Lehm oder einem Gemisch aus Lehm und Harz voneinander ab.

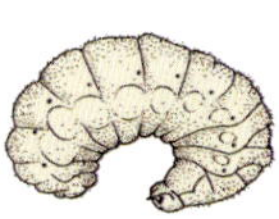

LARVEN: Gedrungen, meist nach hinten dicker werdend.

Länge 7–20 mm	Ernährungsweise der Larven ❀

Ordnung HYMENOPTERA	Familie MUTILLIDAE	Artenzahl 5000

Ameisenwespen

Die Weibchen dieser Wespen sind mit samtigen Härchen bedeckt, flügellos und gleichen Ameisen. Sie werden daher auch als Spinnenameisen, Ameisenspinnen oder Ameisenbienen bezeichnet. Die Färbung der Tiere ist schwarz oder rotbraun mit schmalen Bändern aus gelben oder silbrigen Härchen. Die Männchen sind geflügelt.

LEBENSWEISE: Ameisenwespen sind Brutschmarotzer anderer Hautflügler, vor allem an Faltenwespen, Grabwespen und Bienen. Die Wirtsnester werden von den Weibchen aufgespürt und die Brutkammern aufgebissen. Ist die Wirtslarve noch zu klein, wird die Kammer wieder verschlossen, andernfalls wird zuvor ein Ei hineingelegt. Nach dem Schlupf der Ameisenwespenlarve frisst diese den Wirt auf und verpuppt sich in der Brutzelle.

VERBREITUNG: Weltweit, besonders in tropischen und suptropischen Regionen. Weibchen laufen in trockenem Gelände oft auf dem Boden.

ANMERKUNG: Der Stich einer Ameisenwespe kann sehr schmerzhaft sein.

Männchen

Weibchen

◁ △ ***Mutilla europea*** ist in Europa weit verbreitet und lebt parasitär an Hummeln (S. 180 – 181).

LARVEN: Von der Seite betrachtet sind die Hinterleibssegmente auf der Oberseite wulstig gerundet.

Männchen

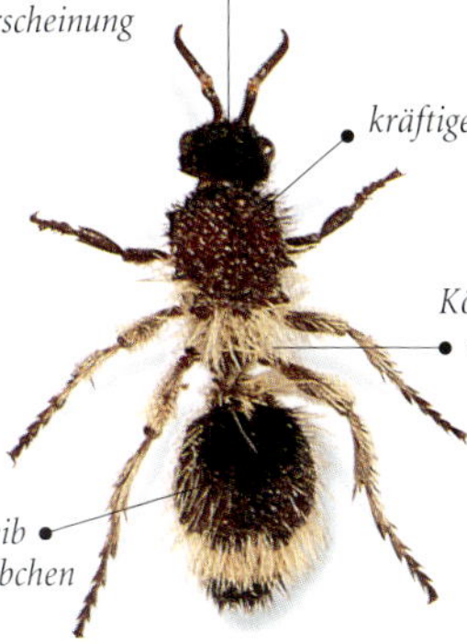

Weibchen

◁ △ ***Sphaerophthalma melancholica*** lebt in Südamerika und legt ihre Eier sowohl am Boden als auch an Pflanzen in die Nester bestimmter Bienen und Wespen.

Länge 3 – 25 mm	Ernährungsweise der Larven

Ordnung HYMENOPTERA	Familie POMPILIDAE	Artenzahl 4000

Wegwespen

Diese verhältnismäßig schlanken Wespen besitzen lange Hinterbeine und sind meistens dunkelblau oder schwarz gefärbt. Die Tönung der Flügel reicht von bronzefarben bis hin zu dunkelblau und schwarz. Einge Arten können sehr groß werden, in der Regel sind die Männchen kleiner und dünner als die Weibchen.
LEBENSWEISE: Die Weibchen erbeuten für ihre Nachkommen Spinnen, die sie fliegend oder laufend auf dem Boden aufspüren und mit einem Stich lähmen. Obwohl sich die Spinnen wehren, können selbst sehr große Arten nichts gegen das Gift der Wespen ausrichten. Diese graben dann meist ein Loch in den Boden, in das sie die Spinne hineintragen und mit einem Ei belegen. Arten, die bodenlebende Spinnen erjagen, nutzen gleich deren unterirdischen Bau als Nest. Einige Vertreter legen ihre Eier an die Beute anderer Grabwespen, bevor diese ihr Nest verschließen können; andere öffnen sogar fremde Brutkammern, um ihre eigenen Nachkommen mit deren Vorrat zu versorgen.
VERBREITUNG: Weltweit, vor allem in den Tropen und Subtropen.
ANMERKUNG: Der Stich dieser Wespen kann auch für den Menschen sehr schmerzhaft sein.

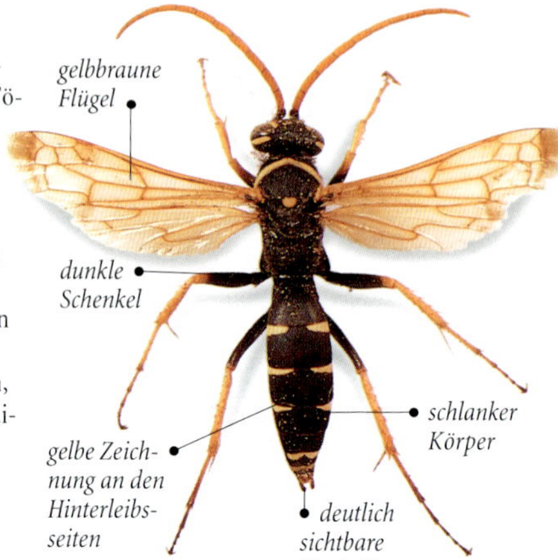

△ ***Pompilus*-Arten**
Die Männchen (Abbildung) haben zwölf Fühlerglieder und sechs sichtbare Hinterleibssegmente, während die Fühler der Weibchen aus 13 Gliedern bestehen und ihr Hinterleib sieben Segmente erkennen lässt.

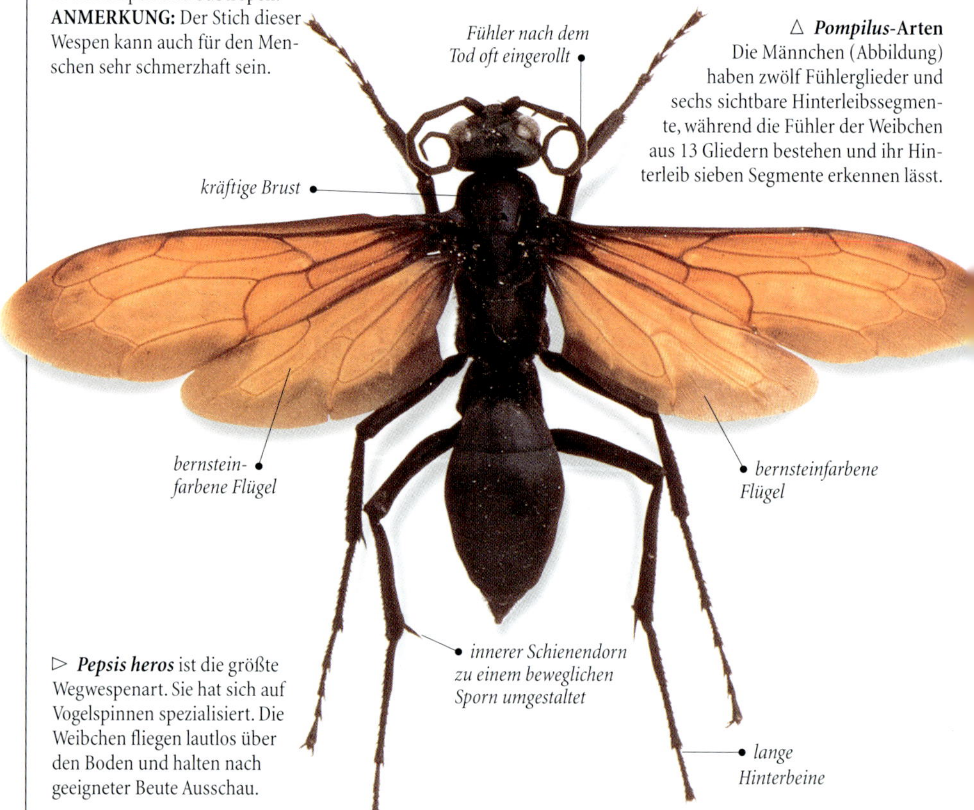

▷ ***Pepsis heros*** ist die größte Wegwespenart. Sie hat sich auf Vogelspinnen spezialisiert. Die Weibchen fliegen lautlos über den Boden und halten nach geeigneter Beute Ausschau.

Länge 5–70 mm, meist unter 25 mm	Ernährungsweise der Larven

▷ ***Hemipepsis*-Arten** kommen hauptsächlich in Südamerika und Südostasien vor. Oft verteidigen die Männchen ihr Territorium, um sich den eigenen Fortfpflanzungserfolg zu sichern.

▽ ***Macromeris violaceus*** ist in Südostasien beheimatet und nach ihren schillernden violetten Flügeln benannt.

△ ***Priocnemis*-Arten** haben ihren Verbreitungsschwerpunkt auf der Nordhalbkugel. Diese Art besitzt einen schlanken Hinterleib und bespornte Beine, wie es für Wegwespen typisch ist.

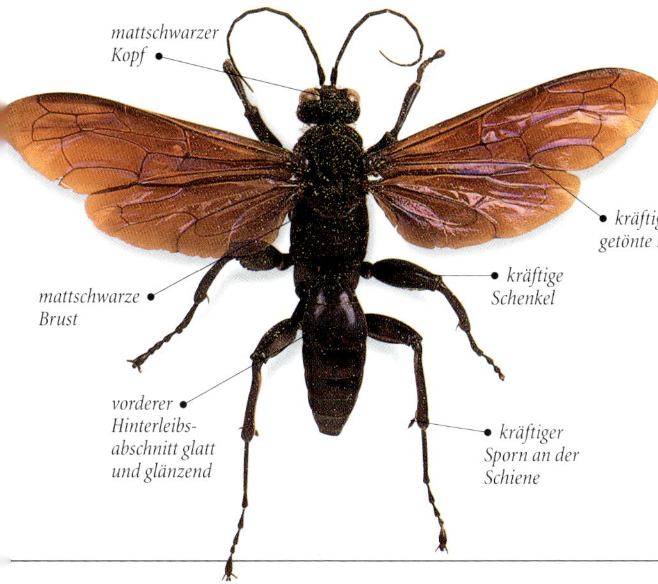

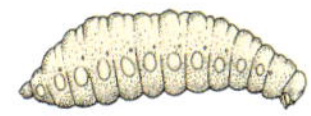

LARVEN: Madenförmig und weißlich, in der Mitte am dicksten.

Ordnung HYMENOPTERA	Familie SCOLIIDAE	Artenzahl 350

Dolchwespen

Die Vertreter dieser Familie sind sehr große und kräftig gebaute Wespen. Ihre Grundfärbung ist meist blauschwarz mit rötlich braunen Zeichnungen. Die transparenten Flügel, deren Ränder meist unregelmäßig gezackt erscheinen, sind oft getönt und weisen manchmal einen wunderschönen, metallisch blauen Glanz auf. Zudem ist der Körper dicht mit dunklen oder goldfarbenen Härchen besetzt. Die Männchen der Dolchwespen sind kleiner als die Weibchen und ihre Fühler sind kürzer. Bei beiden Geschlechtern ist eine deutliche Einbuchtung des inneren Augenrandes zu erkennen.
LEBENSWEISE: Nach der Paarung suchen und graben die Weibchen rastlos in der Laubschicht nach den Larven von Blatthornkäfern, an denen die Dolchwespenlarven sich entwickeln. Ist eine Käferlarve gefunden und durch einen Stich gelähmt, wird an ihrer Außenseite ein einzelnes Ei abgesetzt. Nach dem Schlupf frisst die Wespenlarve ihren lebenden Vorrat auf und spinnt sich in der Nähe einen grobmaschigen Kokon, in dem sie sich verpuppt.
VERBREITUNG: Weltweit, hauptsächlich in den Tropen. In Deutschland kommen nur zwei Arten vor.

△ ***Scolia variegata*** lebt in Teilen Südamerikas. Die auffällige schwarz-gelbe Warntracht soll Angreifer abschrecken.

im Flug

Scolia procer kann man auf Java, Borneo und Sumatra finden. Vertreter dieser Gattung sind nicht besonders aggressiv, können bei unvorsichtiger Handhabung aber empfindlich stechen.

in Ruhe

Länge 10–56 mm	Ernährungsweise der Larven

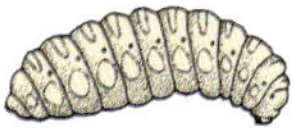

LARVEN: Dick, weißlich. Der Kopf ist klein und braun und trägt winzige Grübchen und Härchen.

△ ***Scolia hyalina*** aus Brasilien ist ein typischer Vertreter dieser Familie. Charakteristisch in dieser Gruppe ist eine deutliche Einbuchtung des Augenrandes. Wie bei vielen Hymenopteren sind drei Punktaugen in dreieckiger Anordnung auf dem Kopf vorhanden.

△ ***Scolia peregrina*** aus Peru hat getönte Flügel mit einem leicht metallischen Schimmer. Wie bei allen Dolchwespen sind die Weibchen von gedrungener Statur und besitzen kräftige Vorderbeine.

Ordnung HYMENOPTERA	Familie SPHECIDAE	Artenzahl 8000

Grabwespen

Hierzu zählt eine Vielzahl solitär lebender Arten, die in zahlreichen Formen auftreten können. Meist sind sie unbehaart und leuchtend gefärbt. Sie nisten im Boden, in morschem Holz oder hohlen Pflanzenstängeln, einige auch in den Grabgängen anderer Insekten. Nicht alle Arten graben also ein Nest, wie es der Name vermuten ließe.

LEBENSWEISE: Das Weibchen sucht ein Insekt oder eine Spinne, lähmt sie und trägt sie zu einem zuvor erstellten Bau. Zusammen mit einem Ei wird die Beute vergraben, die später von der Wespenlarve verzehrt wird. Manchmal werden auch mehrere Beutetiere eingetragen oder die Larve wird von der Mutter weiter versorgt. Einige Arten legen ihre Eier auch in die Nester anderer Grabwespen.

VERBREITUNG: Weltweit. In zahlreichen Lebensräumen.

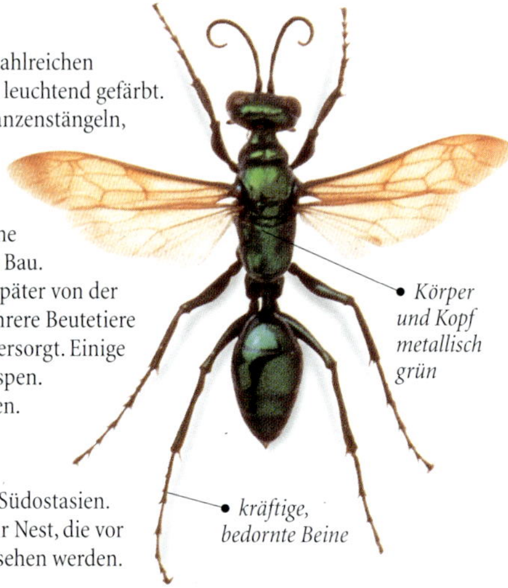

▷ ***Chlorion lobatum*** stammt aus Südostasien. Sie trägt hauptsächlich Grillen in ihr Nest, die vor dem Verschließen mit einem Ei versehen werden.

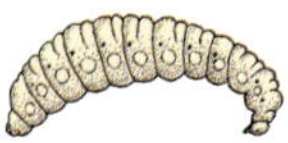

LARVEN: Vorn und hinten verjüngt, vorwiegend weißlich, kräftige Kiefer.

◁ ***Ampulex*-Arten** sind Schabenjäger, die sogar Wohnungen aufsuchen, um an ihre Beute zu kommen. Die Gattung ist in den tropischen Regionen der Welt heimisch.

△ ***Editha magnifica*** aus Brasilien ist eine leuchtend gezeichnete Grabwespe, die auf den Fang von Schmetterlingen, vor allem von Weißlingen (S. 177), spezialisiert ist.

△ ***Cerceris arenaria*** fängt Rüsselkäfer, die mit einem Stich gelähmt und in Sandnester eingetragen werden. Dort legt die Wespe ein Ei an die Beute und verschließt das Nest wieder.

Länge 4–48 mm	Ernährungsweise der Larven

Ordnung HYMENOPTERA	Familie TIPHIIDAE	Artenzahl 1600

Rollwespen

Diese glänzenden Wespen sind sehr schlank bis kräftig. Einige ameisenähnlichen Weibchen sind flügellos.
LEBENSWEISE: Die Paarung erfolgt gelegentlich in der Luft, wobei das Weibchen vom Männchen getragen wird. Danach sucht das Weibchen einen geeigneten Wirt für die Larven, meist sind es Blatthorn- oder Sandlaufkäferlarven. Die Beute wird durch einen Stich gelähmt und mit einem Ei versehen.
VERBREITUNG: Weltweit. In zahlreichen Lebensräumen.

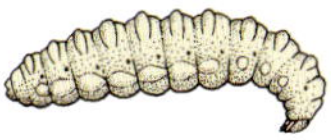

LARVEN: Weiß und länglich, wulstige Hinterleibsoberseite.

△ ***Thynnus ventralis*** stammt aus Australien. Die Weibchen sind im Gegensatz zu den Männchen flügellos und parasitieren an Blatthornkäferlarven (S. 128).

Länge 5–28 mm	Ernährungsweise der Larven

Ordnung HYMENOPTERA	Familie VESPIDAE	Artenzahl 4000

Faltenwespen

Die Flügel dieser Wespen werden in Ruhe längsgefaltet und nicht über dem Körper getragen. Die meisten haben eine schwarzgelbe oder orange-braune Warnfärbung. Alle heimischen Arten sind staatenbildend und bauen ihre Nester aus zerkauten Holzfasern. Hierzu zählen auch die Hornisse und die Gemeine Wespe, die im Spätsommer sehr lästig werden kann. Tropische Arten bauen auch Lehmnester.
LEBENSWEISE: Ein Wespenstaat wird in unseren Breiten im Frühjahr von einer befruchteten Königin gegründet, die überwintert hat. Sie baut die ersten horizontalen Waben und versorgt die Larven selbst. Später übernehmen die Arbeiterinnen den Nestbau und die Brutpflege, sodass das Volk und das Nest schnell an Größe zunehmen. Die Larven werden mit zerkauten Insekten gefüttert.
VERBREITUNG: Weltweit. In unterschiedlichsten Lebensräumen.
ANMERKUNG: Wie einige andere Hautflügler können die Faltenwespen empfindlich stechen.

LARVEN: Hinter dem Kopf stark verdickt.

△ ***Vespa crabro,*** die Hornisse, baut ihre Nester in hohlen Bäumen. Ihre Völker zählen nur wenige hundert Arbeiterinnen.

△ ***Vespula vulgaris,*** die Gemeine Wespe, ist als Vertilgerin von anderen Insekten ein nützlicher Gartenhelfer. Sie baut ihre Nester aus Holzfasern.

▷ ***Vespula germanica,*** die Deutsche Wespe, ist eine der häufigsten sozialen Faltenwespen in Mitteleuropa und baut hauptsächlich unterirdische Nester.

Länge 4–36 mm	Ernährungsweise der Larven

Ordnung HYMENOPTERA	Familie AGAONIDAE	Artenzahl 650

Feigenwespen

Die Geschlechter dieser Wespen sind sehr verschieden. Die Weibchen sind winzig und geflügelt, die Männchen, die kaum mehr einer Wespe gleichen, sind meist flügellos. Ihre Mittelbeine sind schwach, der Hinterleib ist unter den Körper geschlagen, der sonderbare Kopf trägt kräftige Kiefer. Die Wespen leben an Feigen – daher der Name. Feigenbäume und Wespen sind sogar vollkommen aufeinander angewiesen; die Feigen werden von den Insekten bestäubt, die sich wiederum nur in bestimmten Feigenblüten entwickeln können. Jede Wespenart bestäubt nur eine einzige Feigenart.

LEBENSWEISE: Der Lebenszyklus der Feigenwespen ist sehr komplex, beginnt jedoch normalerweise mit dem Eindringen junger Weibchen in die Blütenstände der Feigen. Hier legen sie in bestimmte weibliche Blüten ihre Eier ab, wobei sie andere Blüten bestäuben. Durch die Eiablage bilden sich Gallen, in denen sich die Larven entwickeln. Männchen schlüpfen zuerst, beißen Löcher in die Gallen der Weibchen und befruchten diese. Zu diesem Zeitpunkt tragen die männlichen Feigenblüten Pollen, den die Wespenweibchen beim Verlassen des Blütenstandes abstreifen und zu anderen Feigenbäumen tragen.

VERBREITUNG: Weltweit; in den Tropen, Subtropen und in den warm gemäßigten Breiten. An Feigenbäumen.

ANMERKUNG: Einige Arten sind Brutschmarotzer an anderen Feigenwespen. Diese Parasitoide werden z. T. in eigene Familien gestellt.

△ ***Ceratosolen megacephalus*** ist eine afrikanische Feigenwespe. Hier ist das Weibchen bei der Eiablage abgebildet. Bei dem Versuch in die Feige hineinzugelangen, hat es die Fühlerenden und die Flügel verloren.

△ ***Blastophaga psenes*** ist weltweit verbreitet. Sie bestäubt *Ficus carica*, eine häufige Essfeige. Hier ist eine weibliche Wespe abgebildet. Allgemein kommen zehnmal mehr Weibchen vor als Männchen.

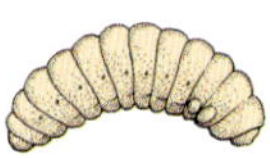

LARVEN: Klein, weißlich und madenartig. Sie entwickeln sich ausschließlich in Feigen.

◁ ***Sycoscapter*-Arten** sind parasitoide Feigenwespen, die aus Afrika stammen. Neuere DNA-Untersuchungen lassen vermuten, dass sie u. U. zur Familie Pteromalidae (S. 201) zu zählen sind.

Länge 1–3 mm	Ernährungsweise der Larven

Ordnung HYMENOPTERA	Familie BRACONIDAE	Artenzahl 25 000

Brackwespen

Die meisten Brackwespen sind kleine, unauffällig braun, rotbraun oder schwarz gefärbte Insekten. Einige von ihnen haben nur ein schwach ausgeprägtes Flügelgeäder.

LEBENSWEISE: Brackwespen sind Parasitoide, die artspezifisch an bestimmte Wirte gebunden sind. Hauptsächlich werden Schmetterlingsraupen befallen, aber auch Blattläuse, Fliegen oder andere Insekten. Einige wenige Arten sind Hyperparasitoide, d. h., ihr Wirt ist selber ein Parasit. Die Weibchen legen ihre Eier in oder an den Wirt, der, falls er groß genug ist, mehreren hundert Wespenlarven als Nahrung dient. Larven, die sich in Blattläusen entwickeln, zeigen ein sehr eigentümliches Verhalten. Sie spinnen einen Kokon um das Wirtstier herum und befestigen es so auf dem Blatt, an dem sie es gefunden haben. Innerhalb dieser „Mumie“ findet die Verpuppung statt. Zum Schlupf beißt die Wespe sorgfältig ein Loch in diesen Kokon und fliegt davon.

VERBREITUNG: Weltweit. In zahlreichen Lebensräumen.

ANMERKUNG: Viele Brackwespenarten werden in der biologischen Schädlingsbekämpfung eingesetzt.

△ ***Bathyaulax*-Arten** sind in Afrika und Südostasien weit verbreitet. Einige werden gegen schädliche Schmetterlingsraupen eingesetzt

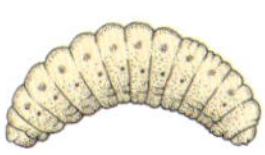

LARVEN: Weißlich und madenartig. Anhand kleinster Kiefermerkmale kann man die verschiedenen Arten bestimmen.

▷ ***Archibracon servillei*** kommt häufig im tropischen Afrika vor. Die Abbildung zeigt ein Männchen.

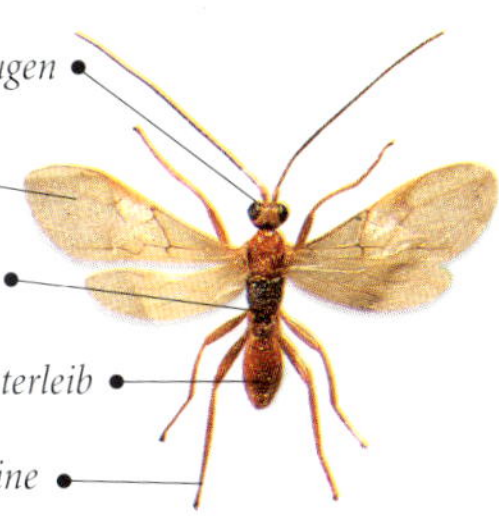

▽ ***Pygostylus sticticus*** ist eine von fünf ähnlichen Arten der Gattung. Sie lebt auf der Nordhalbkugel und parasitiert an Rüsselkäfern.

Länge 2–16 mm, meist unter 7 mm	Ernährungsweise der Larven

Ordnung HYMENOPTERA	Familie CHALCIDIDAE	Artenzahl 1800

Chalcididae

Die zu den Erzwespen zählenden Chalcididen sind meist dunkelbraun, schwarz, rot oder gelb gefärbt, ihr Körper ist mehr oder weniger stark mit Grübchen und Furchen besetzt. Gelegentlich tritt auch ein metallischer Glanz auf. Die Hinterschenkel sind deutlich verdickt und auf der Unterseite oft bezahnt. Der Legebohrer der Weibchen ist eher kurz und unauffällig.

LEBENSWEISE: Die Eier werden in Insektenlarven und -puppen abgelegt. Einige Arten befallen die Larven anderer Parasitoide.

VERBREITUNG: Weltweit. In verschiedenen Lebensräumen.

LARVEN: Weißlich, madenartig, kleiner Kopf.

△ ***Chalcis sispes*** lebt in Asien und Teilen Europas. Sie sind Parasitoide von Waffenfliegen (S. 152).

Länge 2–15 mm, meist unter 8 mm	Ernährungsweise der Larven

Ordnung HYMENOPTERA	Familie CYNIPIDAE	Artenzahl 1250

Gallwespen

Bei diesen meist voll geflügelten Wespen handelt es sich um kleine, glänzend rotbraune, schwarze oder gelbe Tiere. Ihre Brust erscheint buckelig, der Hinterleib der Weibchen ist seitlich zusammengedrückt.

LEBENSWEISE: Die Eier werden in die Blätter von Eichen oder anderen Gehölzen abgelegt. Das Pflanzengewebe bildet um die Larve eine Galle, in der sie sich entwickelt. Solche Gallen können in Größe, Färbung, Struktur und Bildungsort sehr variieren, manche können auch mehr als eine Larve enthalten.

VERBREITUNG: Weltweit, hauptsächlich auf der Nordhalbkugel. An den Futterpflanzen.

ANMERKUNG: Pflanzengallen können durch verschiedenste Organismengruppen hervorgerufen werden.

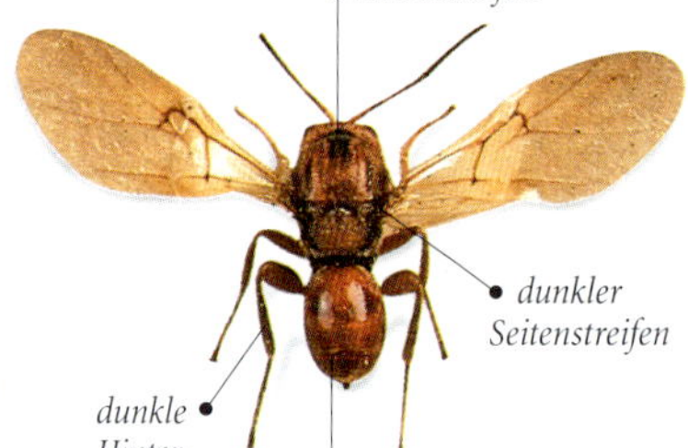

△ ***Andricus quercusradicis*** ist eine weit verbreitete europäische Art, die auf vielen verschiedenen Eichenarten vorkommt.

◁ ***Andricus*-Arten** kommen in Europa sehr häufig vor. Viele sind nur sehr schwer auseinander zu halten.

LARVEN: Weißlich, madenartig und glatt, nach hinten oft spitz zulaufend.

Länge 1–9 mm	Ernährungsweise der Larven

Ordnung HYMENOPTERA	Familie ENCYRTIDAE	Artenzahl 3800

Encyrtidae

Die Arten dieser großen Familie sind sehr variabel, vor allem was die Gestalt des Kopfes und der Fühler betrifft. Ansonsten sind die meisten dieser robusten Wespen schlank oder leicht abgeflacht, und die Färbung reicht von orange über rot bis braun, oft mit einem metallischem Glanz. Die Brust ist gewölbt und die Mittelbeine, die zum Springen benutzt werden, weisen einen langen Schienensporn auf.

LEBENSWEISE: Bei den meisten Arten legen die Weibchen ihre Eier in andere kleine Insekten, hauptsächlich jedoch in Schild-, Blatt- und Mottenläuse, während andere sich auf Raupen oder Rüsselkäferlarven spezialisiert haben oder Hyperparasitoide sind. Durch rasche Teilung können aus einem Ei zehn bis 2000 Larven entstehen. Die Verpuppung erfolgt meist im Wirt.

VERBREITUNG: Weltweit. In Lebensräumen, in denen ihre Wirte vorkommen.

ANMERKUNG: Diese Wespen zählen zu den wichtigsten Organismen in der biologischen Schädlingsbekämpfung. *Copidosoma koehleri* z. B. hält in Indien eine Kartoffeln schädigende Schmetterlingsraupe unter Kontrolle.

***Copidosoma*-Arten** kommen in Teilen Europas und Asiens vor. Sie befallen verschiedene Schmetterlingsraupen, vor allem die aus der Familie der Noctuidae (S. 165).

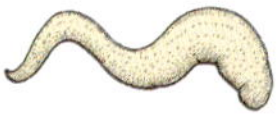

LARVEN: Sehr unterschiedlich. In der Regel ist ihr Körper jedoch hell und verjüngt sich gleichmäßig nach hinten.

Länge 0,5 – 4,5 mm, meist 1 – 2 mm	Ernährungsweise der Larven

Ordnung HYMENOPTERA	Familie EULOPHIDAE	Artenzahl 3400

Eulophidae

Diese kleinen, weichhäutigen Wespen variieren von länglich bis gedrungen. Die Fühler haben in der Regel weniger als zehn Glieder. Gelegentlich weist die gelbe, braune oder schwarze Färbung einen metallischen Glanz auf.

LEBENSWEISE: Als Wirte der parasitoid lebenden Larven dienen vor allem blattminierende oder gallenbildende Insekten, in die das Weibchen die Eier ablegt. Es werden aber auch Schmetterlingsraupen und -puppen sowie Käfer, Fliegen und Wanzen befallen. Einige benutzen sogar Insekteneier als Wirte, andere sind Hyperparasitoide. Die Wespenlarve frisst den Wirt und verpuppt sich.

VERBREITUNG: Weltweit. In den Lebensräumen ihrer Wirte.

ANMERKUNG: Diese Wespen werden zur biologischen Schädlingsbekämpfung eingesetzt.

Tetrasticus galactopus ist ein Hyperparasitoid, der die Larven der parasitoiden Wespe *Cotesia glomeratus* befällt, die ihrerseits parasitär an Kohlweißlingsraupen leben.

LARVEN: Oft weißlich und madenartig, kleiner Kopf, gedrungener Körper.

Länge 0,5 – 5 mm, meist 1–3 mm	Ernährungsweise der Larven

Ordnung HYMENOPTERA	Familie EURYTOMIDAE	Artenzahl 1400

Eurytomidae

Die kleinen Wespen sind gelb, rötlich oder dunkel, manchmal auch schwarz mit metallischem Schimmer. Sie gleichen den Chalcididen (S. 196), weisen jedoch keine Vergrößerung der Hinterhüften und keine bedornten Schenkel auf.

LEBENSWEISE: Die Larven vieler Arten entwickeln sich in Samen, in denen zuvor die Eier abgelegt wurden. Einige Larven treten als Blattminierer oder Gallenbildner auf, andere sind Parasitoide von Käfern, Wespen oder Fliegenlarven. Sehr kleine Arten befallen Heuschrecken- oder Wanzeneier. Einige wenige Larven fressen in der Jugend gallenbildende Insekten, später jedoch auch das Gallengewebe selbst.

VERBREITUNG: Weltweit. In zahlreichen Lebensräumen.

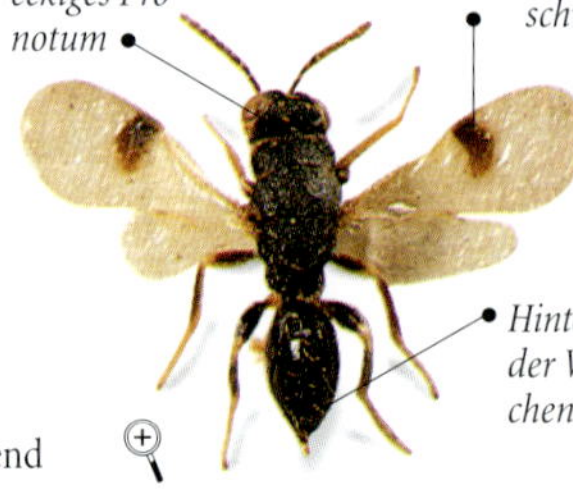

Sycophila biguttata Die Larven dieser Art sind Parasitoide von Eichen bewohnenden Gallwespenlarven, in deren Gallen sie sich entwickeln.

Eurytoma brunniventris sind eng an bestimmte gallenbildende Wespen gebunden, deren Jugendstadien von den eigenen Larven gefressen werden. Auch das Gallengewebe selbst wird verzehrt.

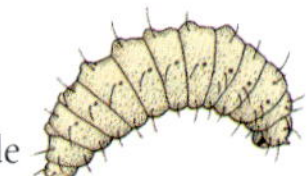

LARVEN: Weißlich, winzig und madenartig, einige mit langen Haaren besetzt.

Länge 2–6 mm	Ernährungsweise der Larven

Ordnung HYMENOPTERA	Familie GASTERUPTIIDAE	Artenzahl 500

Gichtwespen

Diese schlanken, dunkel gefärbten Wespen gleichen den Schlupfwespen (S. 199), tragen jedoch ihren Kopf auf einem kurzen Hals, und ihr dünner Hinterleib setzt weit oben auf der Brust an. Auffallend sind die verdickten Schienen an den langen Hinterbeinen. Der Legebohrer kann ebenfalls recht lang sein.

LEBENSWEISE: Nach der Paarung sucht das Weibchen im sandigen Boden, in Stängeln oder Holz nach geeigneten Nestern solitärer Bienen oder Wespen, in die die Eier abgelegt werden. Die Larven fressen die Eier des Wirtes und die für dessen Larven vorgesehenen Vorräte.

VERBREITUNG: Weltweit, vor allem in wärmeren Gebieten. In verschiedenen Lebensräumen.

ANMERKUNG: Die Gichtwespen haben einen auffallend schwebenden Flug, bei dem sie die Hinterbeine locker vom Körper herabhängen lassen.

***Gasteruption*-Arten** kann man oft im Sonnenschein bei der Nahrungsaufnahme an Blüten beobachten.

LARVEN: Gelegentlich sehr behaart. Der Kiefer trägt drei Zähne.

Länge 12–28 mm	Ernährungsweise der Larven

Ordnung HYMENOPTERA	Familie ICHNEUMONIDAE	Artenzahl 60 000

Schlupfwespen

Diese in der Regel sehr schlanken Wespen können gelblich braun bis schwarz gefärbt sein und eine braune, schwarze oder schwarzgelbe Zeichnung aufweisen. Normalerweise ist der Hinterleib mit der Brust durch eine dünne Taille verbunden. Der Legebohrer der Weibchen ist lang und deutlich sichtbar, kann bei einigen Arten aber gelegentlich auch kleiner ausgebildet sein.

LEBENSWEISE: Die Larven der Schlupfwespen leben als Parasitoide an Jugendstadien von Insekten, z. B. von Käfern, Fliegen, Schmetterlingen und anderen Wespen, einige aber auch an Spinnen. Die Weibchen benutzen den langen Legebohrer, um ihre Eier in oder an die Wirte zu legen.

VERBREITUNG: Weltweit, besonders in den gemäßigten Breiten. In den Lebensräumen ihrer Wirte.

ANMERKUNG: Viele Arten sind als natürliche Schädlingsbekämpfer für den Menschen sehr nützlich.

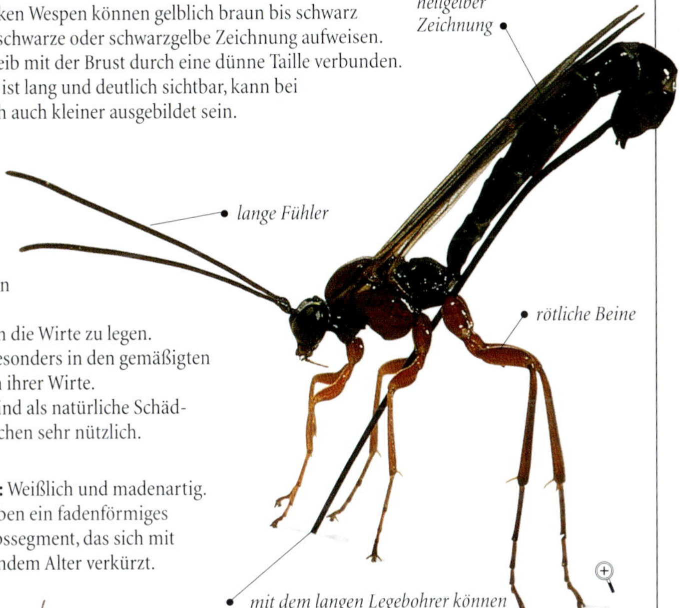

LARVEN: Weißlich und madenartig. Einige haben ein fadenförmiges Hinterleibssegment, das sich mit zunehmendem Alter verkürzt.

△ ***Rhyssa persuasoria*** ist eine recht große Schlupfwespe, die ihre Eier an im Holz bohrende Holzwespenlarven legt.

△ ***Paracollyria*-Arten** sind in Afrika heimisch. Ihre wespenartige Warntracht soll Angreifer abschrecken und wird sogar wiederum von anderen Insekten nachgeahmt.

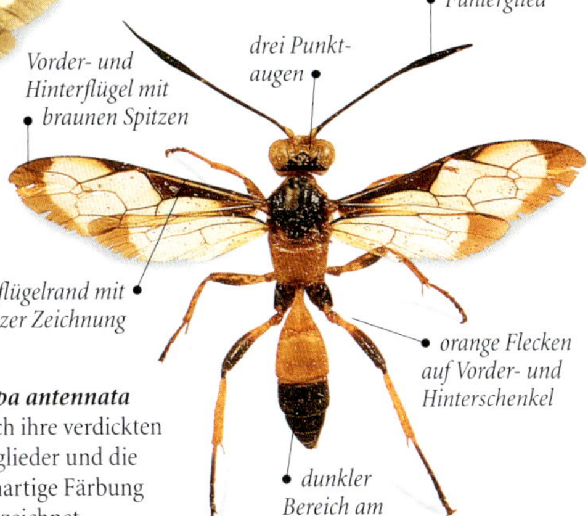

▷ ***Joppa antennata*** ist durch ihre verdickten Fühlerglieder und die wespenartige Färbung gekennzeichnet.

Länge 3–42 mm	Ernährungsweise der Larven

Ordnung HYMENOPTERA	Familie MYMARIDAE	Artenzahl 1400

Zwergwespen

In dieser Familie sind wahrscheinlich die kleinsten fliegenden Insekten der Welt vertreten. Ihre Färbung ist dunkelbraun, schwarz oder gelb, aber niemals metallisch glänzend. Auffällig sind die mit fransenartigen Härchen besetzten schmalen Vorder- und Hinterflügel, denen jegliche Aderung fehlt.

LEBENSWEISE: Die Larven sind Eiparasitoide anderer Insekten, wobei viele auf die Eier von Zikaden oder anderen Schnabelkerfen spezialisiert sind. Daneben kommen jedoch auch die Eier zahlreicher weiterer Insekten als Wirte in Frage.

VERBREITUNG: Weltweit. In Lebensräumen, in denen ihre Wirte vorkommen.

ANMERKUNG: Einige Arten wurden in der biologischen Schädlingsbekämpfung eingesetzt.

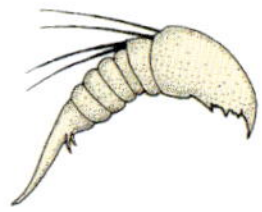

LARVEN: Winzig. In frühen Stadien tragen sie Anhänge, später sind sie madenartig.

Anagrus optabilis befällt ausschließlich die Eier bestimmter Zikaden der Familie Delphacidae. Verwandte Arten wurden zur Bekämpfung von Zikaden eingesetzt, die Reis befallen.

Länge 0,2–5 mm, meist 0,5–1,5 mm	Ernährungsweise der Larven

Ordnung HYMENOPTERA	Familie PROCTOTRUPIDAE	Artenzahl 500

Proctotrupidae

Die meisten Arten sind entweder sehr dunkel oder schwarz gefärbt. Ihre Körperoberfläche ist glatt und der Hinterleib, meist heller als Kopf und Brust, ist an beiden Enden verjüngt. Auf den Flügeln befindet sich ein deutlich erkennbares Flügelmal.

LEBENSWEISE: Die Weibchen suchen sich Insektenlarven, hauptsächlich von Käfern und Gallmücken, die versteckt in der Laubstreu oder in morschem Holz leben, und legen ihre Eier hinein. Ist die Wespenlarve ausgewachsen, bohrt sie sich durch den Hinterleib ihres Wirtes fast gänzlich ins Freie. Nur das Hinterende der Larve steckt während der Verpuppung immer noch im Wirtskörper.

VERBREITUNG: Weltweit. In Wäldern sowie zahlreichen feuchten Lebensräumen.

LARVEN: Klein, weißlich, madenartig, glatte Körperoberfläche.

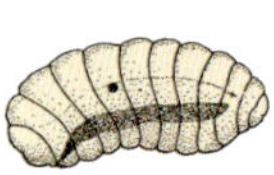

△ ***Proctotrupes gravidator*** ist auf der Nordhalbkugel und Teilen Südostasiens weit verbreitet. Diese Art parasitiert an Laufkäferlarven (S. 112).

◁ ***Exallonyx longicornis*** lebt in Europa und Asien. Die Larven dieser Art entwickeln sich in Kurzflügelkäfern (S. 130).

Länge 3–10 mm, meist unter 8 mm	Ernährungsweise der Larven

Ordnung HYMENOPTERA	Familie PTEROMALIDAE	Artenzahl 4000

Pteromalidae

Die schlanken bis gedrungenen Arten in dieser Familie sind schwarz, metallisch grün oder blau, grünbraun oder gelbbraun gefärbt. Die Brust ist oftmals mit kleinen Grübchen übersät. Seitlich betrachtet ist der glatte Hinterleib der Weibchen oft dreieckig, der der Männchen eher länglich.
LEBENSWEISE: Je nach Art kann die Entwicklung sehr unterschiedlich sein. Die Larven leben endo- oder ektoparasitoid oder sind Hyperparasitoide. Als Wirte dienen die Larven oder Puppen von Fliegen, Käfern, Wespen, Flöhen und Schmetterlingen. Gelegentlich müssen die Weibchen pflanzliches Gewebe anbohren, um an minierende, gallenbildende oder in Stängeln lebende Wirte zu gelangen. Einige Arten legen nur ein einziges Ei, andere können Hunderte von Eiern an einen Wirt legen, falls dieser groß genug ist.
VERBREITUNG: Weltweit. In den Lebensräumen ihrer Wirte.
ANMERKUNG: Einige Arten werden zur biologischen Schädlingsbekämpfung eingesetzt.

***Pteromalus*-Arten** sind häufig vorkommende Parasitoide. Ihre Larven entwickeln sich in den Jugendstadien und Puppen zahlreicher Insekten.

LARVEN: Weißlich und madenartig, kleiner Kopf. Die Körperoberfläche einiger Arten trägt kleine Höcker.

Länge 1–8 mm, meist unter 5 mm	Ernährungsweise der Larven

Ordnung HYMENOPTERA	Familie SCELIONIDAE	Artenzahl 3000

Scelionidae

Im Allgemeinen sind diese Wespen schwarz gefärbt, obwohl auch gelbe oder braune Tiere vorkommen können. Der Körperbau variiert von schlank bis kräftig, der meist zusammengedrückte Hinterleib ist scharf gerandet.
LEBENSWEISE: Diese Wespen sind Eiparasitoide anderer Insekten, vor allem von Schmetterlingen, Schnabelkerfen, Käfern und Springschrecken. Einige Arten klammern sich so lange an den Wirt, bis er seine Eier ablegt, und belegen diese dann mit einem eigenen Ei. Die befallenen Eier werden durch einen bestimmten Duftstoff markiert, sodass sie nicht von einem anderen Wespenweibchen doppelt belegt werden. Nachdem die Wespenlarve das Ei ausgefressen hat, verpuppt sie sich in dessen Hülle.
VERBREITUNG: Weltweit. In zahlreichen Lebensräumen, vor allem im offenen Grasland. Einige befallen ausschließlich Gottesanbeterinnen und Springschrecken.
ANMERKUNG: U. a. parasitieren diese Wespen an Landwirtschaftsschädlingen und wurden daher in Programmen zur Schädlingsbekämpfung eingesetzt.

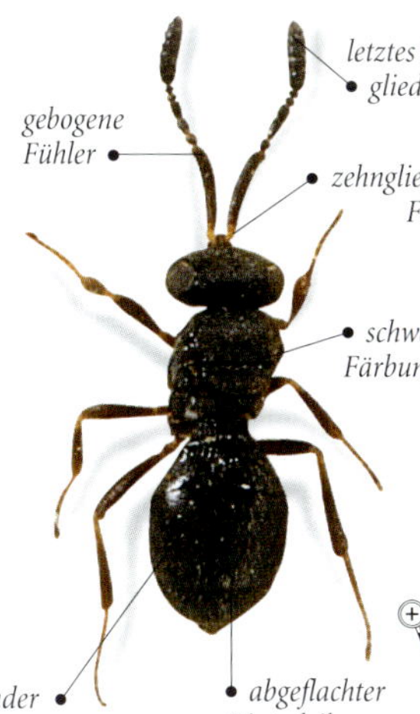

Trimorus pedestre lebt in Europa und Asien. Bei dieser Art sind beide Geschlechter flügellos. Als Wirte dienen die Eier bodenbewohnender Käfer.

LARVEN: Weißlich und madenartig, Kopf häufig in die Brust eingezogen.

Länge 0,5–10 mm, meist unter 3 mm	Ernährungsweise der Larven

Ordnung HYMENOPTERA	Familie TORYMIDAE	Artenzahl 1250

Torymidae

Diese meist länglichen Wespen sind oft metallisch grün oder blau gefärbt. Die Brustsegmente weisen eine gepunktete Struktur auf, der Hinterleib ist glatt.
LEBENSWEISE: Die meisten Arten sind Parasitoide von Gallmücken oder Gallwespen. Die Weibchen nutzen ihren Legebohrer, um das Gallengewebe zu durchdringen und ihr Ei an die Wirtslarve zu legen. Andere Arten befallen Raupen, Fangschreckeneier und die Larven einiger Bienen und Wespen. Es kommen aber auch Pflanzenparasiten vor, deren Larven sich in den Samen verschiedener Nadelholzarten entwickeln.
VERBREITUNG: Weltweit. In zahlreichen Lebensräumen, in denen ihre Wirte vorkommen.

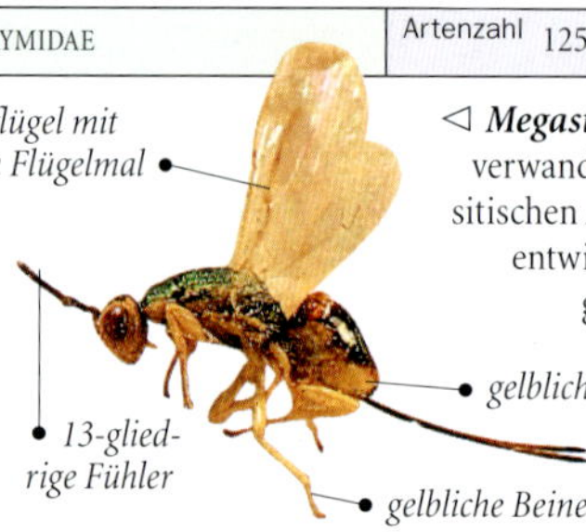

◁ ***Megastigmus dorsalis*** ist nahe verwandt mit den pflanzenparasitischen Arten, die sich in Samen entwickeln, befällt selbst aber gallenbildende Insekten.

▽ ***Torymus*-Arten** umfassen zahlreiche Wespen, die an Insektenlarven in Pflanzengallen parasitieren. Damit die Eier auch in große Gallen abgelegt werden können, ist der Legebohrer oft sehr lang.

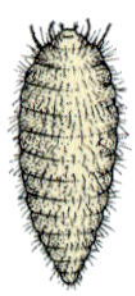

LARVEN: Weißlich, madenartig, oftmals behaart.

Länge 1 – 14 mm, meist unter 5 mm	Ernährungsweise der Larven

Ordnung HYMENOPTERA	Familie TRICHOGRAMMATIDAE	Artenzahl 600

Trichogrammatidae

Ihrer Kleinheit wegen werden diese Wespen häufig übersehen. Die meisten Arten sind hell, haben einen eher gedrungenen Körperbau und weisen auf den aderlosen Flügeln auffällige Borstenreihen auf. Der Flügelrand ist mit Härchen fransenartig besetzt.
LEBENSWEISE: Die Trichogrammatiden befallen die Eier einer Vielzahl von Insekten. Larvalentwicklung und Verpuppung dauern oft nur drei Tage.
VERBREITUNG: Weltweit. In zahlreichen Lebensräumen, in denen Insekteneier vorkommen; gewöhnlich an Blättern.

△ ***Trichogramma semblidis*** wird, wie andere Arten auch, zur Bekämpfung von schädlichen Schmetterlingsraupen eingesetzt. Die Abbildung zeigt die Wespen bei der Eiablage an Schlammfliegeneiern (*Sialis lutaria*).

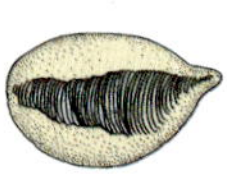

LARVEN: Weißliche, merkmalslose, winzige Maden in den Wirtseiern.

Länge 0,3 – 1,2 mm	Ernährungsweise der Larven

Ordnung HYMENOPTERA	Familie ARGIDAE	Artenzahl 800

Bürsthornblattwespen

Diese massigen Wespen sind oft schwarz, rot oder gelb, manchmal mit metallischem Glanz. Das letzte Segment der dreigliedrigen Fühler ist lang und bei einigen Männchen zuweilen V- oder Y-förmig.

LEBENSWEISE: Die Eier werden in das Gewebe von Bäumen und Sträuchern gelegt. Die Larven fressen meist von außen an Blättern und verpuppen sich in einem Seidenkokon.

VERBREITUNG: Weltweit, vor allem in den Tropen und warm gemäßigten Regionen. An den Futterpflanzen.

ANMERKUNG: Einige Arten sind Schädlinge an Rosen und Apfelbäumen.

Arge ciliaris aus Europa ist eine von weltweit ca. 200 Blattwespenarten der Gattung *Arge*. Ihre Larven fressen die Blätter von Spierstauden.

Arge pagana bevorzugt Rosen als Futterpflanzen für ihre Larven. Die Art ist in Europa und Asien, einschließlich Japan, recht häufig.

LARVEN: Gleichen Schmetterlingsraupen.

Länge 4–16 mm	Ernährungsweise der Larven

Ordnung HYMENOPTERA	Familie CEPHIDAE	Artenzahl 150

Halmwespen

Diese schlanken Wespen sind längs und seitlich zusammengedrückt. Viele Arten sind schwarz und mit gelben Brustflecken und Hinterleibsringen versehen.

LEBENSWEISE: Normalerweise werden einzelne Eier in die Stängel von Gräsern, Büschen und Bäumen abgelegt, die später von den Larven ausgefressen werden. Die Verpuppung erfolgt in einem Kokon noch innerhalb des Stängels.

VERBREITUNG: Hauptsächlich auf der Nordhalbkugel. Auf Weiden, Wiesen und Getreidefeldern.

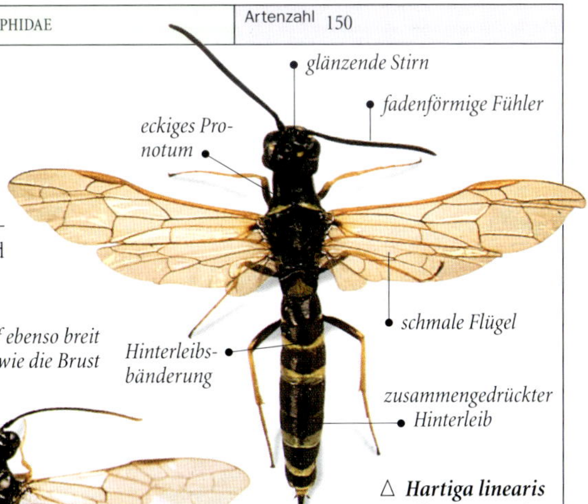

△ ***Hartiga linearis***
Wie alle Vertreter der Gattung bohren die Larven dieser Art in Rosengewächsen.

▷ ***Cephus*-Arten** sind schlank und haben lange 16- bis 30-gliedrige Fühler. Die Larven bohren in Gräsern und können dadurch auch Getreidepflanzen schädigen.

LARVEN: Madenähnlich, sehr kleine Brustbeine, keine Bauchfüße am Hinterleib.

Länge 4–26 mm, meist unter 14 mm	Ernährungsweise der Larven

Ordnung HYMENOPTERA	Familie CIMBICIDAE	Artenzahl 150

Keulenhornblattwespen

Diese massigen, leicht abgeflachten Wespen gleichen zuweilen haarlosen Bienen. Ihre Fühler haben weniger als sieben Glieder und sind am Ende gekeult. Die meisten Arten sind schwarz oder gelbschwarz gefärbt.

LEBENSWEISE: Die Eier werden in die Futterpflanzen gelegt, an deren Blättern die Larven später fressen. Die Verpuppung erfolgt in einem Kokon.

VERBREITUNG: Auf der Nordhalbkugel, in Südamerika und Südostasien. Auf den Futterpflanzen.

△ ***Pachylostica viola*** kommt nur in Südamerika vor, wo ihre Larven wahrscheinlich an Blättern von Bäumen fressen.

▷ ***Cimbex femoratus*** ist eine sehr massige europäische Art, deren Larven an Birken fressen.

LARVEN: Meist leicht gekrümmt, Brustbeine und Afterfüße.

Länge 20–30 mm	Ernährungsweise der Larven

Ordnung HYMENOPTERA	Familie PAMPHILIDAE	Artenzahl 200

Gespinstblattwespen

Diese recht kräftigen, abgeflachten Wespen haben einen breiten Kopf. Sie sind schwarz gefärbt und tragen eine gelbe Zeichnung.

LEBENSWEISE: Die Eiablage erfolgt im Pflanzengewebe. Die Larven umgeben sich mit einem Gespinst und fressen einzeln oder gesellig an Blättern.

VERBREITUNG: Auf der Nordhalbkugel. Auf Bäumen und Sträuchern in zahlreichen Lebensräumen.

LARVEN: Keine Afterfüße.

Acantholyda posticalis, die Große Kieferngespinstblattwespe, ist z. T. ein gefährlicher Schädling an älteren Kiefernbeständen.

Länge 10–15 mm	Ernährungsweise der Larven

Ordnung HYMENOPTERA	Familie PERGIDAE	Artenzahl 350

Pergidae

Diese einigermaßen kräftigen Arten haben einen walzenförmigen Hinterleib, die Fühler können fadenförmig, gekämmt oder gesägt sein.

LEBENSWEISE: Die Eier werden in Pflanzen abgelegt. In der Regel fressen die Larven gesellig an den Blättern. Gegen Feinde können Wehrsekrete eingesetzt werden.

VERBREITUNG: Auf der Südhalbkugel, außer in Afrika. An den Futterpflanzen.

ANMERKUNG: Einige Arten sind in den Eukalyptuswäldern Australiens gefährliche Schädlinge und können sogar eine totale Entlaubung der Bäume verursachen.

Perga dorsalis ist ein typischer australischer Eukalyptusfresser, dessen Larven die Bäume extrem schädigen können.

LARVEN: Kurze Afterfüße. Gelegentlich weisen sie eine Warnfärbung auf.

Länge 4–25 mm	Ernährungsweise der Larven

Ordnung HYMENOPTERA	Familie SIRICIDAE	Artenzahl 100

Holzwespen

Auffallend an diesen großen Pflanzenwespen ist der dornartige Hinterleibsfortsatz, dessen Funktion unbekannt ist. Die Färbung reicht von rotbraun über schwarzgelb bis zu metallisch blauviolett.
LEBENSWEISE: Zur Eiablage bohrt das Weibchen mit dem Legebohrer ein Loch in das Holz lebender oder umgestürzter Bäume und überträgt gleichzeitig einen Pilz, der die Holzfasern zersetzt. Die Larven bohren sich dann weiter bis in das Kernholz und fressen sowohl die Pilze als auch das Holz selber. Später erfolgt die Verpuppung in einem Kokon aus Seide und zerkauten Holzfasern.
VERBREITUNG: Weltweit. In Laub- und Nadelwäldern.

△ ***Tremex columba*** ist eine in Nordamerika weit verbreitete Art, deren Larven vor allem im Holz von Ahorn und Eiche bohren.

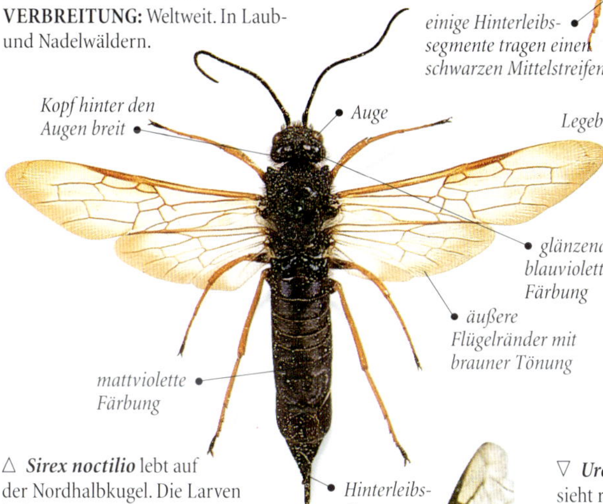

△ ***Sirex noctilio*** lebt auf der Nordhalbkugel. Die Larven bohren in Nadelhölzern. Auf der Abbildung ist ein Weibchen zu sehen – die Männchen besitzen einen orangeroten Hinterleib und sind nicht so stark metallisch glänzend.

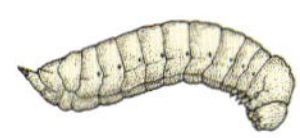

LARVEN: Entwickeln sich nur langsam. Sie haben kurze Brustbeine, Afterfüße fehlen.

▽ ***Urocerus gigas,*** die Riesenholzwespe, sieht recht furchteinflößend aus, ist aber völlig harmlos. Die Weibchen sind oft zu beobachten, während die Männchen seltener zu sehen sind.

Länge 20–40 mm	Ernährungsweise der Larven

Ordnung HYMENOPTERA	Familie TENTHREDINIDAE	Artenzahl 206

Echte Blattwespen

Diese Wespen sind sowohl in ihren Lebensraumansprüchen als auch in ihrem Aussehen sehr variabel. Neben schillernd braunen, schwarzen und grünen Arten kommen auch Tiere mit wespenartiger schwarzgelber Zeichnung vor. Die Geschlechter sind z. T. unterschiedlich gefärbt.

LEBENSWEISE: Die Weibchen sägen mit ihrem Legebohrer Schlitze in Blätter, Zweige oder Keimlinge der Futterpflanzen und legen dann ihre Eier hinein. Einzeln lebende Larven haben eine Tarnfärbung, während gesellig lebende eine Warnfärbung tragen. Die Larven fressen frei an der Pflanze, sind Blattminierer oder Gallenbildner. Die Verpuppung erfolgt im Boden oder in der Laubstreu in einem Seidenkokon.

VERBREITUNG: Weltweit, außer Neuseeland; vor allem in den nördlichen gemäßigten Breiten. In Gärten, auf Weiden und in Wäldern.

ANMERKUNG: Durch den Larvenfraß an Obst- und Gemüsepflanzen sowie an Waldbäumen sind sie z. T. schädlich.

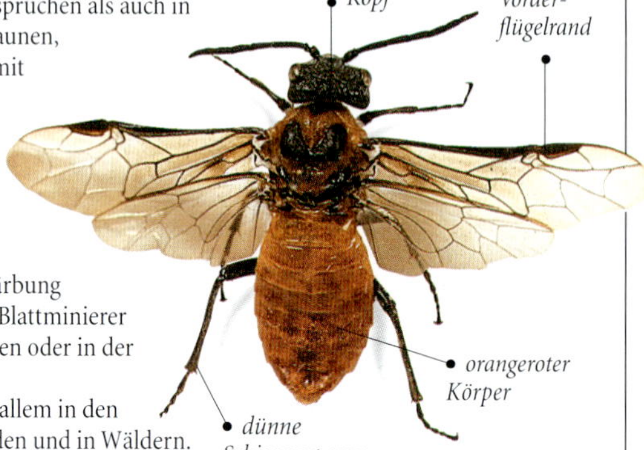

△ ***Dolerus triplicatus*** ist eine europäische Art, deren Larven an den Blättern von Binsen der Gattung *Juncus* fressen.

◁ ***Tenthredo scrophulariae*** lebt in Europa und Asien. Mit ihrer schwarzgelben Zeichnung imitiert sie die gefährlicheren Faltenwespen. Die Larven fressen an Königskerze und Rachenblütlern.

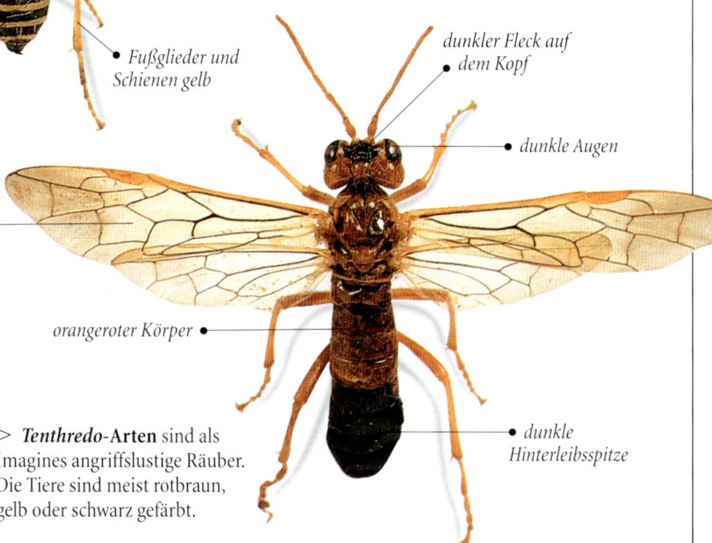

▷ ***Tenthredo*-Arten** sind als Imagines angriffslustige Räuber. Die Tiere sind meist rotbraun, gelb oder schwarz gefärbt.

LARVEN: Meist raupenähnlich, kugeliger Kopf, Afterfüße.

Länge 3–22 mm, meist unter 16 mm	Ernährungsweise der Larven

INSEKTEN (IM WEITEREN SINNE)

Springschwänze

Die Ordnung Collembola umfasst 18 Familien mit 6500 Arten. Charakteristisch für diese urtümlichen Insekten ist ein kleiner Schlauch unter dem Hinterleib. Dieser Ventraltubus wird zur Wasser- und Salzaufnahme und bei einigen Arten auch als Haftapparat benutzt. Ebenfalls typisch ist die Sprunggabel (Furcula), die unter den Hinterleib geklappt und arretiert werden kann. Muskeln können die Gabel plötzlich nach hinten schlagen lassen und das Tier von der Unterlage wegschleudern, wodurch es Feinden entkommen kann. Die Männchen setzen Spermienpakete auf den Boden ab, die von den Weibchen in ihre Genitalöffnung aufgenommen werden. Nach 5 bis 13 Häutungen sind die Nymphen geschlechtsreif, häuten sich aber noch öfter bis zum Tod. Als Zersetzer und Nahrungskettenglieder im Boden spielen die Springschwänze eine wichtige Rolle. Zuweilen kommen Hunderte oder Tausende dieser Tierchen auf einem Quadratmeter Boden vor.

Ordnung COLLEMBOLA	Familie ENTOMOBRYIDAE	Artenzahl 1400

Laufspringer

Diese Springschwänze sind weiß bis gelb, braun oder schwarz gefärbt, manche tragen auch eine gesprenkelte Zeichnung. Sie besitzen ein kleines Pronotum, sind aber insgesamt länglich, wobei das vierte Hinterleibssegment meist größer als das dritte ist. Gelegentlich sind die Fühler doppelt so lang wie der übrige Körper.
LEBENSWEISE: Die Weibchen legen die Eier in den Boden oder die Laubstreu. Alle Entwicklungsstadien fressen Pilzfäden oder faulende pflanzliche Stoffe.
VERBREITUNG: Weltweit. In der Laubstreu, im Boden und an Pilzen in den verschiedensten Lebensräumen. Einige leben auch in Höhlen.

***Entomobrya*-Arten** sind häufige Bewohner von Rinde und Felsen. Einige können sogar den ganzen Winter über auf Baumrinden gefunden werden.

Länge 1–8 mm, meist unter 5 mm	Ernährungsweise

Ordnung COLLEMBOLA	Familie ISOTOMIDAE	Artenzahl 1000

Gleichringler

Diese Springschwänze können weiß, gelb, grün oder braun gefärbt sein, wobei die Rückenseite gewöhnlich dunkler getönt ist als die Bauchseite. Alle Hinterleibssegmente sind etwa gleich groß.
LEBENSWEISE: Wie bei allen Springschwänzen setzt das Männchen kugelige Spermienpakete auf dem Boden ab, die von den Weibchen aufgenommen werden. Einige Vertreter dieser Familie pflanzen sich durch Jungfernzeugung fort.
VERBREITUNG: Weltweit. In den oberen Bodenschichten, auch in der Nähe von Teichen und Bächen. Einige Arten kommen sogar in extremen Klimaten vor, z. B. in Wüsten, Polarregionen und Gebirgen.

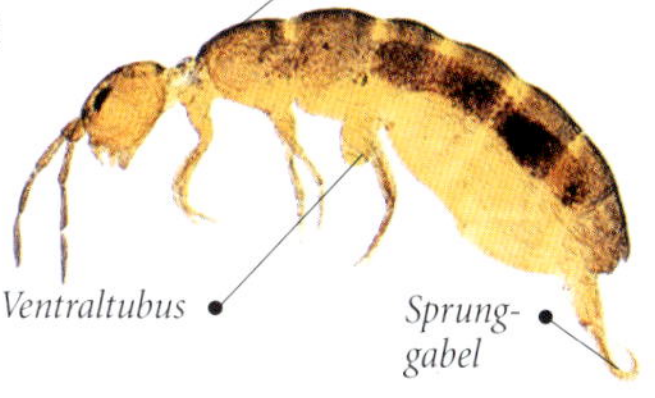

Isotoma viridis ist ein häufiger Bewohner von Moospolstern und feuchter Laubstreu. Der Ventraltubus und die Sprunggabel sind bei dieser Art deutlich zu erkennen.

Länge 1–8 mm, meist unter 5 mm	Ernährungsweise

Ordnung COLLEMBOLA	Familie NEANURIDAE	Artenzahl 1000

Neanuridae

Der Körper der meisten Arten in dieser Familie ist länger als breit, obwohl einige auch gedrungen oder flach sein können. Die Tiere sind zumeist blau, grau oder rot gefärbt, einige wenige weisen sogar eine kontrastreiche Bänderung auf. Die Körperoberfläche kann entweder glatt oder mit stumpfen Haaren oder bunten haarähnlichen Fortsätzen besetzt sein.

LEBENSWEISE: Die Eiablage erfolgt in oder auf dem Erdboden, in der Laubstreu, an Dung, unter Steinen, Rinde und in verrottendem Holz. Die den Imagines gleichenden Jungtiere erlangen über mehrere Häutungen die Geschlechtsreife, häuten sich aber auch weiterhin in periodischen Abständen.

VERBREITUNG: Weltweit. In den unterschiedlichsten Lebensräumen. Unter Steinen und Rinde, in der Laubstreu, im Boden, Dung und in verrottendem Holz.

ANMERKUNG: Die dunkelblaue Art *Anurida maritima* ist besonders häufig in der Gezeitenzone an den Meeresküsten der Nordhalbkugel zu finden, wo sie sich von den Überresten toter Gliederfüßer und Schnecken ernährt. Während der Flut überleben diese Tiere in Luftpolstern, die sich zwischen Steinen bilden.

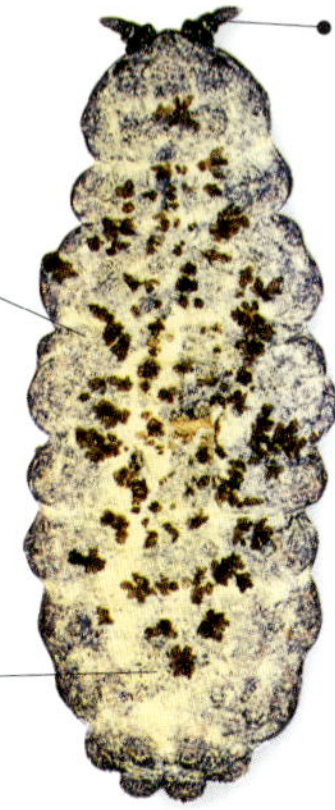

△ ***Neanura muscorum*** ist weltweit verbreitet und kommt vor allem in Wäldern unter verrottendem Holz und im Boden vor; gelegentlich lebt die Art auch in Höhlen. Mit Wehrsekreten versuchen die Tiere Feinde, vor allem Spinnen, zu vertreiben.

Länge 2–10 mm	Ernährungsweise

Ordnung COLLEMBOLA	Familie ONYCHIURIDAE	Artenzahl 600

Blindspringer

Die meisten dieser Springschwänze sind dünn und blass oder weißlich gefärbt, nur bei wenigen kann man eine blaugraue Tönung erkennen. Wie der Name schon andeutet, besitzt die überwiegende Mehrheit dieser Tiere keine Augen. Auch die Sprunggabel ist stark zurückgebildet oder fehlt. Die Kutikula ist auf den meisten Segmenten mit wenigen dünnhäutigen Flecken oder Poren besetzt, durch die zur Feindabwehr eine giftige Flüssigkeit abgesondert werden kann.

LEBENSWEISE: Die Eier werden im Boden, in der Laubstreu, verrottendem Holz und Pilzen abgelegt. Die Jungtiere gleichen den Imagines, die Häutungen dauern auch nach Erreichen der Geschlechtsreife an.

VERBREITUNG: Weltweit. In Wäldern und auf Wiesen, auch in Höhlen, Gebirgen und sogar in der Arktis; im Boden, in der Laubstreu, verrottendem Holz und den Fruchtkörpern von Pilzen.

△ ***Onychiurus*-Arten** sind typische bodenbewohnende Springschwänze. Einige Arten werden auch in küstennahen Lebensräumen gefunden.

Länge 2–9 mm, meist unter 4 mm	Ernährungsweise

Ordnung COLLEMBOLA	Familie PODURIDAE	Artenzahl 1

Poduridae

Die einzige Art in dieser Familie – *Podura aquatica* – ist winzig und überaus häufig. Die Färbung variiert zwischen braun oder rotbraun bis dunkelblau oder schwarz. Als Anpassung an ein Leben auf der Wasseroberfläche ist die Sprunggabel sehr lang ausgebildet, sodass sie den Ventraltubus erreicht. Der Ventraltubus sorgt dafür, dass sich die Tiere auf der Wasseroberfläche halten können.

LEBENSWEISE: Diese Art verbringt einen großen Teil ihres Lebens auf dem Wasser, wo sie sich von allerlei Abfallstoffen ernährt. Die Eier werden an Wasserpflanzen oder in die ufernahe Vegetation gelegt.

VERBREITUNG: Auf der Nordhalbkugel. Auf Süßgewässern, z. B. Pfützen, Teichen, Gräben, und in sumpfigen Bereichen.

ANMERKUNG: Damit die Tiere sich durch Sprünge fortbewegen können, muss ein großer Teil der Sprunggabel den elastischen Oberflächenfilm des Wassers berühren; deshalb ist die Sprunggabel bei dieser Art sehr lang.

Podura aquatica ist gut an ein Leben auf dem Wasser angepasst. Im Sommer findet man sie zuweilen in Massen auf Pfützen, die dann dunkel – wie mit Ruß bedeckt – erscheinen.

Länge bis zu 2 mm	Ernährungsweise

Ordnung COLLEMBOLA	Familie SMINTHURIDAE	Artenzahl 900

Kugelspringer

Diese Arten sind weißlich, dunkelbraun oder grün gefärbt und weisen nahezu kugelige Körper auf, deren Hinterleibssegmente nur undeutlich erkennbar sind. Die Fühler sind auffällig lang und gekniet. Die Männchen unterscheiden sich im Aussehen oftmals deutlich von den Weibchen.

LEBENSWEISE: Bei vielen Arten findet zur Fortpflanzung eine Paarbildung statt, wobei das Männchen mit seinen zu Greiforganen umgebildeten Fühlern das Weibchen festhält. Die Eier werden in kleinen Gelegen in den Boden abgelegt, die Erlangung der Geschlechtsreife dauert ca. einen Monat. Es gibt Hinweise auf mütterliche Brutpflege.

VERBREITUNG: Weltweit. In zahlreichen Lebensräumen; auf Bäumen, in der Laubstreu, auf Pilzen und auf der Oberfläche von Süßwasserteichen, Sümpfen und Pfützen; auch an feuchten Orten, z. B. in Höhlen.

ANMERKUNG: Einige Arten können ernsthafte Schädlinge junger Keimlinge sein. *Sminthurus viridis*, der Luzernefloh, ist ein weit verbreiteter Schädling der Luzerne und einiger Gemüsesorten – ca. 70 000 Kugelspringer wurden schon auf einem Quadratmeter Ackerboden gezählt.

△ ***Sminthurus aquaticus*** ist eine auf der Oberfläche von Stillgewässern weit verbreitete Art, die sich jedoch nicht in so großen Mengen zusammenfindet wie die Poduriden (s. o.).

Länge 1–3 mm	Ernährungsweise

Beintastler

Die Vertreter der Ordnung Diplura, die vier Familien mit ca. 400 Arten umfasst, sind kleine, zarte Bewohner der oberen Bodenschichten. Obwohl sie dort gelegentlich in Massen auftreten, wurden sie erst 1907 entdeckt und beschrieben. Kennzeichnend an diesen Tieren ist das Fehlen der Augen und auch der Fühler, die jedoch durch das erhoben getragene vordere Beinpaar ersetzt werden. Nur das zweite und dritte Beinpaar werden zum Laufen benutzt. An den ersten drei Hinterleibssegmenten befinden sich noch winzige Gliedmaßenüberreste mit beinartiger Struktur. Wie bei den Springschwänzen (S. 207–209) und den Doppelschwänzen (S. 211) sind die Mundwerkzeuge in einer Tasche des Kopfes verborgen und werden beim Fressen ausgestülpt. Die stilettartigen Kiefer sind stechend-saugend.

Über die Fortpflanzung ist nur wenig bekannt, es wird aber angenommen, dass die Männchen ein Spermienpaket produzieren, das von den Weibchen aufgenommen wird. Nach dem Schlupf aus dem Ei besitzt die Nymphe neun Hinterleibssegmente, erst nach drei Häutungen sind zwölf Segmente vorhanden. Vor dem Erlangen der Geschlechtsreife häuten sich die Tiere noch zweimal.

Ordnung PROTURA	Familie EOSENTOMIDAE	Artenzahl 90

Eosentomidae

Bei diesen Arten handelt es sich um farblose, weichhäutige Tiere mit einem konischen Kopf und einem verlängerten Körper. Die Beine stehen nicht sehr weit vom Körper ab, sodass die Fortbewegung auch in engen Spalten und Rissen möglich ist. Auf den Vorderbeinen, die kräftiger gebaut sind als die Mittel- und Hinterbeine, befinden sich zahlreiche Härchen und andere Sinnesorgane. Am mittleren und hinteren Brustsegment sind die Atemöffnungen, die sogenannten Stigmen, sichtbar.

LEBENSWEISE: Die kugeligen Eier, die gelegentlich gezeichnet oder mit Warzen besetzt sein können, werden gewöhnlich in den Boden oder die Laubstreu abgelegt. Die Larven sehen den Imagines schon sehr ähnlich.

VERBREITUNG: Weltweit. In zahlreichen Lebensräumen, vor allem unter feuchten und kühlen Bedingungen. Eosentomiden treten in riesigen Mengen im Boden, Moos, Humus, in der Laubstreu und verrottendem Holz auf.

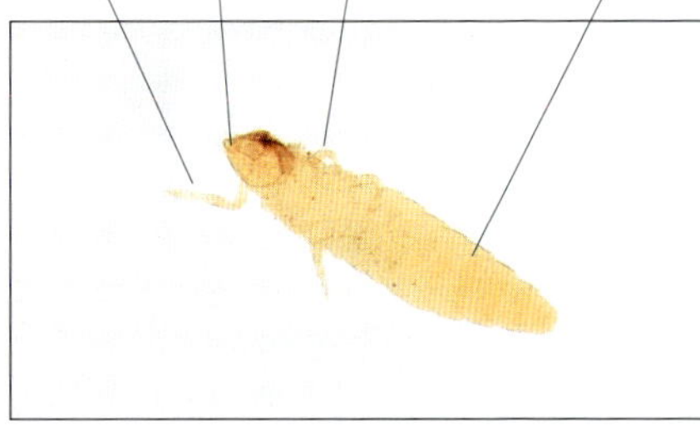

△ ***Eosentomon delicatum*** ist eine europäische Art, die vor allem in kalkigen Böden lebt. Die Gattung *Eosentomon* ist weltweit verbreitet.

***Eosentomon*-Arten** leben gewöhnlich in der oberen Bodenschicht oder in der Laubstreu.

Länge 0,5–2 mm	Ernährungsweise

Doppelschwänze

Die Ordnung Diplura setzt sich aus neun Familien mit 800 Arten zusammen, deren Vertreter länglich, weichhäutig, weißlich gefärbt und augenlos sind. Der deutsche Name bezieht sich auf die zwei Schwanzfäden, die entweder dünn und lang oder zangenartig gestaltet sein können.
Der große Kopf trägt die langen Fühler und die in häutigen Taschen verborgenen beißenden Mundwerkzeuge.

Zur Fortpflanzung setzt das Männchen ein gestieltes Samenpaket ab, das vom Weibchen in die Genitalöffnung aufgenommen wird. Oftmals werden die Eier in kleinen Ballen abgelegt; die Nachkommen werden nach dem Schlupf z. T. von den Weibchen bewacht.
Doppelschwänze leben bevorzugt im Boden, in Komposthaufen und unter Steinen und Holz. Ihr dünner, beweglicher Körper leistet bei der Fortbewegung in den Bodenschichten gute Dienste.

Ordnung DIPLURA	Familie CAMPODEIDAE	Artenzahl 200

Campodeidae

Diese weißen oder gelb getönten Arten besitzen lange, vielgliedrige Schwanzfäden und paarige, griffelartige Anhänge auf der Unterseite des Hinterleibs. Die Atemöffnungen (Stigmen) befinden sich auf dem Brustabschnitt.
LEBENSWEISE: Die Eiablage erfolgt meist im Boden. Die anfangs unbeweglichen Nymphen, die wie kleine Imagines aussehen, werden mit der Zeit immer aktiver.
VERBREITUNG: Weltweit. In vielen Lebensräumen, auch in Höhlen; vor allem in tieferen Bodenschichten, aber auch unter Rinde, in Totholz und anderen Pflanzenresten.

Campodea fragilis kommt in Europa und Asien häufig vor. Die Art lebt in faulenden Pflanzenresten.

Länge 4–12 mm	Ernährungsweise

Ordnung DIPLURA	Familie JAPYGIDAE	Artenzahl 200

Japygidae

Diese Arten sind weißlich, dünn und beweglich. Die Fühler können teleskopartig verkürzt werden. Kennzeichnend sind die stark verkürzten Schwanzfäden, die zu harten Zangen umgewandelt wurden und denen der Ohrwürmer (S. 69–70) gleichen. Atemöffnungen befinden sich an der Brust und am Hinterleib.
LEBENSWEISE: Die Eiablage erfolgt gewöhnlich im Boden. Nach wiederholten Häutungen gleichen die Jungtiere immer mehr den Imagines. Die Hinterleibszangen werden zum Fang kleiner Arthropoden benutzt.
VERBREITUNG: Weltweit. In verschiedenen Lebensräumen, in Spalten und im Boden.
ANMERKUNG: Durch das Fehlen der Augen können Japygiden sicher von jungen Ohrwürmern unterschieden werden.

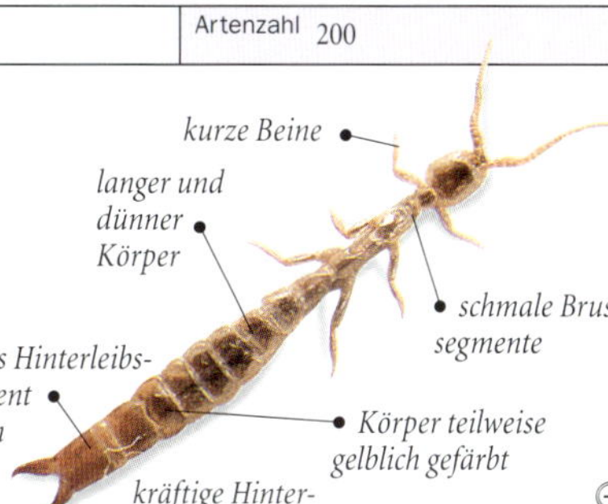

Holjapyx diversiungius ist eine in Nordamerika heimische Art, die als Bodenbewohner nur 8–10 mm Länge misst.

Länge 6–30 mm	Ernährungsweise

KREBSE

Asseln

Die Ordnung Isopoda umfasst 100 Familien mit 10 000 Arten. Die meisten von ihnen sind Meeresbewohner. Dennoch gehören 32 Familien (3800 Arten) der Unterordnung Oniscoidea an, die amphibisch oder in landfesten Lebensräumen vorkommen. Sie werden daher auch als Landasseln bezeichnet. Landasseln besitzen einen flachen, segmentierten Körper mit sieben gleich großen und gleichartig gestalteten Beinpaaren. Das Weibchen trägt die Eier in einem Brutraum, dem Marsupium, auf der Unterseite des Hinterleibs. Nach dem Schlupf werden die Jungen noch eine Weile in diesem Brutraum getragen, bevor sie ins Freie entlassen werden. Die meisten Landasseln bevorzugen dunkle und kühle Lebensbedingungen, einige haben sich jedoch an eine Reihe weiterer Lebensräume, einschließlich sehr trockener Gebiete, angepasst. Manche Verteter weisen eine Tarnfärbung auf, mit der sie in ihrer Umgebung nicht auffallen.

Ordnung ISOPODA	Familie ARMADILLIDIIDAE	Artenzahl 250

Armadillidiidae

Diese Tiere sind im Querschnitt gewölbt und haben einen abgerundeten Hinterleib. Als Schutzmaßnahme können sie sich bei Gefahr zu einer Kugel zusammenrollen.
LEBENSWEISE: Bis zum Schlupf der Jungen werden die Eier in einem Brutraum getragen. Die frisch geschlüpften Jungtiere besitzen ein Beinpaar weniger als die Eltern. Zuweilen beschützt das Weibchen ihre Jungen noch nach dem Schlupf.
VERBREITUNG: Europa und Mittelmeerraum. In der Laubstreu, an faulenden Stoffen und änlichen Orten.

Armadillidium album lebt in Salzwiesen und an der Küste. Sie ist blass und dunkel gezeichnet. Beim Zusammenrollen entsteht keine so geschlossene Kugel wie beim Saftkugler (S. 242).

Länge 5–25 mm	Ernährungsweise

Ordnung ISOPODA	Familie PORCELLIONIDAE	Artenzahl 500

Porcellionidae

Die glatte oder rauhe Körperoberfläche dieser Tiere ist meist grau oder graubraun und trägt verschiedenste Muster. Einige Arten dieser Familie besitzen einen sehr schmalen Körper und können schnell laufen.
LEBENSWEISE: Die Eier werden in einem Brutraum getragen, bis die Jungtiere schlüpfen.
VERBREITUNG: Weltweit, vor allem in den gemäßigten Breiten. Meist in der Laubstreu und an Abfällen.
ANMERKUNG: Wie alle Landasseln scheiden sie stickstoffhaltige Stoffwechselendprodukte als Ammoniumgas (nicht als Urin) aus, was ihnen einen charakteristischen Geruch verleiht.

◁ ***Porcellio scaber,*** die Kellerassel, ist eine weit verbreitete Art. Sie ist in der Regel grau gefärbt. In Küstenregionen findet man jedoch auch orange oder cremefarbene Exemplare.

Länge 9–20 mm	Ernährungsweise

SPINNENTIERE

Skorpione

Die Ordnung Scorpiones umfasst neun Familien mit 1400 Arten und stellt die älteste Gruppe der Spinnentiere dar. Der Vorderkörper trägt vier Laufbeinpaare und die großen, scherenbewehrten Pedipalpen. Die Tiere besitzen ein Paar mittlere Hauptaugen und seitliche Nebenaugen in unterschiedlicher Anzahl. Das letzte Segment des beweglichen „Schwanzes" trägt den Giftstachel, der zur Verteidigung und Lähmung der Beute dient. Manche Skorpionstiche können selbst für den Menschen gefährlich werden und durch Atemlähmung zum Tode führen. Zur Paarung kommt es erst nach einer komplizierten Balz. Das Männchen setzt dann ein Spermienpaket auf dem Boden ab, das vom Weibchen in die Geschlechtsöffnung aufgenommen wird. Alle Weibchen bringen lebende Junge zur Welt und tragen diese bis zur ersten Häutung auf ihrem Rücken. Skorpione bevorzugen warme Lebensräume. Sie jagen nachts und halten sich tagsüber unter Steinen versteckt.

Ordnung	Familie	Artenzahl
SCORPIONES	BOTHRIURIDAE	90

Bothriuridae

Diese Skorpione haben einen schmalen Vorderkörper. Im Gegensatz zu Vertretern anderer Skorpionfamilien besitzen sie keine Sporne an den Schienengliedern der Beine.
LEBENSWEISE: Bei der oft langandauernden Balz sticht das Männchen zuweilen seine Partnerin. Wie bei allen Skorpionen schlüpfen die Jungen im Körper des Weibchens, werden lebend geboren und klettern auf den Rücken der Mutter.
VERBREITUNG: In Südamerika, Australien, Afrika sowie im Himalaya. In trockenen und feuchten Gebieten, unter Steinen, Felsblöcken und in kleinen Erdhöhlen.

Centromachetes pococki ist eine von drei sehr ähnlichen Arten aus Chile. Sie fressen Grillen und Raupen.

Länge	Ernährungsweise
25–120 mm	

Ordnung	Familie	Artenzahl
SCORPIONES	BUTHIDAE	520

Buthidae

Die Brustplatte auf der Unterseite des Vorderkörpers (Sternum) weist eine dreieckige Form auf. Einige Beine haben gespornte Schienen.
LEBENSWEISE: Die Jungen werden lebend geboren und klettern dann auf den Rücken der Mutter. Manche Nymphen werden erst nach einigen Jahren geschlechtsreif.
VERBREITUNG: Weltweit. In zahlreichen Lebensräumen, von Wüsten bis zu feuchten Wäldern, wo man sie in Felsspalten, unter Steinen, Holz und Rinde finden kann.
ANMERKUNG: Zu dieser Familie gehören die meisten gefährlichen Skorpione. Ihr starkes Gift führt zu Muskellähmungen, die Atemstillstand und Herzversagen zur Folge haben können.

Buthus occitanus kommt im Mittelmeerraum häufig vor und lebt unter Steinen und Holz.

Länge	Ernährungsweise
8–120 mm	

Ordnung SCORPIONES	Familie CHACTIDAE	Artenzahl 140

Chactidae

Diese Arten sind recht schlank. Ihr Sternum auf der Körperunterseite ist bisweilen fünfeckig und breiter als lang oder länglich und schmal. Die Tiere sind hell- bis dunkelbraun oder gelblich gefärbt. Chactiden können nicht gut graben, dennoch halten sich einige unter der Erde auf, um Hitze und Trockenheit zu entgehen.
LEBENSWEISE: Auch hier werden die jungen Skorpione lebendig zur Welt gebracht und klettern aus der weiblichen Genitalöffnung auf den Rücken der Mutter. Hier setzen sie ihre Entwicklung fort, die im ersten Stadium wenige Tage bis zwei Wochen dauern kann.
VERBREITUNG: Nord- und Südamerika, Europa und Nordafrika. In Lebensräumen, die weder zu trocken noch zu feucht sind. In Pflanzenbewuchs, unter Steinen, Holz, Felsen sowie in Höhlen.

Chactas gestroi lebt in Teilen Mittel- und Südamerikas.

Länge 15–90 mm	Ernährungsweise

Ordnung SCORPIONES	Familie SCORPIONIDAE	Artenzahl 130

Scorpionidae

Viele Arten sind sehr kräftig, einige können auch eine beträchtliche Größe erreichen. Unter dem Vorderkörper befindet sich das fünfeckige Sternum. Die Beine weisen keine Schienensporne auf. Farblich variieren die Tiere von hell- über dunkelbraun bis schwarz. Es gibt einige Arten, die unterirdisch jagen.
LEBENSWEISE: Während der Balz kann das Weibchen vom Männchen gestochen werden. Auch hier bringt das Weibchen lebende Junge zur Welt, die nach der Geburt auf den Rücken der Mutter klettern.
VERBREITUNG: Afrika, Asien, Mittlerer Osten und Australien. In Spalten, unter Steinen und Holz, in Höhlen und Astlöchern.
ANMERKUNG: Wie alle Skorpione stechen die Tiere lediglich, um ihre Beute zu lähmen oder sich zu verteidigen.

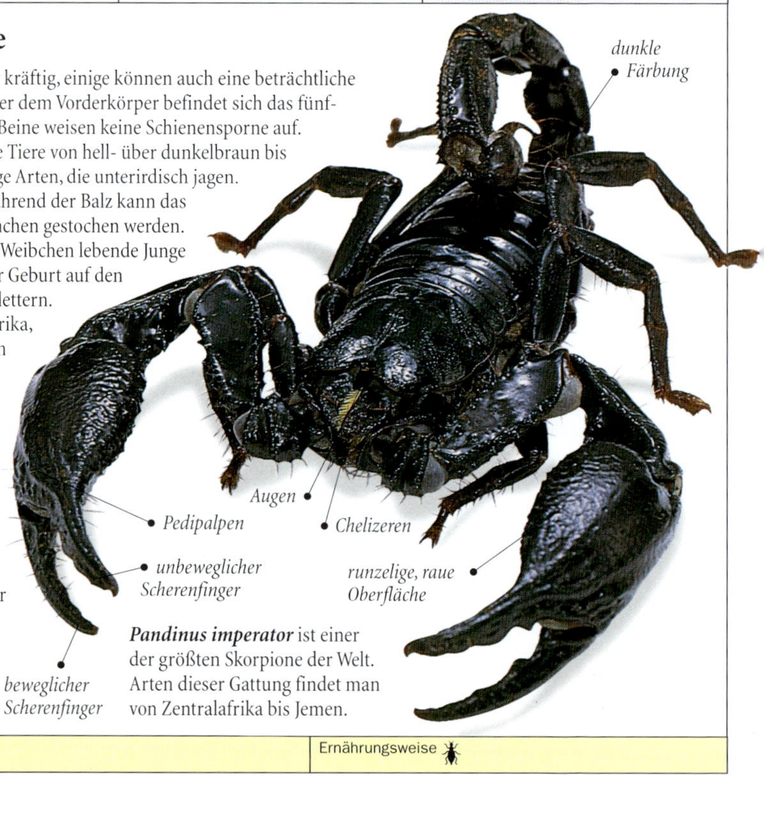

Pandinus imperator ist einer der größten Skorpione der Welt. Arten dieser Gattung findet man von Zentralafrika bis Jemen.

Länge 60–210 mm	Ernährungsweise

Pseudoskorpione

Die Ordnung Pseudoskorpione wird in 23 Familien mit 3300 Arten unterteilt. Die auch als After- oder Bücherskorpione bezeichneten Tiere gleichen den echten Skorpionen, sind jedoch sehr viel kleiner und besitzen keinen schwanzartigen Hinterleib. Der Vorderkörper trägt eine Rückenplatte, der Hinterleib setzt sich aus elf oder zwölf Segmenten zusammen. Die großen, zangenartigen, z. T. bezahnten Pedipalpen werden zum Beutefang und zur Verteidigung eingesetzt. Die verdickten Bereiche der Scheren bergen die Giftdrüsen.

Das Männchen setzt ein Spermienpaket ab, das vom Weibchen in die Genitalkammer aufgenommen wird. Die Eier werden in eine Tasche an der Unterseite des Körpers abgelegt. Pseudoskorpione spinnen Nester, in denen sie sich häuten, Brutpflege betreiben und überwintern. Die meisten bevorzugen feuchte Lebensräume, z. B. in der Laubstreu oder unter Steinen.

Ordnung PSEUDOSCORPIONES	Familie CHELIFERIDAE	Artenzahl 300

Cheliferidae

Beide Scherenfinger dieser Tiere enthalten Giftdrüsen, die Innenseiten sind unbezahnt. Normalerweise besitzen sie zwei Augen. Die Färbung der Tiere variiert von hell- über dunkelbraun bis schwarz, zuweilen weisen sie eine leicht rote oder olivgrüne Tönung mit dunkler Zeichnung auf.

LEBENSWEISE: Bei der komplizierten Balz führen Männchen und Weibchen einen Hochzeitstanz auf, wobei sie sich gegenseitig an den Pedipalpen fassen. Wie bei allen Arten werden die Eier in einer Bruttasche unter dem mütterlichen Körper getragen. Es gibt drei Larvenstadien. Gelegentlich bleiben die frisch geschlüpften Nymphen noch bei der Mutter.

VERBREITUNG: Weltweit, vor allem in wärmeren Regionen. In der Laubstreu und unter Baumrinde.

ANMERKUNG: Den Bücherskorpion, *Chelifer cancroides,* findet man oftmals in Gebäuden.

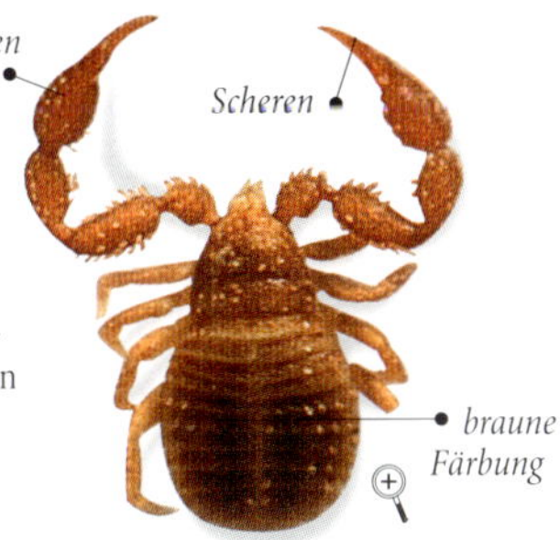

***Dactylochelifer*-Arten** kommen auf der Nordhalbkugel vor. Einige von ihnen sind auf küstennahe Lebensräume beschränkt.

Länge 1,5–5 mm	Ernährungsweise

Ordnung PSEUDOSCORPIONES	Familie CHERNETIDAE	Artenzahl 600

Chernetidae

Diese Arten haben bezahnte Scherenfinger, und nur der bewegliche ist mit einem Giftapparat ausgestattet. Die Augen sind schwach entwickelt oder fehlen. Männchen und Weibchen sind unterschiedlich gestaltet. Chernetiden sind glänzend und in den verschiedensten Brauntönen gefärbt.

LEBENSWEISE: Die Balz beginnt mit einem Hochzeitstanz, bei dem die Partner sich gegenseitig die Pedipalpen ergreifen. Wie bei allen Arten trägt das Weibchen die Eier in einer zuvor gebildeten Bruttasche unter dem Hinterleib. Frisch geschlüpfte Nymphen haften teilweise seitlich am mütterlichen Körper. Es gibt drei Larvenstadien.

VERBREITUNG: Weltweit. In der Laubstreu, Detritus, Höhlen und Nestern von Vögeln und Kleinsäugern.

Chernetiden findet man auf der Nordhalbkugel und in den südamerikanischen Tropen. Die hier abgebildete Art ist ein Höhlenbewohner Venezuelas.

Länge 1,5–5 mm	Ernährungsweise

Ordnung PSEUDOSCORPIONES	Familie CHTHONIIDAE	Artenzahl 570

Chthoniidae

Bei diesen Spinnentieren ist der Hinterleib viel länger als der Rückenschild, der die Oberseite des Vorderkörpers bedeckt und vorne breiter sein kann. Die meisten Arten besitzen vier Augen und große Chelizeren. Die ersten beiden Laufbeinpaare tragen je ein Fußglied, am dritten und vierten Beinpaar sitzen je zwei Fußglieder. Die Grundfärbung der Tiere variiert von verschiedenen Brauntönen bis hin zu olivgrün, die Beine sind leicht rosa gefärbt.

LEBENSWEISE: Die Eier werden in einer Bruttasche von der Mutter ausgebrütet. Normalerweise erfolgt die Geburt der Jungen auf dem Boden, in der Laubstreu oder auf Rinde. Auch hier gibt es drei Nymphenstadien.

VERBREITUNG: Weltweit, außer im hohen Norden oder Süden. An verschiedenen, geschützten Orten, im Boden, der Laubstreuschicht oder unter Rinde. Andere Arten leben im Strandaufwurf, in oder in der Nähe von Gebäuden, im Ödland, in Höhlen, Gärten und Treibhäusern.

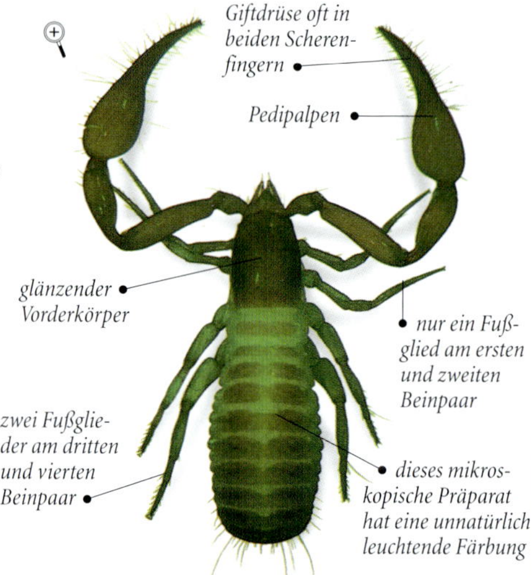

△ ***Chthonius*-Arten** sind sehr weit verbreitet. Sie leben in der Laubstreu, auf Wiesen in Bodennähe, unter Steinen und in Nestern von Vögeln und Kleinsäugern.

Länge 1–2 mm	Ernährungsweise

Ordnung PSEUDOSCORPIONES	Familie NEOBISIIDAE	Artenzahl 500

Neobisiidae

Der Rückenschild dieser Pseudoskorpione erscheint von oben betrachtet viereckig, die Chelizeren sind recht groß. Alle Laufbeinpaare besitzen zwei Fußglieder. In den Scheren der Pedipalpen enthält lediglich der unbewegliche Finger eine Giftdrüse. Normalerweise haben diese Tiere vier Augen, es können jedoch auch weniger bis keine vorhanden sein, z. B. bei allen Höhlen bewohnenden Arten. Die Grundfärbung reicht von olivgrün bis dunkelbraun, bisweilen mit roter, gelber oder cremefarbener Tönung; die Beine sind oft eher grünlich. Kleine Beutetiere werden mit den Pedipalpen gehalten, durch das Gift gelähmt und mit den kräftigen Chelizeren zerkleinert.

LEBENSWEISE: Die Eier werden in der Bruttasche der Mutter getragen. Nach der Geburt werden die lebenden Jungen auf dem Boden, in der Laubstreu oder auf Rinde abgesetzt.

VERBREITUNG: Weltweit, vor allem auf der Nordhalbkugel. Viele Vertreter, besonders kleinere Arten, leben in der Laubstreu, im Boden und manche von ihnen in Höhlen.

△ ***Neobisium maritimum*** ist in den Küstenregionen Irlands, Englands und Frankreichs heimisch. Man findet diese Art vom oberen Küstenbereich bis zur Spritzwasserzone in Felsspalten und unter Steinen.

Länge 1–5 mm	Ernährungsweise

Walzenspinnen

Trotz der Ähnlichkeit zu den Webspinnen und Skorpionen bilden die zwölf Familien mit 1000 Arten die eigene Ordnung Solifugae. Diese Tiere besitzen einen beweglichen Hinterleib, der an der Ansatzstelle des Vorderkörpers verjüngt ist. In der Mitte des Kopfes befindet sich ein kleines Augenpaar. Alle Walzenspinnen sind Räuber; die Beutetiere werden mithilfe ihrer großen zangenförmigen Chelizeren getötet und zerteilt. Die scherenlosen, laufbeinartigen Pedipalpen tragen an ihren Enden Haftapparate, mit denen andere Arthropoden oder kleine Wirbeltiere ergriffen werden können. Walzenspinnen sind mit vielen empfindlichen Tasthaaren und einem Sinnesorgan an der Basis des letzten Laufbeinpaares ausgestattet. Die meisten Arten leben in Südostasien, Afrika und Nordamerika. Bei der Paarung schiebt das Männchen mithilfe seiner Chelizeren ein Spermienpaket in die weibliche Genitalöffnung. Die Eiablage erfolgt in einer Erdhöhle.

Ordnung SOLIFUGAE	Familie AMMOTRECHIDAE	Artenzahl 72

Ammotrechidae

Diese relativ schlanken Arten sind sehr variabel und können in vielerlei Brauntönen auftreten. An den Füßen des ersten Laufbeinpaares befinden sich keine Klauen, der Vorderrand des Kopfes ist gleichmäßig abgerundet. Viele Vertreter sind nachtaktiv. Sie vergraben sich tagsüber meist im Boden, einige kleinere Arten verstecken sich auch in Termitenhügeln oder in den Gängen von Holz bohrenden Insekten.
LEBENSWEISE: Das Weibchen legt die Eier vermutlich in Form von mehreren Gelegen in eine Erdhöhle.
VERBREITUNG: In wärmeren Gebieten Mittel- und Südamerikas (bis Argentinien) und Nordamerikas. In trockenen Regionen, z. B. Wüsten und Halbwüsten.

△ ***Ammotrechella stimpsoni*** kommt aus Florida und wird unter der Rinde von verrottenden Bäumen gefunden. Sie ernährt sich von verschiedenen Beutetieren, einschließlich Termiten.

Länge 4–20 mm	Ernährungsweise

Ordnung SOLIFUGAE	Familie EREMOBATIDAE	Artenzahl 120

Eremobatidae

Die hier vertretenen Arten sind entweder massig und kurzbeinig oder schlank und langbeinig. An den ersten drei Laufbeinpaaren befindet sich nur ein Fußglied, am vierten Beinpaar können hingegen ein bis drei Glieder vorhanden sein. Das Vorderende des Kopfes erscheint eckig abgestutzt, die Färbung variiert zwischen hell- und dunkelbraun.
LEBENSWEISE: Die Eier werden in Erdhöhlen abgelegt. Die Jungen ernähren sich vor allem von Termiten.
VERBREITUNG: In warmen und trockenen Teilen Mittelamerikas sowie im Süden der USA. In trockenen Gebieten, Wüsten und Halbwüsten und Bergregionen.

◁ ***Eremobates*-Arten** sind im Südwesten der USA verbreitet. Bei der Fortpflanzung zeigen die Paare anfangs ein aggressives Verhalten mit erhobenen Pedipalpen und geöffneten Chelizeren.

Länge 8–40 mm	Ernährungsweise

Ordnung SOLIFUGAE	Familie GALEODIDAE	Artenzahl 180

Galeodidae

Vertreter dieser Familie sind entweder gelb, hellbraun, rötlich oder dunkel gefärbt. Das erste Beinpaar trägt ein Fußglied, das zweite und dritte zwei und das vierte drei Fußglieder. Die Klauen an den letzten drei Laufbeinpaaren sind behaart. Galeodiden sind nachtaktiv, tagsüber verkriechen sie sich in selbst gegrabene Erdhöhlen im sandigen Boden.

LEBENSWEISE: Bei der Paarung trägt das Männchen zuweilen das Weibchen. Wie bei allen Walzenspinnen legt das Männchen sein Spermienpaket in die Genitalöffnung des Weibchens. Später werden die Eier in einer Höhle oder einem Loch in der Erde abgelegt.

VERBREITUNG: Asien und Nordafrika. In halbtrockenen Regionen oder Wüsten.

ANMERKUNG: Große Arten sind in der Lage, selbst Eidechsen zu erbeuten.

△ ***Galeodes citrinus*** besitzt oft eine gelbe Grundfärbung. Hier sieht man ein Weibchen, das zur Eiablage ein flaches Loch in die Erde gräbt.

◁ ***Galeodes arabs*** ist eine nordafrikanische Art, die charakeristischerweise auf vorbeilaufende Beute springt und sich dann in seine Erdhöhle zurückzieht, um sich auszuruhen und zu verdauen.

Länge 10–72 mm	Ernährungsweise

Ordnung SOLIFUGAE	Familie SOLPUGIDAE	Artenzahl 200

Solpugidae

Diese Walzenspinnen sind strohgelb, braun oder hellgelb gefärbt und weisen eine helle Zeichnung auf. Am ersten Beinpaar befindet sich ein Fußglied, am zweiten und dritten vier und am letzten sechs oder sieben Fußglieder. Außer dem ersten tragen alle Laufbeinpaare unbehaarte Klauen. Einige Arten sind tagaktiv, während andere sich in selbst gegrabenen Erdhöhlen, Spalten oder unter Steinen verstecken.

LEBENSWEISE: Die Weibchen legen ihre Eier in kleine Vertiefungen im Boden. Nymphen und kleinere Solipugiden ernähren sich von Termiten.

VERBREITUNG: Afrika und Teile des Mittleren Ostens. In Wäldern, trockenen Savannen, halbtrockenen Gebieten und Wüsten.

△ ***Metasolpuga picta*** lebt in der südafrikanischen Namibwüste. Wie alle Solipugiden ist sie sehr wehrhaft, besitzt aber keine Giftdrüsen.

Länge 6–60 mm	Ernährungsweise

Geißelskorpione

Die Ordnung Uropygi umfasst lediglich zwei Familien mit 99 Arten. Es sind massige, abgeflachte Spinnentiere, die aus großen Wehrdrüsen am Hinterleibsende Ameisen- und Essigsäure zur Verteidigung versprühen. Der Vorderkörper ist länger als breit und von einem Rückenschild bedeckt, der am Vorderende ein Paar Augen trägt; weitere Augen befinden sich an den Seiten. Die Chelizeren gleichen eher den Giftklauen der Webspinnen als den scherenartigen Mundwerkzeugen der Skorpione. Ihr Hinterleib besteht aus zwölf Segmenten und endet in einem geißelförmigen „Schwanz", der sich sehr von dem echter Skorpione unterscheidet. Zum Fangen, Festhalten und Zerkleinern von Beute dienen die kräftigen Pedipalpen. Die Fortpflanzung der Geißelskorpione unterscheidet sicht nicht von der der echten Skorpione. Auch hier werden Spermienpakete abgesetzt und das Weibchen trägt später die Jungen auf dem Rücken.

Ordnung UROPYGI	Familie THELYPHONIDAE	Artenzahl 75

Telyphonidae

Es handelt sich bei dieser Gruppe um braune, flache und vorwiegend nachtaktive Spinnentiere, die mit ihren kräftigen Pedipalpen Tunnel in die Erde graben. Sie besitzen vier Beinpaare; die letzten drei dienen der Fortbewegung, das vordere Paar wird vorwiegend als Sinnesorgan benutzt, daher ist es auch länger und dünner als die anderen. Der Vorderkörper ist unsegmentiert. Auf seinem Vorderende befindet sich ein Paar Mittelaugen, weitere vier bis fünf Augenpaare sitzen an den Seiten.

LEBENSWEISE: Nach einem Hochzeitstanz zieht das Männchen das Weibchen über ein am Boden abgesetztes Spermienpaket und befördert dieses in die Genitalöffnung der Partnerin. Die geschlüpften Jungtiere werden mehrere Wochen auf dem Rücken der Mutter herumgetragen, bis sie für sich selbst sorgen können.

VERBREITUNG: Indien, Malaysia, Papua-Neuguinea, nordöstliche Teile Südamerikas und tropische sowie subtropische Gebiete Nordamerikas. Sie leben im Boden, in der Laubstreu, in verottendem Holz, unter Steinen und in Höhlen. Manche von ihnen findet man auch in Wüsten.

ANMERKUNG: Diese Spinnentiere stechen nicht, können aber mit ihren kräftigen Pedipalpen schmerzhaft zukneifen.

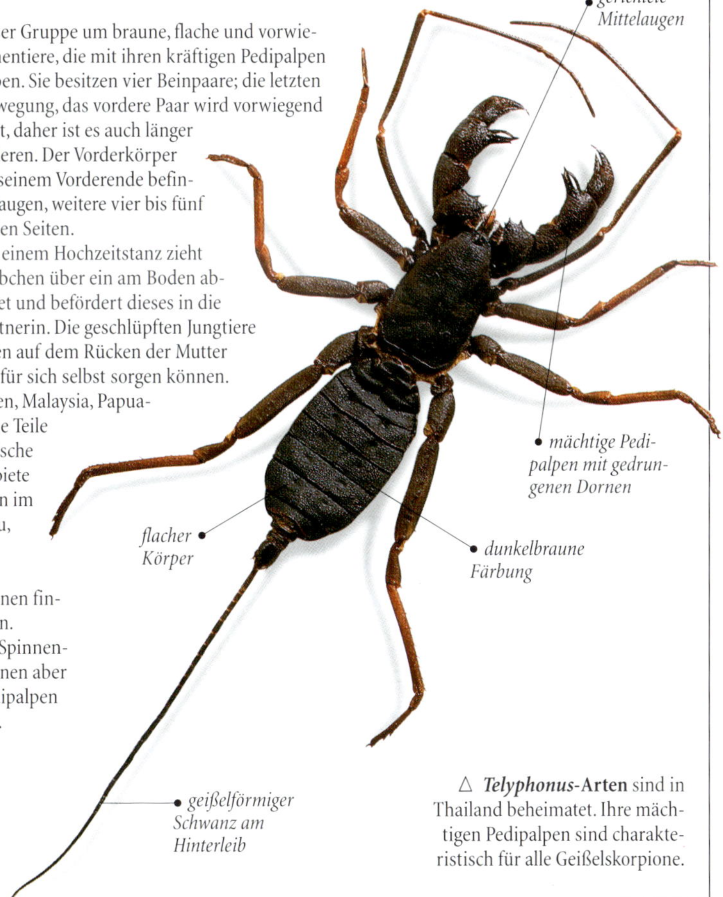

△ ***Telyphonus*-Arten** sind in Thailand beheimatet. Ihre mächtigen Pedipalpen sind charakteristisch für alle Geißelskorpione.

Länge 10–72 mm, ohne Geißel	Ernährungsweise

Geißelspinnen

In der Ordnung Amblypygi sind drei Familien mit 130 Arten enthalten. Der Körper dieser Spinnentiere ist gedrungen und flach, der Vorderkörper kann recht breit werden. Das erste Segment des am Ende abgerundeten Hinterleibs ist stielförmig verjüngt. Geißelspinnen besitzen acht Augen: ein Paar Mittelaugen und drei Paar Seitenaugen. Die sechsgliedrigen Pedipalpen sind lang und schmal oder kurz und dick. Sie sind zu Fangarmen ausgebildet, die mit scharfen Stacheln besetzt sind; Beutetiere können mit ihnen ergriffen und festgehalten werden. Mit den fangzahnartigen Chelizeren werden dann kleine Stücke aus der Beute herausgerissen. Das vielgliedrige erste Laufbeinpaar ist sehr lang und wird als Fühler eingesetzt. Die nachtaktiven Geißelspinnen, die weder stechen noch beißen, erbeuten Insekten und andere Arthropoden. Unter dem Hinterleib trägt das Weibchen eine Bruttasche, in der die Jungen schlüpfen; danach klettern sie auf den Rücken der Mutter.

Ordnung AMBLYPYGI	Familie PHRYNIDAE	Artenzahl 52

Phrynidae

Vertreter dieser Gruppe weisen meist verschiedene Brauntöne und dunklere Zeichnungen auf. Die Schienen des vierten Beinpaares sind drei- bis viergliedrig. Die Männchen mancher Arten besitzen längere Pedipalpen als die Weibchen.
LEBENSWEISE: Die Männchen setzen, wie bei Geißelspinnen üblich, ein Spermienpaket auf dem Boden ab, das von den Weibchen in die Genitalöffnung aufgenommen wird. Später werden die Eier in einer Bruttasche des Weibchens getragen, in der die Jungen auch schlüpfen. Diese klettern dann auf den Rücken der Mutter, bis sie selbst Beute fangen können.
VERBREITUNG: Tropen und Subtropen. An feuchten Orten, z. B. unter Baumrinde und in Waldböden, aber auch zwischen Steinen, Felsen und in Höhlen.

△ ***Phrynus asperatipes*** lebt im Südwesten der USA und trägt kleine Scheren am Ende der Pedipalpen.

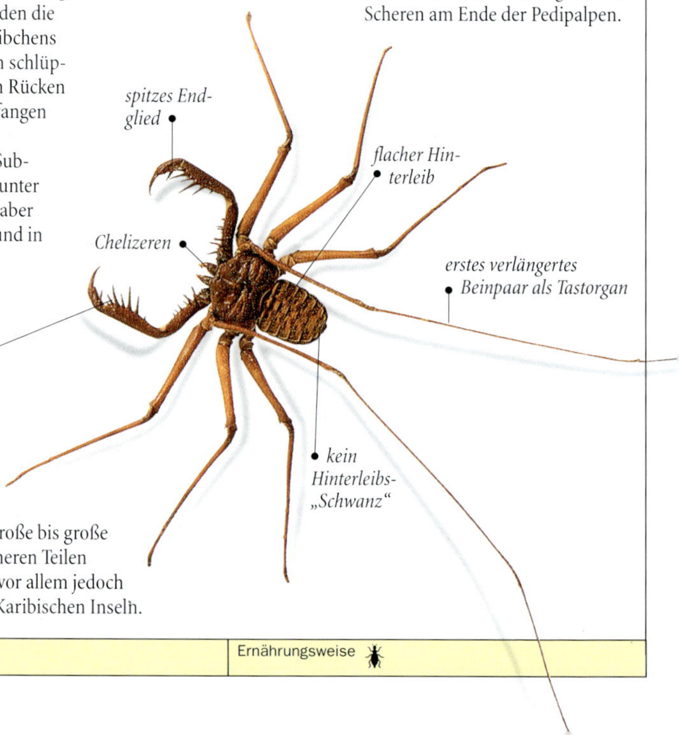

▷ ***Phrynus*-Arten** sind mittelgroße bis große Geißelspinnen, die man in wärmeren Teilen Nord- und Südamerikas findet, vor allem jedoch in Zentralamerika und auf den Karibischen Inseln.

Länge 5–60 mm	Ernährungsweise

Weberknechte

Die auch als Weberknechte oder Kanker bekannte Ordnung Opiliones umfasst 40 Familien mit 5000 Arten. Diesen Spinnentieren fehlt die charakteristische Taille zwischen Vorderkörper und Hinterleib. Die Augen sitzen meist auf einer Erhebung am Vorderkörper. Die zangenförmigen Chelizeren bestehen aus drei, die Pedipalpen aus sechs Gliedern.

Die vier Laufbeinpaare können entweder lang oder kurz sein, sind aber immer siebengliedrig und tragen normalerweise ein oder zwei Klauen. Spezielle Drüsen im Vorderkörper produzieren ein riechendes Wehrsekret, das zur Verteidigung eingesetzt wird.

Die Fortpflanzung der Weberknechte ist für Spinnentiere recht ungewöhnlich, da ihre Begattung direkt ist. Die Spermienübertragung erfolgt durch ein echtes Begattungsorgan, einen Penis, und die Weibchen legen die Eier mit Hilfe einer Legeröhre in den Erdboden ab.

Ordnung	Familie	Artenzahl
OPILIONES	COSMETIDAE	450

Cosmetidae

Wie alle Weberknechte besitzen sie meist eine matte Körperfärbung. Die Ausnahme stellen einige tropische Arten dar, die grün oder gelb sind; einige können auch die Farbe ihrer Umgebung annehmen.

LEBENSWEISE: In der gesamten Ordnung findet eine direkte Spermienübertragung statt. Die Eier werden in die Erde oder an feuchten, geschützten Stellen abgelegt.

VERBREITUNG: Hauptsächlich in den tropischen Regionen Nord- und Südamerikas. Unter Steinen, zwischen Abfällen, in Steppen, Wäldern und Halbwüsten.

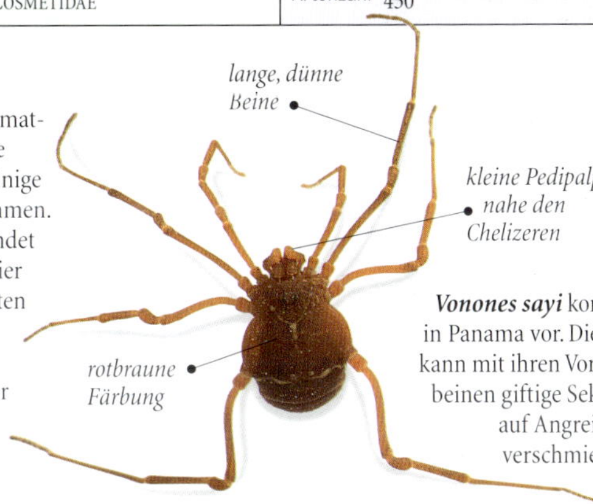

Vonones sayi kommt in Panama vor. Die Art kann mit ihren Vorderbeinen giftige Sekrete auf Angreifern verschmieren.

Länge	Ernährungsweise
5–11 mm	

Ordnung	Familie	Artenzahl
OPILIONES	GONYLEPTIDAE	750

Gonyleptidae

Diese meist hell gefärbten Arten haben einen kurzen, dicken Körper mit einem breiten, manchmal flach endenden Hinterteil. Das erste Glied der Hinterbeine ist verlängert und kann lange, spitze Dornen tragen. Ihre eng stehenden Augen sitzen oft auf einer Erhebung. Männchen sind kleiner und haben meist stacheligere Beine als die Weibchen. Die meisten Arten sind nachtaktiv und können zur Verteidigung ein Wehrsekret bilden.

LEBENSWEISE: Die Eiablage erfolgt an feuchten, geschützten Orten. Nur eine Art betreibt Brutpflege; die Mutter baut hier einen Schutzwall aus Schlamm um das Gelege und sich selbst.

VERBREITUNG: Vor allem in südamerikanischen Tropenwäldern. Unter Baumstämmen und Steinen.

***Discocyrtes*-Arten** kommen im brasilianischen Regenwald vor. Mit ihren dreieckigen Körpern und verlängerten Hinterbeinen prägen sie ein für ihre Familie typisches Erscheinungsbild.

Länge	Ernährungsweise
5–14 mm	

Ordnung OPILIONES	Familie LEIOBUNIDAE	Artenzahl 450

Leiobunidae

Die Größe dieser Weberknechte variiert sehr stark. Die meisten haben lange dünne Beine, deren erstes Glied zwei Reihen kleiner „Zähne" aufweist. Das zweite Beinpaar kann bis zu 15-mal länger sein als der Körper.
LEBENSWEISE: Über Paarung und Eiablage ist relativ wenig bekannt. Bei manchen Arten versammeln sich Männchen und Weibchen zur Balz auf Baumstümpfen oder Mooshügeln, wo die Männchen gegeneinander kämpfen und sich z. B. gegenseitig in die Beine beissen. Größere Männchen gewinnen diese Kämpfe häufiger.
VERBREITUNG: Gemäßigte Breiten der Nordhalbkugel, vor allem in Nordamerika und Europa. In manchen tropischen Regionen außer Afrika. An feuchten Stellen in Wäldern und Höhleneingängen.
ANMERKUNG: Leiobuniden unterscheiden mit ihren Augen lediglich hell und dunkel, Bilder können sie nicht erkennen.

△ ***Leiobunum rotundum*** ist eine nachtaktive Art, die auf Bäumen lebt, aber auf dem Boden nach Beute jagt. Sie kann ihre langen, beweglichen Fußglieder fest um Grashalme wickeln, um sich einen sicheren Halt zu verschaffen.

Länge 2 – 12 mm, nur Körper	Ernährungsweise

Ordnung OPILIONES	Familie PHALANGIIDAE	Artenzahl 200

Schneider

Normalerweise besitzen diese Spinnentiere einen weichen Körper, der viele stachelige Fortsätze tragen kann. Das erste Beinglied ist glatt, die darauffolgenden können jedoch Längsgrate aufweisen, die manchmal mit Stacheln besetzt sind. Die Männchen unterscheiden sich oft sehr von den Weibchen. So besitzen sie z. B. bizarr vergrößerte Chelizeren. Viele Arten sind nachtaktiv, nur manche gehen tagsüber auf Jagd.
LEBENSWEISE: Um die Eier unter Rinde oder in Erdspalten abzulegen, benutzen Weibchen ihre teleskopartige und sehr bewegliche Legeröhre. Die Jungen bleiben vorerst in der bodennahen Vegetation und klettern, wenn sie älter sind, auch auf Büsche und Bäume.
VERBREITUNG: Weltweit, vor allem in den gemäßigten Breiten. Unter Steinen, in der Streuschicht von Wäldern und Wiesen.
ANMERKUNG: Einige Arten haben sich gut an das Leben in Gebäuden angepasst.

△ ***Phalangio opilio*** ist hellgrau bis gelb und hat eine dunkle sattelartige Zeichnung auf dem Rücken. Man kann diese Art in Wäldern, Gärten und auf Wiesen der Nordhalbkugel finden.

Länge 2 – 12 mm, nur Körper	Ernährungsweise

Milben

Die Ordnung Acari – Milben – ist eine sehr große und mannigfaltige Gruppe, die aus 300 Familien mit 30 000 Arten besteht. Sie weisen die verschiedensten Lebensweisen auf und bewohnen jeden nur möglichen Lebensraum, selbst Wasser. Wirtschaftlich betrachtet sind viele von ihnen gefährliche Pflanzen- oder Vorratsschädlinge, andere befallen neben Tieren und auch den Menschen. Die Körpergröße der meisten beträgt weniger als 1 mm, obwohl Zecken sehr viel größer werden können, vor allem nach einer Blutmahlzeit. Der Milbenkörper weist keine sichtbare Segmentierung auf, der Hinterleib ist stark verkürzt. Die Mundwerkzeuge befinden sich in einem verlängerten Mundvorraum. Oft sind die Chelizeren als zwei- oder dreigliedrige Scheren ausgebildet, zeigen aber auch stechend-saugende Anpassungen. Die geschlechtsreifen Tiere sowie die Nymphen besitzen je vier sechsgliedrige Laufbeinpaare, wogegen das erste Larvenstadium nur drei Paar aufweist.

Ordnung	Familie	Artenzahl
Acari	Acaridae	550

Vorratsmilben

Die Färbung dieser Tiere ist meist hell, ihr Hinterleib ist mit langen Härchen besetzt. Die Beine sind sehr lang, können bei manchen Arten aber auch extrem verkürzt sein.
LEBENSWEISE: Die Eier werden an den Futterstellen der Tiere abgelegt. Wie bei den meisten Milben treten auch hier drei Nymphenstadien auf. Viele von ihnen leben in enger Bindung an andere Arthropoden, einige findet man in faulenden Stoffen.
VERBREITUNG: Weltweit. An frischen oder trockenen Vorräten, an Käse und Pilzen, in Bienenstöcken, Detritus und in Matratzen.
ANMERKUNG: Einige Vorratsmilben sind Schädlinge an getrockneten Lebensmitteln, andere ernähren sich von der Haut von Säugern. Sie können beim Menschen Dermatitis und allergische Reaktionen wie Asthma auslösen.

△ ***Acarus siro,*** die Mehlmilbe, lebt weltweit in Lagerhäusern und Mühlen im Mehl, Getreide und Saatgut. Unter günstigen Bedingungen treten die Tiere in Massen auf.

Länge	Ernährungsweise
unter 1 mm	

Ordnung	Familie	Artenzahl
Acari	Argasidae	150

Lederzecken

Diese Zecken sind oft abgerundet und beerenförmig, manche von ihnen weisen auch eine eher flachgedrückte Gestalt auf. Der harte, ledrige Körper ist faltig oder runzelig. Die Chelizeren sind derart umgestaltet, dass sie problemlos die Haut der Wirte durchdringen können. Diese nachtaktiven Zecken leben ektoparasitisch an Säugetieren (auch an Fledermäusen), Vögeln und Schlangen.
LEBENSWEISE: Die Eier werden typischerweise in den Nestern oder Bauten der Wirte abgelegt, die den Geschlechtstieren und Nymphen meist als Lebensgrundlage dienen.
VERBREITUNG: Weltweit, vor allem in warmen, trockenen Regionen. Sehr oft in den Nestern oder Bauten ihrer Wirte.
ANMERKUNG: Viele Lederzecken treten als Krankheitsüberträger und Haustierschädlinge auf, besonders an Geflügel.

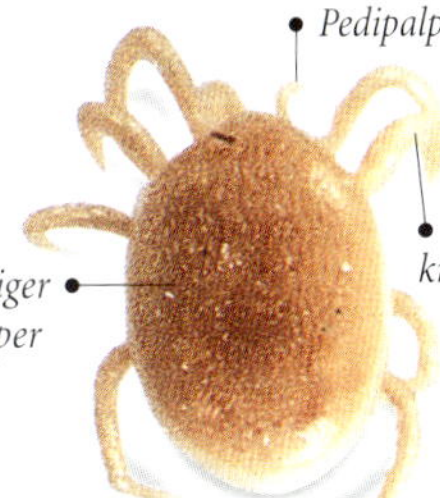

△ ***Argas persicus*** ist in vielen Teilen der Welt ein Schädling von Haushühnern und anderem Geflügel. Die Art überträgt das sog. Geflügelrückfallfieber.

Länge	Ernährungsweise
2–10 mm, meist unter 6 mm	

Ordnung ACARI	Familie DERMANYSSIDAE	Artenzahl 25

Dermanyssidae

Diese blutsaugenden Milben benutzen die verlängerten und nadelartigen Chelizeren als Stechorgan; sie befallen Vögel und Säuger. Durch die Blutmahlzeit färben sich die hellgrauen Tiere rot. Viele Weibchen besitzen einen dicht beborsteten Rückenschild.
LEBENSWEISE: Mit den Chelizeren übertragen die Männchen ihre Spermien. Die Eiablage erfolgt z. B. in Nestern, Tierbauten und Hühnerställen. Das erste Nymphenstadium nimmt keine Nahrung zu sich.
VERBREITUNG: Weltweit. Als Parasiten leben sie in enger Bindung an Vögeln und Säugern.
ANMERKUNG: Manche Arten sind bedeutende Geflügelschädlinge, andere übertragen Krankheiten, die den Tod von Tieren zur Folge haben und auch den Menschen befallen können.

Dermanyssus gallinae, die Rote Vogelmilbe, findet man weltweit an Geflügel. Sie frisst vor allem nachts und hält sich tagsüber in Ritzen versteckt.

Länge 0,2–0,8 mm	Ernährungsweise

Ordnung ACARI	Familie IXODIDAE	Artenzahl 650

Schildzecken

Diese flachen Tiere besitzen eine feste, manchmal gemusterte Rückenplatte. Bei den Männchen bedeckt sie den gesamten Körper, bei Weibchen und Nymphen nur die vordere Hälfte. Der weiche, dehnbare Hinterleib ermöglicht ausgedehnte Blutmahlzeiten an ihren Wirten. Die Färbung variiert zwischen gelb, rot- und schwarzbraun, manche weisen eine auffällige Zeichnung auf.
LEBENSWEISE: Nach der Paarung saugt das Weibchen Blut und fällt vom Wirt ab, um in der Vegetation ihre Eier abzulegen. Es schlüpfen sechsbeinige Larven, die auf Pflanzen krabbeln und auf einen geeigneten Wirt überwechseln. Nach ein paar Tagen der Nahrungsaufnahme lässt sich die Larve von ihrem Wirt fallen und häutet sich zu einer achtbeinigen Nymphe. Diese sucht ebenfalls einen Wirt auf, saugt Blut, lässt sich nach einigen Tagen fallen und häutet sich zu einer geschlechtsreifen Zecke.
VERBREITUNG: Weltweit. Als Parasiten an Vögeln, Säugern und einigen Reptilien.
ANMERKUNG: Viele Zecken sind Krankheitsüberträger und Schädlinge von Haustieren, besonders Rindern, Schafen, Pferden und Geflügel. Sie übertragen Viren, die beim Menschen z. B. Enzephalitis, Lyme-Borreliose, Zeckentyphus und das sog. Texasfieber hervorrufen.

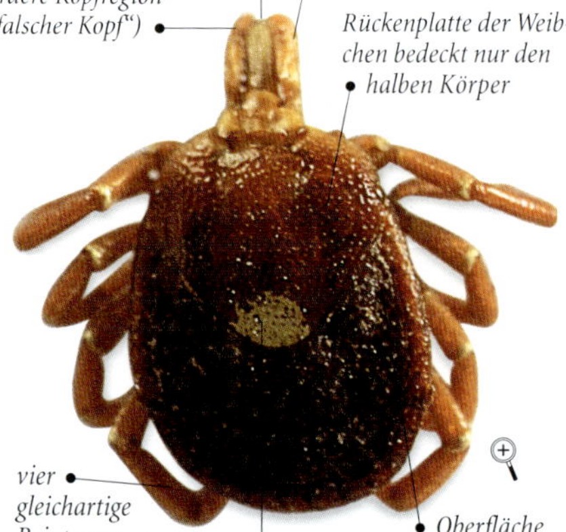

△ ***Amblyomma americanum*** befällt eine Reihe von Säugern und verschmäht auch den Menschen nicht. Diese Art lebt in den mittleren Staaten der USA.

Länge 2–10 mm; vollgesogen größer	Ernährungsweise

Ordnung ACARI	Familie LAELAPIDAE	Artenzahl 650

Laelapidae

Diese braunen Milben, oft auch zu den Dermanyssidae (S. 224) gestellt, sind Ektoparasiten an Insekten oder Säugern. Erstere besitzen schwache, haarähnliche Strukturen, bei Letzteren sind diese eher stachelig und ermöglichen einen guten Halt auf den Wirten. Der Rückenschild ist nicht geteilt.

LEBENSWEISE: Mit ihren Chelizeren übertragen die Männchen die Spermien auf die Weibchen. Viele Arten ernähren sich von Säugerlymphe oder -blut. Die Eier werden in Nester oder Bauten der Wirte abgelegt. Einige Arten sind lebend gebärend.

VERBREITUNG: Weltweit. In Geflügelställen, Kleinsäugerbauten, Ameisenkolonien, Dung, Detritus, an Vorräten und im Strandaufwurf.

ANMERKUNG: Viele Arten sind Krankheitsüberträger.

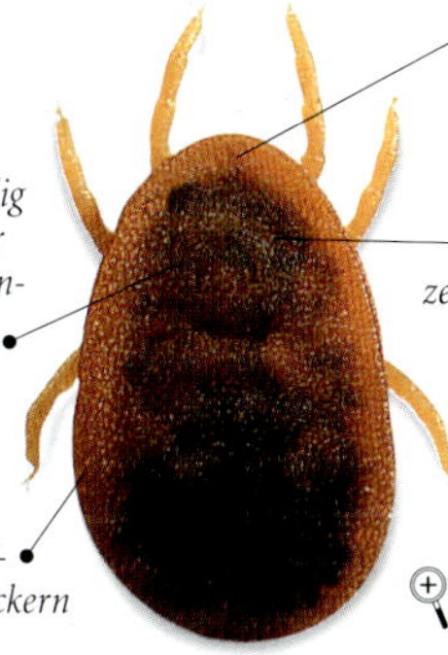

Haemolaelaps glasgowi lebt bevorzugt auf Ratten. Diese Art überträgt den Virus, der das Hämorrhagische Fieber bei Ratten, anderen Nagern und vermutlich auch beim Menschen verursacht.

Länge 0,5 – 5 mm, meist unter 2 mm	Ernährungsweise

Ordnung ACARI	Familie MICROTROMBIDIIDAE	Artenzahl 500

Microtrombidiidae

Die Milben sind in der Regel braun und dicht behaart. Sie besitzen sechsgliedrige Beine und zwei Augenpaare an der Vorderseite des Rückenschildes.

LEBENSWEISE: Microtrombidiiden leben parasitär an anderen Arthropoden. Das Weibchen legt bis zu 4000 Eier in den Boden; die daraus schlüpfenden Larven ernähren sich von einem geeigneten Wirt. Als Nymphen fressen sie Insekteneier, die sie im Erdboden finden, und entwickeln sich dann zu geschlechtsreifen Tieren.

VERBREITUNG: Weltweit. In verschiedenen Lebensräumen, vor allem in trockenen, sandigen oder halbtrockenen Regionen.

Unterseite

Oberseite

***Eutrombidium*-Arten** leben normalerweise auf Gottesanbeterinnen, Grillen und Feldheuschrecken.

Länge 0,5 – 2 mm	Ernährungsweise

Ordnung ACARI	Familie PARASITIDAE	Artenzahl 375

Parasitidae

Die meisten dieser Milben weisen einen leicht birnenförmigen Körper auf. Ihre Färbung ist gelbbraun, auf ihrem Rücken tragen sie ein oder zwei erkennbare Platten. Zum Festhalten der Weibchen bei der Paarung kann das zweite Beinpaar der Männchen kräftiger ausgebildet sein.

LEBENSWEISE: Die Eier werden in organischem Abfall abgelegt. Die Nymphen findet man oft auf Insekten. Viele von ihnen fressen auch kleinere Insekten, deren Larven oder andere Milben.

VERBREITUNG: Weltweit. Auf anderen Milben, in Dung, Holz, pflanzlichem Detritus, Vorräten, Säuger-, Bienen- und Wespennestern.

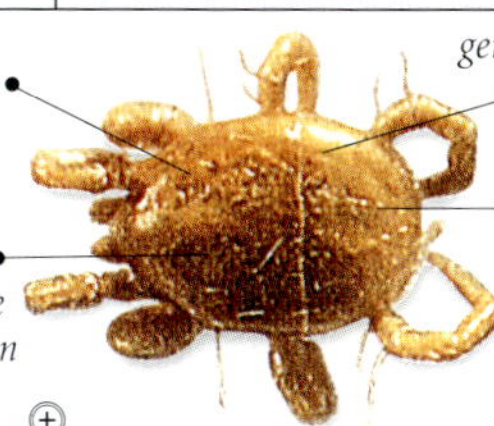

***Parasitus*-Arten** kommen recht häufig vor Sie leben in den Nestern von Wespen und Bienen sowie in verrottendem Holz und der Laubstreu.

Länge 0,75 – 2 mm	Ernährungsweise

Ordnung ACARI	Familie SARCOPTIDAE	Artenzahl 120

Räude- oder Krätzmilben

Diese kleinen Milben sind durchscheinend hellbraun. Sie besitzen kurze, kompakte Beine und einen fast kreisrunden Körper, der von der Seite betrachtet leicht abgeflacht ist. Mit den Chelizeren können sie sich in die Haut von Tieren und Menschen einbohren. Der Befall am Menschen wird als Krätze, der an Tieren als Räude bezeichnet.

LEBENSWEISE: Die meisten Arten ernähren sich von Lymphe und Hautzellen des Wirtes und bohren dabei Fraßgänge in die Haut; auch die Paarung findet auf der Haut statt. Das Weibchen legt in zwei Monaten – seiner gesamten Lebensdauer – bis zu 50 Eier ab. Die Jungtiere finden Schutz und Nahrung in den Haarfollikeln des Wirtes.

VERBREITUNG: Weltweit. In Haut oder Haarfollikeln von Säugern und Menschen.

ANMERKUNG: Der Befall verursacht starken Juckreiz. Das Kratzen hat Haarausfall und manchmal auch gefährliche Sekundärinfektionen zur Folge.

kurze, kräftige Beine

lange, feine Körperbehaarung

runder Umriss

Körper mit feinen Querfalten

△ ***Sarcoptes scabei*** ist die häufigste Ursache der Räude. Es gibt viele Varietäten dieser Art, jede ist eng an einen bestimmten Wirt gebunden.

Länge 0,2–0,4 mm	Ernährungsweise

Ordnung ACARI	Familie TETRANYCHIDAE	Artenzahl 650

Spinnmilben

Diese spinnenartigen Milben sind orange, rot, grün oder gelb gefärbt. Viele ernähren sich von Pflanzen, die dadurch helle Flecken bekommen und verwelken. Spinnmilben besitzen im vorderen Teil des Körpers Spinndrüsen und überziehen Teile ihrer Futterpflanzen mit feinen Seidenfäden.

LEBENSWEISE: Rote, rundliche, recht große Eier werden auf Blättern, Zweigen oder Rinde der Futterpflanzen abgelegt. Die Milben halten sich geschützt auf der Blattunterseite in ihren Gespinsten auf.

VERBREITUNG: Weltweit. Auf verschiedenen Pflanzen, Bäumen und Sträuchern.

ANMERKUNG: Viele Spinnmilben sind wirtschaftlich bedeutende Pflanzenschädlinge. Sie befallen u. a. Getreide (auch Weizen), Baumwolle, Kaffee, Zitrus- und andere Obstbäume.

weicher, rundlicher oder birnenförmiger Körper

spinnenartiges Aussehen

orangerote Färbung

feine, helle Behaarung

△ ***Tetranychus*-Arten** ernähren sich von zahlreichen Pflanzen. Sie verbringen den Winter tief in der Laubstreu und tauchen im Frühling wieder auf, um die Futterpflanzen aufzusuchen.

Länge 0,2–0,8 mm	Ernährungsweise

Ordnung ACARI	Familie TROMBICULIDAE	Artenzahl 3000

Trombiculidae

Diese Milben sind hell- bis mittelbraun und manchmal rot. Der ovale Körper ist in der Mitte leicht verengt. Körper und Beine tragen lange Haare oder sind eher samtig. Die Tiere leben parasitär an Menschen, Säugern, Vögeln und Reptilien.
LEBENSWEISE: Die Eiablage erfolgt im feuchten Boden, die Larven wechseln auf einen geeigneten Wirt. Das erste Larvenstadium befällt Säuger, Vögel, Schlangen und Eidechsen. Es ernährt sich von Lymphe und Gewebe, wobei es sich mit den sägeartigen Chelizeren durch die Haut bohrt. Einige Arten leben und fressen in den Atemwegen der Wirte. Später fallen die Larven vom Wirt ab, häuten sich und jagen kleine Arthropoden, z. B. Springschwänze (S. 207 – 209).
VERBREITUNG: Weltweit. Im Boden, in der Laubstreu, Tierbauten und auf Wirten.
ANMERKUNG: Einige Arten verursachen beim Menschen starken Juckreiz, Dermatitis und allergische Reaktionen.

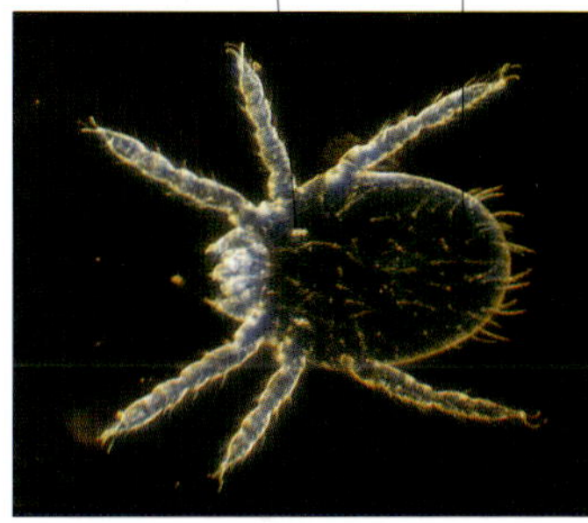

Neotrombicula autumnalis, die Erntemilbe, ist eine bodenbewohnende Art, die an feucht-warmen Tagen an der Oberfläche erscheint. Die Larven stechen Vögel, Säuger und Menschen.

Länge 1 – 3 mm	Ernährungsweise

Ordnung ACARI	Familie TROMBIDIIDAE	Artenzahl 250

Trombidiidae

Viele dieser Milben sind rot oder orange gefärbt und dicht behaart, was ihnen eine samtige Erscheinung verleiht. Der Körper ist in der Mitte nicht verengt.
LEBENSWEISE: Zu bestimmten Zeiten im Jahr, meist nach Regen, tauchen die geschlechtsreifen Tiere an der Erdoberfläche auf, um sich zu paaren und ihre Eier zu legen. Manche Larven parasitieren an Insekten, z. B. an Heuschrecken und anderen Arthropoden.
VERBREITUNG: Weltweit, besonders zahlreich in tropischen Regionen. In verschiedenen Lebensräumen, von der Savanne bis hin zu Wäldern, meist in oder auf dem Boden. Einige wenige sind sogar an Süßwasser gebunden.

***Trombidium*-Arten**, die Samtmilben, sieht man häufig auf dem Boden laufen, besonders nach starken Regenfällen, wenn sie den Erdboden in großer Zahl verlassen müssen.

Länge 2 – 10 mm, meist unter 5 mm	Ernährungsweise

Ordnung ACARI	Familie VARROIDAE	Artenzahl 5

Varroa-Milben

In der Regel sind Varroa-Milben schwach hellbraun gefärbt. Der ovale, leicht gewölbte Körper ist breiter als lang und unbehaart. Die Tiere leben parasitär an Honigbienen.
LEBENSWEISE: Die Eier werden in die Brutkammern der Bienen gelegt; die Nymphe frisst dann an den Bienenlarven. Geschlechtsreife Milben heften sich an Bienen, die ihnen als Nahrung dienen und sie auch verbreiten.
VERBREITUNG: Weltweit, wo ihre Wirte vorkommen.

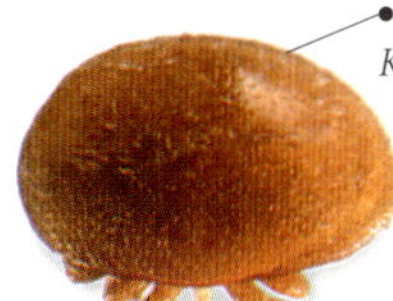

Varroa persicus heftet sich an Wild- und Honigbienen.

Länge 1 – 1,75 mm	Ernährungsweise

Webspinnen

Die 40 000 Arten in den 101 Familien der Ordnung Araneae werden durch ihre äußere Erscheinung sowie durch ihre Fähigkeit, Spinnfäden zu erzeugen und Netze zu weben, von den übrigen Spinnentieren unterschieden. Der Vorderkörper ist von einem harten Rückenschild bedeckt und über einen Stiel mit dem Hinterleib gelenkig verbunden. Die Punktaugen liegen vorn auf dem Körper; die meisten Arten besitzen acht Augen, einige jedoch auch sechs oder gar keine. Die Chelizeren sind bei den Webspinnen mit einem beweglichen Fangzahn ausgestattet, der bei nahezu allen Arten mit einer Giftdrüse bewehrt ist. Die sechsgliedrigen Pedipalpen dienen der Sinneswahrnehmung, bei Männchen auch der Spermienübertragung. Es gibt vier Paar Laufbeine, jedes davon besteht aus sieben Gliedern. Der unsegmentierte Hinterleib trägt die Spinnwarzen und die Genitalöffnung. Spinnen verdauen ihre Beute außerhalb des Körpers mit Hilfe von Enzymen, die sich in ihren Verdauungssäften befinden; der so entstandene Nahrungsbrei wird dann eingesogen. Normalerweise legen die Webspinnen ihre Eier in einen seidenen Kokon, der von einigen Arten bis zum Schlupf der Jungen umhergetragen wird. Spinnen kommen in fast allen Landlebensräumen vor, in Wüsten ebenso wie auf den Gipfeln der Berge. Zwar können sie nicht fliegen, aber einige sind durchaus in der Lage, sich an ihren Seidenfäden längere Strecken vom Wind treiben zu lassen.

Ordnung ARANEAE	Familie AGELENIDAE	Artenzahl 700

Trichterspinnen

Die Spinnen besitzen einen behaarten Körper und oftmals lange Beine. Am Vorderende des Körpers sitzen acht Augen. Der schlanke und ovale Hinterleib kann mit dunklen Querstreifen, Flecken oder Punkten gezeichnet sein. Die beiden hinteren Spinnwarzen sind zweigliedrig und länger als die zwei vorderen. Diese Tiere weben ein flaches Netz, das am Rand in eine trichterförmige Wohnröhre mündet.

LEBENSWEISE: Nach der Paarung bleiben die Geschlechtspartner bis zum Tod des Männchens zusammen. Der mit Seide und Abfällen bedeckte Eiballen ist im Netz untergebracht. Gelegentlich werden die Jungtiere von der Mutter mit vorverdauter Nahrung gefüttert.

VERBREITUNG: Weltweit. In unterschiedlichsten Lebensräumen; auf Wiesen und Weiden und in Gärten. Die Netze werden in Sträuchern, über Steinen, auf Felsen und Mauern, unter Holz und in Gebäuden angelegt.

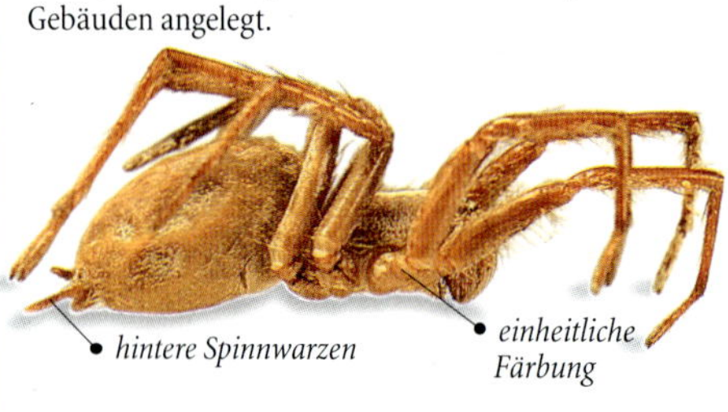

***Aglenopsis*-Arten** besitzt keine auffallende Hinterleibszeichnung. Einige größere Arten sollen schon Menschen gebissen haben.

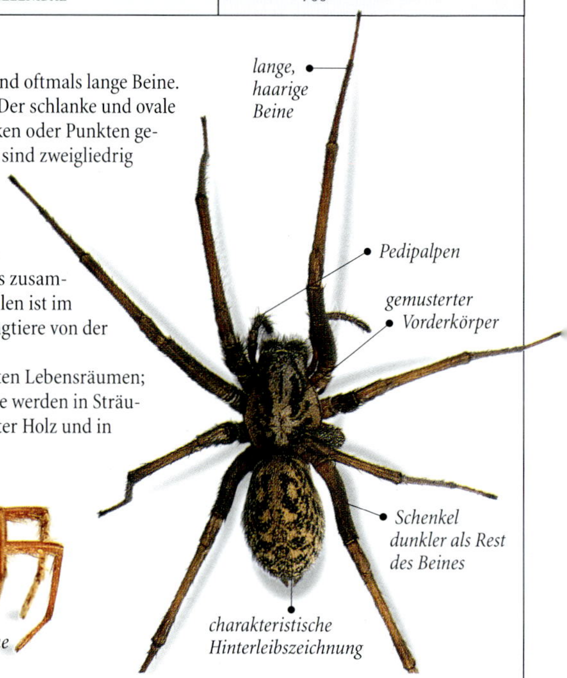

△ ***Tegenaria atrica,*** die Hauswinkelspinne, ist in Gebäuden und Gärten Europas weit verbreitet. Man begegnet dieser Art oft im Badezimmer.

Länge 6–20 mm	Ernährungsweise

Ordnung ARANEAE	Familie ARANEIDAE	Artenzahl 4000

Radnetzspinnen

Die Vertreter dieser Familie haben meist einen großen Hinterleib, der bunt gefärbt und gemustert sein kann. Bei einigen Arten kann er auch eine seltsame, eckige Form annehmen. Die bedornten Beine tragen jeweils drei Klauen, die mittleren vier der acht Augen sind oft zu einem Quadrat angeordnet. Meist sind die Männchen kleiner als die Weibchen. Die Netze weisen eine mittlere Nabe, radiale Speichen und eine Fangspirale auf. Einige dieser Spinnen fangen Motten mit einem einzelnen Faden, an dessen Ende sich ein Klebtropfen befindet.
LEBENSWEISE: Der Paarung geht eine komplizierte Balz voraus. Der seidene Eikokon wird gut getarnt in das Netz eingewoben, in der Vegetation oder an Rinde befestigt oder in der Laubstreu vergraben.
VERBREITUNG: Weltweit. In zahlreichen Lebensräumen, einschließlich Weiden, Wiesen, Wäldern und Gärten.
ANMERKUNG: Tropische Arten können sehr große und feste Netze bauen und sollen damit schon Vögel gefangen haben. Die riesigen Netze der *Nephila*-Arten werden in Papua-Neuguinea sogar als Fischernetze benutzt.

△ ***Micrathena gracilis,*** die Stachelspinne, lebt in Laubwäldern Nordamerikas und besitzt eigenartige, stachelige Fortsätze an ihrem Hinterleib.

Länge 2–46 mm	Ernährungsweise

Ordnung ARANEAE	Familie ARGYRONETIDAE	Artenzahl 1

Wasserspinnen

Die einzige Art in dieser Familie, *Argyroneta aquatica*, trägt ihren Namen mit Recht, da sie mehr oder weniger ständig unter Wasser lebt. Der gräuliche Hinterleib dieser Spinne ist mit einem charakteristischen, dichten Flaum kurzer Härchen überzogen. Am dritten und vierten Paar ihrer gelbbraunen Beine wachsen ausgedehnte Büschel längerer Haare, in denen Luft hängen bleiben kann. Die Wasserspinne baut unter Wasser eine kuppelförmige „Taucherglocke", indem sie einen Gespinstteppich, den sie zuvor an Wasserpflanzen aufgespannt hat, von unten her mit Luft füllt. Die Luft wird mit dem Hinterleib und den Hinterbeinen von der Oberfläche geholt und zum Füllen der Glocke mit den Beinen abgestreift. Die Spinne hängt dann kopfunter in ihrer Luftblase und lauert auf vorbeikommende Beute, z. B. kleine Fische und Kaulquappen, die in die Luftglocke gezogen und gefressen werden.
LEBENSWEISE: Nach der Paarung werden die Eier in Seide gehüllt und im oberen Bereich der Luftglocke aufgehängt.
VERBREITUNG: In Europa und Teilen von Asien. In langsam fließenden und stillen Gewässern.

△ ***Argyroneta aquatica,*** die europäische Wasserspinne, verbringt selbst die Wintermonate in ihrer Luftglocke, die sie dazu mit zusätzlichen Seidenfäden verstärkt.

Länge 7–15 mm	Ernährungsweise

Ordnung ARANEAE	Familie CTENIDAE	Artenzahl 600

Kammspinnen

Diese aggressiven Spinnen sind meist grau oder braun, der hintere Teil des Vorderkörpers zeigt eine auffällige Längsfurche. Die Tiere jagen nachts am Boden Beute, kehren jedoch bei Morgengrauen wieder in ihre dunklen Verstecke zurück.
LEBENSWEISE: Die Eier werden meist in einem Eikokon vom Weibchen unter dem Körper getragen.
Verbreitung: Am Boden oder auf Pflanzen in den Tropen und Subtropen.
ANMERKUNG: Der Biss einiger Arten kann auch für den Menschen gefährlich sein.

***Ctenus*-Arten** gleichen stark den Wolfspinnen (S. 233). Diese graubraune, gefleckte Art kommt in Afrika vor.

Länge 5–50 mm	Ernährungsweise

Ordnung ARANEAE	Familie DIPLURIDAE	Artenzahl 250

Trichternetz-Vogelspinnen

Die meist dunkelbraunen Spinnen besitzen einen flachen Vorderkörper und sechs oder acht Augen, die in Zweiergruppen angeordnet sind. Ihre flachen Netze münden in eine trichterförmige Wohnröhre, die in Ritzen und Spalten verborgen liegt.
LEBENSWEISE: Weibchen spinnen feste, scheibenförmige Eikokons, die sie auf dem Boden ihrer Wohnröhre aufbewahren.
VERBREITUNG: Tropen und Subtropen Nordamerikas, Afrika, Asien und Australien. Am Boden und in Bäumen.

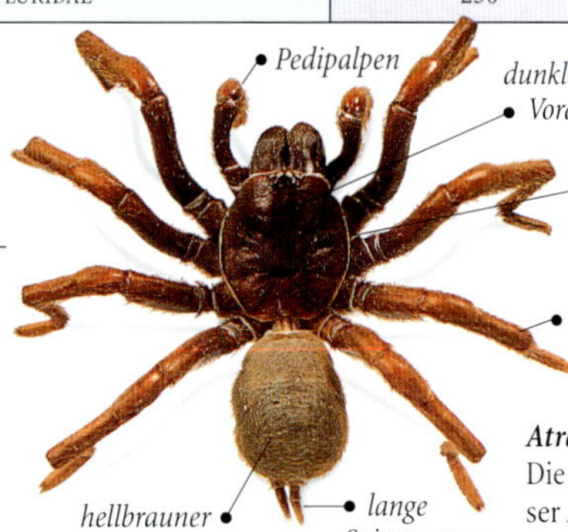

Atrax robustus
Die giftigen Bisse dieser Art können sehr unangenehm sein.

Länge 6–28 mm	Ernährungsweise

Ordnung ARANEAE	Familie DYSDERIDAE	Artenzahl 250

Sechsaugenspinnen

Die meisten Vertreter dieser Familie haben sechs Augen, die fast kreisförmig angeordnet sind. Ihre Chelizeren sind sehr groß und spitz genug, um harte Kutikula zu durchbohren. Der Hinterleib kann graurosa oder gemustert sein. Die meisten Spinnen sind nachtaktiv, jagen am Boden oder bauen röhrenförmige Gespinste in Hohlräumen unter Rinde, in Holz oder zwischen Steinen. In den Röhren führen Seidenfäden kreisförmig vom Netzeingang weg und dienen als Stolperfalle für vorbeilaufende Beute.
LEBENSWEISE: Weibchen umhüllen ihre Eier mit Spinnseide und bewahren sie ständig in ihrem Schlupfwinkel auf.
VERBREITUNG: Weltweit. In unterschiedlichen Lebensräumen, z. B. in natürlichen Spalten und Ritzen in Rinde, Holz und zwischen Steinen.
ANMERKUNG: Die Röhrenbauer der Gattung *Segestria* werden manchmal in eine eigene Familie gestellt.

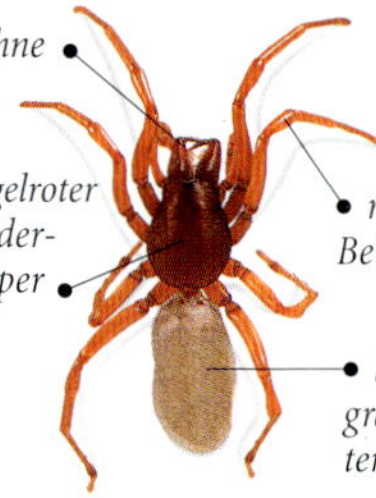

Dysdera crocata ist weltweit verbreitet. Die Arten dieser Gattung sind ausgesprochene Asselfresser.

Länge 6–24 mm	Ernährungsweise

Ordnung ARANEAE	Familie ERESIDAE	Artenzahl 120

Röhrenspinnen

Diese kräftigen, recht haarigen Spinnen besitzen einen großen, hoch aufgewölbten Vorderkörper, der am Vorderende breit abschließt und auf dem acht Augen sitzen. Die Männchen können zuweilen lebhaft gefärbt sein. Einige Arten bauen Gespinste in Erdröhren, die mit Netzen an der Oberfläche verbunden sind. Andere errichten ihre Netze in Büschen.
LEBENSWEISE: Der Eikokon wird von den Weibchen in ihrem Schlupfwinkel abgelegt oder unter dem Körper getragen.
VERBREITUNG: In Teilen von Afrika, Europa und Asien. In zahlreichen Lebensräumen; im Gebüsch und auf dem Boden.

Eresus cinnaberinus lebt in Europa und bevorzugt sonnige Orte auf sandigem Heideland.

Länge 10 – 20 mm	Ernährungsweise

Ordnung ARANEAE	Familie HETEROPODIDAE	Artenzahl 1000

Riesenkrabbenspinnen

Die meisten Vertreter dieser Familie sind graubraun gefärbt und tragen eine gesprenkelte Zeichnung. Ihr Vorderkörper ist charakteristischerweise so lang wie breit und wie der Hinterleib im Profil abgeflacht. Von den acht gleichgroßen Augen sind vier nach vorn gerichtet. Die Beine sind gelegentlich stark bedornt und werden seitlich weit ausgestellt. Die Tiere verstecken sich tagsüber unter Rinde, Steinen, in der Vegetation und auf Baumstümpfen. Nachts kommen sie zum Beutefang heraus.
LEBENSWEISE: Die Balz kann recht kompliziert sein. Das Weibchen baut einen Kokon, den es unter Steinen oder Rinde versteckt und bewacht; nach dem Schlupf reißt sie ihn auf, um die Jungen herauszulassen.
VERBREITUNG: Weltweit, vor allem in tropischen und subtropischen Regionen. In verschiedenen Lebensräumen; auf dem Boden und auf Baumstämmen.

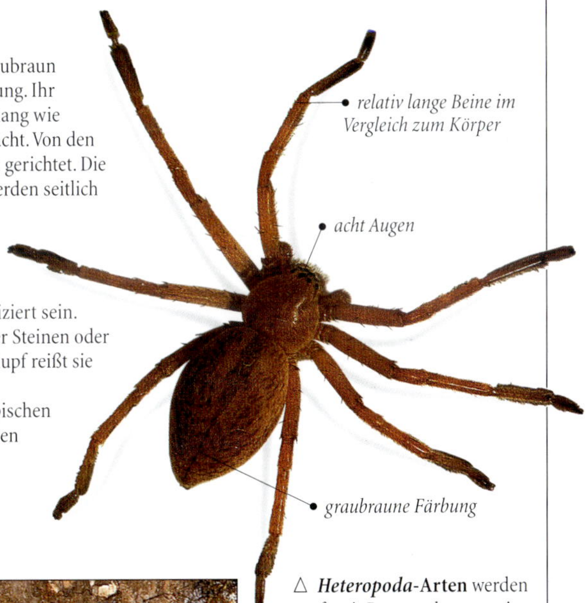

△ ***Heteropoda*-Arten** werden oft mit Bananenkartons eingeschleppt. Sie sollen auch schon Lagerhausarbeiter gebissen haben. Ihr Biss ist jedoch nicht gefährlich.

◁ ***Heteropoda venatoria*** ist eine weit verbreitete Art, die in tropischen Regionen als Nützling angesehen wird, da sie kleine Skorpione und Kakerlaken frisst.

Länge 10 – 30 mm	Ernährungsweise

Ordnung ARANEAE	Familie LINYPHIIDAE	Artenzahl 4200

Baldachinspinnen

Viele dieser Spinnen sind recht klein. Ihre relativ großen Chelizeren sind mit spitzen Zähnen ausgestattet, ihre Beine sind stark beborstet. Die Männchen können seltsame Fortsätze auf dem Vorderkörper tragen, an deren Ende oft auch die Augen sitzen. Die Grundfärbung variiert von hellgelb bis schwarz, einige weisen blasse Flecken oder gebänderte Beine auf. Viele Arten befestigen Netzteppiche, die nicht klebend sind, mit einem darüber liegenden Fadengewirr in der Vegetation. Vorbeikommende Insekten werden durch die Fäden zum Absturz gebracht, fallen ins Netz und werden von der Spinne gebissen und unter das Netz gezogen.

LEBENSWEISE: Die Männchen werden bei der Paarung von den Weibchen festgehalten, die später die Eikokons an Pflanzen, Steinen und anderen Orten befestigen.

VERBREITUNG: Weltweit, vor allem in den gemäßigten Breiten. In der Vegetation und zwischen Steinen der verschiedensten Lebensräume, z. B. in Wäldern, auf Weiden, in Büschen und in Sümpfen. Baldachinspinnen können sich an ihren Seidenfäden hängend weite Strecken durch den Wind treiben lassen.

ANMERKUNG: Die englische Bezeichnung „Money-Spider" kommt von der Legende, dass man Reichtum erhalten wird, wenn eine solche Spinne auf einen fällt und einem dreimal um den Kopf herumkrabbelt.

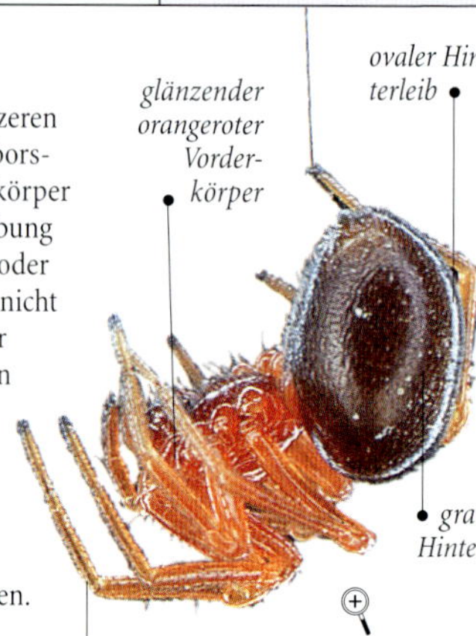

△ ***Gonatium*-Arten** kommen sehr häufig vor. Einige von ihnen sind über die ganze Nordhalbkugel verbreitet. Sie sind eher in bodennaher Vegetation oder Sträuchern zu finden und bevorzugen schattige Orte.

Länge 1 – 10 mm, meist unter 5 mm	Ernährungsweise

Ordnung ARANEAE	Familie LYCOSIDAE	Artenzahl 3000

Wolfspinnen

Die Färbung dieser Spinnen variiert von hellgrau bis dunkelbraun und weist Zeichnungen, Bänder und Streifen sowie weiße Härchen und schwarze Punkte auf. Der Kopfbereich ist oft schmal, die vorderen zwei Beinpaare tragen viele starke Borsten. Wolfspinnen haben vier große Augen; die hinteren beiden sind seitwärts, die vorderen zwei nach vorn gerichtet. Daneben besitzen sie auch noch vier kleine Augen. Als meist nachtaktive, bodenjagende Spinnen sind sie auf eine hohe Sehkraft angewiesen.

LEBENSWEISE: Die Balz kann recht kompliziert sein. Die Weibchen der bodennahen Arten tragen den an den Spinnwarzen befestigten Eikokon mit sich herum. Grabende Arten bewahren ihre Eier in mit Seide ausgekleideten Erdlöchern auf. Geschlüpfte Jungtiere werden von der Mutter auf dem Rücken getragen.

VERBREITUNG: Weltweit, sogar in der Arktis. In verschiedenen Lebensräumen weit verbreitet. Nicht wenige sind wichtige Räuber auf Feldern, da sie Schädlinge fressen, z. B. Blattläuse. Andere leben in Sümpfen, auf Pflanzen oder auf der Wasseroberfläche.

△ ***Pardosa amentata*** ist eine in Europa weit verbreitete Art, die offene Lebensräume bevorzugt. In ihrer Erscheinung können diese Arten sehr voneinander abweichen. So kann der Hinterleib z. B. grau oder braun sein.

Länge 4 – 40 mm	Ernährungsweise

Ordnung ARANEAE	Familie OONOPIDAE	Artenzahl 250

Zwergsechsaugen

Die Vertreter dieser Familie sind häufig leuchtend rot, pink, orange oder schwach gelb gefärbt. Der Hinterleib kann auf dem Rücken und an den Seiten feste Platten aufweisen. Die meisten Arten besitzen sechs Augen, die eng aneinander liegen, andere dagegen haben nur vier oder gar keine Augen. Diese Tiere spinnen keine Fangnetze, sondern jagen in der Dämmerung in der Laubstreu nach kleinen Insekten. Einige von ihnen fressen die Beuteüberreste aus den Netzen anderer Spinnen.

LEBENSWEISE: Das Weibchen legt nur wenige Eier, die in einem Eikokon in seinem Schlupfwinkel aufbewahrt werden.

VERBREITUNG: Weltweit, vor allem in tropischen Wäldern. Einige auch in Gebäuden.

△ ***Oonopus domesticus*** lebt in Europa überwiegend in Gebäuden, in südlichen Regionen sieht man sie auch draußen. Ihre Art der Fortbewegung – sie legt zwischen langsamen Schritten immer wieder kurze Sprints ein – ist sehr auffällig.

Länge 1–3 mm	Ernährungsweise

Ordnung ARANEAE	Familie PHOLCIDAE	Artenzahl 350

Zitterspinnen

Die Augen dieser Spinnen sind in zwei Dreiergruppen angeordnet, dazwischen liegt ein weiteres Augenpaar. Ihr Vorderkörper ist typischerweise rund. Die Beine sind sehr viel länger als der Körper, was ihnen jenes spindeldürres Aussehen verleiht, das auch an Weberknechte (S. 221) erinnert. Ihre Grundfärbung ist grau, grün oder braun mit hellen Beinen. Die Fußglieder sind sehr lang und beweglich. Sie bauen unregelmäßige Gespinste und wickeln die Beute vor dem Giftbiss schnell in Seide ein.

LEBENSWEISE: Ein Weibchen produziert ca. 15 bis 20 Eier, die es dann zu einem Bündel webt und mit den Chelizeren herumträgt, bis die Jungen schlüpfen.

VERBREITUNG: Weltweit. Viele tropische Arten kommen in Höhlen und in der Laubstreu vor. In gemäßigten Regionen, auch in Gebäuden.

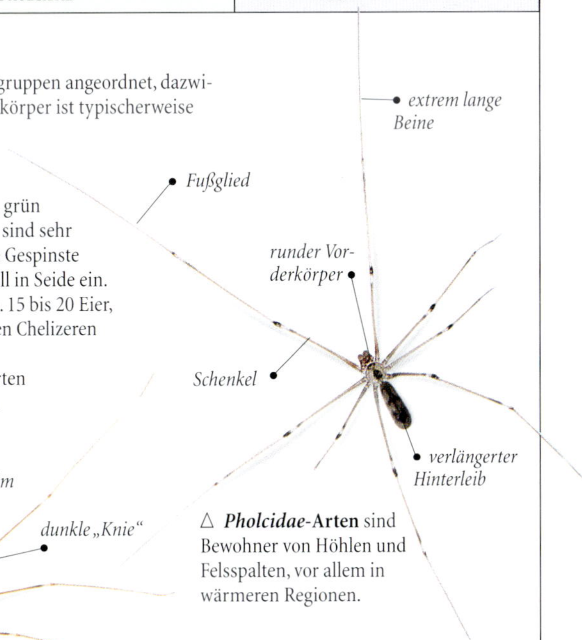

△ ***Pholcidae*-Arten** sind Bewohner von Höhlen und Felsspalten, vor allem in wärmeren Regionen.

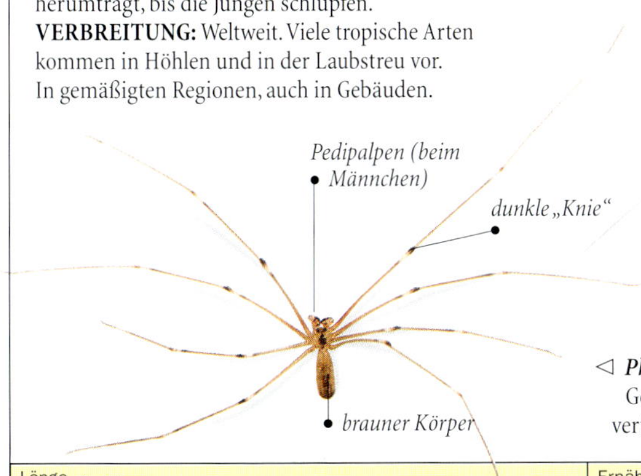

◁ ***Pholcus phalangioides*** ist inzwischen in Gebäuden auf der ganzen Welt verbreitet, verträgt jedoch keine tiefen Temperaturen.

Länge 3–14 mm	Ernährungsweise

Ordnung	Familie	Artenzahl
ARANEAE	PISAURIDAE	550

Raubspinnen

Diese großen, langbeinigen Spinnen ähneln sehr den Wolfspinnen (S. 233), haben jedoch kleinere Augen. Ihr Vorderkörper ist oval und besitzt meist helle Längsstreifen. Die Grundfärbung variiert zwischen hellgrau bis dunkelbraun, wobei die Beine braun oder weiß sind und gelegentlich gelbe Streifen aufweisen. Die Spinnen jagen ihre Beute aktiv auf dem Boden.

LEBENSWEISE: Das Weibchen trägt die Eier mit seinen Chelizeren in einem Kokon umher. Sind die Jungen schlupfbereit, spinnen viele Weibchen in der Vegetation eine Art zeltförmiges Gespinst, in dem sie den Kokon aufhängen und wo sich später die Jungen aufhalten.

VERBREITUNG: Weltweit. In zahlreichen Lebensräumen weit verbreitet; am Boden, auf der Oberfläche von Stillgewässern oder auf Wasserpflanzen.

△ ***Dolomedes*-Arten** sind große und amphibisch lebende Spinnen, zu deren Nahrung Insekten, kleine Fische und Kaulquappen gehören. Sie sind über die Nordhalbkugel verbreitet und können problemlos über Wasserflächen laufen.

Länge	Ernährungsweise
10–26 mm	

Ordnung	Familie	Artenzahl
ARANEAE	SALTICIDAE	5000

Springspinnen

Die meisten Springspinnen haben eine graubraune Färbung, tropische Arten können jedoch auch sehr lebhaft gefärbt sein. Vier ihrer acht Augen stehen am vorderen Ende des Vorderkörpers in einer Reihe, wobei die mittleren beiden sehr viel größer sind als die restlichen und wie Scheinwerfer aussehen. Die Tiere jagen tagsüber und können ausgezeichnet sehen. Sie schleichen sich nah an ihre Beute heran, um sie dann mit einem Sprung zu überwältigen – daher ihr Name.

Ein Sicherheitsfaden ermöglicht das Klettern auf vertikalen Oberflächen, sodass sie nicht herunterfallen.

LEBENSWEISE: In der Regel legt das Weibchen die Eier in einem seidenen Kokon unter Rinde und Steinen oder in der Vegetation ab. Der Eikokon wird bis zum Schlupf der Jungen bewacht.

VERBREITUNG: Weltweit, vor allem in wärmeren Regionen. In verschiedenen Lebensräumen, z. B. in Wäldern, Wiesen, Heiden und Gärten; an Mauern, am Boden, in Sträuchern; oft an sonnigen Plätzen.

△ ***Euophrys*-Arten** leben normalerweise unter Steinen oder in Bodennähe auf niedrigen Pflanzen. Einige sind spezialisierte Ameisenjäger.

Länge	Ernährungsweise
2–16 mm	

Ordnung ARANEAE	Familie SCYTODIDAE	Artenzahl 180

Speispinnen

Die Grundfärbung der meisten Arten ist gelblich. Sie weisen eine dunkle Fleckenzeichnung und geringelte Beine auf, deren erstes Paar dünner und länger ist als die übrigen. Sie besitzen lediglich sechs Augen. Auf den ersten Blick erscheint der Vorderkörper ebenso groß wie der Hinterleib. Der Vorderkörper ist zum Hinterende hoch aufgewölbt und birgt zwei große Drüsen, die ein klebriges Sekret produzieren. Die Jagdtechnik dieser Tiere ist einzigartig: Sie spinnen keine Netze, sondern fangen ihre Beute durch das Ausspeien klebriger Spinnfäden aus den Chelizeren, die sich zickzackförmig über das Opfer ausbreiten und dieses an die Unterlage fesseln – daher ihr Name.
LEBENSWEISE: Das Weibchen trägt die Eier bis zum Schlupf in einem hellen, runden Eikokon.
VERBREITUNG: Weltweit, außer Australien und Neuseseeland. Vor allem in warmen Regionen, unter Steinen und in Gebäuden.
ANMERKUNG: Alle Arten gehören der Gattung *Scytodes* an.

gelbbraune Beine mit schwarzer Bänderung

Vorderkörper etwa so groß wie der Hinterleib

cremefarbener Hinterleib mit schwarzer Zeichnung

△ ***Scytodes thoracica,*** die Speispinne, trägt eine typische Fleckenzeichnung und kommt in Nordamerika und Europa vor. Häufig findet man sie in Gebäuden.

Länge 4–12 mm	Ernährungsweise

Ordnung ARANEAE	Familie SICARIIDAE	Artenzahl 100

Sicariidae

Die Grundfärbung dieser Spinnen ist braun, die meisten besitzen eine lyraförmige schwarze Zeichnung auf dem Vorderkörper sowie eine charakteristische Längsfurche. Die sechs Augen sind in drei Zweiergruppen angeordnet. Körper und Beine sind stark behaart. Die von diesen Spinnen errichteten Netze sind oft unregelmäßig, klebrig und teppichähnlich.
LEBENSWEISE: Das Weibchen produziert zwischen 30 und 300 Eiern pro Eikokon, der am Außenrand des Netzes befestigt wird. Einige Arten leben mehrere Jahre und vergrößern dabei ihr Netz ständig.
VERBREITUNG: In warmen Regionen Nord-und Südamerikas; auch in Europa und Afrika. In unterschiedlichen Lebensräumen, einschließlich Wäldern, Gebüschen, Zitrushainen, Gärten und Gebäuden. Sie bevorzugen schattige Plätze zwischen Felsen und Rinde, gelegentlich auch in menschlichen Behausungen.
ANMERKUNG: Der Biss dieser Tiere kann sehr gefährlich sein und führt zu Gewebszersetzung.

lange, dünne Beine

braune Körperfärbung

recht breiter Vorderkörper

△ ***Loxosceles rufescens*** ist eine Spinnenart, deren Biss für den Menschen sehr unangenehm ist, da er schwer heilende Wunden verursacht. Sie stammt ursprünglich aus dem Mittelmeergebiet und ist durch den Menschen bis Australien verbreitet worden.

Länge 6–18 mm	Ernährungsweise

Ordnung ARANEAE	Familie THERAPHOSIDAE	Artenzahl 400

Vogelspinnen

Es handelt sich hierbei um sehr große und stark behaarte Spinnen, die meist hellbraun bis schwarz gefärbt sind und gelegentlich eine rosa, rote, braune oder schwarze Zeichnung aufweisen. Sie besitzen acht kleine Augen, die in einer Gruppe am vorderen Rand des Körpers liegen. Die meisten Vogelspinnen sind nachtaktiv und jagen auf dem Boden nach kleinen Arthropoden und Wirbeltieren, z. B. Fröschen und Mäusen. Mit ihren mächtigen Chelizeren wird die Beute getötet und zermalmt; durch Verdauungssäfte wird die Nahrung verflüssigt und aufgesogen.

LEBENSWEISE: Manche Arten leben in Bäumen, andere in selbst gegrabenen Erdbauten, in die die Weibchen ihre Eier ablegen. Ein einziger Eikokon kann die Größe eines Golfballs erreichen und bis zu 1000 Eier enthalten. Die Jungtiere bleiben bis zur ersten Häutung im Bau und verlassen ihn dann, um auf Nahrungssuche zu gehen und eigene Bauten anzulegen.

VERBREITUNG: Weltweit, vor allem in Südamerika; in tropischen und subtropischen Regionen. In Wüsten, Wäldern und verschiedensten offenen Lebensräumen.

ANMERKUNG: Viele Vogelspinnen erreichen ein Alter von zehn bis 30 Jahren. Einige werden gerne in Terrarien gehalten. Aufgrund ihrer Größe hält man sie oft für sehr giftig; von einigen Ausnahmen abgesehen besitzen die meisten jedoch kein sehr wirksames Gift, da sie ihre Beute durch Körperkraft überwinden können. Die giftigen Arten sind meist sehr klein.

△ ***Brachypelma emilia***, die mexikanische Orangebein-Vogelspinne, ist eine große, bodenbewohnende Art.

△ ***Poecilotheria regalis*** aus Sri Lanka ist die größte baumbewohnende Spinnenart der Welt. Sie frisst Insekten, z. B. ruhende Nachtfalter und kleine Reptilien.

Länge 30 – 120 mm	Ernährungsweise

Ordnung ARANEAE	Familie THERIDIIDAE	Artenzahl 2200

Kugelspinnen

Die Vertreter dieser Familie sind braun bis schwarz und weisen oft Flecken sowie kräftig beborstete Hinterbeine auf. Der Hinterleib ist kugelförmig. Die meisten Arten sind nachtaktiv, einige von ihnen jagen am Boden. Ihre unregelmäßigen Netze kann man im Blattwerk, in Ritzen, Spalten, Abfall und unter Gebäuden entdecken.

LEBENSWEISE: Die Weibchen können 200 bis 250 Eier legen, die sie in einem Kokon am Netz befestigen. Nach der ersten Häutung spinnen die Jungen ihr eigenes Netz.

VERBREITUNG: Weltweit. In der Vegetation, Laubstreu und an Gebäuden.

ANMERKUNG: Die berüchtigten Schwarzen Witwen (einschließlich der berüchtigten amerikanischen Schwarzen Witwe) und die australischen „Red-Back Spiders" gehören zu dieser Familie. Diese erbsengroßen schwarzen Spinnen weisen auf ihrem Hinterleib purpurrote Zeichnungen auf. Der Giftbiss, der auch zum Tod führen kann, wird mit schnell wirkenden Gegengiften behandelt.

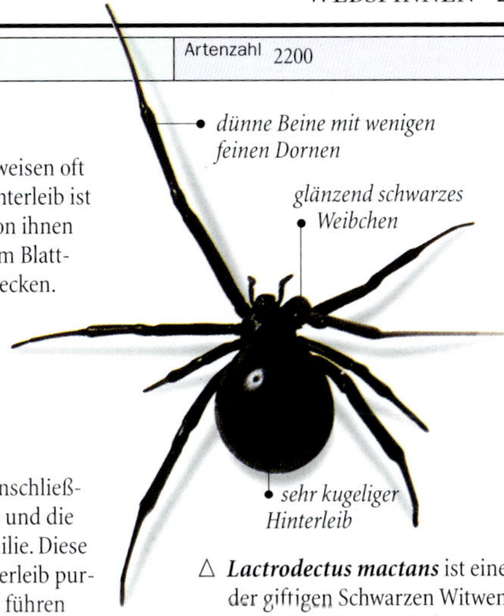

△ ***Lactrodectus mactans*** ist eine der giftigen Schwarzen Witwen und lebt in vielen tropischen und subtropischen Ländern.

Länge 2–15 mm, meist unter 10 mm	Ernährungsweise

Ordnung ARANEAE	Familie THOMISIDAE	Artenzahl 2500

Krabbenspinnen

Diese Spinnen sind nach ihrer schnellen seitlichen Fortbewegung und ihrer kauernden Gestalt benannt. Der Vorderkörper ist nahezu rund und das kurze, stumpfe Ende ist oft gemustert. Die ersten zwei Beinpaare werden zum Festhalten der Beute benutzt und sind deshalb länger und stacheliger als die anderen beiden. Viele dieser Arten sind entweder rosa, gelb oder weiß gefärbt und imitieren damit die Blüten, auf denen sie sitzen.

LEBENSWEISE: Die Eier werden von den Weibchen in einem flachen Kokon an Pflanzen geheftet und bewacht.

VERBREITUNG: Weltweit. Hauptsächlich auf Wiesen und in Gärten. Auf Blüten, aber auch auf anderen Pflanzenteilen und Baumrinde.

△ ***Misumena vatia,*** die Veränderliche Krabbenspinne, ist in ganz Europa und Nordamerika weit verbreitet. Die Weibchen sieht man häufig auf weißen und gelben Blüten sitzen, wobei sie ihre Körperfarbe der Blüte anpassen können.

◁ ***Tibellus oblongus*** sitzt mit dem Kopf nach unten auf Grashalmen, um vorbeikommende Insekten zu schnappen. Sie ist in ganz Europa auf feuchten Wiesen weit verbreitet.

Länge 4–14 mm	Ernährungsweise

MYRIAPODEN

Wenigfüßer

In der Ordnung Pauropoda sind fünf Familien mit 500 Arten vereinigt. Diese kleinen, weichhäutigen Myriapoden sind normalerweise weißlich gefärbt und blind. Am Kopf befinden sich verzweigte Fühler und schwach entwickelte Mundwerkzeuge. Hinter dem Kopf setzt der Rumpf an; er besteht aus neun bis elf Segmenten, deren Rückenschilde paarweise miteinander verschmolzen sind. Die ausgewachsenen Tiere haben in der Regel neun bis elf Beinpaare. Kopf und Rumpf sind mit Härchen besetzt. Pauropoden leben in der Laubstreu oder im Boden, wo sie ihre bevorzugte Nahrung – Pilzfäden – finden. Gelegentlich werden aber auch kleine Pflanzenstückchen gefressen. Bei der Paarung setzt das Männchen ein Spermienpaket auf dem Boden ab, das dann vom Weibchen aufgenommen wird.

Ordnung PAUROPODA	Familie PAUROPODIDAE	Artenzahl 450

Pauropodidae

Diese kleinen Myriapoden besitzen einen sehr hellen, schlanken Körper und relativ lange Beine. Die Kopf- und die Rumpfoberseite sind mit hellen, langen Tasthärchen besetzt. Ihre Fühler weisen vier Glieder auf, das letzte Glied ist verzweigt. Trotz ihrer geringen Größe können sie sich sehr schnell in Erdzwischenräumen bewegen.
LEBENSWEISE: Bei den meisten Arten setzt das Weibchen die Eier einzeln oder in kleinen Gelegen in den Boden oder in faulende Pflanzenstoffe ab. Die gesamte Entwicklung vom Ei zum ausgewachsenen Tier dauert ca. drei bis vier Monate.
VERBREITUNG: Weltweit. In verschiedenen Lebensräumen, vor allem in Wäldern, im Boden, in der Laubstreu, verrottendem Holz, an feuchten Orten. Manche Arten sind sehr weit verbreitet.
ANMERKUNG: Diese Familie enthält die meisten bekannten Wenigfüßer-Arten.

△ ***Allopauropus danicus*** lebt auf der Nordhalbkugel. Die Art hat eine lange, feine Körperbehaarung, die bei diesem mikroskopischen Präparat nicht erkennbar ist.

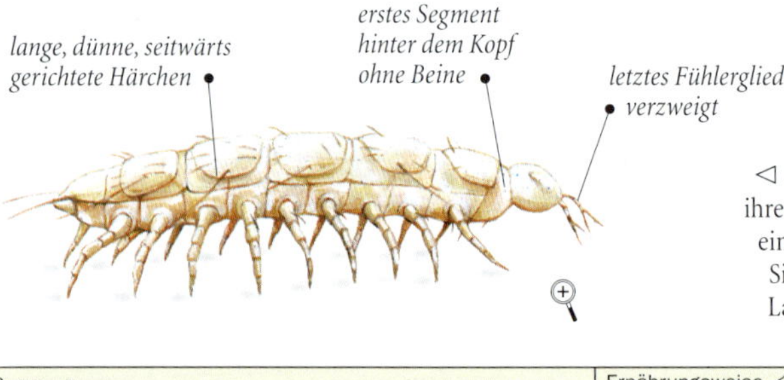

◁ ***Pauropus*-Arten** erscheinen von ihrem Äußeren her wie Zwergformen einiger Hundertfüßer (S. 240–241). Sie können im Waldboden und der Laubstreu sehr zahlreich auftreten.

Länge 0,5–2 mm	Ernährungsweise

Zwergfüßer

Die relativ kleine Ordnung der Symphyla umfasst nur zwei Familien mit 175 Arten. Diese kleinen Myriapoden sind gewöhnlich weiß, hellbraun oder grau gefärbt. Ihr Kopf trägt ein Paar lange, perlschnurartige Fühler und Mundwerkzeuge; die Augen fehlen. Hinter dem Kopf setzt der Rumpf an, der aus 14 Segmenten besteht. Bei ausgewachsenen Tieren weisen die ersten zwölf Segmente typischerweise je ein sechsgliedriges Beinpaar auf. Das letzte Rumpfsegment besitzt ein Paar kurze Spinngriffel, die den Schwanzfäden der Insekten ähneln, jedoch der Produktion von Seide dienen. Im Gegensatz zu den Wenigfüßern (S. 238) sind die Rückenplatten der Rumpfsegmente hier nicht miteinander verschmolzen, sondern meist sogar noch verdoppelt, sodass der Körper beweglicher wird.

Zwergfüßer leben zahlreich im Boden oder der Laubstreu, wo sie sich von Pflanzenstoffen ernähren. Die Befruchtung ist indirekt: Das Weibchen nimmt ein Spermienpaket auf, das das Männchen zuvor abgelegt hat. Es ist unklar, ob die Zwergfüßer näher mit den Hundertfüßern (S. 240–241) oder mit den Wenigfüßern (S. 238) und Doppelfüßern (S. 242–243) verwandt sind, da sie Merkmale besitzen, die bei allen Gruppen gefunden werden können.

Ordnung SYMPHYLA	Familie SCUTIGERELLIDAE	Artenzahl 100

Scutigerellidae

Es handelt sich um kurze, gedrungene Tiere mit harten Rückenschilden, die in der Regel hellgrau, hellbraun oder weißlich gefärbt sind. Scutigerelliden sind sehr beweglich und können recht schnell laufen, sodass sie sich in Bodenzwischenräume winden und so Räubern entziehen können.

LEBENSWEISE: Das Weibchen nimmt das vom Männchen abgesetzte Spermienpaket mit seinen Mundwerkzeugen auf und speichert die Spermien in speziellen Taschen im Mundvorraum. Mithilfe der Mundwerkzeuge streift es die Eier von seiner Genitalöffnung ab; dabei werden sie mit Spermien aus dem Mund bestrichen. Die Eier werden dann an Pflanzen angeheftet oder in kleinen Erdgruben abgelegt. Es können ca. 30 Eier auf einmal abgelegt werden. Das erste Jungstadium besitzt sechs Beinpaare. Mit jeder Häutung gewinnen die Jungen Körpersegmente und Beinpaare hinzu. Manche Zwergfüßer können drei oder vier Jahre alt werden.

VERBREITUNG: Weltweit. In verschiedenen Lebensräumen, z. B. im Boden oder in der Laubstreu.

ANMERKUNG: Viele Arten können als Wurzelfresser Schäden an Keimlingen und Wurzelgemüse verursachen.

Scutigerella immaculata ist oft in Gärten zu finden. Wie viele andere Zwergfüßer kann auch dieser Vertreter gelegentlich an Nutzpflanzen schädlich werden.

Länge 3–8 mm	Ernährungsweise

Hundertfüßer

In den vier Ordnungen mit 22 Familien und 3000Arten der Klasse Chilopoda leben nachtaktive Jäger, die mit ihren Giftklauen z. T. mausgroße Beute töten können. Hundertfüßer sind lang und meist abgeflacht. Ihr Kopf trägt Mundwerkzeuge und gegliederte Fühler. Der Rumpf weist mindestens 16 Segmente auf, von denen die meisten je ein Beinpaar tragen, wobei das hinterste das längste ist. Oft ist der Körper gelb oder braun, kann aber auch grünlich oder rötlich getönt sein; er ist mit feinen Tasthärchen besetzt.
Nach der Balz wird vom Männchen ein Spermienpaket auf dem Boden abgesetzt, das das Weibchen dann aufnimmt. Die Eier werden einzeln oder in Gruppen im Boden abgelegt. Viele der Tiere leben in den gemäßigten Breiten, die meisten kommen jedoch in den Tropen und Subtropen vor.

Ordnung GEOPHILIDA	Familie GEOPHILIDAE	Artenzahl 200

Geophilidae

Der Körper dieser braunen bis strohfarbenen Hundertfüßer ist lang und dünn und besteht aus 35 Segmenten. Die Beine sind kurz.
LEBENSWEISE: In der Regel legen die Weibchen die Eier im Boden ab, manchmal auch unter Rinde. Sie pflegen sie, um ein Verpilzen zu vermeiden. Beim Schlupf besitzen die Jungen schon fast alle Beine.
VERBREITUNG: Weltweit. In vielen Lebensräumen; im Boden, in der Laubstreu und organischem Abfall.
ANMERKUNG: Der Name Geophilida bedeutet „erdliebend".

***Geophilus*-Arten** Bei diesen Tieren schützen die Weibchen ihre Eier unter der Erde, indem sie ihren Körper um sie herumwinden. Je nach Art haben sie bis zu 181 Beinpaare.

Länge 10–50 mm	Ernährungsweise

Ordnung LITHOBIIDA	Familie LITHOBIIDAE	Artenzahl 1500

Steinläufer

Viele Arten sind rotbraun, einige auch bunt. Der harte, flache Körper trägt 15 Beinpaare. Einige besitzen Augen, die aus bis zu 34 Punktaugen bestehen.
LEBENSWEISE: Die runden Eier werden im Abstand von ein bis zwei Tagen einzeln abgelegt und vergraben. Die Jungen besitzen sieben Beinpaare und gewinnen bei jeder Häutung ein Körpersegment mit Beinpaar dazu.
VERBREITUNG: Weltweit, vor allem in den nördlichen gemäßigten Breiten. In Ritzen und Spalten.

▷ ***Lithobius variegatus*** lebt in Laubwäldern und klettert bei der Nahrungssuche auf Bäume.

◁ ***Lithobius forficatus*** lebt unter Baumrinde überall auf der Nordhalbkugel.

Länge 6–38 mm	Ernährungsweise

Ordnung Scolopendrida	Familie Scolopendridae	Artenzahl 400

Skolopender

Diese kräftigen Hundertfüßer sind charakteristischerweise leuchtend gelb, rot, orange oder grün gefärbt und zeigen dunkle Streifen oder Bänder. Sie besitzen 21 bis 23 Beinpaare und in der Regel vier Punktaugen auf jeder Kopfseite.
LEBENSWEISE: Die Eiablage findet im Boden, in der Laubstreu, unter Steinen oder Baumrinde statt. Schon vor dem Schlupf besitzen die Jungtiere alle Beinpaare.
VERBREITUNG: Weltweit, vor allem in tropischen und subtropischen Regionen. Im Boden, in der Laubstreu, in Spalten und Ritzen. Manche klettern auf Büsche oder Bäume.
ANMERKUNG: Mit 300mm ist *Scolopendra gigantea* aus Südamerika der größte Hundertfüßer der Welt. Bisse dieser Gattungen, besonders von kleineren Tieren, können sehr schmerzhaft sein und Fieber und Übelkeit verursachen.

◁ ***Scolopendra*-Arten** graben mit ihrem Körper Erdkammern, in denen sie sich gelegentlich mehrere Tage aufhalten.

△ ***Scolopendra cingulata*** ist im Mittelmeerraum sehr weit verbreitet. Man findet diese Art unter Steinen und verrottendem Holz. In der Regel sind die Tiere braun, können aber auch eine grünliche Färbung zeigen.

Länge 30–300 mm	Ernährungsweise

Ordnung Scutigerida	Familie Scutigeridae	Artenzahl 150

Spinnenläufer

Diese relativ kleinen Hundertfüßer besitzen eine braune Grundfärbung mit hellerer Zeichnung. Sie haben 15 sehr lange Beinpaare, wobei die hinteren am längsten sind. Der Körper ist durch die überlappenden Rückenplatten nicht sehr flexibel. Am Kopf sitzen große Facettenaugen.
LEBENSWEISE: Die Eier werden einzeln in den Boden, in Spalten und zwischen Detritus abgelegt. Die Tiere betreiben keine Brutpflege. Frisch geschlüpfte Jungen haben sieben Beinpaare und gewinnen mit jeder Häutung ein Rumpfsegment mit Beinpaar dazu.
VERBREITUNG: Weltweit, vor allem in wärmeren Regionen. In verschiedenen Lebensräumen, z. B. in Gebäuden und Höhlen.
ANMERKUNG: *Scutigera coleoptrata* kann bis zu 40 cm pro Sekunde zurücklegen.

△ ***Scutigera*-Arten** sind schnell laufende Insektenfresser. Ein paar Arten findet man das ganze Jahr über in Gebäuden, im Sommer auch draußen.

Länge 10–50 mm	Ernährungsweise

Doppelfüßer

Innerhalb der Klasse Diplopoda werden 13 Ordnungen mit 115 Familien und 10 000 Arten vereinigt. Die Mehrheit von ihnen ist matt gefärbt, bewegt sich langsam und besitzt einen harten, zylindrischen Körper, starke Kiefer und siebengliedrige Fühler. Die ersten vier Rumpfsegmente tragen keine Beine, die darauf folgenden jeweils zwei Paar. Mit diesen Tieren wird gemeinhin der Begriff des Tausendfüßers verbunden, obwohl die meisten jedoch weit weniger – niemals mehr als 750 – Beine besitzen. Zur Spermienübertragung schlingen sich die Männchen um den Körper der Weibchen, die später die Eier in Erdnester ablegen. Die Jungen schlüpfen mit sechs Beinen und gewinnen mit jeder Häutung Körpersegmente und Beinpaare hinzu. Die meisten Doppelfüßer leben im Boden, in der Laubstreu oder organischen Abfällen. Sie fressen hauptsächlich faulende Stoffe oder Pilze. Zum Schutz rollen sie sich ein oder produzieren giftige Wehrsekrete.

Ordnung GLOMERIDA	Familie GLOMERIDAE	Artenzahl 200

Saftkugler

Der Rumpf dieser Doppelfüßer besteht aus 13 Segmenten. Die Form der Rückenplatten erlaubt es dem Tier, sich zu einer geschlossenen Kugel zusammenzurollen und den Kopf im Innern zu verbergen. Die kleineren Arten sind graubraun, größere Arten können auch leuchtend gefärbt sein. Ausgewachsene Saftkugler besitzen 15 Beinpaare.
LEBENSWEISE: Wie bei allen Doppelfüßern legen die Weibchen ihre Eier in Nester, die sie zuvor im Boden angelegt haben.
VERBREITUNG: Sowohl in warmen als auch kalten Regionen der Nordhalbkugel. Im Boden und in Höhlen.

△ ***Glomeris marginata*** ist im eingerollten Zustand leicht mit einigen Asseln zu verwechseln (S. 212), obwohl sie einen glänzenderen Körper hat.

Länge 2–20 mm	Ernährungsweise

Ordnung JULIDA	Familie JULIDAE	Artenzahl 450

Schnurrfüßer

Diese Doppelfüßer besitzen einen drehrunden Körper und sind normalerweise düster gefärbt. Einige Arten können rote, braune oder cremefarbene Punkte haben.
LEBENSWEISE: Wie bei allen Doppelfüßern legt auch hier das Weibchen seine Eier in Erdnestern ab. Für gewöhnlich gibt es sieben Jugendstadien.
VERBREITUNG: Hauptsächlich auf der Nordhalbkugel, vor allem in Europa und Asien. In zahlreichen Lebensräumen; im Boden, in der Laubstreu, unter Steinen und verottendem Holz. Manche findet man auch in großer Höhe und in Höhlen.

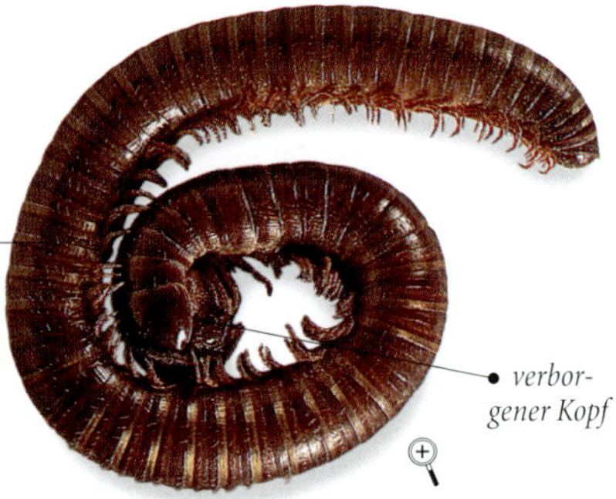

△ ***Julus*-Arten** sind typische Vertreter der Doppelfüßer. Sie benutzen ihre starken, festen Körpersegmente und viele ihrer Beine, um sich durch den Boden und die Laubstreu zu schieben.

Länge 8–80 mm	Ernährungsweise

Ordnung POLYDESMIDA	Familie POLYDESMIDAE	Artenzahl 200

Bandfüßer

Die Vertreter dieser Familie haben einen weniger runden Körper als ihre Verwandten. Sie besitzen keine Augen und sind oft dunkel gefärbt. Die Rückenplatten sind zu den Seiten hin verbreitert. Bei den meisten Arten sind viele der Körpersegmente mit Wehrdrüsen ausgestattet, die giftige Stoffe zur Feindabwehr produzieren.
LEBENSWEISE: Wie andere Doppelfüßer legen die Weibchen die Eier in Erdnester. Die Jungendstadien leben im Boden, ältere Stadien und ausgewachsene Tiere suchen jedoch auf der Erdoberfläche nach Futter.
VERBREITUNG: Auf der Nordhalbkugel. In der Laubstreu von Wäldern. Einige Arten sind Höhlenbewohner.
ANMERKUNG: Manche kalifornischen Arten der Gattung *Motyxia* leuchten. Andere Bandfüßer sind in der Lage, unter Wasser zu leben.

***Polydesmus*-Arten** können aufgrund ihres flachen Körperbaus irrtümlich für Hundertfüßer gehalten werden. Sie sind jedoch durch ihre doppelten Beinpaare (Abbildung oben) gut von diesen (Abbildung links) zu unterscheiden.

Länge 5–32 mm	Ernährungsweise

Ordnung SPIROSTREPTIDA	Familie SPIROSTREPTIDAE	Artenzahl 800

Spirostreptidae

Manche dieser Doppelfüßer sind leuchtend gefärbt, die meisten sind jedoch eher dunkel. Die Körpersegmente sind wie üblich glatt, können aber auch Grübchen aufweisen.
LEBENSWEISE: Die Eier werden in Erdnestern abgelegt.
VERBREITUNG: Vor allem auf der Südhalbkugel, in tropischen und subtropischen Regionen. In Wäldern, aber auch in halbtrockenen Gebieten. Manche leben sogar auf Bäumen.
ANMERKUNG: Zu dieser Familie gehört der größte Doppelfüßer der Welt, *Graphidostreptus gigas*.

△ ***Spirostreptus*-Arten** sind riesige, leuchtend gefärbte tropische Doppelfüßer. Die lebhafte Färbung soll Feinde vor den giftigen Wehrsekreten warnen.

Länge 12–280 mm	Ernährungsweise

GLOSSAR

Viele der hier aufgeführten Begriffe sind auch in der Einführung näher beschrieben (S. 6–45). Fettgedruckte Begriffe werden an anderer Stelle des Glossars erklärt.

Afterfüße – am Hinterleib von Schmetterlingsraupen und Pflanzenwespenlarven paarig ausgebildete Stummelfüße; das letzte Paar wird als Nachschieber bezeichnet. Schmetterlingsraupen besitzen nie mehr als fünf Paar Afterfüße, Pflanzenwespen mindestens sechs Paar.

amphibisch – im Wasser und auf dem Land lebend.

aquatisch – im Wasser lebend.

Bauchfüße – unsegmentierte Extremitäten am Hinterleib von Insektenlarven, siehe auch **Afterfüße.**

Buchlunge – Atmungsorgane einiger Spinnentiere.

Chelizeren – Mundwerkzeuge der Spinnentiere. Ursprünglich dreigliedrig und mit Scheren ausgestattet, bei den Spinnen zu einschlagbaren Giftklauen umgestaltet.

Chinin – Hauptbestandteil der **Kutikula.**

Coxa – Hüfte, erstes Beinglied der Arthropoden.

Detritus – abgestorbenes organisches Material, in Gewässern als Schwebe- und Sinkstoffe vorhanden.

Detritusfresser – Tier, das sich von **Detritus** ernährt.

Diplosegment – Verschmelzungsprodukt aus zwei Rumpfsegmenten bei den Diplopoden (S. 242).

Ektognatha – Freikiefler. Eine große Insektengruppe, die zahlreiche Ordnungen umfasst. Sie werden in diesem Buch als Insekten im weiteren Sinne bezeichnet. Kennzeichen sind die frei an der Kopfkapsel eingelenkten Kiefer.

Ektoparasit – ein **Parasit**, der außen auf dem Körper des **Wirtes** lebt und sich von diesem ernährt, ohne ihn zu töten. Beispiele sind die Läuse (S. 83) und die Flöhe (S. 135).

Ektoparasitoid – **Parasitoid**, der außen auf dem **Wirt** lebt, sich von diesem ernährt und ihn letztlich tötet.

Elytren – die zu harten Flügeldecken umgebildeten Vorderflügel der Käfer.

Endoparasit – ein **Parasit**, der im Innern eines **Wirt**es lebt und sich von diesem ernährt, ohne ihn notwendigerweise zu töten.

Endoparasitoid – **Parasitoid**, der im Innern eines **Wirt**es lebt, sich von diesem ernährt und ihn letztlich tötet.

Entognatha – Sackkiefler. Eine Insektengruppe, die nur die Springschwänze (S. 207), Beintastler (S. 210) und Doppelschwänze (S. 211) umfasst. Kennzeichen sind die in einer Tasche des Kopfes versenkten Mundwerkzeuge. Sie werden in diesem Buch als Insekten im weiteren Sinne bezeichnet.

Facettenauge – aus zahlreichen einzelnen Augen, **Ommatidien**, zusammengesetztes Auge der Arthropoden.

Femur – der Schenkel. Das dritte (vom Körper her gesehen) und oft größte Beinglied der Insekten und Spinnen.

Flügelmal – oftmals dunkel gefärbter Bereich auf den vorderen Flügelkanten vieler Insekten.

fungivor – sich von Pilzen ernährend.

Furcula – Sprunggabel der Springschwänze (S. 207).

haematophag – sich von Blut ernährend.

Haemolymphe – das Blut der Arthropoden.

Halteren – Schwingkölbchen. Oft klöppelförmig umgestaltete Flügel bei Zweiflüglern (S. 136) oder Fächerflüglern (S. 132). Sie dienen als Gleichgewichtsorgane.

hemimetabol – mit unvollständiger **Verwandlung.**

herbivor – sich von Pflanzen ernährend.

holometabol – mit vollständiger **Verwandlung.**

Hyperparasitoid – **Parasitoid**, der einen anderen Parasitoiden als **Wirt** benutzt.

Hyphen – Pilzfäden

Imaginalhäutung – Häutung, die die Imago hervorbringt.

Imago *(Pl.* **Imagines)** – das voll entwickelte, geschlechtsreife Insekt.

Jungfernzeugung – Art der Fortpflanzung, bei der sich die Eier ohne vorherige Befruchtung entwickeln.

Karapax – fester Rückenschild der Krebse.

Kaste – körperlich oder verhaltensmäßig spezialisierte Gruppe von Mitgliedern einer Insektenkolonie.

Kokon – schützende Hülle, die vor der Verpuppung von vielen Insektenlarven meist aus Seide hergestellt wird.

koprophag – sich von Exkrementen ernährend.

Kristallkegel – lichtbrechende Struktur in den **Ommatidien** von **Facettenaugen.**

Kutikula – hartes Außenskelett der Arthropoden.

Laubstreu – oberste Bodenschicht, bestehend aus abgefallenen Blättern.

Mandibel – Kiefer der Insekten.
melliphag – sich von Pollen und Nektar ernährend.
Mesothorax – mittleres Segment des **Thorax**.
Metamorphose – siehe Verwandlung.
Metathorax – hinteres Segment des **Thorax**.
Minen – von Insekten erzeugte Fraßgänge im Innern von Pflanzenteilen.
Minierer – Insektenlarven, die sich innerhalb von Pflanzenteilen, oft Blättern, ernähren und dabei **Minen** erzeugen.
Nachschieber – hinterstes Paar **Afterfüße.**
Nymphe – die Larve der Insekten mit unvollständiger **Verwandlung** – Entwicklungsstadium bei Spinnentieren.
Ocellus (*Pl.* **Ocelli**) – Punktauge der Insekten, meist dreifach auf dem Kopf vorhanden.
Ökosystem – eine räumlich abgegrenzte Einheit aus der Gesamtheit der dort vorkommenden Organismen und ihren Wechselwirkungen mit der Umwelt.
Ommatidien – Untereinheit des **Facettenauges**, bestehend aus einem lichtbrechenden Apparat und mehreren Sehzellen.
palaeometabol – Sonderform der unvollständigen Verwandlung, bei der die Tiere sich zeitlebens häuten.
Parasit – Eine Art, die von einer anderen **Wirt**sart lebt, ohne sie zu töten, siehe auch **Ektoparasit** und **Endoparasit**.
parasitisch – Lebensweise eines **Parasit**en.
Parasitoid – eine Art, die ihre Entwicklung **parasitisch** beginnt, den **Wirt** später jedoch tötet. Siehe auch **Ektoparasitoid**, **Endoparasitoid** und **Hyperparasitoid**.
parasitoid, *adj* – Lebensweise eines **Parasitoid**en.
Parthenogenese – siehe **Jungfernzeugung**.
Pedipalpen – das zweite Paar Extremitäten hinter den Mundwerkzeugen der Spinnentiere. Je nach Gruppe wird es als Taster, zum Laufen, zur Spermienübertragung oder als Scherenbeine zum Beutefang benutzt.
Pheromone – Duftstoffe, die der innerartlichen Verständigung dienen, z. B. Sexuallockstoffe.
Pronotum – Hals- oder Nackenschild. Die Rückenfläche des vorderen Brustsegments.
Prosoma – Vorderkörper der Spinnentiere, aus Kopf und Brust verschmolzen.
Prothorax – vorderes Segment des **Thorax**.
pseudoplacental – Ernährung von Larven im Mutterleib über placentaähnliche Organe, den „Milchdrüsen“.
Punktauge – siehe **Ocellus.**
Puppe – eingeschobenes Entwicklungsstadium zwischen dem letzten Larvenstadium und der Imago (bei Insekten mit vollständiger **Verwandlung**), in dem eine Neuorganisation des larvalen Körpergewebes vollzogen wird.
Rhabdom – aus den lichtempfindlichen Teilen der Sehzellen zusammengesetzte Struktur in den **Facettenaugen** der Arthropoden.
saprophag – sich von faulenden, organischen Stoffen ernährend.
Schwingkölbchen – siehe **Halteren.**
Schwanzfäden – paarige, oft lange mit Sinneshaaren ausgestattete Anhänge am Hinterleib vieler Insekten. Werden auch als Cerci bezeichnet.
Sternum – bauchseits gelegene Skelettplatte der Arthropoden, z. B. die Brustplatte der Skorpione.
Stigmen – Atemöffnungen des **Tracheen**systems der Insekten, meist paarig an den Hinterleibs- und Brustsegmenten.
Tarsus – Fuß, letzter Beinabschnitt. Bei Insekten aus ein bis fünf Gliedern bestehend, trägt gewöhnlich ein oder zwei Klauen. Bei Spinnen eingliedrig, zwei oder drei Klauen.
terrestrisch – landlebend.
Thorax – die Brust. Der flügel- und beintragende Abschnitt des Insektenkörpers zwischen Kopf und Hinterleib, bestehend aus drei Segmenten.
Tibia – Schiene. Das Glied zwischen Schenkel und Fuß.
Tracheen – röhrenförmige Atmungsorgane der Insekten. Sie bilden im Körper ein komplexes Tracheensystem, das dem Transport der Atemgase dient, und münden über **Stigmen** nach außen.
Trochanter – Schenkelring, Beinglied zwischen Hüfte und Schenkel.
Tympanalorgan – Gehörorgan der Insekten
Ventraltubus – Organ zur Regulation des Wasser- und Salzhaushalts der Springschwänze (S. 207).
Verwandlung – die Entwicklung eines Insekts vom Schlupf aus dem Ei bis zur Häutung der fortpflanzungsfähigen **Imago**. Insekten, bei denen sich die Larven durch mehrere Häutungen an die Imago annähern, ohne dass ein Puppenstadium eingeschaltet wird, besitzen eine unvollständige Verwandlung. Ist ein Puppenstadium vorhanden, so spricht man von einer vollständigen Verwandlung.
Wirt – ein Organismus, der von einem Parasiten oder Parasitoiden befallen ist.
xylophag – sich von Holz ernährend.

REGISTER

A

Aaskäfer 130
Acantholyda posticalis 204
Acanthosomatidae 85
Acaridae 223
Acarus siro 223
Aceraius rectidens 126
Acherontia atropos 171
Acrididae 64
Acroceridae 141
Actias luna 169
Aderhafte 50
Admiral 174
Adscita statices 172
Aedes cantans 138
Aeolothripidae 101
Aeolothrips tenuicornis 101
Aeolothrips-Arten 101
Aeshnidae 53
Afterskorpione 215
Agaonidae 194
Agastrata luzonica 114
Agelenidae 228
Aglenopsis-Arten 228
Agromyzidae 141
Agrotis ipsilon 165
Agulla-Arten 104
Alaus-Arten 119
Albuna oberthuri 170
Aleyrodidae 99
Allodahlia-Arten 70
Allopauropus danicus 238
Alydidae 86
Alydus calcaratus 86
Amblyomma americanum 224
Amblypygi 220
Amegilla acraensis 179
Amegilla comberi 179
Ameisen 31, 184
- Blattschneider- 31, 184
- Bulldog- 184
- Feuer- 184
- -jungfern 107
- -spinnen 187
- Treiber- 185
- Wald- 185
- Weber-, Grüne 184

Ameisenbienen 187
Ameisenlöwen 107
Ameisenspinnen 187
Amenis baroni 162
Amerikanische Schabe 75
Ammotrechella stimpsoni 217
Ammotrechidae 217
Ampulex-Arten 192
Anagrus optabilis 200
Anaphe panda 166
Anatis ocellata 116
Anchiale maculata 67
Andrena cineraria 178
Andrena fulva 178
Andrenidae 178
Andricus quercusradicis 196
Andricus-Arten 196
Anevrina thoracica 150
Angamiana aetherea 96
Anisomorpha buprestoides 67
Anobiidae 109
Anobium punctatum 109
Anopheles gambiae 138
Anthia thoracica 112
Anthocharis cardamines 177
Anthocoridae 86
Anthocoris-Arten 86
Anthomyia imbrida 141
Anthomyiidae 141
Anthophoridae 179
Anthrenus museorum 118
Anthribidae 110
Antianthe expansa 98
Anurida maritima 208
Aphididae 99
Aphrophora alni 95
Aphrophoridae 95
Apidae 180
Apis mellifera 180
Apocrita 178
Arachnocampa-Arten 139
Aradidae 87
Aradus aterimus 87
Aradus betulae 87
Araneae 228
Araneidae 229

Archaeognatha 46
Archibracon servillei 195
Arcta caja 158
Arctiidae 158
Argas persicus 223
Argasidae 223
Arge ciliaris 203
Arge pagana 203
Argidae 203
Argyoneta aquatica 229
Argyonetidae 229
Aridius bifasciatus 122
Armadillidiidae 212
Armadillidium album 18, 212
Arthropoden, Bestimmung 36
Arthropoden, Definition 10
Ascalaphidae 105
Asilidae 142
Asseln 18, 212
- Keller- 212
- Land- 212

Asselspinner 163
Atlasspinner 169
Atrax robustus 230
Atta laevigata 185
Atta-Arten 31, 184
Attacus atlas 169
Attacus-Arten 168
Auchenorrhyncha 85
Augenmarienkäfer 116
Augenspinner 168
Aulacocyclus parryi 126
Aulacocyclus-Arten 126
Azurjungfer, Hufeisen- 52

B

Bachhafte 108
Baetidae 48
Baetis rhodani 48
Baldachinspinnen 232
Balsana subfasciata 95
Bandfüßer 243
Bärenspinner 158
Bathyaulax-Arten 195
Batrisodes delaporti 127

Baumwanze, Rotbeinige 92
Baumwanzen 92
Beintastler 210
Beißschrecke, Kurzflügelige 63
Belostomatidae 87
Bemisia tabaci 99
Bethylidae 182
Bethylus-Arten 182
Bettwanzen 88
Bibio marci 136
Bibionidae 136
Bienen 178
- Ameisen- 187
- Blattschneider- 186
- Holz- 179
- Honig- 30, 180
- Masken- 183
- Mauer- 186
- Sand- 178
- Schmal- 186
- Seiden- 183
- Woll- 186

Binsenjungfer, Gemeine 52
Binsenjungfern 52
Birnbaumsauger, Gefleckter 100
Bittacidae 133
Blaberidae 74
Blabs mucronota 131
Blasenfüßer 101
Blasenkäfer 124
Blastophaga psenes 194
Blatella germanica 76
Blatellidae 76
Blatta orientalis 75
Blattflöhe 100
Blatthornkäfer 128
Blattidae 75
Blattkäfer 115
Blattläuse 99
Blattodea 74
Blattschneiderameisen 31, 184
Blattschneiderbienen 186
Blattwespe
- Kieferngespinst-, Große 204

Blattwespen
  Bürsthorn- 203
  Echte 206
  Gespinst- 204
  Keulenhorn- 204
Blauflügel-Prachtlibelle 51
Bläulinge 173
Blausieb 160
Blepharotes splendissimus 142
Blindspringer 208
Blumenfliegen 141
Blumenwanzen 86
Blütengrillen 61
Bockkäfer 113
Bodenläuse 80
Bohrkäfer 110
Bombus lucorum 181
Bombus monticola 181
Bombus terrestris 181
Bombus-Arten 181
Bombycidae 159
Bombyliidae 142
Bombylius discolor 142
Bombyx mori 159
Boreidae 134
Boreus brumalis 134
Bostrichidae 110
Bostrichus capucinus 110
Bothriuridae 213
Brachycera 136
Brachycerus fascicularis 117
Brachypelma emilia 236
Brachytrupes-Arten 61
Brackwespen 195
Braconidae 195
Brahmaea wallichii 159
Brahmaeidae 159
Brauner Bär 158
Breitmundfliegen 150
Breitrüssler 110
Bremse
  Pferdemagen- 147
  Rinder- 154
Bremsen 154
Brenthus-Arten 110
Brentidae 110
Bücherläuse 82
Bücherskorpione 215
Buckelfliegen 150
Buckelzikaden 98
Bulldogameisen 184
Buntkäfer 116
Buprestidae 111
Bürstenbinder 164
Bürsthornblattwespen 203
Buthidae 213
Buthus occitanus 213

C

Cacopsylla pyricola 100
Caeciliidae 81
Caecilius flavidus 81
Calispidea regalis 115
Callicorixa wollastoni 88
Calliphara-Arten 94
Calliphora vicina 143
Calliphora vomitoria 143
Calliphoridae 143
Callosamia promethea 168
Calopterygidae 51
Calopteryx virgo 51
Calpodes ethlyus 162
Calyptra eustrigata 165
Campodea fragilis 211
Campodeidae 211
Cantharidae 111
Cantharis lateralis 111
Capnia bifrons 56
Capniidae 56
Carabidae 112
Carcinophora-Arten 69
Carcinophoridae 69
Carcinops pucilo 121
Castnia licus 159
Castniidae 159
Cecidomyia-Arten 136
Cecidomyiidae 136
Cedispsylla simplex 135
Celyphidae 144
Centraspis-Arten 93
Centromachetes pococki 213
Cephidae 203
Cephus-Arten 203
Cerambycidae 113
Ceratitis capitata 155
Ceratophyllus gallinae 135
Ceratophys hoffmannseggi 120
Ceratopogonidae 137
Ceratosolen megacephalus 194
Cerceris arenaria 192
Cercopidae 95
Cercopis vulnerata 95
Cerococcus quercus 100
Cerura vinula 166
Cetoniidae 114
Chactas gestroi 214
Chactidae 214
Chaemaecelyphus-Arten 144
Chalcididae 196
Chalcis sispes 196
Chalcosoma atlas 129
Chalicodoma monticola 186
Chamaepsila rosae 150
Chauliodes-Arten 103
Chelifer cancroides 215
Cheliferidae 215
Chelogynus scapularis 183
Chernitidae 215
Chiasognathus granti 123
Chilo phragmitella 167
Chilopoda 240
Chironomidae 137
Chironomus riparius 137
Chironomus-Arten 137
Chloeon dipterum 48
Chlorion lobatum 192
Chloropidae 144
Choeradonis stalii 73
Chorotypus gallinaceus 64
Chrysididae 182
Chrysiridia riphearia 172
Chrysochroa chinensis 111
Chrysomelidae 115
Chrysopa-Arten 106
Chrysopidae 106
Chthoniidae 216
Chtonius-Arten 216
Cicadellidae 96
Cicadidae 96
Cimbex femoratus 204
Cimbicidae 204
Cimex lectularius 88
Cimicidae 88
Clepsis rurinana 171
Cleptes-Arten 182
Climaciella-Arten 106
Clitodoca fenestralis 150
Clothoda urichi 77
Clothodidae 77
Coccinella septempunctata 22, 116
Coccinellidae 116
Coccoidea 100
Coenagrion puella 20, 52
Coenagrionidae 52
Coleoptera 109
Coleorhyncha 85
Colias eurytheme 177
Collembola 207
Colletes daviesanus 183
Colletidae 183
Conopidae 144

Conops-Arten 144
Copidosoma koehleri 197
Copidosoma-Arten 197
Coprophaneus lancifer 129
Cordulegaster boltonii 54
Cordulegasteridae 54
Cordulia aenea 54
Corduliidae 54
Coreidae 88
Corixa punctata 88
Corticaria impressa 122
Corydalidae 103
Cosmetidae 221
Cossidae 160
Cossus cossus 160
Cotesia glomeratus 197
Craterina pallida 147
Creobroter-Arten 72
Cryptocercidae 76
Cryptocercus punctulatus 76
Ctenidae 230
Ctenophora ornata 140
Ctenus-Arten 230
Culex-Arten 138
Culicidae 138
Culicoides impunctatus 137
Curculionidae 117
Cyclorrhapha 136
Cynipidae 196
Cynomyia mortuorum 143
Cyrtodiopsis dalmanni 145
Cyrtotrachelus-Arten 117

D

Dactylochelifer-Arten 215
Dactylopius tomentosus 100
Damalinia oris 84
Danaus plexippus 175
Dasselfliegen 149
Datana ministra 166
Deinacrida rugosa 62
Delphacidae 200
Deraeocoris ruber 90
Derbe longitudinalis 97
Derbidae 97
Derephysia foliacea 94
Dermanyssidae 224
Dermanyssus gallinae 224
Dermaptera 69
Dermestes lardarius 118
Dermestidae 118
Deroplatys desiccata 73
Deutsche Schabe 76
Deutsche Wespe 193
Diactor-Arten 88
Dickkopffalter 162
Dickkopffliegen 144
Dicronorhina derbyana 114
Dictyophara laternaria 97
Dictyopharidae 97
Diestrammena marmorata 62
Dinoceras cephalotes 57
Dinoponera grandis 184
Diopsidae 145
Diplopoda 242
Diplura 211
Dipluridae 230
Diptera 136
Discocyrtes-Arten 221
Dolchwespen 190
Dolerus triplicatus 206
Dolichopodidae 145
Dolomedes-Arten 234
Doppelfüßer 242
Doppelschwänze 211
Dornschrecken 65
Dorylus nigricans 185
Drahtwürmer 119
Drepana arcuata 160
Drosophila melanogaster 146
Drosophila-Arten 146
Drosophilidae 146
Dryinidae 183
Dungfliege, Gelbe 151
Dungfliegen 151
Dysdera crocata 230
Dysdercus-Arten 92
Dysderidae 230
Dytiscidae 118
Dytiscus marginalis 118

E

Ecdyonurus dispar 50
Echte Blattwespen 206
Echte Fliegen 148
Echte Spinner 159
Echte Thripse 102
Ectopsocidae 81
Ectopsocus briggsi 81
Edelfalter 174
Edellibellen 53
Editha magnifica 192
Eintagsfliegen 48
Elasmothetus interstinctus 85
Elasmucha grisea 85
Elateridae 119
Embiidae 77
Embioptera 77
Empididae 146
Empis-Arten 146
Empusa-Arten 71
Empusidae 71
Emus hirtus 130
Encyrtidae 197
Endotricha flammealis 167
Enhydrus-Arten 120
Enicmus transversus 122
Entomobrya-Arten 207
Entomobryidae 207
Eomenacanthus stramineus 83
Eosentomidae 210
Eosentomon delicatum 210
Eosentomon-Arten 210
Ephemera danica 49
Ephemerella-Arten 49
Ephemerellidae 49
Ephemeridae 49
Ephemeroptera 48
Epicoma melanostica 166
Epitedia-Arten 135
Epuraea-Arten 125
Erdhummel 181
Eremobates-Arten 217
Eremobatidae 217
Eresus cinnaberinus 231
Erisidae 231
Ernährungsweise, Arthropoden 26
Erntemilbe 227
Erotylidae 119
Essigfliegen 146
Estigmene acrea 158
Euchloron megaera 171
Euglossa asarophora 180
Euglossa intersecta 180
Euglossa-Arten 180
Eulen
  Vampir- 165
  Ypsilon- 165
Eulenfalter 165
Eulophidae 197
Eumastacidae 64
Eumolpus-Arten 115
Euophrys-Arten 234
Euproctis chrysorrhoea 164
Eurycantha calcarata 67
Eurydema dominulus 92
Eurytoma brunniventris 198
Eurytomidae 198
Euschemon rafflesia 162
Eutrombidium-Arten 225
Exallonyx longicornis 200
Extatosoma tiaratum 67

F

Fächerflügler 132
Fadenhafte 108
Falkenlibellen 54
Faltenwespen 30, 193
Fanghafte 106
Fangschrecken 71
Feigenwespen 194
Feldheuschrecken 64
Felsenspringer 46
Feuerameise 184
Feuerfalter, Kleiner 173
Feuerkäfer 127
Feuerwanzen 92
Fischchen 47
Fleckenfalter 174
Fledermausfliegen 149
Fleischfliegen 151
Fliegen
  siehe auch Zweiflügler
  Blumen- 141
  Breitmund- 150
  Buckel- 150
  Dassel- 149
  Dickkopf- 144
  Dung-, Gelbe 151
  Echte 148
  Eintags- 48
  Essig- 146
  Fledermaus- 149

Fliegen *(Fortsetzung)*
Fleisch- 151
Flor- 106
Frucht- 155
Gold- 143
Halm- 144
Kamelhals- 104
Köcher- 156
Kugel- 141
Lachs- 58
Langbein- 145
Laus- 147
Minier- 141
Mittelmeerfrucht- 155
Möhren- 150
Mydas- 148
Nackt- 150
Obst- 146
Raub- 142
Raupen- 155
Rinderdassel- 149
Schlamm- 103
Schmeiß- 143
Schwamm- 108
Schweb- 153
Schwing- 152
Skorpions- 134
Spanische 124
Stielaugen- 145
Stuben-, Große 148
Tanz- 146
Tau- 146
Tsetse- 147
Waffen- 152
Flöhe
Hühner- 135
Hunde- 135
Kaninchen- 135
Ratten- 135
Sand- 70
Flohkrebse 18
Florfliegen 106
Flussjungfern 55
Forcipula-Arten 70
Forficula auricularia 70
Forficulidae 70
Formica rufa 185
Formicidae 184
Formicoidea 184
Formosia moneta 155
Fransenflügler 101
Fruchtfliegen 155
Futterwanze, Grüne 90

G

Gabelschwanz, Großer 166
Galeodes arabs 218
Galeodes citrinus 218
Galeodidae 218
Gallmücken 136
Gallwespen 196
Gardena melanarthrum 93
Gasterophilidae 147
Gasterophilus intestinalis 147
Gasteruptiidae 198
Gasteruption-Arten 198
Gefleckter Birnbaumsauger 100
Geißelskorpione 219
Geißelspinnen 220
Geistermotte 161
Gelastocoridae 89
Gelbe Dungfliege 151
Gelbrandkäfer 118
Gemeine Binsenjungfer 52
Gemeine Keiljungfer 55
Gemeine Smaragdlibelle 54
Gemeine Wespe 193
Gemeiner Holzwurm 109
Gemeiner Ohrwurm 70
Gemeiner Speckkäfer 118
Gemeines Blutströpfchen 172
Gemeines Grünwidderchen 172
Geometra papillionaria 161
Geometridae 161
Geophilida 240
Geophilidae 240
Geophilus-Arten 240
Geotrupidae 120
Gerridae 89
Gerris-Arten 89
Gespenstheuschrecken 66
Gespenstlaufkäfer 112
Gespinstblattwespen 204
Gichtwespen 198
Gitterwanzen 94
Gladiolenthrips 102
Glanzkäfer 125
Glasflügler 170
Glashafte 48
Gleichringler 207
Glomerida 242
Glomeridae 242
Glomeris marginata 242
Glossina morsitans 147
Glossinidae 147
Glucken 163
Glückskäfer 116
Glühkäfer, Großer 28
Glühwürmchen 122
Gnitzen 137
Goldfalter 164
Goldfliegen 143
Goldwespen 182
Gomphidae 55
Gomphus vulgatissimus 55
Gonatium-Arten 232
Gonatopus sepsoides 183
Gonyleptidae 221
Gottesanbeterin 26, 71
Grabwespen 192
Graphidostreptus gigas 243
Graphocephala coccinea 96
Grillen 61
Blüten- 61
Jerusalem- 62
Maulwurfs- 61
Grillenschaben 59
Grillenschrecken 60
Gromphadorhina portentosa 74
Große Kieferngespinstblattwespe 204
Große Stubenfliege 148
Großer Gabelschwanz 166
Großer Glühkäfer 28
Großer Kohlweißling 177
Großer Kolbenwasserkäfer 121
Großes Ochsenauge 175
Großlibellen 51
Grüne Futterwanze 90
Grüne Weberameise 184
Grünes Blatt 161
Gryllacrididae 60
Gryllacris-Arten 60
Gryllidae 61
Grylloblatta campodeiformes 59
Grylloblatta-Arten 59
Gryllotalpa gryllotalpa 61
Gryllotalpidae 61
Gryllus bimaculata 61
Gynopygoplax theora 95

H

Haarmücken 136
Haemolaelaps glasgowi 225
Hafte
Bach- 108
Faden- 108
Fang- 106
Mücken- 133
Schmetterlings- 105
Halictidae 186
Halictus quadricinctus 186
Halmfliegen 144
Halmwespen 203
Harpobittacus australis 133
Hartiga linearis 203
Hauhechelbläuling 173
Hauswinkelspinne 228
Hautflügler 178
Hedriodiscus pulcher 152
Helaeus subserratus 131
Heliconius erato 174
Heliothis armigera 165
Hemikyptha marginata 98
Hemipepsis-Arten 189
Hemiptera 85
Hepialus humuli 161
Heptageniidae 50
Herkuleskäfer 128
Hesperiidae 162
Heteropoda venatoria 231
Heteropoda-Arten 231
Heteropodidae 231
Heteroptera 85
Heuschrecken
siehe auch Springschrecken
Feld- 64
Gespenst- 66
Laub- 63
Sand- 62
Stab- 66
Wander- 64

Hexomyza-Arten 141
Hippoboscidae 147
Hirschkäfer 28, 123
Histeridae 121
Hodotermes-Arten 78
Hodotermitidae 78
Höhlenschrecken 62
Holjapyx diversiungius 211
Hololepta-Arten 121
Holorusia-Arten 140
Holzbienen 179
Holzbohrer 160
Holzwespen 205
Holzwurm, Gemeiner 109
Honigbienen 180
Hopfenwurzelbohrer 161
Hornisse 30, 193
Hornissenschwärmer 170
Hubschrauber-Libellen 53
Hufeisen-Azurjungfer 52
Hühnerfloh 135
Hummeln 181
  Erd- 181
Hummelschweber 142
Hummer 18
Hundefloh 135
Hundelaus 84
Hundertfüßer 240
Hyalogryllacris subdebilis 60
Hyalymenus-Arten 86
Hydrometra stagnorum 89
Hydrometridae 89
Hydroperla crosbyi 58
Hydrophilidae 121
Hydrophilus piceus 121
Hydropsyche contubernalis 156
Hydropsychidae 156
Hydroptila-Arten 156
Hydroptilidae 156
Hylaeoides concinna 183
Hymenopodidae 72
Hymenoptera 178
Hymenopus coronatus 72
Hypoderma bovis 149
Hystrichopsyllidae 135

I

Ichneumonidae 199
Icterica westermanni 155
Ilyocoris cimicoides 90
Incurvariidae 163
Inocellidae 104
Insekten (im weiteren Sinne), Definition 13
Insekten, Bestimmung 36
Insekten, Definition 12
Insekten, Sammeln 35
Isopoda 212
Isoptera 78
Isotoma viridis 207
Isotomidae 207
Iumnos ruckeri 114
Ixodidae 224

J

Japanische Riesenseespinne 10
Japygidae 211
Jerusalem-Grillen 62
Johanniswürmchen 122
Joppa antennata 199
Julida 242
Julidae 242
Julodis klugii 111
Julus-Arten 242
Junikäfer 128

K

Käfer 109
  Augenmarien- 116
  Blasen- 124
  Blatt- 115
  Blatthorn- 128
  Bock- 113
  Bohr- 110
  Bunt- 116
  Fächer- 127
  Feuer- 127
  Gelbrand- 118
  Gespenstlauf- 112
  Glanz- 125
  Glücks- 116
  Herkules- 128
  Hirsch- 28, 123
  Juni- 128
  Kartoffel- 115
  Kolbenwasser-, Großer 121
  Lang- 110
  Laub- 128
  Leucht- 122
  Mai- 128
  Marien- 22, 116
  Mehl- 131
  Mist- 120
  Moder- 122
  Museums- 118
  Nage- 109
  Öl- 124
  Palpen- 127
  Pelz- 118
  Pflaster- 124
  Pracht- 111
  Rosen- 114
  Rotdecken- 124
  Rüssel- 117
  Schnell- 119
  Schwarz- 131
  Schwimm- 118
  Soldaten- 111
  Speck- 118
  Stachel- 125
  Stier- 120
  Stutz- 121
  Taumel- 120
  Wasser- 121
  Weich- 28, 111
Käfer *(Fortsetzung)*
  Zucker- 126
Kakerlake 75
Kamelhalsfliegen 104
Kammspinnen 230
Kaninchenfloh 135
Kanker 221
Kardinäle 127
Kartoffelkäfer 115
Keiljungfer, Gemeine 55
Kellerassel 212
Keulenhornblattwespen 204
Kheper aegyptiorum 128
Kieferngespinstblattwespe, Große 204
Kleiderlaus 83
Kleiner Feuerfalter 173
Kleiner Kohlweißling 177
Kleinlibellen 51
Köcherfliegen 156
Kohlweißling
  Großer 177
  Kleiner 177
Königslibellen 53
Kopflaus 83
Körperlaus 83
Krabben 18
Krabbenspinne, Veränderliche 237
Krabbenspinnen 237
Krätzmilben 226
Krebse, Definition 18
Kriebelmücken 140
Krill 18
Kronenfangschrecke 72
Krummfühlerwanzen 86
Küchenschabe 75
Kugelfliegen 141
Kugelspinnen 237
Kugelspringer 209
Kurzflügelige Beißschrecke 63
Kurzflügler 130
Kurzlibellen 55

L

Labidura riparia 70
Labiduridae 70
Lachsfliege 58

Laelapidae 225
Lamprocyphus augustus 117
Lamprosela selas 122
Lampyridae 122
Lampyris noctiluca 28
Landasseln 212
Langbeinfliegen 145
Langhornmotten 163
Langkäfer 110
Lasia-Arten 141
Lasiocampidae 163
Lasius brunneus 127
Laternenträger 97
Latridiidae 122
Latrodectus mactans 237
Laubheuschrecken 63
Laubkäfer 128
Laufkäfer 112
Laufspringer 207
Läuse 83
  Blatt- 99
  Boden- 80
  Bücher- 82
  Filz- 84
  Hunde- 84
  Kleider- 83
  Kopf- 83
  Körper- 83
  Menschen- 83
  Motten- 99
  Rinden- 81
  Schaft- 83
  Scham- 84
  Schild- 100
  Staub- 81
Lausfliegen 147
Lebensräume, Arthropoden 32
Lederzecken 223
Ledra aurita 96
Leiobunidae 222
Leiobunum rotundum 222
Lepidoptera 158
Lepismatidae 47
Leptinotarsa decemlineata 115
Leptophlebia vespertina 50
Leptophlebiidae 50
Leptophyes punctatissima 63
Lestes sponsa 52
Lestidae 52
Lethocerus grandis 87
Leuchtkäfer 122
Leuctra-Arten 56
Leuctridae 56
Libellen 51
  Blauflügel-Pracht- 51
  Edel- 53
  Falken- 54
  Hubschrauber- 53
  Königs- 53
  Kurz- 55
  Pracht- 51
  Schlank-52
  Segel- 55
  Smaragd-, Gemeine 54
Libelloides coccaius 105
Libellula depressa 55
Libellulidae 55
Ligyra venus 142
Limacodidae 163
Limnephilidae 157
Limnephilus lunatus 157
Linyphiidae 232
Liposcelidae 82
Liposcelis terricolis 82
Lithobiida 240
Lithobiidae 240
Lithobius forficatus 240
Lithobius variegatus 240
Loboptera decipiens 76
Locusta migratoria 30
Lohita grandis 92
Loxosceles rufescens 235
Lucanidae 123
Lucilla sericata 143
Lycaena phlaeas 173
Lycaenidae 173
Lycidae 124
Lycosidae 232
Lycus-Arten 124
Lygocoris pabulinus 90
Lymantria dispar 164
Lymantriidae 164
Lytta vesicatoria 124

M

Machilidae 46
Macrocera stigma 139
Macrocheira kaempferi 10
Macromeris violaceus 189
Macrosiphum albifrons 99
Macrotermes-Arten 79
Magendasseln 147
Maikäfer 128
Malacosoma americanum 163
Maniola jurtina 175
Mantidae 73
Mantiden 71
Mantispidae 106
Mantodea 71
Margarodes-Arten 100
Marienkäfer 22, 116
Markusfliege 136
Maskenbienen 183
Mauerbienen 186
Maulwurfsgrillen 61
Mecocerus gazella 110
Mecoptera 133
Megacephala australis 112
Megachilidae 186
Megaloblatta longipennis 76
Megaloprepus coerulatus 53
Megaloptera 103
Megaponera foetens 184
Megastigmus dorsalis 202
Mehlkäfer 131
Mehlmilbe 223
Melecta luctuosa 179
Meligethes planiusculus 125
Meloidae 124
Meloiontha melolontha 128
Membracidae 98
Menopon gallina 83
Menoponidae 83
Menschenlaus 83
Meromyza pratorum 144
Mesotopus tarandus 123
Metasolpuga picta 218
Metoecus paradoxus 127
Metrioptera brachyptera 63
Micrathena gracilis 229
Microtrombidiidae 225
Milben 223
  Ernte- 227
  Mehl- 223
  Krätz- 226
  Räude- 226
Milben *(Fortsetzung)*
  Samt- 227
  Spinn- 226
  Varroa- 227
  Vorrats- 223
Minierfliegen 141
Miniersackmotten 163
Miridae 90
Mistkäfer 120
Misumena vatia 237
Mittelmeerfruchtfliege 155
Moderkäfer 122
  Schwarzer 130
Möhrenfliege 150
Monarch 175
Mondspinner 169
Mondvogel 166
Money Spider 232
Mordella octopunctata 125
Mordellidae 125
Mormolyce phyllodes 112
Morpho menelaus 175
Motten
  Langhorn- 163
  Miniersack- 163
Mottenläuse 99
Motyxia-Arten 243
Mücken 136
  Gall- 136
  Haar- 136
  Kriebel- 140
  Pilz- 139
  Stech- 138
  Stelz- 140
  Zuck- 137
Mückenhafte 133
Musca domestica 148
Muscidae 148
Museumskäfer 118
Mutilla europaea 187
Mutillidae 187
Mycetophilidae 139
Mydas heros 148
Mydasfliegen 148
Mydidae 148
Mylabris-Arten 124
Mymaridae 200
Myriapoden, Definition 19
Myrmecia-Arten 184
Myrmeleontidae 107

N

Nachtfalter 158
Nacktfliegen 150
Nagekäfer 109
Naucoridae 90
Nauphoeta cinerea 74
Neanura muscorum 208
Neanuridae 208
Necrophila americana 130
Nematocera 136
Nemophora cupriacella 163
Nemophora scabiosella 163
Nemopoda nitidula 152
Nemoptera sinuata 108
Nemopteridae 108
Nemoura cambrica 57
Nemouridae 57
Neobisiidae 216
Neobisium maritimum 216
Neoperla clymene 57
Neostylopyga rhombifolia 75
Neotrombicula autumnalis 227
Nepa cinera 91
Nepa-Arten 91
Nephila-Arten 229
Nepidae 91
Nerthra grandicollis 89
Nezara viridula 92
Nicrophorus-Arten 130
Nierenfleck 173
Nitidulidae 125
Noctuidae 165
Nothochrysa capitata 106
Notodontidae 166
Notonecta glauca 91
Notonectidae 91
Notoptera 59
Nycteribia kolenatii 149
Nycteribiidae 149
Nymphalidae 174
Nymphalis antiopa 174

O

Obstfliegen 146
Ochsenauge, Großes 175
Ocypus olens 130
Odonata 51
Oecophylla smaragdina 184
Oestridae 149
Ofenfischchen 47
Ohrenkneifer 69
Ohrwurm
  Gemeiner 70
  Sand- 70
Ohrwürmer 69
Ohrzikade 96
Ölkäfer 124
Ommatoptera pictifolia 63
Oniscoidea 212
Onychiuridae 208
Onychiurus-Arten 208
Onymacris candidipennis 131
Oonopidae 233
Oonopus domesticus 233
Opiliones 221
Orangebein-Vogelspinne 16, 236
Orgyia antiqua 164
Ornithoptera priamus 176
Orthorrhapha 136
Orygma luctuosa 152
Osmylidae 108
Osmylus fluvicephalus 108

P

Paarung, Arthropoden 28
Pachylostica viola 204
Pachyrhynchus-Arten 117
Paederus-Arten 130
Pagidolaphria flammipennis 142
Palpares libelluloides 107
Palpenkäfer 127
Pamphilidae 204
Pandinus imperator 214
Panorpa lugubris 134
Panorpa nuptialis 134
Panorpidae 134
Pantophthalmidae 149
Pantophthalmus bellardii 149
Papilionidae 176
Papillio glaucus 176
Paracollyria-Arten 199
Paradejeania rutiloides 155
Parasitidae 225
Parasitus-Arten 225
Pardorsa amentata 232
Parnopes carnea 182
Passalidae 126
Pauropoda 238
Pauropus-Arten 238
Pediculidae 83
Pediculus humanus capitis 83
Pediculus humanus humanus 83
Pediculus schaeffi 83
Pelzkäfer 118
Pentatoma rufipes 92
Pentatomidae 92
Pepsis heros 188
Perga dorsalis 204
Pergidae 204
Pericoma fuliginosa 139
Periplaneta americana 75
Perlidae 57
Perlodidae 58
Petrobius maritimus 46
Petrobius-Arten 46
Pferdemagenbremse 147
Pflanzenwespen 178
Phalacrognathus mulleri 123
Phalangiidae 222
Phalangium opilio 222
Phaneus demon 128
Pharnacia-Arten 66
Phasia hemiptera 155
Phasmatidae 66
Phasmida 66
Philopotamidae 157
Philopotamus monatus 157
Phlaeothripidae 102
Phlebotomus-Arten 139
Pholcidae 233
Pholcus phalangioides 233
Pholeogryllus geertsi 62
Phoridae 150
Phosphorus jansoni 113
Phrictus quinquepartitus 97
Phryganeida grandis 157
Phryganeidae 157
Phrynidae 220
Phrynus asperatipes 220
Phrynus-Arten 220
Phthiraptera 83
Phylliidae 68
Phyllium bioculata 68
Phyllium scythe 68
Phyllium-Arten 68
Phymateus viridipes 65
Phyrrhocoridae 92
Pieridae 177
Pieris rapae 177
Pillendreher 128
Pilzmücken 139
Pisauridae 234
Pithanus maerkeli 90
Planipennia 105
Planococcus citri 100
Plasmodium-Arten 138
Plattbauch 55
Platymeris biguttata 93
Platystomatidae 150
Platyura marginata 139
Plecoptera 56
Plusiotis resplendens 128
Podura aquatica 209
Poduridae 209
Poecilobothrus nobilitatus 145
Poecilotheria regalis 236
Polydesmida 243
Polydesmidae 243
Polydesmus-Arten 243
Polyommatus icarus 173
Pompilidae 188
Pompilus-Arten 188
Porcellio scaber 212
Porcellionidae 212
Prachtkäfer 111
Prachtlibelle, Blauflügel- 51
Prachtlibellen 51
Priocnemis-Arten 189
Proctotrupes gravidator 200
Proctotrupidae 200
Prozessionsspinner 166
Pselaphidae 127
Pseudocreobroter-Arten 72
Pseudoscorpiones 215
Pseudoskorpione 215
Pseudostigmatidae 53
Psilidae 150
Psithurus-Arten 181
Psocidae 82
Psococerastis gibbosa 82

Psocoptera 81
Psyllidae 100
Pteromalidae 201
Pteromalus-Arten 201
Pteronarcella badia 58
Pteronarcyidae 58
Pteronarcys californica 58
Pthiridae 84
Pthirus gorillae 84
Pthirus pubis 84
Ptilinus pectinicornis 109
Ptinomorphus imperialis 109
Pulicidae 135
Punktierte Zartschrecke 63
Pycna repanda 96
Pycnoscelis surinamensis 74
Pygostylus sticticus 195
Pyralidae 167
Pyrgomorpha-Arten 65
Pyrgomorphidae 65
Pyrochora-Arten 127
Pyrochoridae 127

Q

Quelljungfer, Zweigestreifte 54
Quelljungfern 54

R

Radnetzspinnen 229
Ranatra linearis 91
Ranatra-Arten 91
Randwanzen 88
Raphidia-Arten 104
Raphidioptera 104
Raphidophoridae 62
Rapsweißling 177
Rattenflöhe 135
Raubfliegen 142
Raubspinnen 234
Raubwanze, Zweifleck- 93
Raubwanzen 93
Räudemilben 226
Raupen 26
Raupenfliegen 155
Red-back Spider 237
Reduviidae 93
Reticulitermes lucifugus 78
Rheumaptra hastata 161
Rhinocoris alluaudi 93
Rhinotermitidae 78
Rhyssa persuasoria 199
Riesengespenstschrecke 67
Riesenholzwespe 205
Riesenkrabbenspinnen 231
Riesenseespinne, Japanische 10
Riesenwanzen 87
Rindenläuse 82
Rindenwanzen 87
Rinderbremse 154
Rinderdasselfliege 149
Ritterfalter 176
Röhrenläuse 99
Röhrenspinnen 231
Rollwespen 193
Rosenkäfer 114
Rotbeinige Baumwanze 92
Rotdeckenkäfer 124
Rote Vogelmilbe 224
Rotwanzen 92
Rückenschwimmer 91
Ruderwanzen 88
Rüsselkäfer 117
Rybaxis longicornis 127

S

Saftkugler 242
Sagra-Arten 115
Saissetia nigra 100
Saldidae 94
Saldula-Arten 94
Saltatoria 60
Salticidae 234
Samtmilben 227
Sandbienen 178
Sandflöhe 70
Sandheuschrecken 62
Sandmücken 139
Sandohrwurm 70
Sarcophaga melanura 151
Sarcophagidae 151
Sarcoptes scabei 226
Sarcoptidae 226
Sathrophyllia rugosa 63
Saturniidae 168
Scaphidomorphus-Arten 119
Scarabaeidae 128
Scarabaeus cateratus 129
Scarabäus 128
Scathophaga stercoraria 151
Scathophagidae 151
Scelionidae 201
Scellus notata 145
Schaben 74
  Amerikanische 75
  Deutsche 76
  Küchen- 75
Schadspinner 164
Schaftlaus 83
Schamläuse 84
Schaumschrecken 65
Schaumzikaden 95
Schildläuse 100
Schildwanzen 92, 94
Schildzecken 224
Schistocerca gregarina 64
Schlammfliegen 103
Schlanklibellen 52
Schlehenspinner 164
Schlupfwespen 199
Schmalbienen 186
Schmeißfliegen 143
Schmetterlinge 158
Schmetterlingshafte 105
Schmetterlingsmücken 139
Schnabelfliegen 133
Schnabelkerfe 85
Schnaken 140
Schneider (Opiliones) 222
Schneider (Tipulidae) 140
Schnellkäfer 119
Schnurrfüßer 242
Schwärmer 171
  Hornissen- 170
  Totenkopf- 171
Schwammfliegen 108
Schwammspinner 164
Schwarze Witwe 237
Schwarzer Moderkäfer 130
Schwarzkäfer 131
Schwebfliegen 153
Schwimmkäfer 118
Schwimmwanzen 90
Schwingfliegen 152
Scolia hyalina 191
Scolia peregrina 191
Scolia procer 190
Scolia variegata 190
Scoliidae 190
Scolopendra cingulata 241
Scolopendra gigantea 241
Scolopendra-Arten 241
Scolopendrida 241
Scolopendridae 241
Scorpiones 213
Scorpionidae 214
Scutigera coleoptrata 241
Scutigera-Arten 241
Scutigerella immaculata 239
Scutigeridae 241
Scytodes thoracica 235
Scytodidae 235
Sechsaugenspinnen 230
Segellibellen 55
Segestria-Arten 230
Seidenbienen 183
Semiotus angulatus 119
Sepsidae 152
Sericomyia silentis 153
Sesia apiformis 170
Sesiidae 170
Sialidae 103
Sialis-Arten 103
Sialis lutaria 202
Sibine stimulea 163
Sicariidae 235
Sichelflügler 160
Siebenpunkt 116
Silphidae 130
Simuliidae 140
Simulium-Arten 140
Singzikaden 96
Sinnesorgane, Arthropoden 24
Siphonaptera 135
Sirex noctilio 205
Siricidae 205
Sisyra fuscata 108
Sisyridae 108
Skolopender 241
Skorpione 213
  After- 215
  Bücher- 215

Skorpione *(Fortsetzung)*
- Geißel- 219
- Pseudo- 215

Skorpionsfliegen 134
Skorpionswanzen 91
Smaragdlibelle, Gemeine 54
Sminthuridae 209
Sminthurus aquaticus 209
Sminthurus viridis 209
Soldatenkäfer 111
Solenopsis invicta 184
Solifugae 217
Solpugidae 218
Sonnenkälbchen 116
Soziale Insekten 30
Spanische Fliege 124
Spanner 161
Speckkäfer 118
- Gemeiner 118

Speerspitzenspanner 161
Speispinnen 235
Sphaerophthalma melancholica 187
Sphecidae 192
Sphingidae 171
Spilopsyllus cuniculi 135
Spinnen
- *siehe auch Webspinnen*
- Baldachin- 232
- Geißel- 220
- Hauswinkel- 228
- Kamm- 230
- Krabben-, Veränderliche 237
- Radnetz- 229
- Raub- 234
- Riesenkrabben- 231
- Röhren- 231
- Sechsaugen- 230
- Spei- 235
- Spring- 234
- Stachel- 229
- Trichter- 228
- Vogel-, Orangebein- 236
- Walzen- 217
- Wasser- 229
- Web- 228
- Wolf- 232
- Zitter- 233

Spinnenameisen 187
Spinnenläufer 241
Spinnennetze 17
Spinnentiere, Definition 16
Spinner
- Assel- 163
- Atlas- 169
- Augen- 168
- Bären- 158
- Echte 159
- Maulbeerseiden- 159
- Mond- 169
- Prozessions- 166
- Schad- 164
- Schlehen- 164
- Schwamm- 164
- Tarsen- 77

Spinnmilben 226
Spirostreptida 243
Spirostreptidae 243
Spirostreptus-Arten 243
Spodoptera exigua 165
Springschrecken 60
Springschwänze 207
Springspinnen 234
Sprungwanzen 94
Stabheuschrecken 66
Stabwanze 91
Stachelspinne 229
Stachelwanzen 85
Staphylinidae 130
Staubläuse 81
Stechmücken 138
Steinfliegen 56
Steinläufer 240
Stelzmücken 140
Stenopelmatidae 62
Sternorrhyncha 85
Sternotomis bohemanni 113
Stielaugenfliegen 145
Stierkäfer 120
Stilbum splendidum 182
Stratomyidae 152
Strepsiptera 132
Stubenfliege, Große 148
Stutzkäfer 121
Stylopidae 132
Stylops-Arten 132
Sycophila biguttata 198
Sycoscapter-Arten 194
Symphyla 239
Symphyta 178
Synanthedon exitiosa 170
Syrphidae 153
Syrphus ribesii 153
Systropus-Arten 142

T

Tabanidae 154
Tabanus atratus 154
Tabanus sudeticus 154
Tabanus-Arten 154
Tachinidae 155
Tagfalter 158
Tanzfliegen 146
Tarsenspinner 77
Taufliegen 146
Tegenaria atrica 228
Teichjungfern 52
Teichwasserläufer 89
Tenebrio molitor 131
Tenebrionidae 131
Tenthredinidae 206
Tenthredo scrophulariae 206
Tenthredo-Arten 206
Tephritidae 155
Termiten 31, 78
Termitidae 79
Termopsidae 79
Tetracanthagyna plagiata 53
Tetranychidae 226
Tetranychus-Arten 226
Tetrasticus galactopus 197
Tetrigidae 65
Tetrix subulata 65
Tettigoniidae 63
Thasus acutangulus 88
Thecla betulae 173
Thecla coronata 173
Thelyphonidae 219
Thelyphonus-Arten 219
Theraphosidae 236
Theridiidae 237
Thermobia domestica 47
Thomisidae 237
Thripidae 102
Thrips fuscipennis 102
Thrips simplex 102
Thripse 101
- Echte 102

Thynnus ventralis 193
Thysania agrippina 168
Thysanoptera 101
Tibellus oblongus 237
Tingidae 94
Tingis cardui 94
Tiphiidae 193
Tipulidae 140
Titanolabis colossea 69
Tomatares citrinus 107
Tomoxia bucephala 125
Tortrichidae 171
Torymidae 202
Torymus-Arten 202
Totengräber 130
Totenkopfschwärmer 171
Totenuhr 109
Trauermantel 174
Treiberameise 185
Tremex columba 205
Trialeurodes vaporariorum 99
Trichodectidae 84
Trichodes crabroniformis 116
Trichogramma semblidis 202
Trichogrammatidae 202
Trichoptera 156
Trichterspinnen 228
Trimorus pedestre 201
Trinervitermes geminatus 79
Trombiculidae 227
Trombidiidae 227
Trombidium-Arten 227
Tsetsefliegen 147
Typhoeus typhoeus 120

U

Uferwanzen 94
Umbonia-Arten 98
Uraniafalter 172
Uraniidae 172
Urbanus proteus 162
Urocerus gigas 205
Uropygi 219

V

Vampiereule 165

Vanessa atalanta 174
Varroa persicus 227
Varroa-Milben 227
Varroidae 227
Veränderliche Krabbenspinne 237
Vespa crabro 193
Vespula germanica 193
Vespula vulgaris 193
Vitessa suradeva 167
Vogelfalter 176
Vogelmilbe, Rote 224
Vogelspinne, Orangebein- 236
Vogelspinnen 236
Volucella zonaria 153
Vonones sayi 221
Vorratsmilben 223

W

Waffenfliegen 152
Waldameisen 185
Walzenspinnen 217
Wandelnde Blätter 68
Wanderheuschrecken 30, 64
Wanzen 85
  Baum- 92
  Bett- 88
  Blumen- 86
  Feuer- 92
  Gitter- 94
  Krummfühler- 86
  Rand- 88
  Raub- 93
  Riesen- 87
  Rinden- 87
  Ruder- 88
  Schild- 92, 94
  Schwimm- 90
  Skorpions- 91
  Stab- 91
  Stachel- 85
  Ufer- 94
  Weich- 90
  Zweifleck-Raub- 93
Wasserflöhe 18
  Seepocken 18
Wasserkäfer 121
Wasserläufer 89
Wasserspinnen 229
Weberameise, Grüne 184
Weberknechte 221
Webspinnen 228
Wegwespen 188
Weichkäfer 28, 111
Weichwanzen 90
Weidenbohrer 160
Weißlinge 177
Wenigfüßer 238
Wespen 178
  Brack- 195
  Deutsche 193
  Dolch- 190
  Falten- 30, 193
  Feigen- 194
  Gall- 196
  Gemeine 193
  Gicht- 198
  Gold- 182
  Grab- 192
  Halm- 203
  Holz- 205
  Roll- 193
  Schlupf- 199
  Weg- 188
  Zikaden- 183
  Zwerg- 200
Wickler 171
Widderchen 172
Wiedemannia stagnalis 146
Winterhafte 134
Wolfspinnen 232
Wollbienen 186
Wurzelbohrer 161
Wüstenheuschrecke 64

X

Xanthopastis timais 165
Xestobium rufovillosum 109
Xixuthrus heros 12, 113
Xylocopa-Arten 179

Y

Ypsiloneule 165

Z

Zahnspinner 166
Zartschrecke, Punktierte 63
Zecken
  Leder- 223
  Schild- 224
Zeuzera pyrina 160
Zikaden 85
  Buckel- 98
  Ohr- 96
  Schaum- 95
  Sing- 96
  Zwerg- 96
Zikadenwespen 183
Zitterspinnen 233
Zonarius-Arten 119
Zootermopsis angusticollis 79
Zoraptera 80
Zorotypidae 80
Zorotypus hubbardi 80
Zuckerkäfer 126
Zuckmücken 137
Zünsler 167
Zweifleck-Raubwanze 93
Zweiflügler 136
Zweigestreifte Quelljungfer 54
Zwergfüßer 239
Zwergsechsaugen 233
Zwergwespen 200
Zwergzikaden 96
Zygaenidae 172
Zygaena filipendulae 172
Zygentoma 47

DANKSAGUNG

Der Autor möchte besonders Darren Mann dafür danken, dass er aus dessen unendlichem Wissen über Insekten schöpfen durfte. Zahlreiche Mitarbeiter an der Oxford University of Natural History beantworteten Fragen oder halfen auf andere Weise, namentlich Dr. John Ismay, Dr. Adrian Pont, Christopher O'Toole, Professor Steve Simpson, Dr. Derek Siveter, Professor David Spencer-Smith, Dr. Matthew Wills, Dr. Kwang-sun Cho und Dorothy Newman. Ebenso gebührt mein Dank Dr. John Noyes, Dr. Malcolm Scoble und Dr. Zhi-Quang Zhang vom Natural History Museum in London, Peter Smithers von der University of Plymouth, Dr. John Deeming von den National Museums and Galleries of Wales, Dr. Eugene Marais und Dr. Eryn Griffin vom National Museum of Namibia sowie Dr. Frank Rodovsky von der Oregon State University und Dr. Barry O'Connor von der University of Michigan. Besonderen Dank an Lois.

Der Übersetzer der deutschen Ausgabe möchte Dr. Martina Drews und Stefanie Rulfs für ihre engagierte Mitarbeit und fachkundige Hilfe danken.

Dorling Kindersley möchte Richard Hammond und Sean O'Connor für ihre unschätzbare redaktionelle Hilfe danken. Dank gilt auch Peter Cross, Steve Knowlden und Elaine Hewson für die fachkundige Gestaltung.

Studio Cactus möchte Sharon Moore, Anne Thompson und Amelia Freeman für die Hilfe bei der Gestaltung danken. Für die redaktionelle Hilfe bedanken wir uns bei Polly Boyd, Nicola Hodgson, Irene Lyford, Amanda Hess, Christine Davis und Jane Baldock. Dank auch an Douglas Brown für die Erstellung des Registers und an Melanie Brown.

Bildnachweis

Alle **Fotografien** stammen von Steve Gorton, außer: Ardea London Ltd: D. Avon 56ur; BBC Natural History Unit: Geoff Dore 222ur; Premaphotos 230or; Dr. Alison Blackwell: 137or; Prof. Mike Claridge: 14or, 200or; Bruce Coleman Ltd: Erwin and Peggy Bauer 30ur; Jane Burton 8ur; M.P.L. Fogden 17mu; Jeff Foott Productions 209or; Andy Price 31ul; Dr. Frieder Sauer 27ul; Alan Stillwell 218ml; Jan Taylor 17mr; Kim Taylor 28mr, 146or; Holt Studios International: Nigel Catlin 39ul, 78ur, 82or, 102u, 102mr, 211mr; Peter Wilson 41or, 61ur, 157or; Frank Lane Picture Agency: Dick Jones 216ur; E&D Hosking 218or; Larry West 39mr, 134or; George McGavin: 25um, 32um, 33m, 33om, 33ol, 35m, 35l, 35or, 39u; The Natural History Museum, London: 10mr, 19u, 238mr; Natural History Photographic Agency: Anthony Bannister 7r, 77ur, 78mr, 88or, 194ul; G.I. Bernard 99or; N.A. Callow 94ur; N.R. Coulton 235or; George Gainsborough 77mr; Martin Harvey 241ur; Daniel Heuclin 38m, 83ur; Melvin Gray 48ur, 50ur, 50or, 156mr; Pierre Petit 241mr; Steve Robinson 34u, 124mr; Natural Science Photos: M Chinery 38ur, 79ml; PH&SL Ward 157ur; S. Bharaj 39or, 82ur; Nature Photographers: N.A. Callow 81mr; Paul Sterry 14or, 38ul, 46ul; Oxford Scientific Films: G. Bernard 102or, 115ul, 223mr, 229ur; Clive Bromhall 222or; Scott Camazine 30l; J.A.L. Cooke 13ur, 37ul, 207mr, 208u, 209ur, 216or, 226ur, 232or; John Cooke 240mr; Michael Fogden 218ur; Peter O'Toole 183m; London Scientific Films 84u, 224or, 226or, 227or; Alistair MacEwan 234or; Colin Milkins 242mr; James Robinson 154or; Tim Shepherd 138ul; Donald Specker 79ur; Sinclair Stammers 47ur; TC Nature 59ul; Planet Earth Pictures: Robert Canis 232ur; Philip Chapman 215ur; Richard Coomber 17ur; Geoff du Feu 48ul; Brian Kenney 217mr, 231u; Ken Lucas 220mr; Steve Hopkin 49ur, 138ur; Premaphotos Wildlife: Ken Preston Mafham 106ur, 184or, 197ur, 198ml, 202ur, 221ur, 227mr, 243ur; Rod Preston Mafham 104ur, 233or, 235ur; Jean Yves Rasplus: 19ul, 36mr, 100ur, 101mr, 194mr, 194or, 197or, 239ur; Science Photo Library: Eye of Science 84o; Vaughan Fleming 99ur; Still Pictures: Holgersson-UNEP 17m; Studio Cactus: 35r.

Zeichnungen von Karen Hiscock, außer: John Egan: 210ul, 238u.

(o = oben; u = unten; m = mitte; l = links; r = rechts)